“1+X”多轴数控加工职业技能等级证书系列教材

多轴加工技术

武汉华中数控股份有限公司　组编

主编　谭大庆　何延钢　宁柯

副主编　董海涛　范友雄　谭福波　吴志光　欧阳陵江　周彬

参编　杨林　杨珍明　谢海东　张勇　高亚非　杨琛

主审　刘怀兰　孙海亮

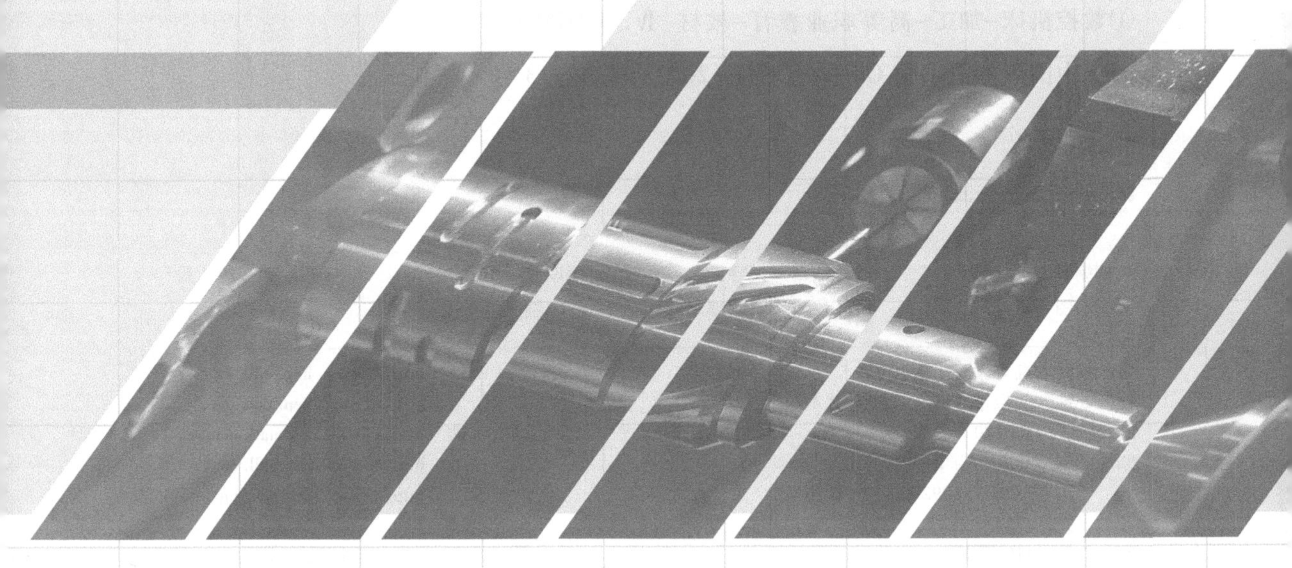

中国教育出版传媒集团

高等教育出版社·北京

内容提要

本书结合“1+X”多轴数控加工职业技能等级标准和考核大纲的要求编写而成，主要包含五部分的内容：第一章对“1+X”多轴数控加工职业技能等级证书（初级）考核文件进行解读；第二章介绍多轴加工安全使用注意事项、认识多轴加工机床、多轴加工编程常用代码及编程软件；第三章通过 Siemens NX 软件进行建模和编程，讲解四轴加工案例一；第四章通过 MasterCAM 软件进行建模和编程，讲解四轴加工案例二；第五章通过 CAXA 软件进行建模和编程，讲解四轴加工案例三。本书对每个加工案例都有详细的工艺分析，精确的参数设计步骤和编程流程，并辅以工具、机床夹具以及对刀等操作的介绍。

本书可作为“1+X”多轴数控加工职业技能等级证书的教学和培训教材，也可作为高等职业院校、应用型本科院校中装备制造大类相关专业的教材，也可以作为企事业单位制造加工领域工程技术人员的参考用书。

授课教师如需要本书配套的教学课件资源，可发送邮件至邮箱 gzjx@ pub. hep. cn 获取。

图书在版编目（CIP）数据

多轴加工技术 / 武汉华中数控股份有限公司组编；谭大庆，何延钢，宁柯主编. -- 北京 ：高等教育出版社，2023. 3

ISBN 978-7-04-059141-5

Ⅰ. ①多… Ⅱ. ①武… ②谭… ③何… ④宁… Ⅲ. ①数控机床-加工-高等职业教育-教材 Ⅳ. ①TG659

中国版本图书馆 CIP 数据核字（2022）第 142433 号

Duozhou Jiagong Jishu

策划编辑 吴睿韬　　责任编辑 吴睿韬　　封面设计 王 琰　　版式设计 童 丹
责任绘图 黄云燕　　责任校对 窦丽娜　　责任印制 赵义民

出版发行	高等教育出版社	网　址	http://www.hep.edu.cn
社　址	北京市西城区德外大街 4 号		http://www.hep.com.cn
邮政编码	100120	网上订购	http://www.hepmall.com.cn
印　刷	北京中科印刷有限公司		http://www.hepmall.com
开　本	787mm×1092mm 1/16		http://www.hepmall.cn
印　张	17.25		
字　数	410 千字	版　次	2023 年 3 月第 1 版
购书热线	010-58581118	印　次	2023 年 3 月第 1 次印刷
咨询电话	400-810-0598	定　价	49.80 元

物 料 号 59141-00

多轴数控加工职业技能等级证书教材编审委员会

（排名不分先后）

多轴数控加工职业技能等级证书教材编写委员会

（排名不分先后）

联合建设单位

（排名不分先后）

湖南工业职业技术学院
湖南网络工程职业学院
无锡职业技术学院
高等教育出版社
武汉第二轻工学校
宝安职业技术学校
武汉职业技术学院
陕西工业职业技术学院
南宁职业技术学院
长春机械工业学校
吉林工业职业技术学院
河南工业职业技术学院
黑龙江农业工程职业学院
内蒙古机电职业技术学院
重庆工业职业技术学院
湖南汽车工程职业学院
河南职业技术学院
九江职业技术学院
池州职业技术学院
河北机电职业技术学院
宁夏工商职业技术学院
山西机电职业技术学院
黑龙江职业技术学院
沈阳职业技术学院
集美工业学校
武汉高德信息产业有限公司
武汉重型机床集团有限公司
中国航发南方工业有限公司
中航航空高科技股份有限公司
湖北三江航天红阳机电有限公司
中国船舶重工集团公司第七一二研究所
吉林省吉通机械制造有限责任公司
中国航天科工集团公司三院一五九厂
湖北三江航天红峰控制有限公司
宝鸡机床集团有限公司

序

为进一步深化产教融合，国务院发布的《国家职业教育改革实施方案》中明确提出在职业院校、职教本科和应用型本科高校启动“学历证书+若干职业技能等级证书”（简称“1+X”证书）制度试点工作，开展深度产教融合、“双元”育人的具体指导政策与要求，其中“1+X”证书制度是统筹考虑、全盘谋划职业教育发展，推动企业深度参与协同育人和深化复合型技术技能人才培养培训而做出的重大制度设计。

武汉华中数控股份有限公司是我国国产装备制造业龙头企业和第三批“1+X”证书《多轴数控加工职业技能等级证书》的培训评价组织。为了高质量实施相关证书制度试点工作，应广大院校要求，组织无锡职业技术学院、湖南网络工程职业学院和湖南工业职业技术学院等多所院校和企业共同编写本系列教材。

作为“1+X”多轴数控加工职业技能等级证书的培训教材，它是根据教育部数控技能型紧缺人才的培养培训方案的指导思想及多轴数控加工职业技能等级证书标准要求，结合当前数控技术的发展及学生的认知规律编写而成的。教材中围绕多轴数控加工职业技能等级证书考核题目的基础案例，以及多轴数控加工工艺的复杂案例进行分析，详细介绍多轴铣削技术，内容涵盖五轴机床的操作、五轴定向加工、五轴联动加工、多轴仿真技术、在线检测技术、多轴加工产品质量控制、多轴机床的维护与保养等企业生产中必备的实用技术，使学习者能在完成案例任务的过程中，掌握数控领域的基础知识和技术能力，并能完成岗位所需技能的培训要求。

本系列教材适用于参与多轴数控加工“1+X”职业技能等级证书制度试点的中职、高职专科、职教本科、应用型本科高校中装备制造大类相关专业的教学和培训；同时也适用于企业职工和社会人员的培训与认证等。

通过这套系列教材中的实际案例和详实的工艺分析可以看出编者为此付出的辛勤劳动，相信系列教材的出版一定能给准备参加多轴数控加工“1+X”职业技能等级证书考试的学习者带来收获。同时，也相信系列教材可以在数控技能培训与教学，以及高技能人才培养中发挥出更好的作用。

第41届至第45届世界技能大赛
数控车项目中国技术指导专家组组长
宋放之
2022年5月

前 言

"1+X"职业技能等级证书反映的是职业活动和个人职业生涯发展所需要的综合能力，是职业技能水平的凭证。多轴加工技术近年来在加工领域占据着举足轻重的地位。多轴数控机床将数控铣、数控镗、数控钻等功能组合在一起，使叶轮、汽轮机转子、曲轴等复杂零部件的加工质量和生产效率得到显著提高。

目前，我国对多轴数控加工实践应用人才的需求较大，国家亟需一批能够进行多轴数控编程和机床操作的复合型技术技能人才。本书是在国家积极推进"1+X"证书制度试点工作的背景下，以深化职业教育改革、提高人才培养质量、拓展就业本领为指导思想，以帮助读者从基本的三轴加工领域进入多轴加工的殿堂并提高其相应能力为目的编写的。在武汉华中数控股份有限公司评价组织的指导下，重庆工业职业技术学院联合相关编写院校进行了"1+X"多轴数控加工职业技能等级证书（初级）的培训以及考核的经验总结，结合"1+X"多轴数控加工职业技能等级证书（初级）考核训练例题完成了本书的编写。

本书的编写坚持通过实践讲授理论的原则，通过实际案例讲解多轴零件加工的工艺规划、三维建模、数控编程、零件加工以及零件检测等。本书主要包含五部分的内容：第一章对"1+X"多轴数控加工职业技能等级证书（初级）考核文件进行解读；第二章介绍多轴加工安全使用注意事项、认识多轴加工机床、多轴加工编程常用代码及编程软件；第三章通过 Siemens NX 软件进行建模和编程，讲解四轴加工案例一；第四章通过 MasterCAM 软件进行建模和编程，讲解四轴加工案例二；第五章通过 CAXA 软件进行建模和编程，讲解四轴加工案例三。

本书由重庆工业职业技术学院谭大庆、湖南汽车工程职业学院何延钢、武汉华中数控股份有限公司宁柯担任主编，谭福波、董海涛、范友雄、吴志光、欧阳陵江、周彬担任副主编，余宗宁、杨林、杨珍明、谢海东、张勇、高亚非参加编写，由武汉华中数控股份有限公司刘怀兰、孙海亮担任主审。本书在编写过程中得到武汉华中数控股份有限公司企业技术人员的热心帮助和大力支持，在此表示感谢。

尽管我们在探索"1+X"多轴数控加工技术特色教材的建设方面做出了许多努力，但由于时间仓促，加之作者理论水平、知识背景和研究方向的限制，书中难免出现错误和疏漏之处，恳请广大读者不吝指正，以便下次修订时改进。

编 者

2022 年 7 月

目　录

第一章 考核解读

1.1　考核解读

1.1.1　考核方式

考核分为理论知识考试、技能操作考核。理论知识考试采用闭卷方式，职业素养与技能操作同步考核，采用现场实际操作方式。理论知识考试与技能操作考核均实行100分制，两项成绩皆合格者方能取得职业技能等级证书，每项成绩的有效期为半年。具体考核项目见表1-1。

表1-1　多轴数控加工初级考核项目

工作领域	工作任务	职业技能要求	考核方式			
			理论	占比/%	实操	占比/%
工艺与程序编制	工艺文件分析	能够根据机械制图国家标准，运用机械制图的理论知识，读懂零件图样，分析零件的加工要求	√	20	√	5
		能够使用CAD软件运用绘图的方法和技巧，绘制符合机械制图国家标准的零件图				
		能够使用机械加工工艺手册，执行四轴数控加工工艺规程，完成加工工艺的分析				
		能够根据加工零件及数控机床的特点，运用数控加工刀具的理论知识，合理选择刀具的切削用量				
	手工编程	能够根据四轴数控机床编程手册，运用编程方法与技巧，完成由直线、圆弧组成的二维轮廓加工程序的编写	√	5	√	5
		能够根据四轴数控机床编程手册，运用编程方法与技巧，完成孔类加工程序的编写				
		能够根据四轴数控机床编程手册，运用编程方法与技巧，使用固定循环、子程序完成程序的简化编写				
		能够根据四轴数控机床编程手册，运用编程方法与技巧，完成第四轴旋转定位及解锁、闭锁程序的编写				

续表

工作领域	工作任务	职业技能要求	考核方式			
			理论	占比/%	实操	占比/%
工艺与程序编制	自动编程	能够根据工作任务的要求，熟练使用CAD/CAM软件，完成二维线框模型的构建	√	5	√	20
		能够根据工作任务的要求，熟练使用CAD/CAM软件，完成三维实体模型的构建				
		能够根据工作任务的要求，熟练使用CAD/CAM软件，完成三维实体模型的构建				
		能够根据多轴数控机床编程手册，选用后置处理器，生成数控加工程序				
零件四轴数控加工与检测	加工准备	能够根据工艺规程，运用工艺和夹具的相关知识，确定加工定位基准并选用合适的夹具	√	10	√	15
		能够根据零件加工特点，使用四轴数控机床通用夹具（如三爪自定心卡盘、芯轴等）装夹零件并找正				
		能够根据加工工艺文件，使用刀具手册，正确识别、选用各种刀具				
		能够根据加工工艺文件及所选用刀具的要求，正确选用刀柄；能够使用刀柄安装工具完成刀具和刀柄的安装				
		能够根据麻花钻的磨损情况，使用刃磨工具设备，完成麻花钻的刃磨				
		能够根据安全文明生产制度，着装整洁规范，正确使用安全防护用品，符合安全文明生产要求				
	四轴数控机床操作	能够根据机床型号、结构及特点，通过查阅数控机床手册，完成四轴数控机床运动方式与结构的描述	√	10	√	20

续表

工作领域	工作任务	职业技能要求	考核方式			
			理论	占比/%	实操	占比/%
零件四轴数控加工与检测	四轴数控机床操作	能够根据机床操作手册，使用操作面板上的常用功能键，完成四轴数控机床的规范操作 能够根据机床操作手册，使用U盘或网络等多种传输方法，完成加工程序的输入 能够根据机床操作手册，运用操作面板输入方式，完成加工程序编辑 能够根据机床操作手册，运用数控机床的对刀方法与技巧，使用对刀工具，完成四轴数控机床对刀操作并设定坐标系 能够根据机床操作手册，使用四轴数控机床刀具管理功能，完成刀具及刀库的参数设置，实现自动换刀 能够根据安全生产操作规程，遵守工作程序和工作标准，严格执行工艺文件	√	10	√	20
	四轴定向加工与产品检测	能够根据工作任务的要求，运用机械加工精度控制方法，使用四轴数控机床分度定向功能，在锁定旋转轴的情况下完成凸台、槽、孔类、圆角等特征的加工，并达到如下要求： （1）尺寸公差等级：IT8 （2）几何公差等级：IT8 （3）表面粗糙度值：$Ra3.2$ 能够根据数控机床操作手册，使用数控系统断点记忆恢复功能，在机床中断加工后正确恢复加工 能够根据零件检测要求，运用产品检测知识，完成常规量具的选用 能够根据零件图的要求，正确使用常规量具和检测方法，完成零件的加工精度检验 能够根据产品加工质量检测的规范，正确记录零件检测结果，按企业规范分类存放并正确标识合格品和不合格品	√	30	√	30

续表

工作领域	工作任务	职业技能要求	考核方式			
			理论	占比/%	实操	占比/%
零件四轴数控加工与检测	四轴定向加工与产品检测	能够根据生产和设备管理制度,保持工作环境清洁有序,爱护设备和工具,做到生产物品及工具摆放整齐规范	√	30	√	30
四轴数控机床维护	四轴数控机床点检	能够根据四轴数控机床点检表,运用设备点检的方法,对导轨润滑站、主轴润滑油箱等进行日常检查,并正确记录点检结果	√	2	√	2
		能够根据四轴数控机床点检表,运用设备点检的方法,对压缩空气气源、管道及空气干燥器进行日常检查,并正确记录点检结果				
		能够根据四轴数控机床点检表,运用设备点检的方法,对机床气压/液压系统进行日常检查,并正确记录点检结果				
		能够根据四轴数控机床点检表,运用设备点检的方法,对机床电气柜通风散热装置及机床各种防护装置进行日常检查,并正确记录点检结果				
		能够根据四轴数控机床点检表,运用设备点检的方法,对冷却液箱及其管道系统进行日常检查,并正确记录点检结果				
	四轴数控机床日常维护	能够根据四轴数控机床使用说明书和维护手册,使用润滑油或冷却液工具,完成润滑油、冷却液的定期更换或补充	√	3	√	3
		能够根据四轴数控机床使用说明书和维护手册,使用机床维护工具,完成机床各润滑、液压、气压系统过滤器或分滤网的清洗或更换				
		能够根据四轴数控机床使用说明书和维护手册,使用机床维护工具,完成刀库及换刀机械手的日常保养与维护				
		能够根据机床维护手册和环保要求,使用相应的工具和方法,完成加工切屑、废油及废液等工业垃圾的收集和处理				

续表

工作领域	工作任务	职业技能要求	考核方式			
			理论	占比/%	实操	占比/%
四轴数控机床维护	四轴数控机床故障处理	能够根据数控系统的报警信息,使用数控编程手册,排除编程错误故障 能够根据数控系统的报警信息,使用数控机床使用手册,排除超程故障 能够根据数控系统的报警信息,使用数控机床维修工具,排除欠压、缺油故障 能够根据数控系统的报警信息,操作数控系统操作面板,排除急停故障	√	5	×	
新技术应用	新工艺应用	能够理解车铣复合加工的技术优势和特点,运用车铣复合加工工艺规范,说明车铣复合加工所适用的零件类型和结构特征 能够根据高速加工工艺的规范,运用高速加工及刀具系统理论知识,完成高速加工的基本参数设置 能够根据材料学理论知识,运用陶瓷、碳纤维、高温合金等各类难加工材料的加工特性,完成所对应的加工工艺参数的比较	√	6	×	
	刀具智能管理	能够根据数控系统说明书,使用数控系统中的智能刀具管理功能,完成刀具切削时间的综合评估 能够根据数控系统说明书,使用数控系统中的智能刀具管理功能,完成刀具使用次数的综合评估 能够根据数控系统说明书,使用数控系统中的智能刀具管理功能,完成刀具切削里程的综合评估 能够根据数控系统说明书,使用数控系统中的智能刀具管理功能,完成刀具能耗的综合评估	√	2	×	
	机床功能检测	能够根据数控系统说明书,使用数控系统运行分析功能,完成数控机床功能检测工作 能够根据数控系统说明书,使用数控系统检测工具,完成数控机床动态性能检测工作	√	2	×	

续表

工作领域	工作任务	职业技能要求	考核方式			
			理论	占比/%	实操	占比/%
新技术应用	机床功能检测	能够根据数控系统说明书,使用数控系统运行分析功能,完成数控机床关键部件磨损情况分析	√	2	×	
		能够根据数控系统说明书,使用数控系统运行分析功能,完成数控机床关键部件预测性维护工作				
合计				100		100

1.1.2 理论知识考试方案

1. 组卷

理论知识组卷从题库中选题,题型包括:单选题、判断题及多选题。方案用于确定理论知识考试的题型、题量、分值和配分等参数。

2. 考试方式

采用计算机机考,从题库抽题组卷,自动评卷。

总分为100分,考核时间为60分钟。

3. 理论知识组卷方案(表1-2)

表1-2 理论知识组卷方案

题型	考试方式	鉴定题量	分值/(分/题)	配分/分
单选题	闭卷	70	1	70
判断题		20	0.5	10
多选题		10	2	20
小计	—	100	—	100

1.1.3 操作技能与职业素养考核方案

1. 组卷

鉴定考卷包含任务书、考件工程图、准备单、评分细则等文件。

2. 考试方式

编程题和操作题在鉴定设备上进行。

总分为100分,考核时间为180分钟。

3. 考试材料

考核用材料为铝合金,数量为1件。

4. 加工要素

考核加工要素包括平面中的水平面、垂直面、斜面、阶梯面、倒角铣削加工,轮廓中的直线、圆弧组成的平面轮廓(型腔、岛屿)铣削加工,曲面中的圆角面、圆柱面的简单曲面铣削加工、孔类(通孔、不通孔)中的钻孔、扩孔、铰孔、铣孔等加工内容,槽类中的直槽、键槽、T形槽等加工内容,见表1-3。

表 1-3 加工要素

加工要素	考件
水平面	必要
垂直面	必要
斜面	必要
阶梯面	必要
倒角	可选
平面轮廓(型腔、岛屿)	必要
曲面铣削(定位加工)	可选
钻孔	必要
扩孔、铰孔、铣孔	可选
直槽、键槽、T 形槽	可选
表面粗糙度要求	必要
几何公差要求	必要
四轴回转定位要求	必要

5. 加工精度要求

加工等级最高为:尺寸公差等级达 IT8 级,几何公差等级达 IT8 级,表面粗糙度值达到 *Ra*3.2。

6. 工作任务评分标准

加工任务评分由零件加工,职业素养与操作安全两部分构成,评分表见表 1-4。

表 1-4 工作任务评分表

序号	一级指标	比例	二级指标	分值
1	零件加工	90%	工件完成程度	5
			工件加工的尺寸精度	55
			几何公差要求	15
			表面粗糙度要求	15
2	职业素养与操作安全	10%	6S 及职业规范	10
			安全文明生产(扣分制)	-5

7. 考核设备

(1) 考点配置四轴加工中心,其 *A* 轴旋转台直径不小于 160mm,主轴转速不小于 6000 r/min;每个考点建议配置四轴加工中心 5 ~ 10 台。

(2) 现场每台机床配置装有 CAD/CAM 软件的高性能计算机及相应的机床附件。

(3) 刀具、量具考生自带,清单由考试中心提前 3 个月公布。

(4) 具备条件的考点优先使用三坐标检测设备测量工件。

(5) 考点应配备摄像及加工设备现场数据采集装置,使考试中心可以实时监控考点并留下历史记录。

8. 考核人员配置

考核人员与考生的比例不小于 1∶3。

9. 场地要求

(1) 采光:应符合 GB/T 50033—2013 的有关规定。

(2) 照明:应符合 GB 50034—2013 的有关规定。

(3) 通风:应符合 GB 50016—2013 和工业企业通风的有关要求。

(4) 防火:应符合 GB 50016—2013 有关厂房、仓库防火的规定。

(5) 安全与卫生:应符合 GBZ1 和 GB/T 12801—2013 的有关要求。安全标志应符合 GB 2893—2013 和 GB 2894—2013 的有关要求。

1.1.4 其他考核

根据各试点院校及企业的需要,可用答辩、研发成果、项目课题等替代相关考核成绩,从而获取职业技能等级证书。具体的形式和内容,由相关单位与培训评价组织武汉华中数控股份有限公司共同制定方案。

1.2 案例来源

四轴加工技术是在三轴加工的基础上,多增加一个可以旋转的 A 轴或 B 轴,产品只需一次装夹后,即可通过旋转轴选择,实现零件多面定向加工和绕轴选择联动加工,减少了工件装夹次数,提高了零件的整体加工精度,缩短了零件装夹找正的辅助时间,大大提高了加工效率。

“1+X”多轴数控加工职业技能等级证书(初级)的考核零件是以常用零件的三轴加工要素为基础,合理的将其排布于旋转轴直径方向。使用预制的工艺孔安装在芯轴夹具上,实现一次装夹多面加工的工艺方案,引导学生学会并掌握四轴定向加工技术。

第二章 多轴加工基础知识

2.1　安全使用注意事项

2.1.1　安全操作基本注意事项

（1）工作时需穿好工作服、安全鞋，否则不许进入车间。衬衫要扎入裤内，工作服衣领、袖口要系好。不得穿凉鞋、拖鞋、高跟鞋、背心、裙子或戴围巾进入车间，以免发生意外。禁止戴手套操作机床，长发要收拢戴帽子或束入发网。

（2）所有实验步骤须在实训教师指导下进行，未经指导教师同意，不许开动机床。

（3）机床开动期间严禁离开工作岗位从事与操作无关的事情。严禁在车间内嬉戏、打闹。机床开动时，严禁在机床间穿梭。

（4）应在指定的机床和计算机上进行实习。未经允许，其他机床设备、工具或电器开关等均不得乱动。

（5）某一项工作如需要两人或多人共同完成时，应注意相互间的协调一致。

2.1.2　工作前的准备工作

（1）机床开始工作前要先预热，认真检查润滑系统工作是否正常，如机床长时间未开动，可先采用手动方式向各部分供油润滑。

（2）未经指导教师确认程序正确前，不许动操作箱上已设置好的“机床锁住”状态键。

（3）拧紧工件，保证工件牢牢固定在工作台上。

（4）移去调节的工具，启动机床前应检查是否已将扳手、楔子等工具从机床上拿开。

2.1.3　工作过程中的安全注意事项

（1）加工零件时，必须关上防护门，不准把头、手伸入防护门内，加工过程中严禁私自打开防护门。

（2）禁止用手或其他任何方式接触正在旋转的主轴、工件或其他运动部位；禁止用手接触刀尖和铁屑，铁屑必须要用铁钩子或毛刷来清理。

（3）数控铣床属于大型精密设备，除工作台上安放工装和工件外，机床上严禁堆放任何夹、刃、量具，工件和其他杂物。

（4）加工过程中，操作者不得擅自离开机床，应保持注意力高度集中，观察机床的运行状态。若发生不正常现象或事故时，应立即终止程序运行，切断电源并及时报告指导老师，不得进行其他操作。

（5）操作人员不得随意更改机床内部参数。实习学生不得调用、修改其他非自己所编的程序。

（6）采用正确的速度及刀具：操作过程中严格按照实验指导书推荐的速度及刀具，选择正确的刀具加工速度。

（7）机床运转中，绝对禁止变速。变速或换刀时，必须保证机床完全停止，开关处于“OFF”位置，以防事故发生。

（8）芯轴插入主轴前，芯轴表面及主轴孔内，必须彻底擦拭干净，不得有油污。

（9）在程序运行中需暂停测量工件尺寸时，要待机床完全停止、主轴停转后方可进行测量，以免发生人身事故。

（10）关机时，要等主轴停转 3 分钟后方可关机。

2.1.4 工作完成后的注意事项

(1) 清除切屑、擦拭机床,使机床与环境保持清洁状态。

(2) 检查润滑油、冷却液的状态,及时添加或更换。

(3) 依次关掉机床操作面板上的电源和总电源。

(4) 打扫现场卫生,填写设备使用记录。

2.2 认识多轴加工机床

2.2.1 多轴加工技术概述

1. 数控铣加工工艺

数控铣削是一种应用广泛的机械零件加工工艺,该工艺的完成依靠普通数控铣床或加工中心完成。数控铣削能够进行平面铣削、型腔铣削、外形轮廓铣削、三维复杂型面铣削,还可以进行钻削、镗削、螺纹切削等加工。加工中心是带有刀库和自动换刀装置的数控铣床,其编程方法除换刀程序外,其他均和数控铣床是相同的。

2. 多轴加工技术的优势

多轴加工技术是指利用有 4 个或 4 个以上可以联动控制的工作轴的数控机床加工机械零部件的技术。与三轴联动加工相比,多轴加工技术具有以下优点:

(1) 减少基准转换,提高加工精度。多轴数控加工的工序集成化不仅提高了工艺的有效性,而且由于零件在整个加工过程中只需一次装夹,加工精度更容易得到保证。

(2) 减少工装夹具数量和占地面积。尽管多轴数控加工中心的单台设备价格较高,但由于过程链的缩短和设备数量的减少,工装夹具数量、车间占地面积和设备维护费用也随之减少。

(3) 缩短生产过程链,简化生产管理。多轴数控机床的完整加工大大缩短了生产过程链,而且由于只把加工任务交给一个工作岗位,不仅使生产管理和计划调度得到简化,而且透明度得到明显提高。工件越复杂,它相对传统工序分散的生产方法的优势就越明显。同时由于生产过程链的缩短,在制品数量必然减少,多轴加工技术可以简化生产管理,从而降低了生产运作和管理的成本。

(4) 缩短新产品研发周期。对于航空航天、汽车等领域的企业,有的新产品零件及成型模具形状很复杂,精度要求也很高,因此具备高柔性、高精度、高集成性和完整加工能力的多轴数控加工中心可以很好地解决新产品研发过程中复杂零件加工的精度和周期问题,大大缩短研发周期并提高新产品的成功率。

3. 多轴加工技术与三轴加工的工艺对比

三轴加工编程与加工工艺顺序是:建立零件模型→生成刀具轨迹→生成 NC 代码→装夹零件→找正→建立工件坐标系→加工。

多轴加工编程与加工工艺顺序是:建立零件模型→生成刀具轨迹→装夹零件→找正→建立工件坐标系→根据机床运动关系、刀具长度、机床结构尺寸、工装夹具尺寸以及工件安装位置等设置后置处理的参数→生成 NC 代码→加工。

2.2.2 常见类型的多轴数控机床

数控机床常根据数控系统能同时控制联动工作轴的数量进行分类,可以分为 2.5 轴联动数控机床、三轴联动数控机床、四轴联动数控机床、五轴联动数控机床等。一般，把具有 4 个及 4 个以上能同时联动控制工作的机床称为多轴数控机床。例如，四轴联动数控机床有可以通过数控系统同时控制联动的 3 个直线工作轴（分别用 X、Y、Z 表示）和 1 个旋转工作轴（用 A 或 B 表示）。机床的一般工作情况是，工件绕着 X 轴旋转（即 A 旋转轴），刀具可以沿着 X、Y、Z 三个坐标轴移动。五轴联动数控机床可以通过数控系统同时控制 3 个直线工作轴和 2 个旋转工作轴联动。

1. "3+1"型四轴联动数控机床

"3+1"型四轴联动数控机床是指在立式三轴数控机床上附加安装具有 1 个旋转轴的数控回转工作台，如图 2-2-1 所示。数控系统可同时控制四轴联动加工。目前，这类机床普遍由三轴立式加工中心改造升级而来，其实物图如图 2-2-2 所示。下面对这类机床的特点进行详述。

图 2-2-1　具有 1 个旋转轴的数控回转工作台

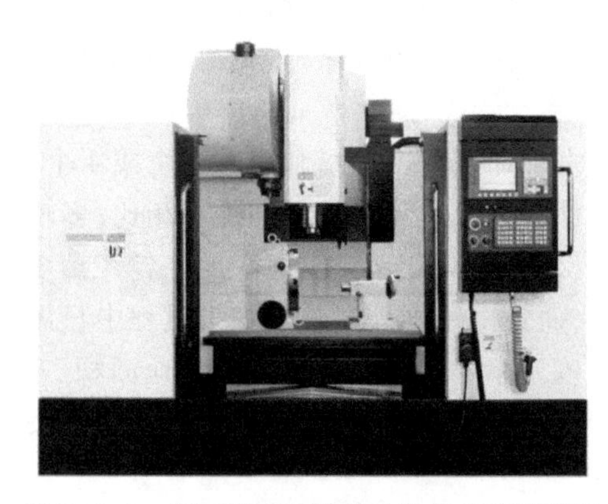

图 2-2-2　"3+1"型四轴联动数控机床实物图

（1）性价比高：在三轴数控机床上加装一个数控回转工作台实现四轴联动加工，在成本上只需要增购一个数控回转工作台即可。在满足加工要求的前提下，对于使用者而言是性价比较高的经济性选择。

（2）装夹方式灵活：数控回转工作台可以直接通过压板安装零件，也可以配合三爪自定心卡盘、四爪单动卡盘和花盘等通用夹具实现零件装夹，具备多种灵活的装夹方式。

（3）使用便捷：在需要使用四轴联动加工功能时，将数控回转工作台安装在机床工作台上即可，并且安装过程非常简单。当加工较大尺寸工件，不需要使用数控回转工作台时，又可以非常方便地将转台拆下，所以该类机床的改造是一种便捷使用的设备解决方案。

2. "3+2"型五轴联动数控机床

"3+2"型五轴联动数控机床是指在立式三轴数控机床上附加安装具有 2 个旋转轴的数控回转工作台，如图 2-2-3 所示。数控系统可同时控制五轴联动加工，其特点与"3+1"型四轴联动数控机床类似。需要注意的是，机床进行了"3+2"改造以后，数控回转工作台自身的高度会影响 Z 轴方向的加工行程，在指定加工方案时，既要考虑 Z 向行程空间是否满足加工要求，同时也要满足刀具伸出长度。

3. 整体式五轴联动加工中心

整体式五轴联动加工中心采用一体化设计，机床精度和刚性要优于附加转台结构形式的五轴机床,但价格较贵。常见结构形式有双摆台式、双摆头式和一摆头一摆台式,如图 2-2-4 所示。

图 2-2-3 具有 2 个旋转轴的数控回转工作台

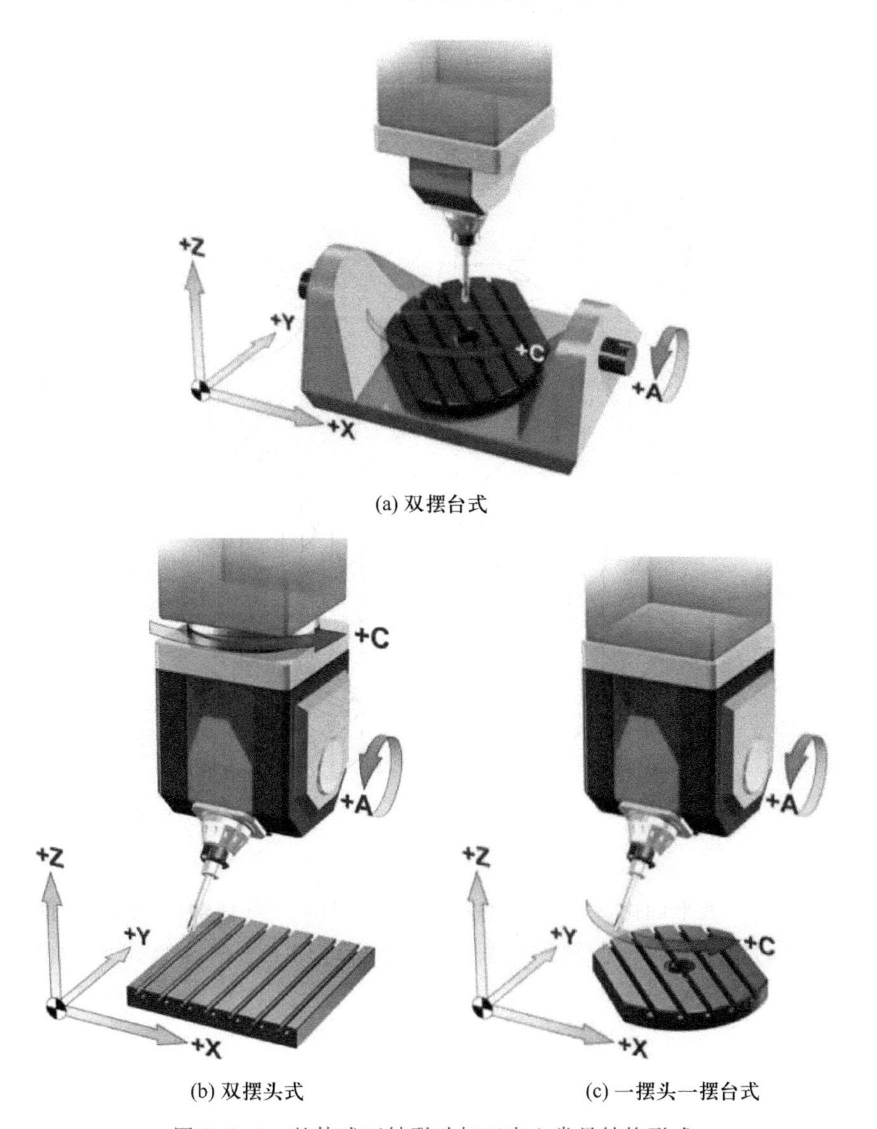

图 2-2-4 整体式五轴联动加工中心常见结构形式

2.2.3　多轴加工坐标轴的定义

1. 直角坐标系

数控机床坐标系采用右手笛卡尔坐标系进行定义，右手笛卡尔法则判定机床线性坐标系如图 2-2-5 所示。线性轴用直角坐标系 X、Y、Z 表示，其正方向用右手定则来判定。用 A、B、C 分别表示绕 X、Y、Z 轴的旋转轴，其方向的判定使用右螺旋法则，规则如下：

（1）Z 轴：以机床主轴轴线方向为 Z 轴方向，刀具远离工件的方向为 Z 轴的正方向。

（2）X 轴：X 轴位于与工件安装面相平行的水平面内，操作者面对主轴的右侧方向为 X 轴的正方向。

（3）Y 轴：Y 轴方向可根据 Z 轴、X 轴按照右手笛卡尔法则来判定。

（4）A 轴：绕 X 轴做回转运动的旋转轴，用右手螺旋法则判定 A 轴正向。

（5）B 轴：绕 Y 轴做回转运动的旋转轴，用右手螺旋法则判定 B 轴正向。

（6）C 轴：绕 Z 轴做回转运动的旋转轴，用右手螺旋法则判定 C 轴正向。

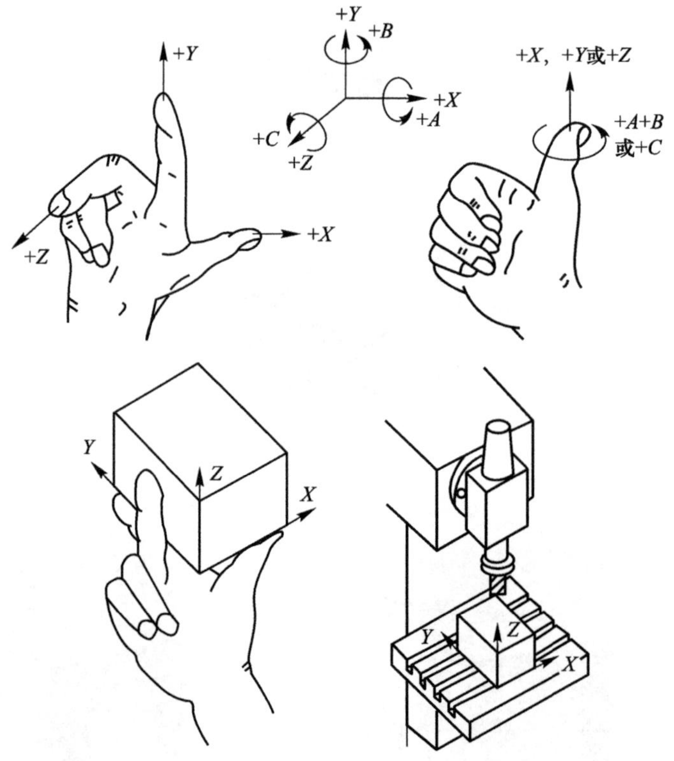

图 2-2-5　右手笛卡尔法则判定机床线性坐标系

2. 平面定义

数控机床每个加工平面由 2 个坐标轴定义，见表 2-1。刀具轴（tool axis）垂直于这个平面并且确定刀具的切入方向。在编程过程中，需要指定加工平面让数控系统能按照指定的平面正确地计算刀具补偿值。

表 2-1　加工平面的定义

平面	X/Y	Z/X	Y/Z
刀具轴	Z	Y	X

3. 机床坐标系

（1）机床原点：机床坐标系是机床固有的坐标系，机床坐标系的原点称为机床原点。这个原点在机床经过安装调试后，便已经确定下来，它是一个固定的点。机床坐标系的作用是使机床与控制系统对应起来，建立起测量机床运动坐标的起始点。机床原点是工作坐标系、机床参考点的基准点，是数控机床进行加工运动的基准参考点。机床原点一般设置在机床移动部件沿其坐标轴正向的极限位置上。

（2）机床参考点：机床参考点是指在每一个坐标轴接近机床原点的位置设置参考点作为测量起点，从而使数控系统启动时建立起机床坐标系。所以，机床启动时，通常需要进行“回参考点”操作，又称为“回零”操作。机床参考点通过减速行程开关进行粗定位，再由零位点脉冲进行精确定位。“回零”操作后，显示器会显示出参考点在机床坐标系中的位置坐标值，即表示机床坐标系已经建立。因此，“回零”操作是对基准的重新校准，可以消除由于种种原因产生的基准偏差。机床参考点由机床制造厂测定后设定在数控系统中，用户不能修改。

4. 工件坐标系

工件坐标系是编程人员在编程时使用的坐标系，是程序的参考坐标系。工件坐标系的设定，以便于编程和加工为原则，一般在一个机床中可以通过指令 G54 ~ G59，最多设定 6 个工件坐标系。

2.3　多轴加工编程常用代码及编程软件

2.3.1　多轴加工编程常用代码

1. 程序字

程序字通常由地址符、数字、符号组成，常用地址符见表 2-2。

表 2-2　常用地址符

功能	地址符	意义
程序号	O、P、%	程序编号，子程序号的指定
程序段号	N	程序段顺序号
准备功能	G	机床动作方式指令
坐标字	X、Y、Z	坐标轴的移动地址
	A、B、C	旋转轴的转动角度地址
	U、V、W	附加轴的运动地址
进给速度	F	进给速度指令
主轴功能	S	主轴转速指令
刀具功能	T	刀具编号指令
辅助功能	M	机床开/关指令
	B	工作台回转（分度）指令
补偿功能	H、D	补偿号指令
暂停功能	P、X	暂停时间指令

续表

功能	地址符	意义
重复次数	L	子程序及固定循环的重复次数指令
圆弧半径	R	圆弧半径指令

2. 辅助功能 M 指令(表 2-3)

表 2-3　辅助功能 M 指令

指令	功能	指令	功能
M00	程序暂停	M07	切削液开
M01	程序选择性暂停	M09	切削液关
M02	程序停止	M19	主轴定向停止
M03	主轴正转	M20	取消主轴定向停止
M04	主轴反转	M30	主程序结束
M05	主轴停	M98	调用子程序
M06	换刀	M99	子程序结束

3. 准备功能 G 指令(表 2-4)

表 2-4　准备功能 G 指令

指令	组号	意义	指令	组号	意义
G00	01	快速定位	G43	10	刀具长度正向补偿
G01		直线插补	G44		刀具长度负向补偿
G02		顺圆插补	G49		刀具长度补偿取消
G03		逆圆插补	G54	11	选择坐标系 1
G04	00	暂停	G55		选择坐标系 2
G17	02	*XY* 平面选择	G56		选择坐标系 3
G18		*ZX* 平面选择	G57		选择坐标系 4
G19		*YZ* 平面选择	G58		选择坐标系 5
G20	08	英寸输入	G59		选择坐标系 6
G21		毫米输入	G65	00	子程序调用
G22		脉冲当量	G90	13	绝对值编程
G28	00	返回到参考点	G91		相对值编程
G29		由参考点返回	G92	00	坐标系设定
G40	09	刀具半径取消	G94	14	每分钟进给
G41		刀具半径左补偿	G95		每转进给
G42		刀具半径右补偿			

2.3.2 多轴加工编程常用软件

1. 手工编程

简单的多轴零件加工可以使用手工编程方法编制程序。分析零件图样、确定工艺过程、图像的数学处理、编写与输入程序、程序校验等流程主要由人工完成的编程称为手工编程。

2. 自动编程

自动编程是指利用计算机软件编制数控加工程序的过程。CAD/CAM 技术是指将零件的几何图形信息自动转换为数控加工程序的一种自动编程技术。它通常以待加工零件的CAD 模型为基础,调用数控编程模块,指定被加工特征,输入切削参数,由计算机自动进行数学处理,编制出加工程序,同时还能在软件中仿真出刀具的加工轨迹,并对加工过程进行验证。

由于多轴加工的零件图形较为复杂,计算量较大,所以多轴加工程序编制一般采用CAD/CAM 软件辅助自动编程完成。常用的多轴数控编程软件有:HyperMILL、PowerMILL、UG、Cimtron、MasterCAM 等。

第三章 Siemens NX软件四轴加工案例

3.1　零件工程图（图 3-1-1）

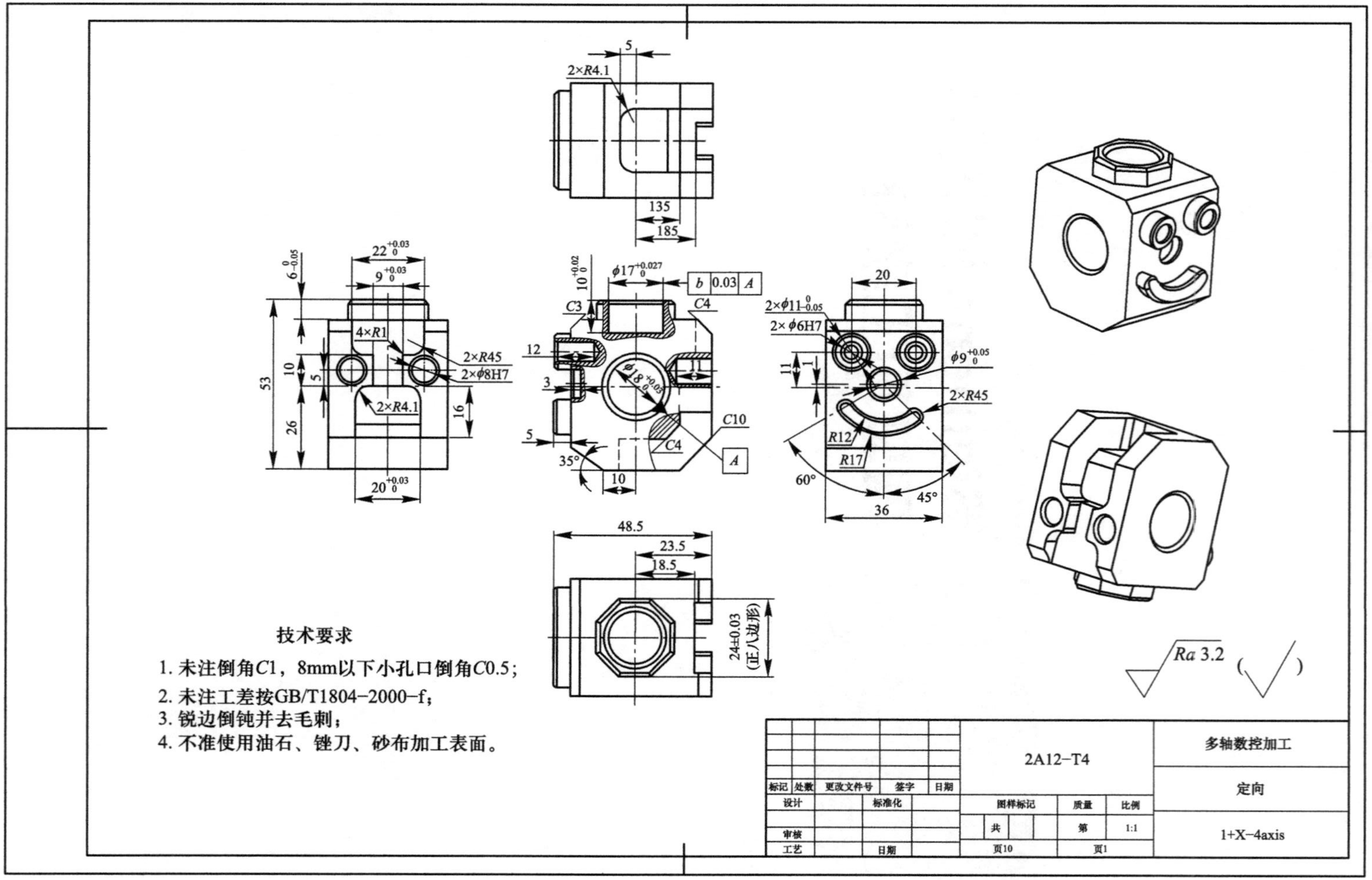

技术要求

1. 未注倒角 $C1$，8mm以下小孔口倒角 $C0.5$；
2. 未注工差按GB/T1804-2000-f；
3. 锐边倒钝并去毛刺；
4. 不准使用油石、锉刀、砂布加工表面。

标记	处数	更改文件号	签字	日期	2A12-T4			多轴数控加工
设计		标准化			图样标记	质量	比例	定向
审核					共	第	1:1	1+X-4axis
工艺		日期			页10	页1		

图 3-1-1　零件工程图

3.2 案例结构分析

该零件特征以型腔、凸台、平面、轮廓为主。零件左侧是八边形凸台特征与中心平底圆孔的组合，正面是一个由凸台与圆孔组合的笑脸图案，上下两侧是一个 ϕ18 mm 的通孔，笑脸的后方与右方是一个互通的异形腔体特征。此多轴定向加工案例采用数控车床加工 ϕ18 mm的通孔至标准尺寸作为毛坯，然后在通孔上套上合适的芯轴装夹在多轴机床上进行加工。

3.3 工艺规划

3.3.1 毛坯与工具清单

1. 毛坯

材料为 2A12－T4（GB/T 3880.2—2012），外形尺寸为 ϕ60 mm×36 mm，内孔尺寸为 ϕ18 mm，如图 3-3-1 所示。

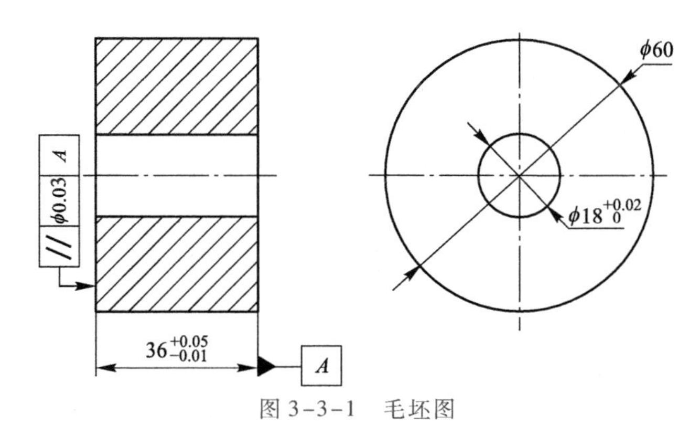

图 3-3-1 毛坯图

2. 工具及附件清单（表 3-1）

表 3-1 工具及附件清单

序号	名称	数量	序号	名称	数量
1	油石	1 块	6	卸刀扳手	1 个
2	毛刷	1 把	7	锉刀	1 把
3	棉布	若干	8	DNC 连线及通信软件	各 1
4	胶木榔头	1 个			
5	活动扳手	1 个	9	高性能计算机	1 台

3. 刀具清单（表 3-2）

表 3-2 刀具清单

序号	名称	规格/mm	数量	序号	名称	规格/mm	数量
1	立铣刀	ϕ10	1	2	立铣刀	ϕ8	1

续表

序号	名称	规格/mm	数量	序号	名称	规格/mm	数量
3	中心钻	$\phi3$	1	6	倒角刀	$\phi10$	1
4	麻花钻	$\phi5.8$、$\phi7.8$	1	7	刀柄	BT40	自定
5	铰刀	$\phi6H7$、$\phi8H7$	1				

4. 量具清单(表 3-3)

表 3-3 量 具 清 单

序号	名称	规格/mm	数量	序号	名称	规格/mm	数量
1	百分表		1	6	内径千分尺	0 ~ 25	1
2	杠杆百分表		1	7	游标卡尺	0 ~ 150	1
3	磁力表座		1	8	深度千分尺	0 ~ 100	1
4	外径千分尺	0 ~ 25	1	9	圆孔塞规	$\phi6H7$、$\phi8H7$	1
5		25 ~ 50	1	10	对刀工具		自定

3.3.2 机床选择

该零件主要是对六面体的 4 个侧面的定向加工,需要铣、钻、扩、绞、攻丝等多工序,在普通机床上加工难度比较大,需要多次装夹和找正,而且加工精度很难保证。因此采用带 A 轴回转工作台的四轴立式加工中心,此机床为一种高效通用的自动化机床。该机床应具有 CNC 标准功能,可完成铣、镗、钻、铰、攻丝等多种工序的切削加工,附带的 A 轴回转工作台,适用于各种复杂零件的加工,具体外形及参数如图 3-3-2 所示。

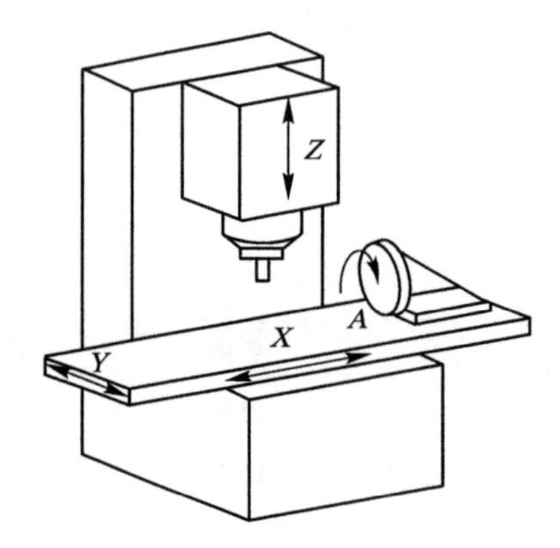

VMC-V8技术参数	
X/Y/Z行程	600mm/400mm/420mm
A轴	360°回转
主轴最高转速 r/min	12000

图 3-3-2 四轴立式加工中心外形及参数

3.3.3 装夹方案

毛坯已经预制了安装中心孔 $\phi18$ mm。因此,采用芯轴方式进行装夹,利用螺纹将其锁紧在芯轴上。为保证零件与工作台的加工干涉,必须在芯轴上设计避让台阶。芯轴与工作台的连接同样采用轴孔配合,以保证芯轴与工作台的同心度要求。芯轴结构如图 3-3-3 所示。

3.3.4 工艺路线的确定

根据先粗后精,先主后次,先面后孔的加工原则,加工工艺路线见表 3-4。

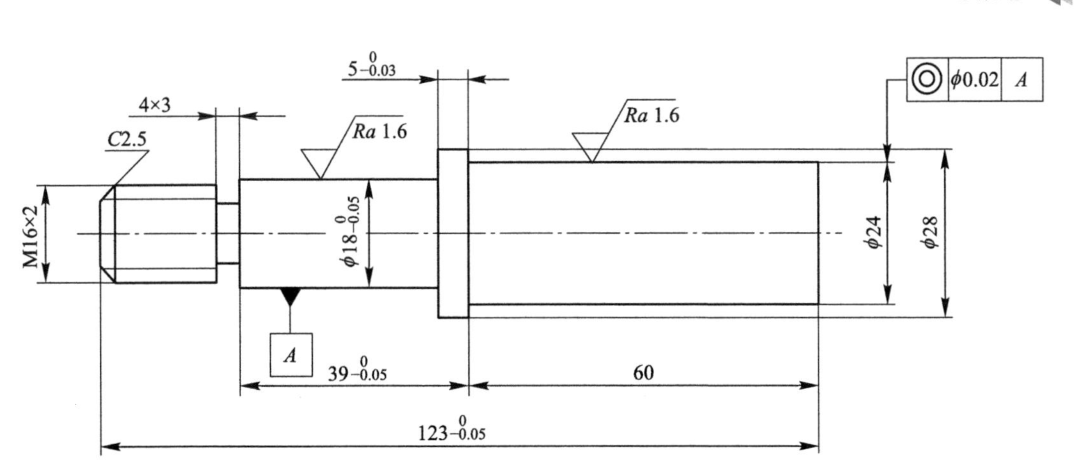

图 3-3-3 芯轴结构

表 3-4 加工工艺路线

工序号	工序名称	加工刀具	加工内容	设计效果流程图
1	侧面粗加工	ϕ8 立铣刀（粗加工）	对四个侧面进行粗加工，此次开粗采用【型腔铣】方式，并在零件的底面和侧面各留下 0.2mm 的余量进行精修	
2	平面、凸台精加工	ϕ8 立铣刀（精加工）	由于开粗过后的底面和侧面留有余量，所以需要采用【底壁铣】方式对工件的平面和凸台进行精加工	
3	钻、扩、铰孔	ϕ8 立铣刀，ϕ5.8、ϕ7.8 钻头，ϕ3 中心钻，ϕ8H7 铰刀	对零件上的所有孔进行点孔→钻孔→扩孔/铰孔。点孔、钻孔、铰孔均可采用【钻孔】方式完成，扩孔采用【孔铣】方式完成	

续表

工序号	工序名称	加工刀具	加工内容	设计效果流程图
4	倒斜角	ϕ10 倒角刀	对零件斜角特征进行倒斜角处理，采用【平面铣】方式进行加工，刀具创建 ϕ10 倒角刀完成刀路计算	

 3.4 三维建模

3.4.1 新建模型文件

本次三维建模采用 UG 软件，创建此次加工所需要的零件模型，如图 3-4-1 所示。

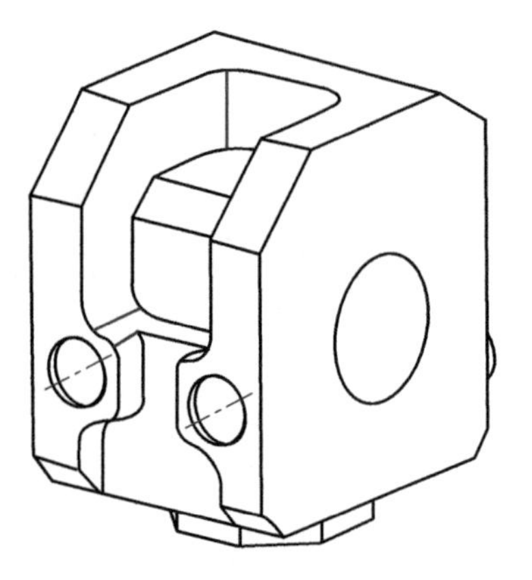

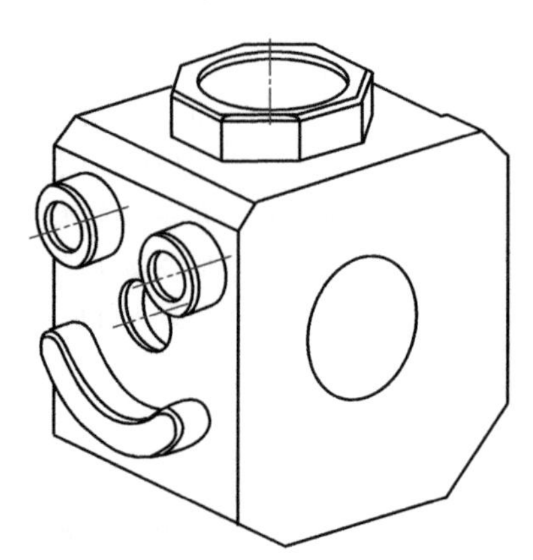

图 3-4-1 加工零件模型

点击左键选择【新建】，如图 3-4-2 所示。弹出"新建"对话框，如图 3-4-3 所示(此时软件自动生成名称、保存路径，可根据需要进行更改)。选择【模型】栏，并选择【模型】选项，点击【确定】即完成模型文件的建立并进入绘图界面。

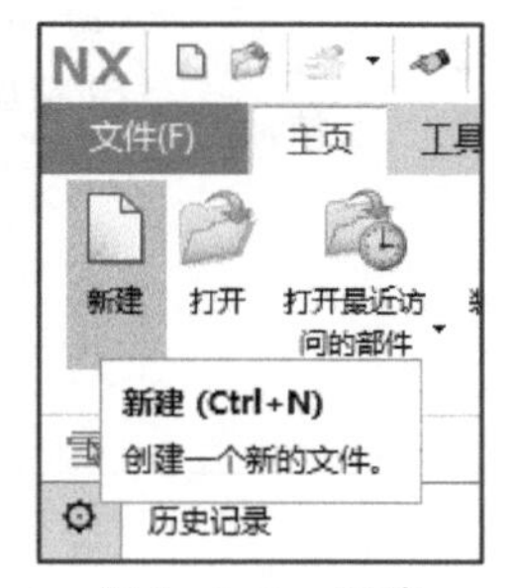

图 3-4-2 新建模型文件

3.4.2 新建草图

点击选择【菜单】→【插入】→【草图】，如图 3-4-4 所示。弹出"创建草图"对话框；点击选择 *YZ* 平面，如图 3-4-5 所示，点击【确定】即进入草图绘制界面。

绘制草图及建模(一)

3.4.3 绘制草图及建模(一)

(1) 点击选择【菜单】→【插入】→【草图曲线】→【圆】(也可点击绘图界面上方工具条内对应图标选择，或输入快捷键"O"即可调用"圆"命令)，如图 3-4-6 所示。弹出"圆"对话框，如图 3-4-7 所示，点击指定圆心位置(或直接输入圆心对应坐标 *XC*、*YC* 值，输入"回车")，输入直径"18"后，输入"回车"，

即完成圆的绘制，如图 3-4-8 所示。

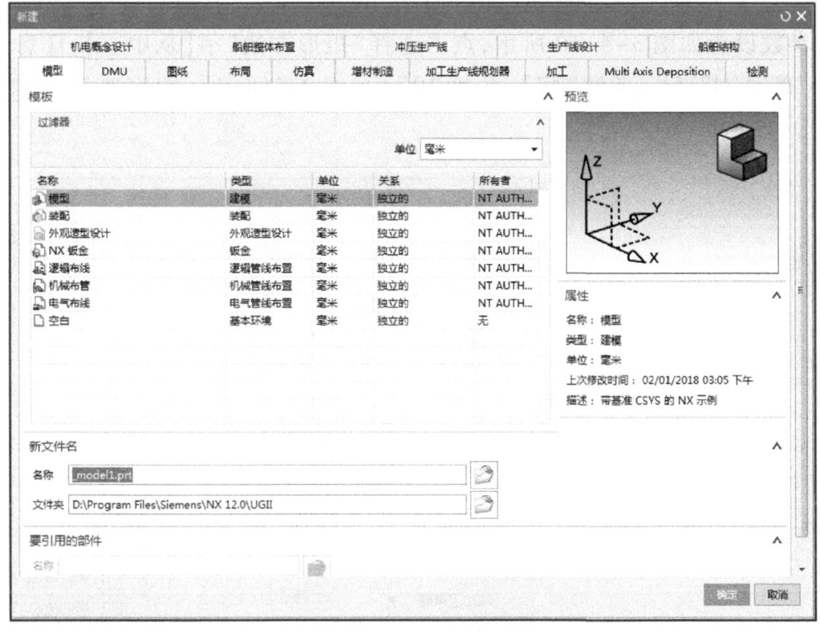

图 3-4-3　“新建”对话框

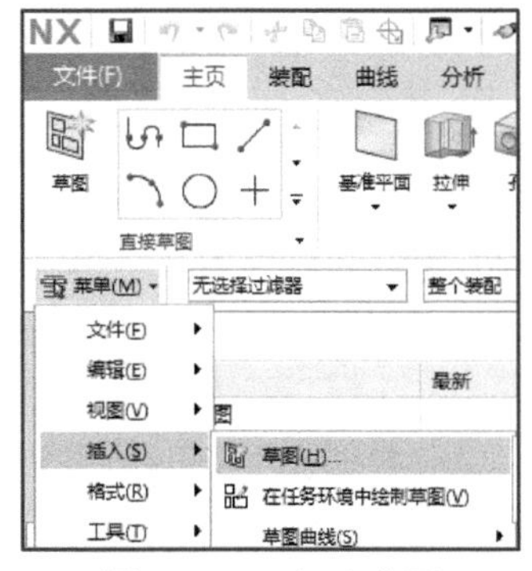

图 3-4-4　新建草图

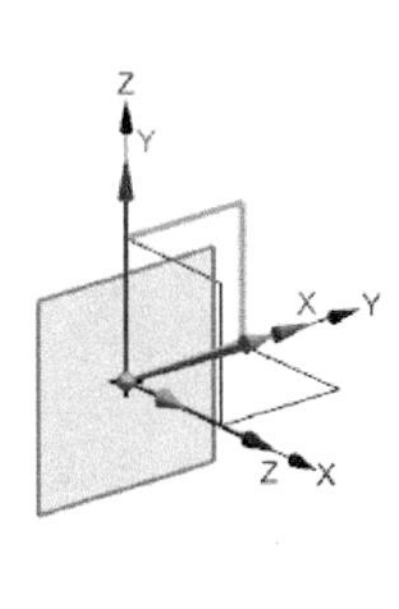

图 3-4-5　创建草图平面

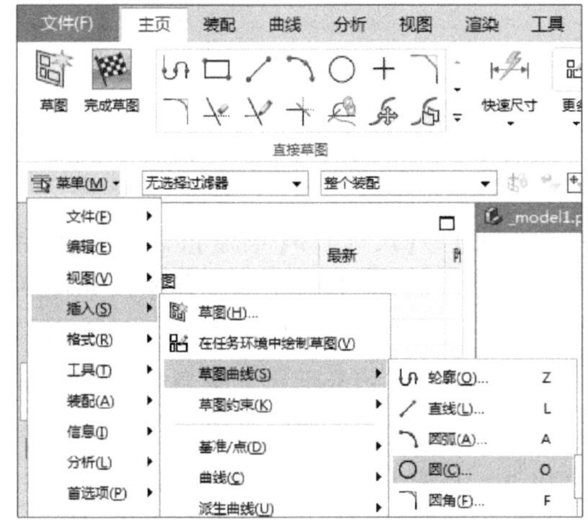

图 3-4-6　选择“圆”命令

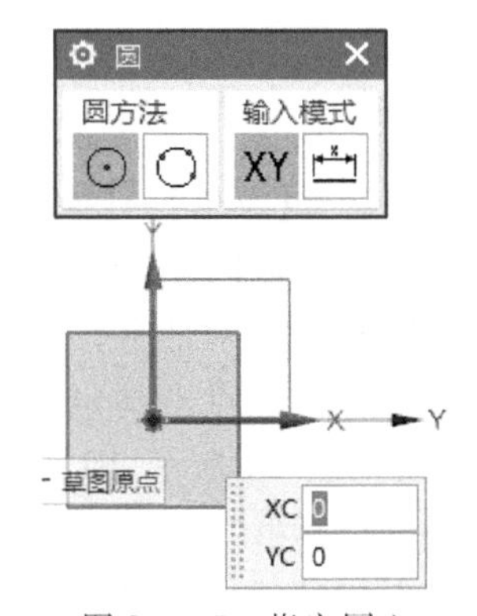

图 3-4-7　指定圆心

（2）点击选择【菜单】→【插入】→【草图曲线】→【矩形】（也可点击绘图界面上方工具条内对应图标选择，或输入快捷键“R”即可调用“矩形”命令），如图 3-4-9 所示。弹出“矩形”对话框，参数设置如图 3-4-10 所示，点击选择“矩形方法”→【从中心】，任意点击指定中心位置，输入宽度“43.5”、高度“47”、角度“0”后，输入“回车”，即完成矩形的绘制，如图 3-4-11所示。

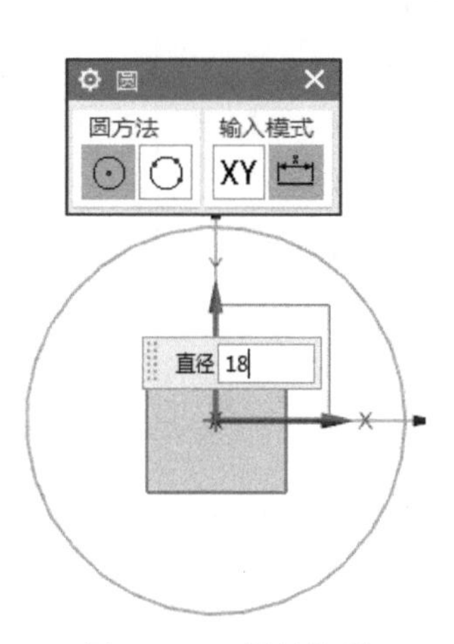

图 3-4-8 圆的绘制

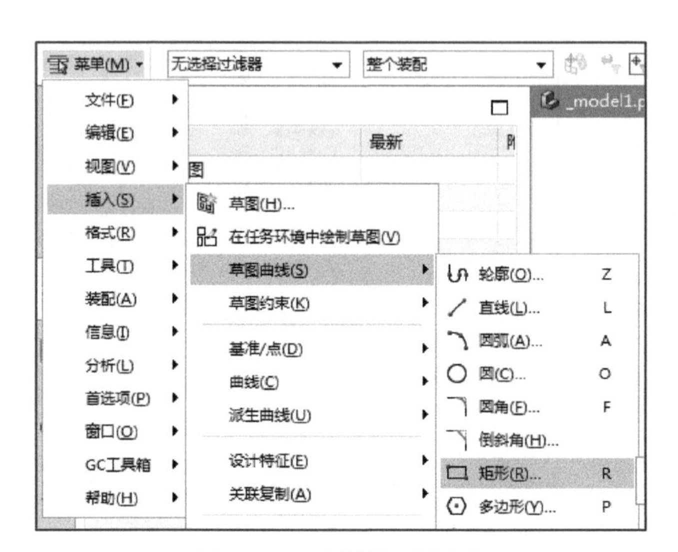

图 3-4-9 选择“矩形”命令

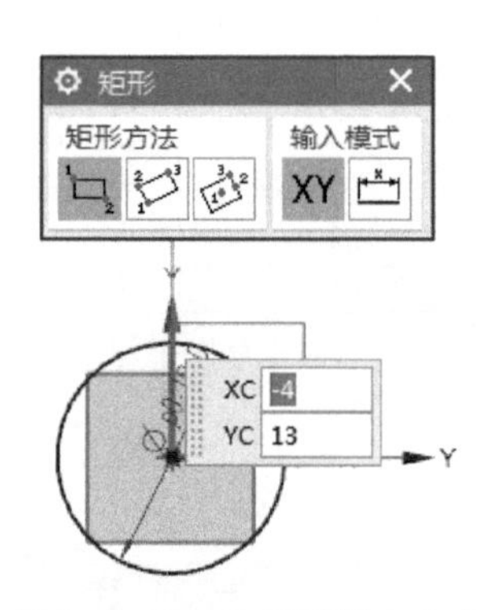

图 3-4-10 选择矩形中心点

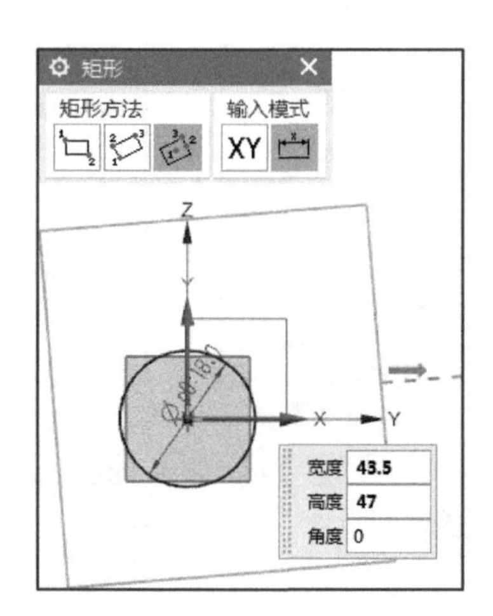

图 3-4-11 矩形的绘制

（3）点击选择【菜单】→【插入】→【草图约束】→【尺寸】→【快速】（也可点击绘图界面上方工具条内对应图标选择，或输入快捷键“D”即可调用“快速尺寸”命令），如图 3-4-12 所示。弹出“快速尺寸”对话框，分别点击“选择第一个对象”为坐标 *Y* 轴，“选择第二个对象”为矩形右边线。任意点击指定尺寸线位置，如图 3-4-13 所示。输入距离“23.5”后，输入“回车”，如图 3-4-14 所示，即完成矩形 *X* 向尺寸约束。继续使用此命令“选择第一个对象”为坐标 *X* 轴，“选择第二个对象”为矩形下边线。任意点击指定尺寸线位置，如图 3-4-15 所示。输入距离“26”后，输入“回车”，即完成矩形 *Y* 向尺寸约束，如图 3-4-16 所示。

图 3-4-12 选择“快速尺寸”命令

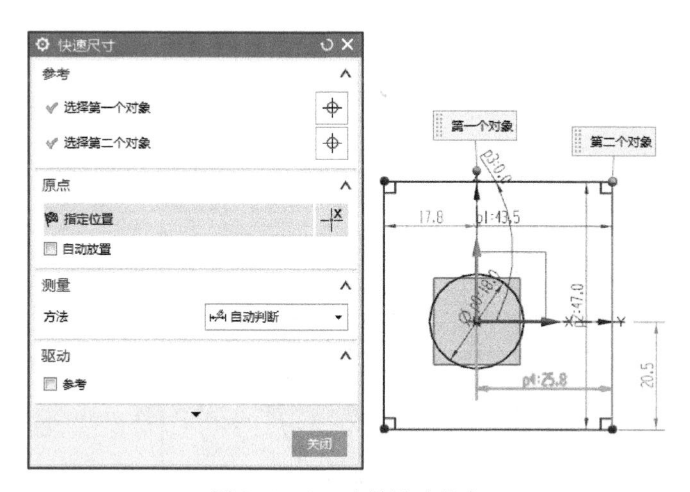

图 3-4-13 选择尺寸约束

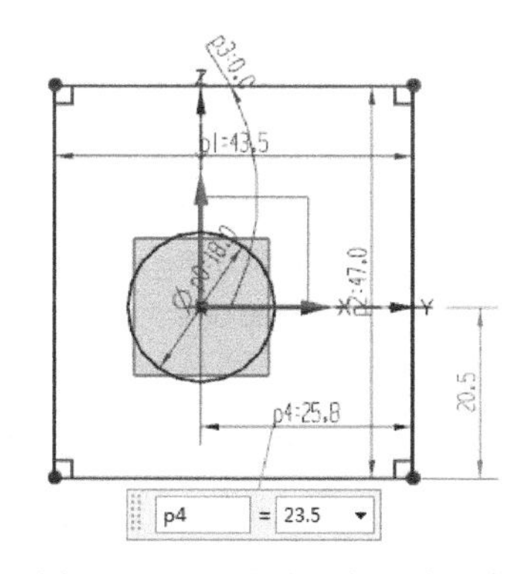

图 3-4-14 矩形 X 向尺寸约束

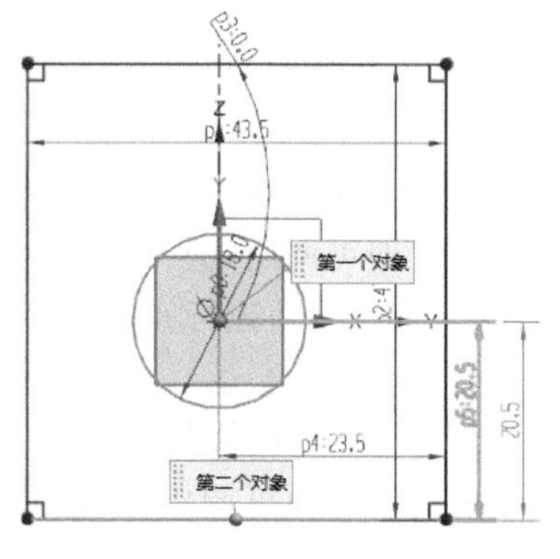

图 3-4-15 选择尺寸约束

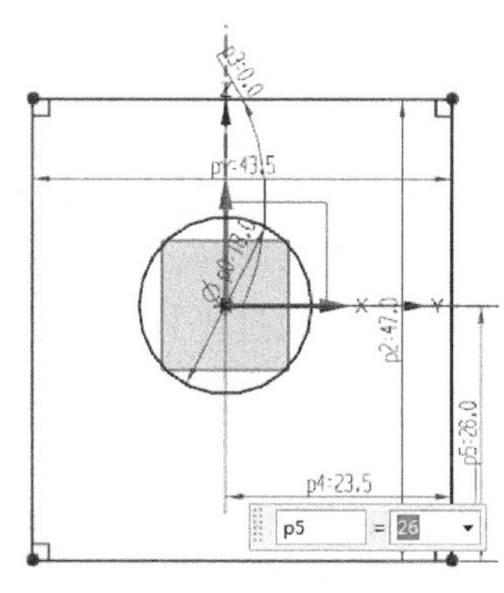

图 3-4-16 矩形 Y 向尺寸约束

（4）点击选择【菜单】→【插入】→【草图曲线】→【倒斜角】（也可点击绘图界面上方工具条内对应图标选择即可调用“倒斜角”命令），如图 3-4-17 所示。弹出“倒斜角”对话框，如图 3-4-18 所示。分别点击选择两条需倒角边线，移动光标到指定倒角方向，输入所需倒角距离“3”后，输入“回车”，如图 3-4-19 所示，即完成对应倒角。参考操作完成其余倒斜角，如图 3-4-20 所示。

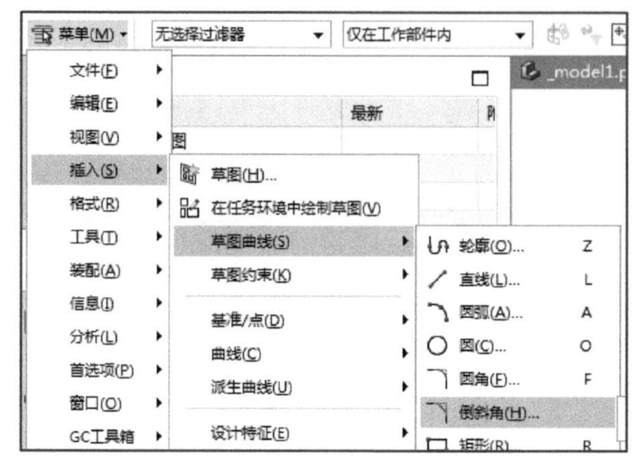

图 3-4-17 选择“倒斜角”命令

图 3-4-18 “倒斜角”对话框

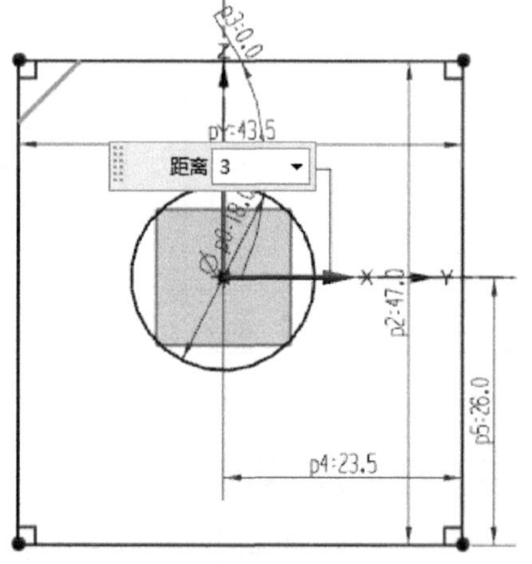

图 3-4-19 指定倒斜角尺寸

（5）点击选择【菜单】→【插入】→【草图曲线】→【直线】（也可点击绘图界面上方工具条内对应图标选择，或输入快捷键“L”即可调用“直线”命令），如图 3-4-21 所示。弹出“直线”对话框；通过光标点击选择直线起点，移动光标点击选择直线终点，如图 3-4-22 所示，即完成直线的绘制。

（6）点击选择【菜单】→【编辑】→【草图曲线】→【快速修剪】（也可点击绘图界面上方工具条内对应图标选择，或输入快捷键“T”即可调用“快速修剪”命令），如图 3-4-23 所示。弹出“快速修剪”对话框，先选择边界曲线，再移动光标分别点击选择需修剪的曲线（或长按鼠标左键拖动选择需修剪曲线），如图 3-4-24 所示。参考操作完成其余曲线的修剪，如图 3-4-25所示。

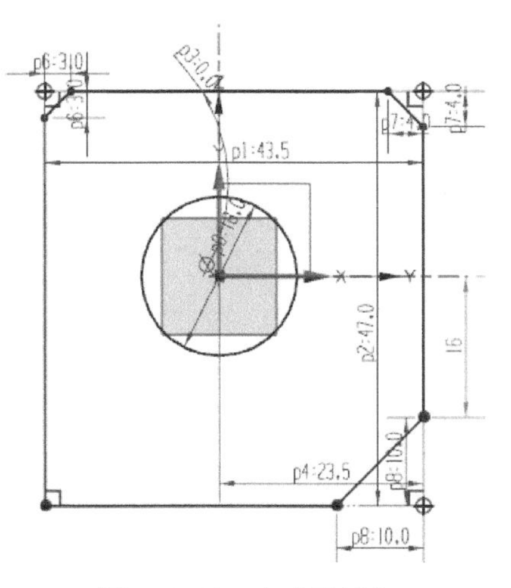

图 3-4-20 完成倒斜角

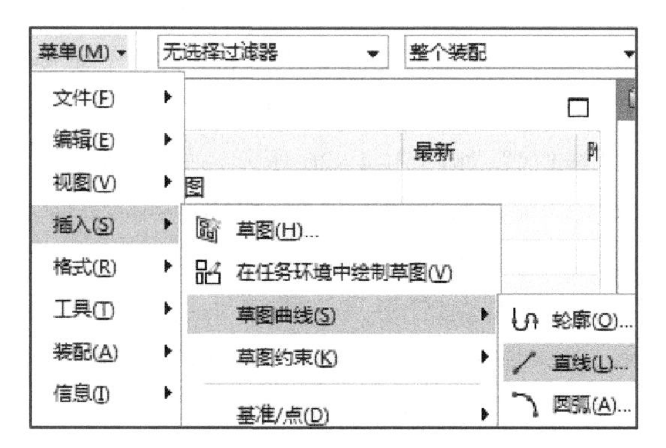

图 3-4-21 选择“直线”命令

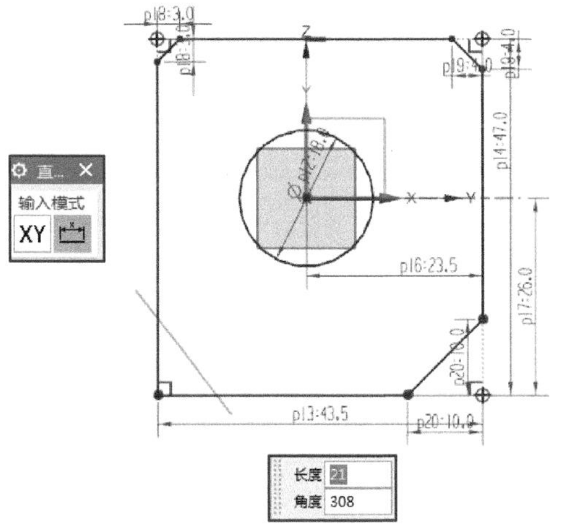

图 3-4-22 直线的绘制

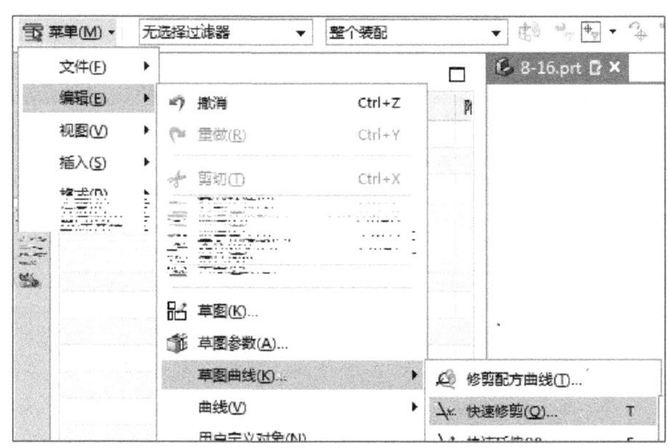

图 3-4-23 选择“快速修剪”命令

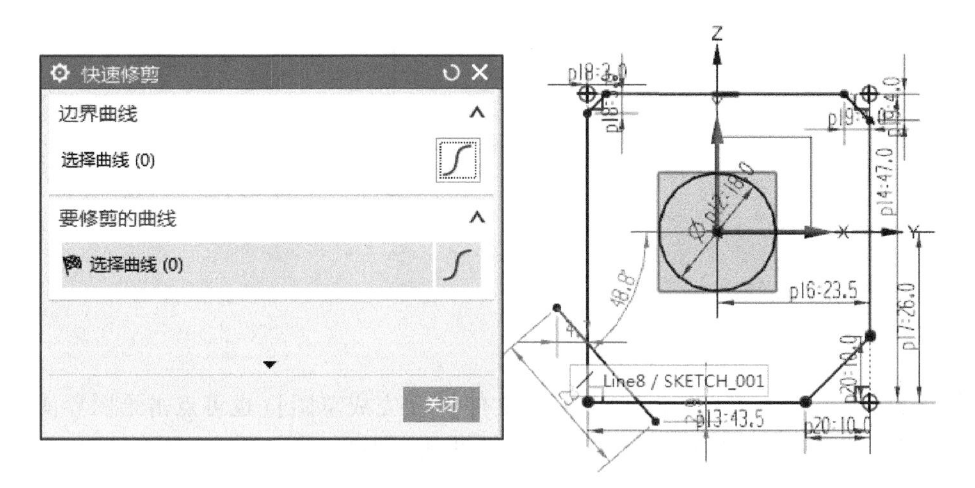

图 3-4-24 选择需修剪的曲线

（7）点击选择【菜单】→【插入】→【草图约束】→【尺寸】→【快速】（也可点击绘图界面上方工具条内对应图标选择，或输入快捷键“D”即可调用“快速尺寸”命令），弹出“快速尺寸”对话框。分别点击“选择第一个对象”为刚绘制的直线，“选择第二个对象”为矩形下边线，移动光标点击指定尺寸线位置，如图 3-4-26 所示。输入角度“35”后，输入“回车”，即完成直线角度约束，如图 3-4-27 所示。继续使用此命令“选择第一个对象”为坐标 *Y* 轴，“选择第二个对象”为直线下端点，任意点击指定尺寸线位置，如图 3-4-28 所示。输入距离“10”后，输入“回车”，即完成直线尺寸约束，如图 3-4-29 所示。

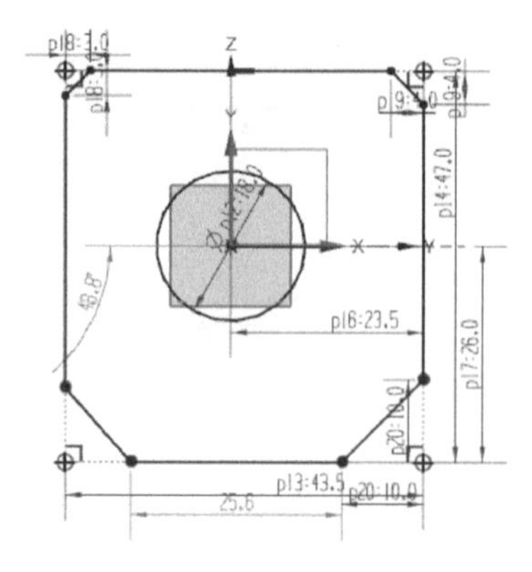

图 3-4-25　完成曲线修剪

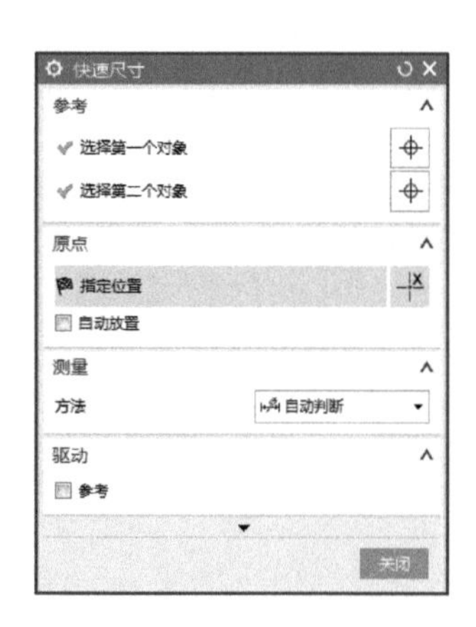

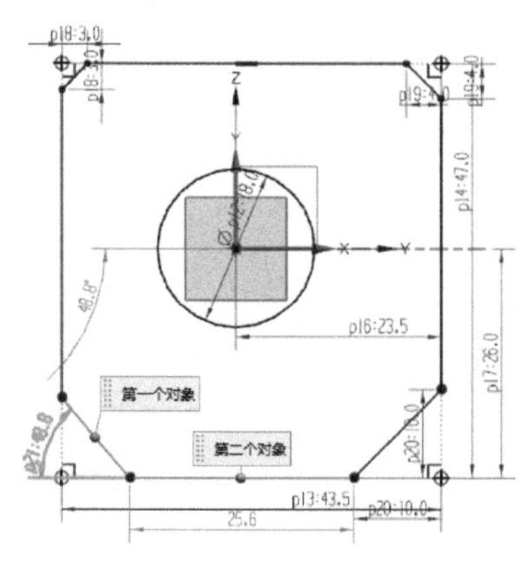

图 3-4-26　选择尺寸约束

图 3-4-27　直线角度约束

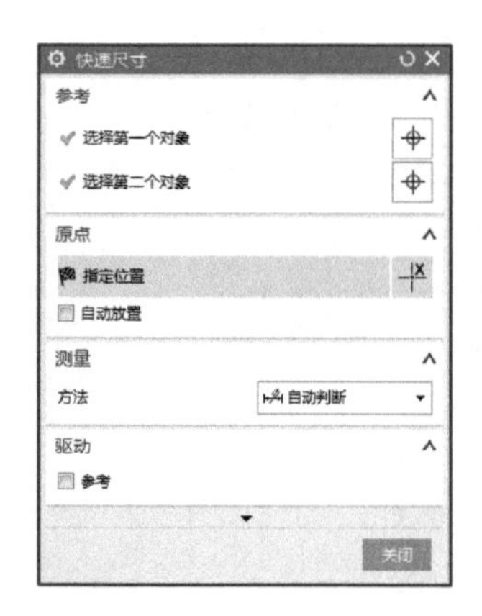

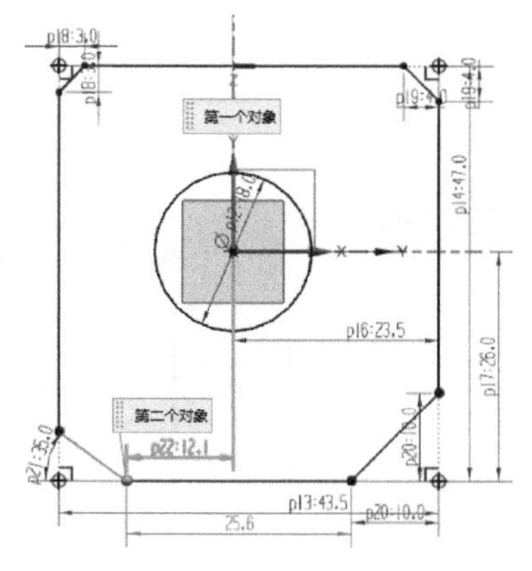

图 3-4-28　选择尺寸约束

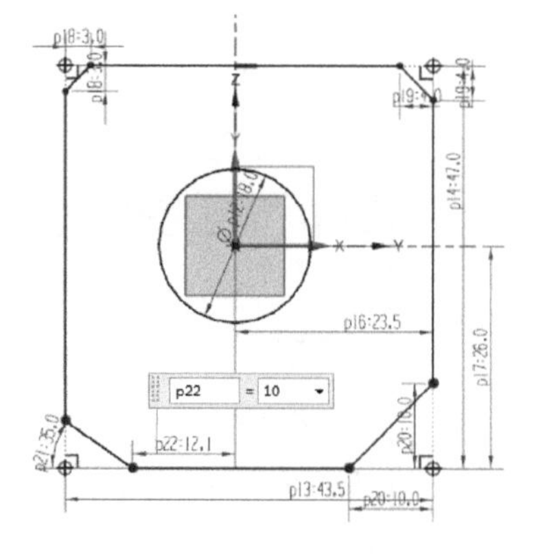

图 3-4-29　完成直线尺寸约束

草图拉伸

（8）点击选择【菜单】→【文件】→【完成草图】（也可点击绘图界面上方工具条内对应图标选择，或输入快捷键“Q”即可完成草图），如图 3-4-30 所示。

3.4.4　草图拉伸

点击选择【菜单】→【插入】→【设计特征】→【拉伸】（也可点击绘图界面

上方工具条内对应图标选择,或输入快捷键“X”即可调用“拉伸”命令),如图 3-4-31 所示。弹出“拉伸”对话框,如图 3-4-32 所示。点击展开过滤器选项,选择“区域边界曲线”,如图 3-4-33 所示。点击选择需拉伸的曲线,输入拉伸距离“36”后,点击【确定】,即完成拉伸,如图 3-4-34 所示。

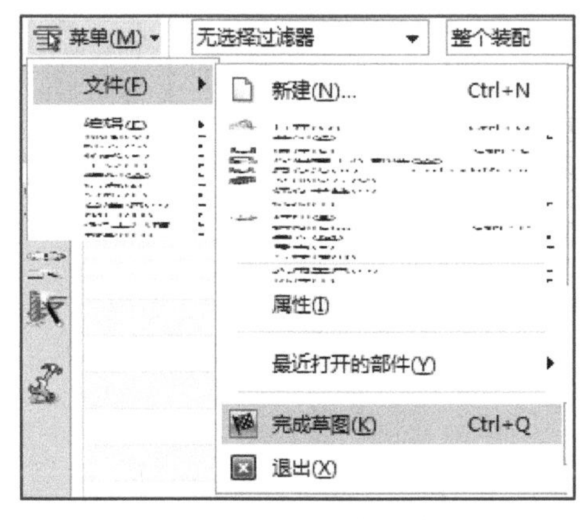

图 3-4-30 选择“完成草图”

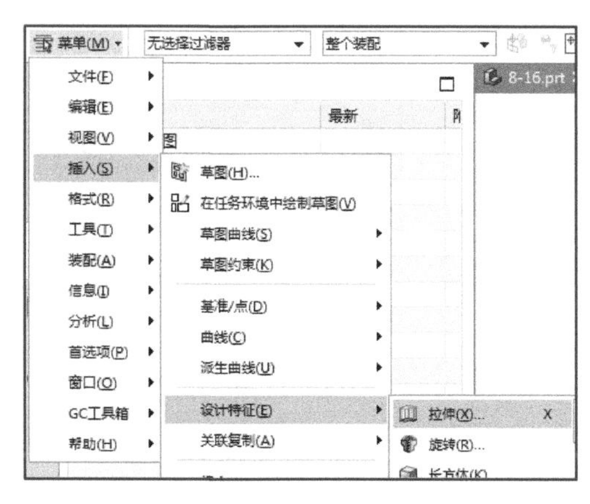

图 3-4-31 选择“拉伸”命令

图 3-4-32 “拉伸”对话框

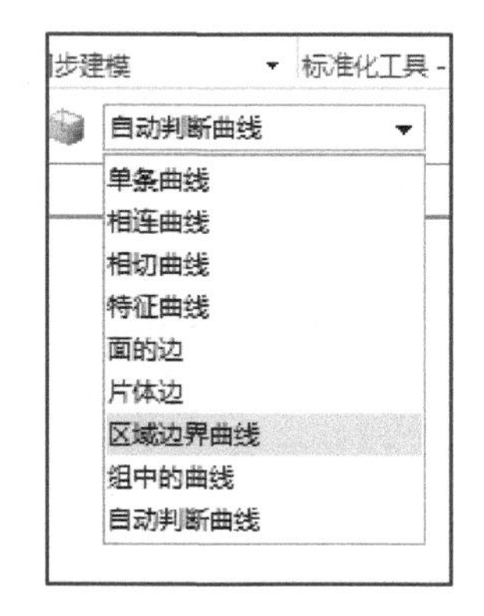

图 3-4-33 选择“区域边界曲线”

3.4.5 绘制草图及建模(二)

(1) 点击选择【菜单】→【插入】→【草图】,弹出“创建草图”对话框。点击选择以拉伸实体的对应平面,点击【确定】即进入草图绘制界面,如图 3-4-35 所示。

绘制草图及建模(二)

(2) 点击选择【菜单】→【插入】→【草图曲线】→【圆】(也可点击绘图界面上方工具条内对应图标选择,或输入快捷键“O”即可调用“圆”命令)弹出“圆”对话框。点击指定圆心位置,输入直径“11”后,输入“回车”,即完成一个圆的绘制,如图 3-4-36 所示。再将光标向右移动(此时软件会自动捕捉同直线约束)点击指定第二个圆心位置,即完成第二个圆的绘制,如图 3-4-37 所示。输入直径“9”后,输入“回车”,并指定圆心位置,即完成第三个圆的绘制,如图 3-4-38 所示。参考操作完成其余圆的绘制，如图 3-4-39 所示。

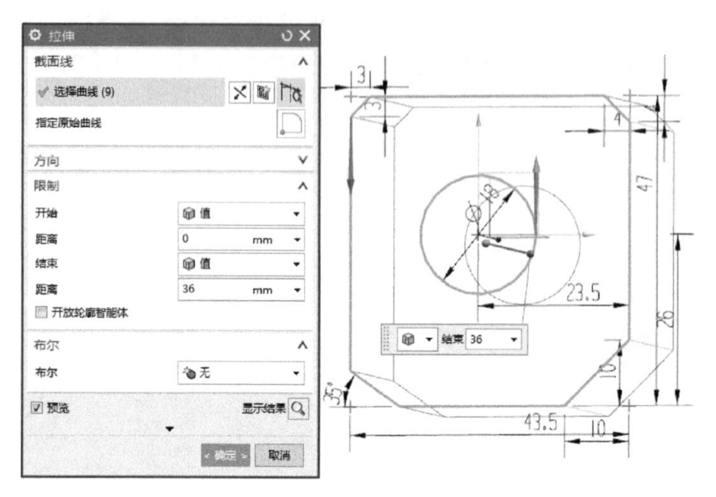

图 3-4-34　完成拉伸

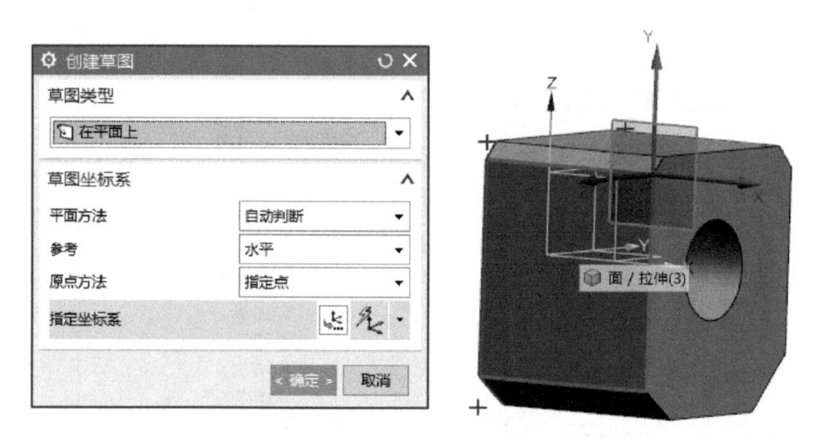

图 3-4-35　选择草图平面

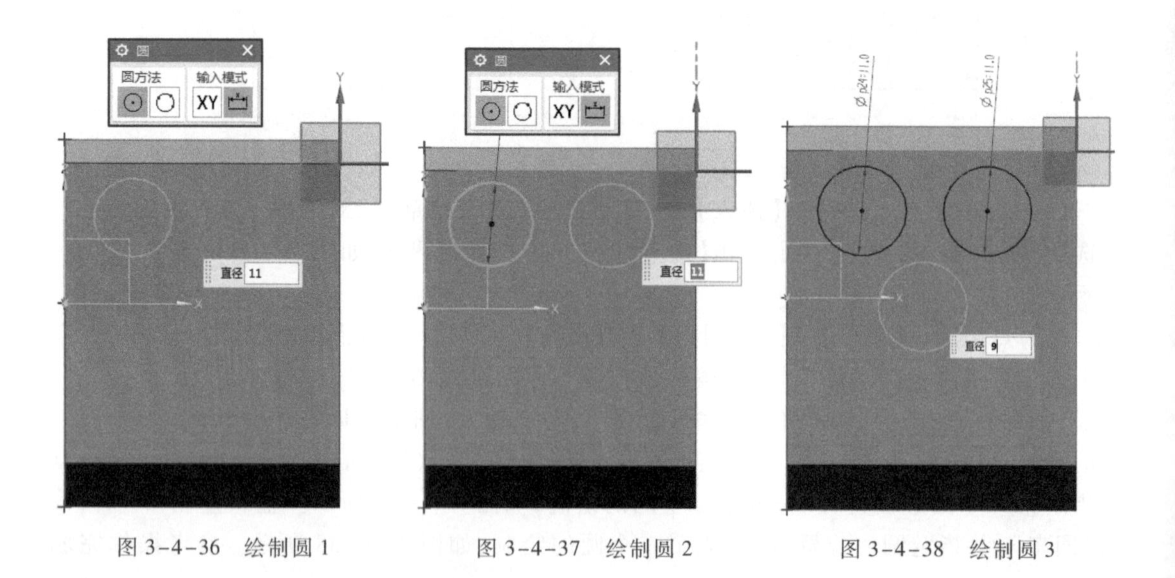

图 3-4-36　绘制圆 1　　图 3-4-37　绘制圆 2　　图 3-4-38　绘制圆 3

（3）点击选择【菜单】→【插入】→【草图曲线】→【直线】（也可点击绘图界面上方工具条内对应图标选择，或输入快捷键“L”即可调用“直线”命令），弹出“直线”对话框。通过光标点击选择 $\phi 9$ mm 圆的圆心为起点，输入长度“20”后，输入“回车”，输入角度“210”后，输入“回车”；如图 3-4-40 所示。再次点击选择 $\phi 9$ mm 圆的圆心为起点，输入长度“20”后，输入“回车”，输入角度“315”后，输入“回车”，即完成直线的绘制，如图 3-4-41 所示。

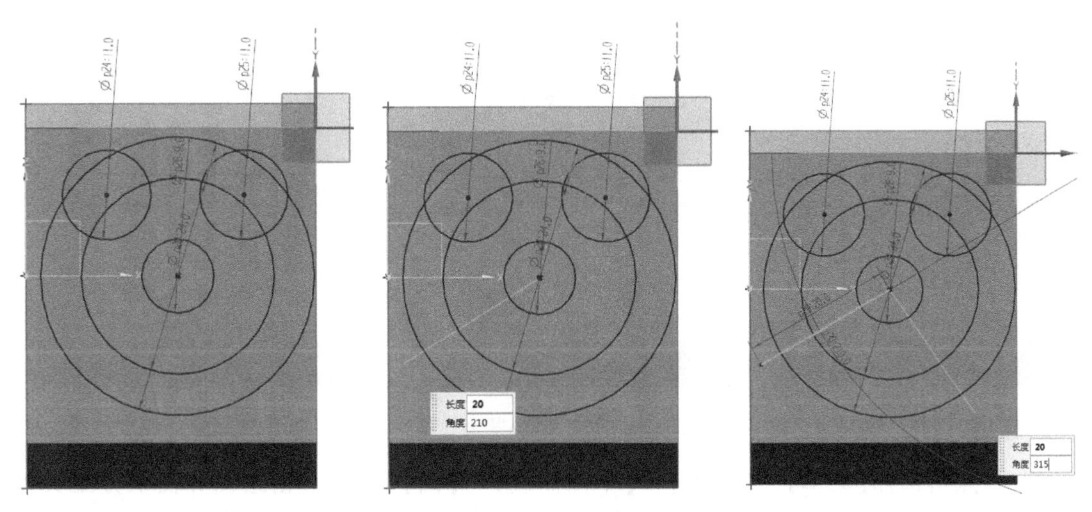

图 3-4-39 完成圆绘制　　图 3-4-40 绘制直线 1　　图 3-4-41 绘制直线 2

（4）点击选择【菜单】→【插入】→【草图约束】→【尺寸】→【快速】（也可点击绘图界面上方工具条内对应图标选择，或输入快捷键“D”即可调用“快速尺寸”命令），弹出“快速尺寸”对话框。分别点击“选择第一个对象”为基准坐标 X 轴，“选择第二个对象”为 $\phi 11$ mm 圆圆心。任意点击指定尺寸线位置，输入距离“11”后，输入“回车”，即完成一个尺寸约束，如图 3-4-42 所示。参考操作完成其余尺寸约束，如图 3-4-43 所示。

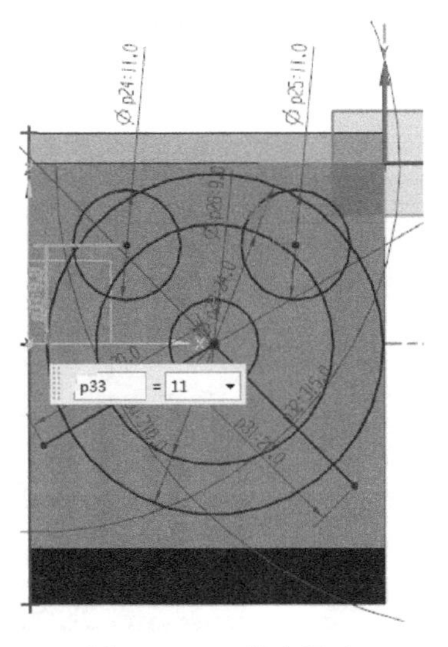

图 3-4-42 指定尺寸

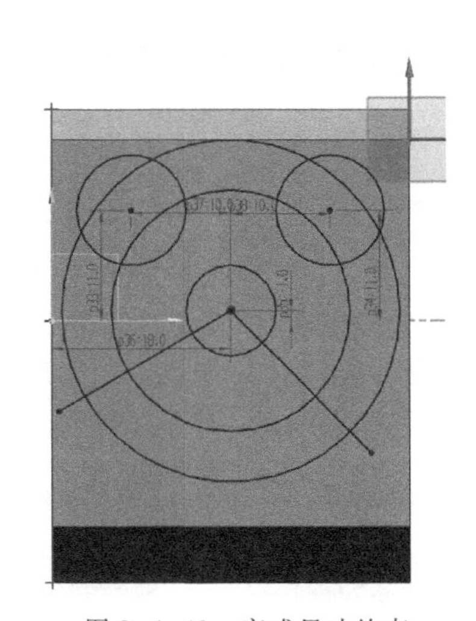

图 3-4-43 完成尺寸约束

（5）点击选择【菜单】→【编辑】→【草图曲线】→【快速修剪】（也可点击绘图界面上方工具

条内对应图标选择，或输入快捷键“T”即可调用“快速修剪”命令)，弹出“快速修剪”对话框。移动光标分别点击选择需修剪的曲线(或长按鼠标左键拖动选择需修剪曲线)，如图 3-4-44 所示。可光标点击选择其他多余线段后，自动弹出对话框，点击【删除】即可删除已选择线段，如图 3-4-45 所示。重复此操作至图 3-4-46 效果。

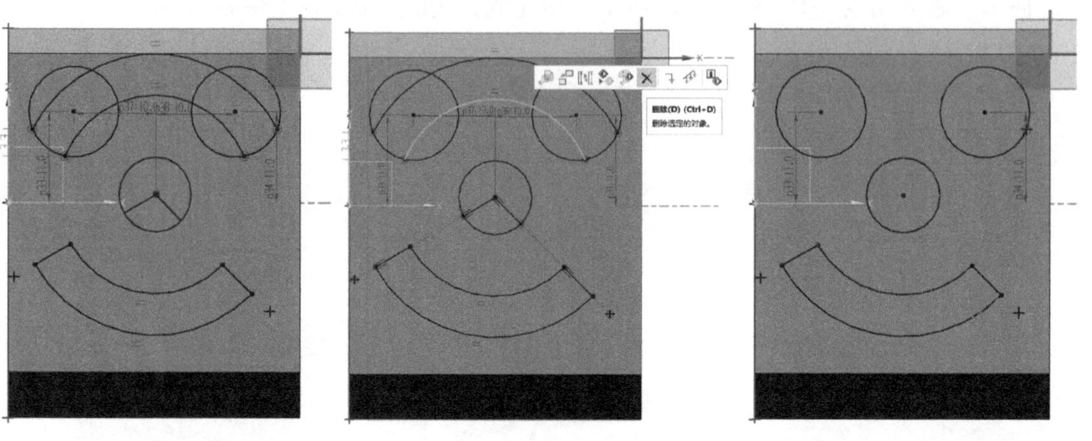

图 3-4-44 选择需修剪的曲线　　图 3-4-45 删除多余线段　　图 3-4-46 完成删除

(6) 点击选择【菜单】→【插入】→【草图曲线】→【圆】(也可点击绘图界面上方工具条内对应图标选择，或输入快捷键“O”即可调用“圆”命令)，弹出“圆”对话框，点击选择直线中点为圆心位置，输入直径“5”后，输入“回车”，即完成一个圆的绘制，如图 3-4-47 所示。参考操作完成其余圆的绘制，如图 3-4-48 所示。

(7) 点击选择【菜单】→【编辑】→【草图曲线】→【快速修剪】(也可点击绘图界面上方工具条内对应图标选择，或输入快捷键“T”即可调用“快速修剪”命令)，弹出“快速修剪”对话框。移动光标分别点击选择需修剪端的曲线(或长按鼠标左键拖动选择需修剪的曲线)，如图 3-4-49 所示。

(8) 点击选择【菜单】→【文件】→【完成草图】(也可点击绘图界面上方工具条内对应图标选择，或输入快捷键“Q”即可完成草图)。

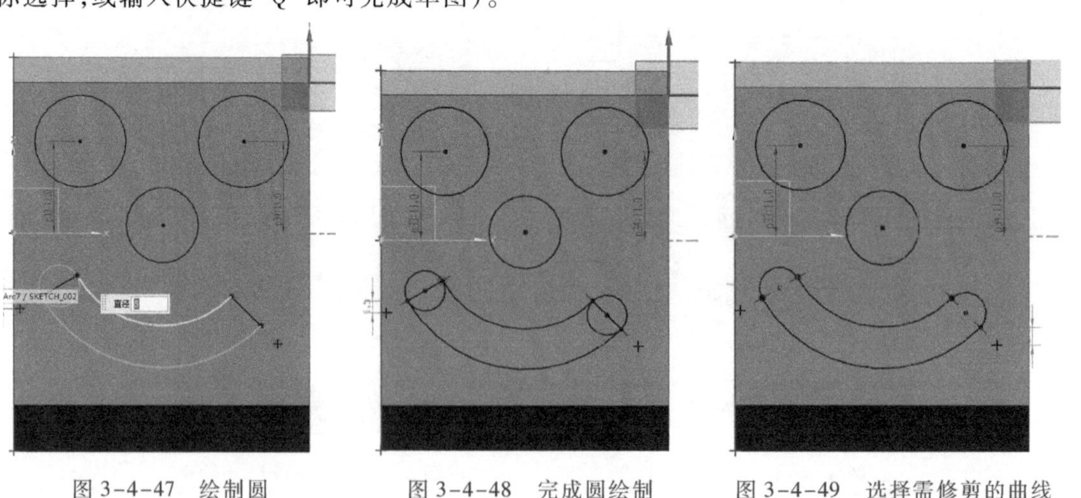

图 3-4-47 绘制圆　　图 3-4-48 完成圆绘制　　图 3-4-49 选择需修剪的曲线

3.4.6 绘制草图及建模(三)

(1) 点击选择【菜单】→【插入】→【草图】,弹出“创建草图”对话框,点击选择以拉伸实体的对应平面为草图平面,如图3-4-50所示。点击【确定】即进入草图绘制界面。

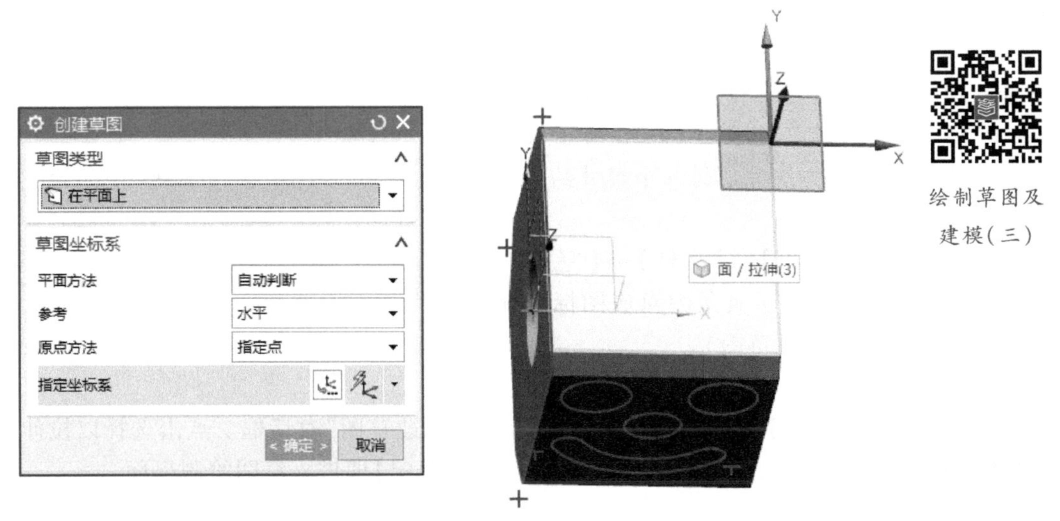

图3-4-50 选择草图平面

(2) 点击选择【菜单】→【插入】→【草图曲线】→【多边形】(也可点击绘图界面上方工具条内对应图标选择,或输入快捷键“P”即可调用“多边形”命令),如图3-4-51所示。弹出“多边形”对话框,输入边数“8”后,输入“回车”,如图3-4-52所示;点击【指定点】,移动光标点击指定中心位置,输入半径“12”后,输入“回车”;输入旋转“0”后,输入“回车”,即完成八边形的绘制,如图3-4-53所示。

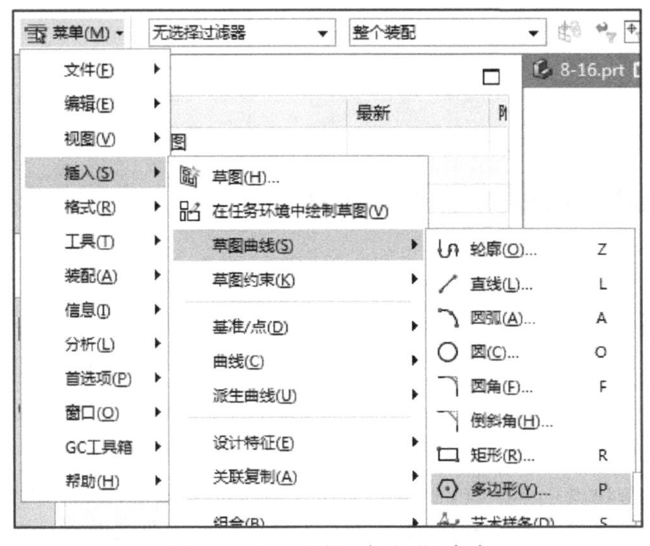

图3-4-51 选择“多边形”命令

(3) 点击选择【菜单】→【插入】→【草图曲线】→【圆】(也可点击绘图界面上方工具条内对应图标选择,或输入快捷键“O”即可调用“圆”命令),弹出“圆”对话框。点击选择多边形中心为圆心位置,输入直径“18”后,输入“回车”,即完成圆的绘制,如图3-4-54所示。

（4）点击选择【菜单】→【插入】→【草图约束】→【尺寸】→【快速】（也可点击绘图界面上方工具条内对应图标选择，或输入快捷键“D”即可调用“快速尺寸”命令），弹出“快速尺寸”对话框。分别点击“选择第一个对象”为基准坐标 X 轴，“选择第二个对象”为 ϕ18 mm 圆的圆心。任意点击指定尺寸线位置，输入距离“0”后，输入“回车”，如图 3-4-55 所示，即完成一个尺寸约束。同样方法完成另一个尺寸约束，如图 3-4-56 所示。

（5）点击选择【菜单】→【文件】→【完成草图】（也可点击绘图界面上方工具条内对应图标选择，或输入快捷键“Q”即可完成草图）。

图 3-4-52　指定边数

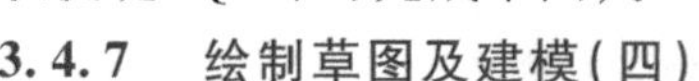

3.4.7　绘制草图及建模（四）

（1）点击选择【菜单】→【插入】→【草图】，弹出“创建草图”对话框。点击选择以拉伸实体的对应平面为草图平面，如图 3-4-57 所示。点击【确定】即进入草图绘制界面。

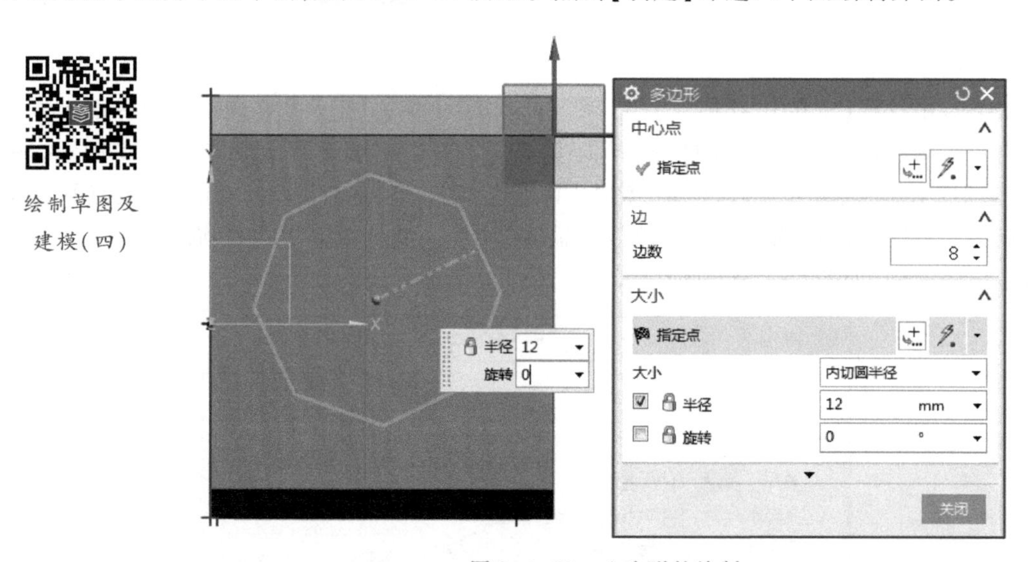

图 3-4-53　八边形的绘制

（2）点击选择【菜单】→【插入】→【草图曲线】→【直线】（也可点击绘图界面上方工具条内对应图标选择，或输入快捷键“L”即可调用“直线”命令），弹出“直线”对话框。通过光标点击选择上边线中点为起点，如图 3-4-58 所示。点击选择下边线中点为终点，如图 3-4-59所示。再次点击选择 ϕ18 mm 圆的圆心为起点，如图 3-4-60 所示。输入长度“36”后，输入“回车”；输入角度“180”后，输入“回车”；即完成直线的绘制，如图 3-4-61 所示。

（3）点击选择【菜单】→【插入】→【草图曲线】→【偏置曲线】（也可点击绘图界面上方工具条内对应图标选择“偏置曲线”命令），如图 3-4-62 所示。弹出“偏置曲线”对话框；如图3-4-63 所示。点击选择需偏置曲线，输入偏置距离“4.5”后，输入“回车”，如图 3-4-64 所示。参考操作完成其余曲线偏置，如图 3-4-65 所示。

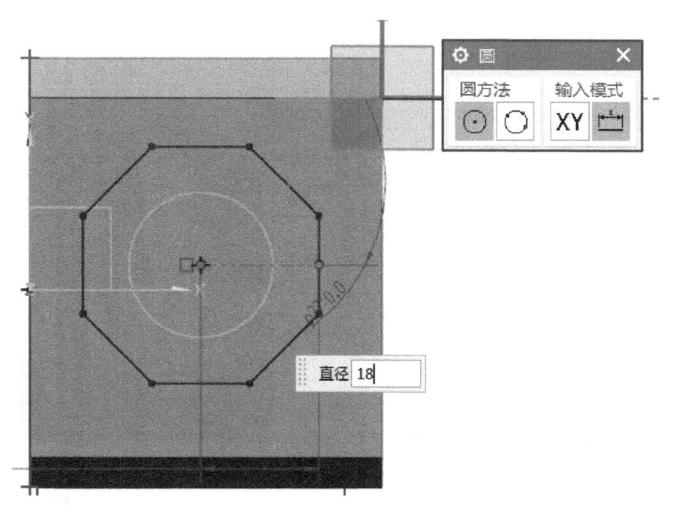

图 3-4-54 完成圆的绘制

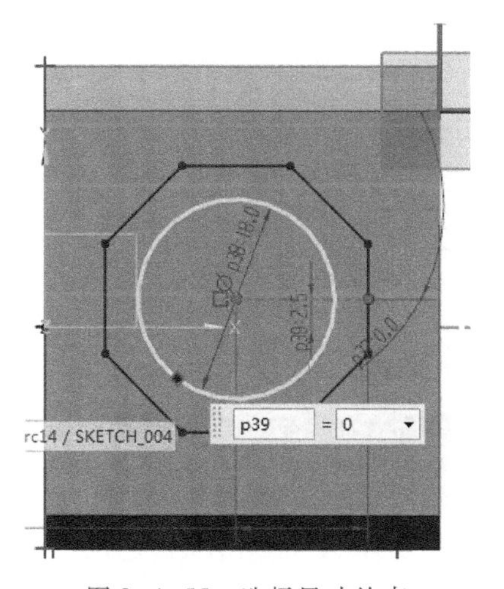

图 3-4-55 选择尺寸约束

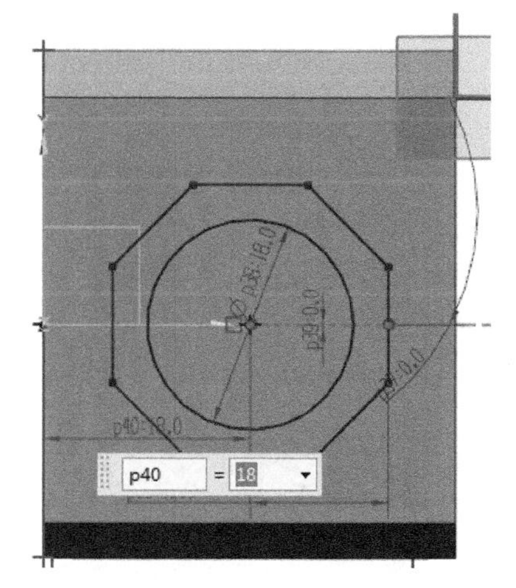

图 3-4-56 选择尺寸约束

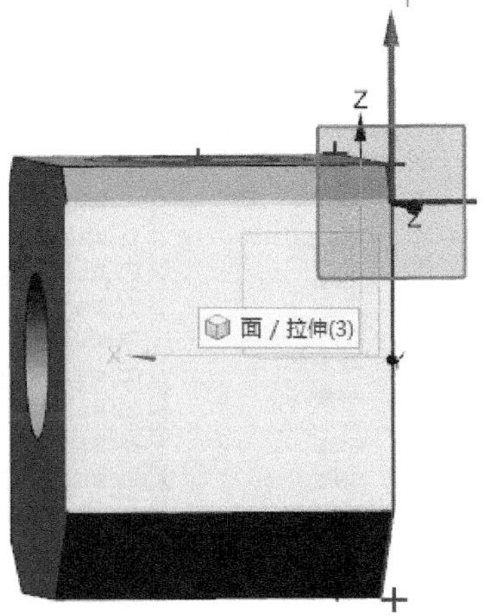

图 3-4-57 选择草图平面

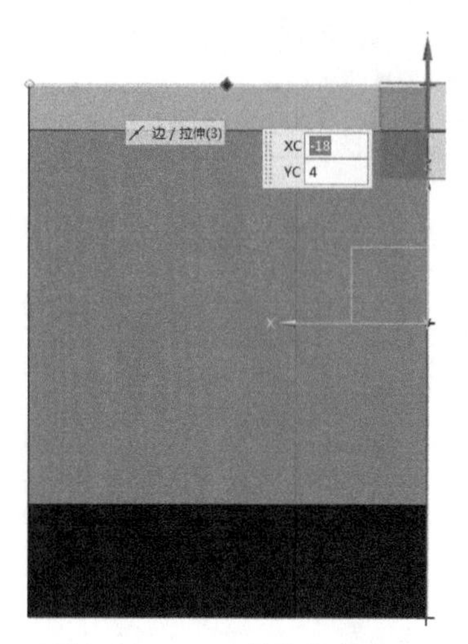

图 3-4-58 选择直线起点 1

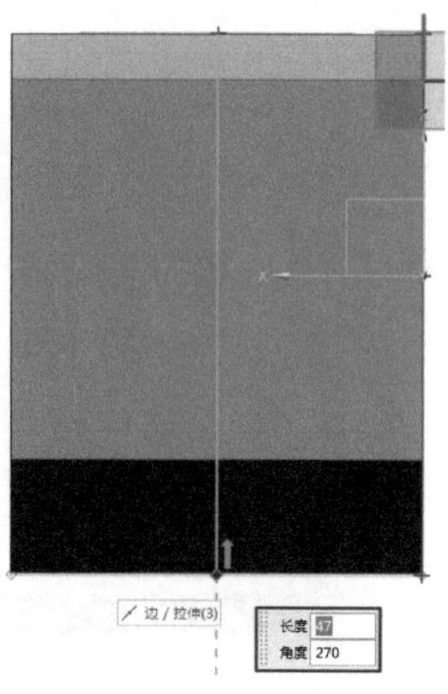

图 3-4-59 选择直线终点 1

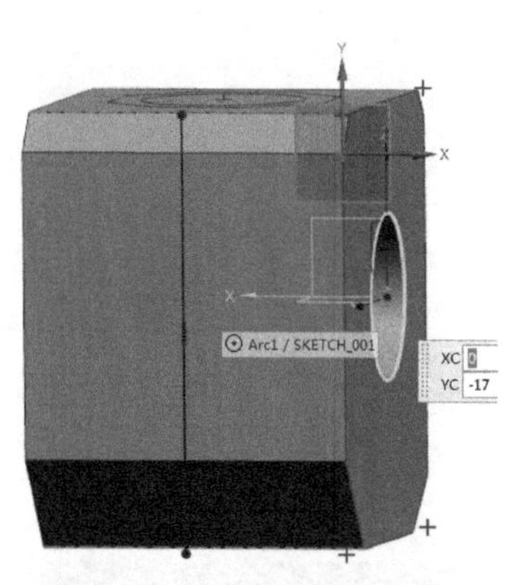

图 3-4-60 选择直线起点 2

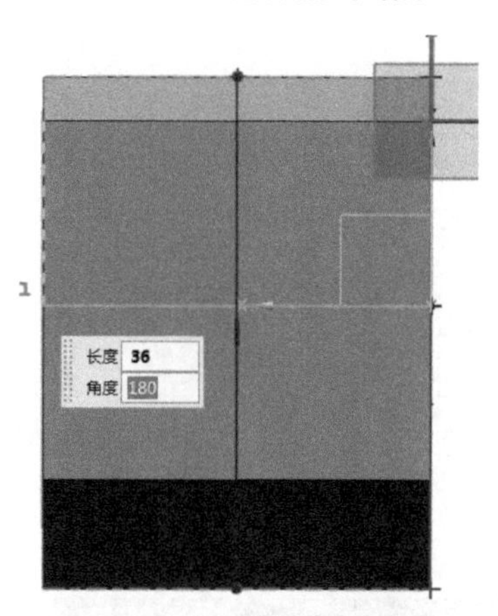

图 3-4-61 选择直线终点 2

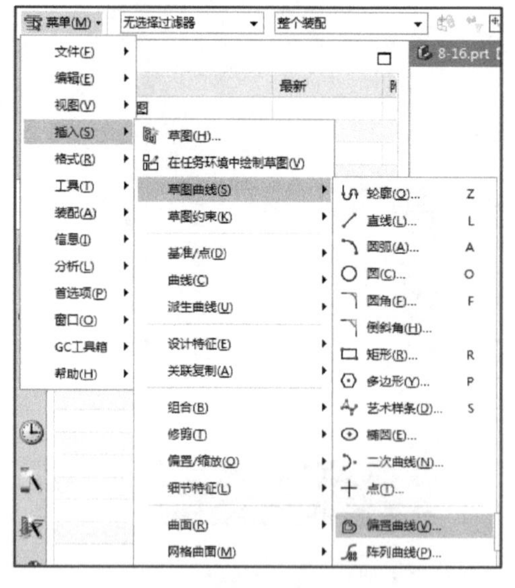

图 3-4-62 选择“偏置曲线”命令

图 3-4-63 “偏置曲线”对话框

（4）点击选择【菜单】→【插入】→【草图曲线】→【圆】（也可点击绘图界面上方工具条内对应图标选择，或输入快捷键“O”即可调用“圆”命令），弹出“圆”对话框。点击选择两条曲线交点为圆心位置，如图 3-4-66 所示。输入直径“8”后，输入“回车”，即完成圆的绘制，如图 3-4-67 所示。

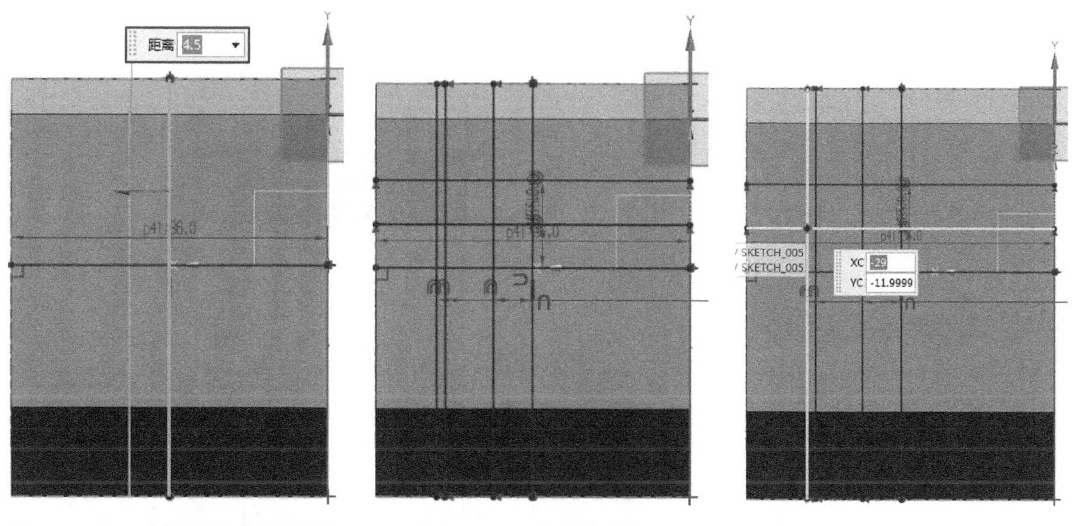

图 3-4-64　选择偏置曲线、距离　　图 3-4-65　完成曲线偏置　　图 3-4-66　指定圆心

（5）点击选择【菜单】→【编辑】→【草图曲线】→【快速修剪】（也可点击绘图界面上方工具条内对应图标选择，或输入快捷键“T”即可调用“快速修剪”命令），弹出“快速修剪”对话框。当选择修剪曲线为偏置曲线中间段时会出现报警，如图 3-4-68 所示。此时应选择一条修剪边界曲线，或从一端逐一修剪。移动光标点击选择“边界曲线”，并选择曲线，如图 3-4-69所示。移动光标点击选择“要修剪的曲线”，并选择需修剪的曲线，如图 3-4-70 所示。参考操作完成其余曲线修剪，如图 3-4-71 所示。

（6）点击选择【菜单】→【插入】→【草图曲线】→【镜像曲线】（也可点击绘图界面上方工具条内对应图标选择“镜像曲线”命令），如图 3-4-72 所示。弹出“镜像曲线”对话框；移

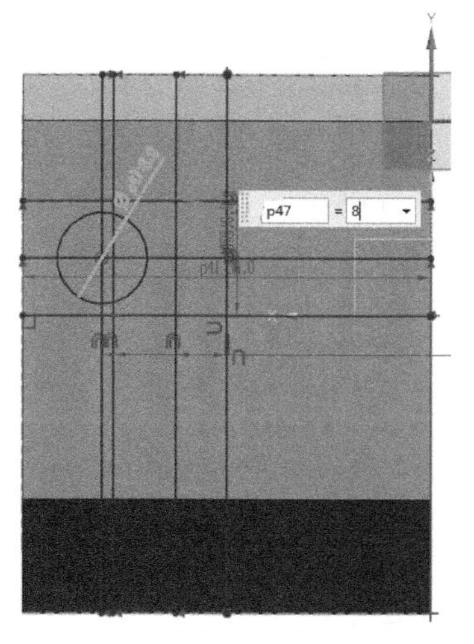

图 3-4-67　完成圆的绘制

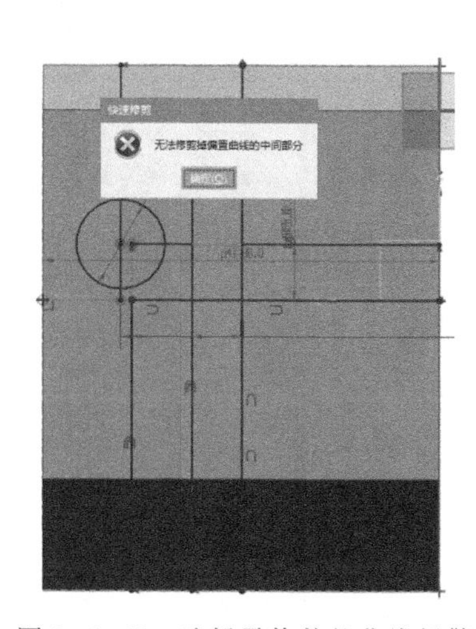

图 3-4-68　选择需修剪的曲线报警

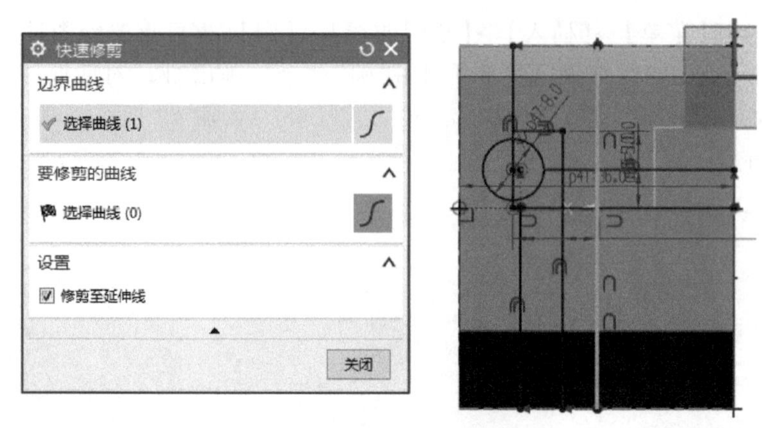

图 3-4-69　选择边界曲线

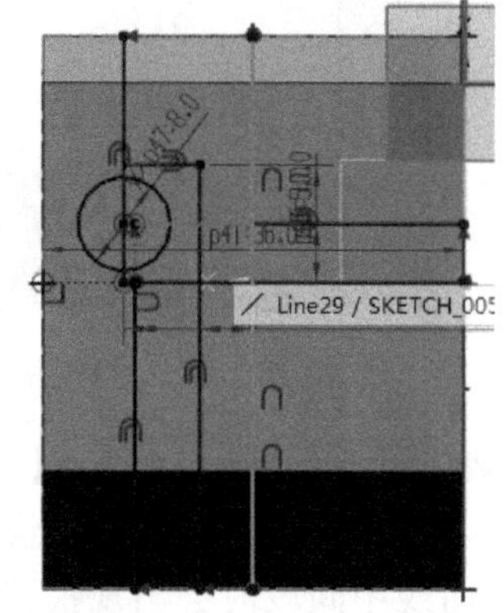

图 3-4-70　选择需修剪的曲线

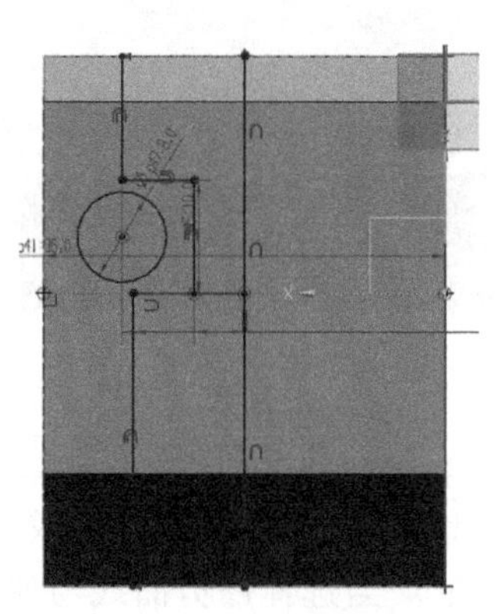

图 3-4-71　完成曲线修剪

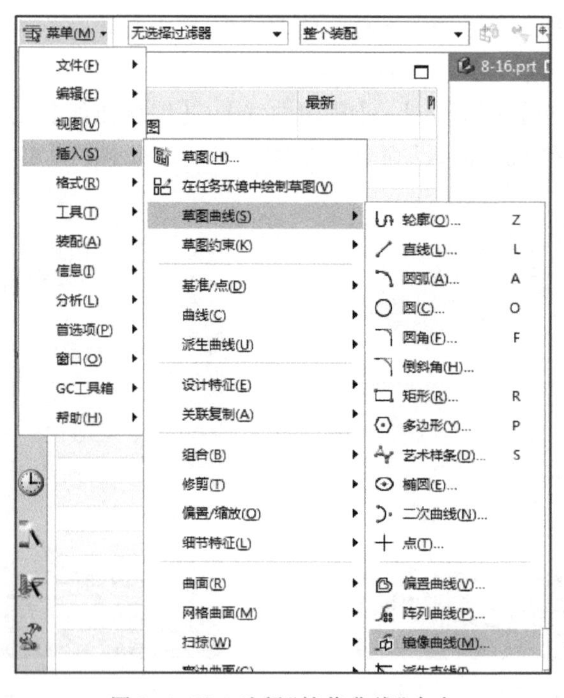

图 3-4-72　选择“镜像曲线”命令

动光标点击“选择曲线”,并选择需镜像曲线,如图 3-4-73 所示。移动光标点击选择“选择中心线”,并选择中心曲线,如图 3-4-74 所示。最后点击【确定】,即完成曲线镜像。

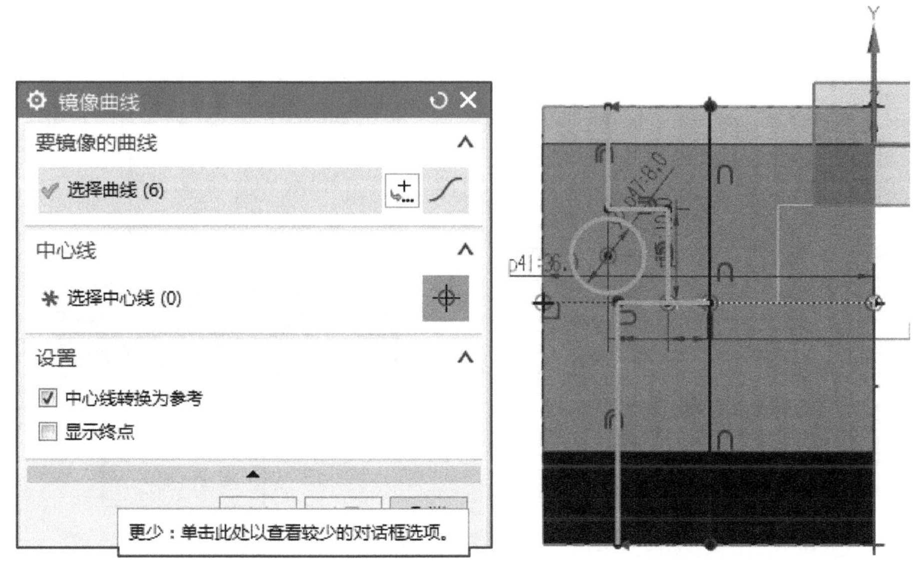

图 3-4-73 选择镜像曲线

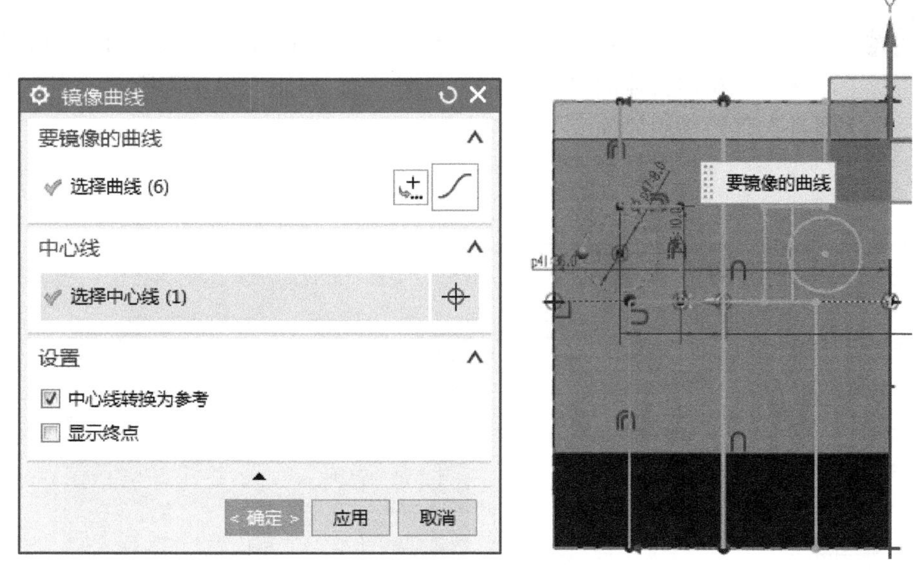

图 3-4-74 选择中心线

(7) 点击选择【菜单】→【插入】→【草图曲线】→【直线】(也可点击绘图界面上方工具条内对应图标选择,或输入快捷键“L”即可调用“直线”命令),弹出“直线”对话框。通过光标点击选择镜像曲线上端点为起点,点击选择原始曲线上端点为终点,如图 3-4-75 所示。再次点击选择镜像曲线下端点为起点,点击选择原始曲线下端点为终点,如图 3-4-76 所示。根据图中参数完成直线的绘制。

(8) 点击选择【菜单】→【文件】→【完成草图】(也可点击绘图界面上方工具条内对应图

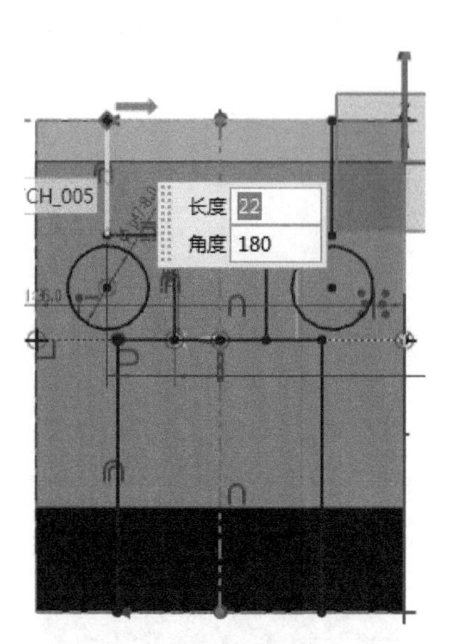

图 3-4-75 绘制直线

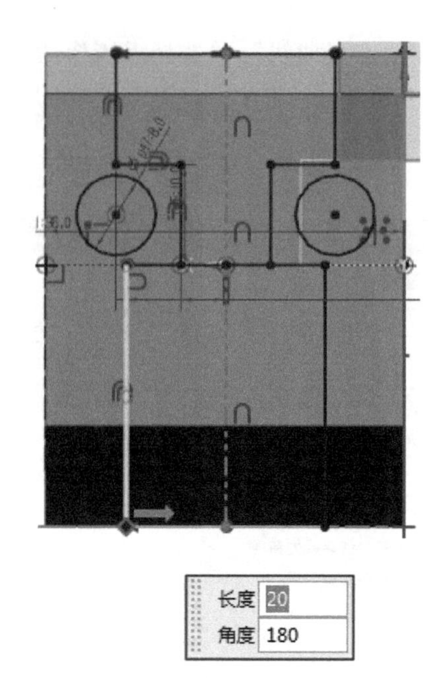

图 3-4-76 绘制直线

标选择,或输入快捷键“Q”即可完成草图)。

绘制草图及建模(五)

3.4.8 绘制草图及建模(五)

(1)点击选择【菜单】→【插入】→【草图】,弹出“创建草图”对话框。点击选择以拉伸实体的对应平面为草图平面,如图 3-4-77 所示。点击【确定】即进入草图绘制界面。

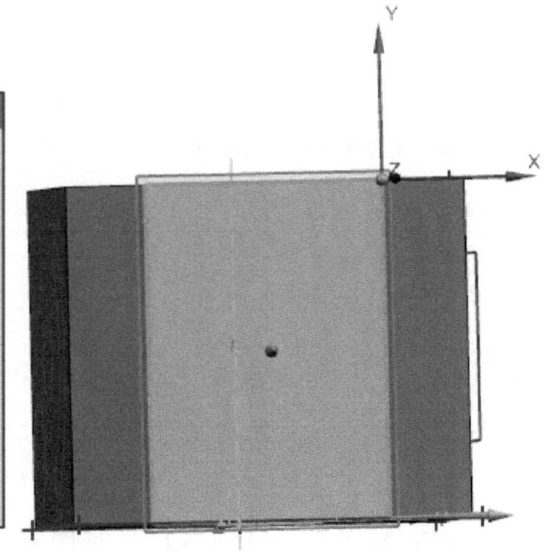

图 3-4-77 选择草图平面

(2)点击选择【菜单】→【插入】→【草图曲线】→【直线】(也可点击绘图界面上方工具条内对应图标选择,或输入快捷键“L”即可调用“直线”命令),弹出“直线”对话框。通过光标点击选择左边线中点为起点,点击选择右边线中点为终点,如图 3-4-78 所示。再次点击选择 $\phi 18$ mm 圆的圆心为起点,如图 3-4-79 所示。输入长度“36”后,输入“回车”;输入角度

“270”后，输入“回车”，即完成直线的绘制，如图 3-4-80 所示。

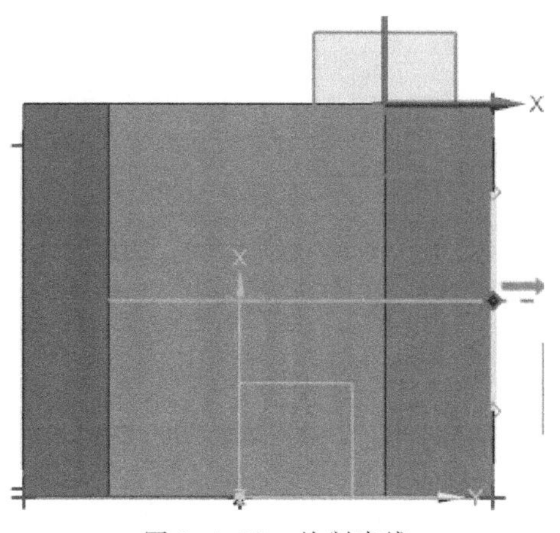

图 3-4-78 绘制直线

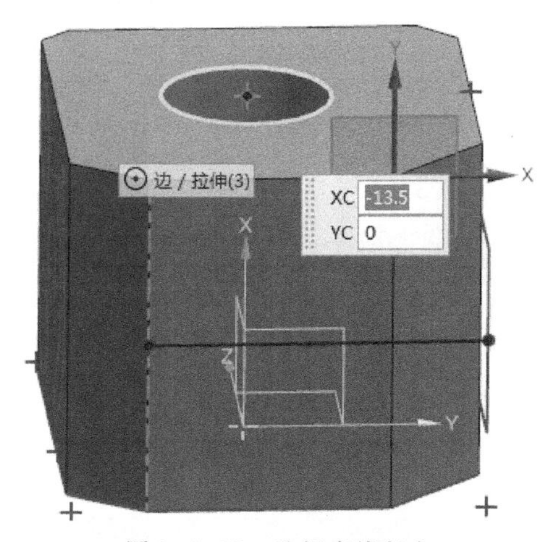

图 3-4-79 选择直线起点

(3) 点击选择【菜单】→【插入】→【草图曲线】→【偏置曲线】(也可点击绘图界面上方工具条内对应图标选择“偏置曲线”命令)，弹出“偏置曲线”对话框。点击选择需偏置曲线，输入偏置距离“10”后，输入“回车”，点击【反向】→【应用】，如图 3-4-81 所示。参考操作完成其余曲线偏置，如图 3-4-82、图 3-4-83 所示。

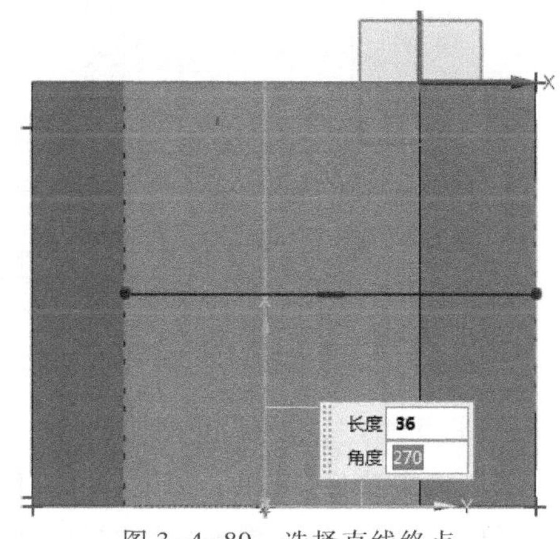

图 3-4-80 选择直线终点

(4) 点击选择【菜单】→【编辑】→【草图曲线】→【快速修剪】(也可点击绘图界面上方工具条内对应图标选择，或输入快捷键“T”即可调用“快速修剪”命令)，弹出“快速修剪”对话框。移动光标分别点击选择需修剪的曲线(或长按鼠标左键拖动选择需修剪的曲线)，如图 3-4-84 所示。分别点击选择两条原始曲线，此时自动弹出选项，点击选择“转换为参考”，如图 3-4-85 所示。

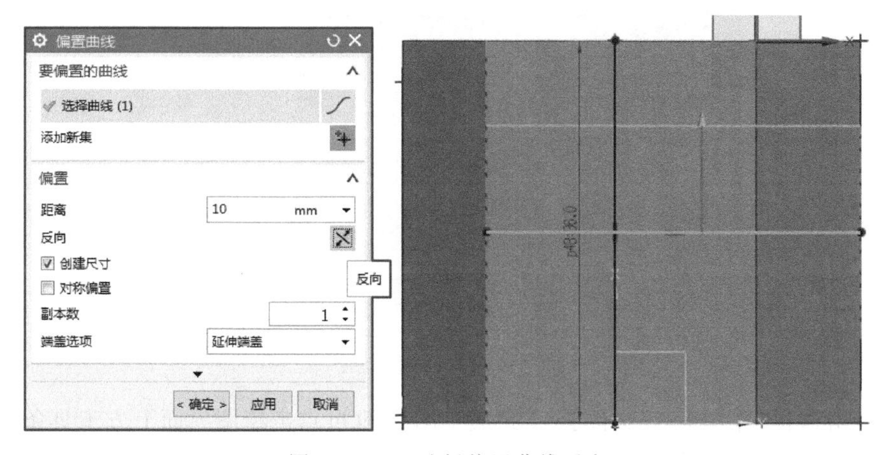

图 3-4-81 选择偏置曲线反向

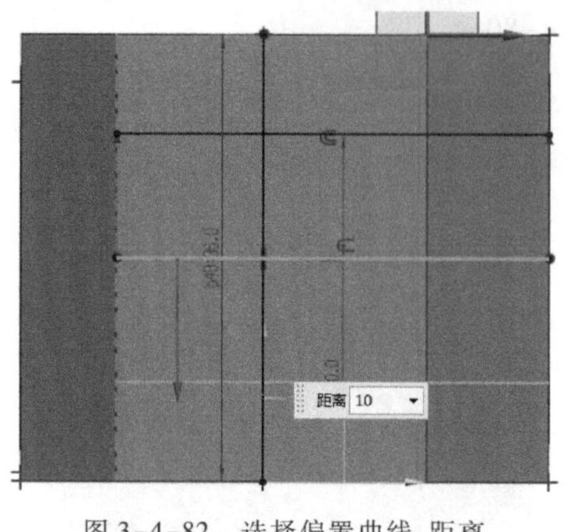

图 3-4-82 选择偏置曲线、距离

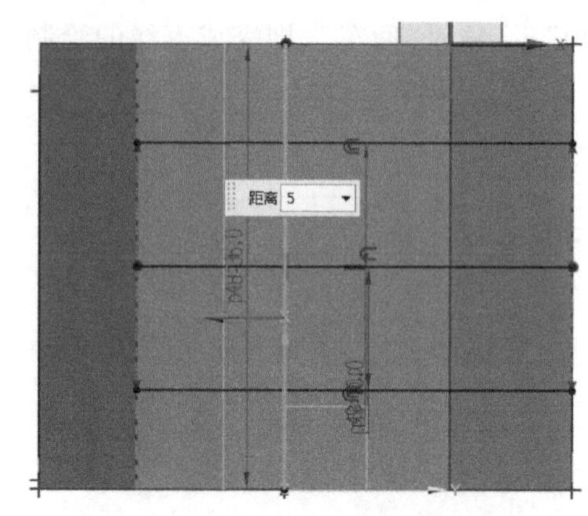

图 3-4-83 选择偏置曲线、距离

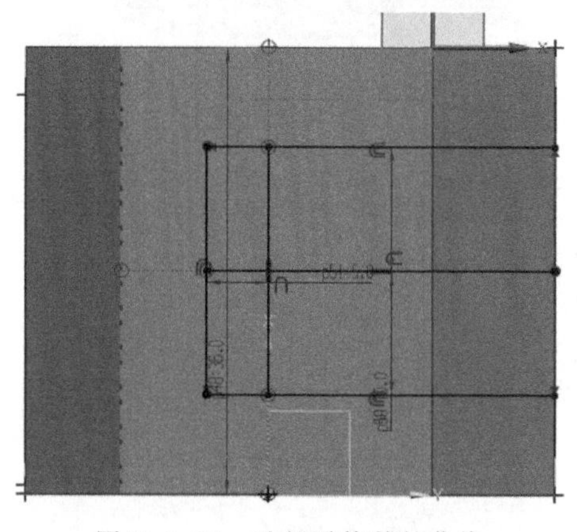

图 3-4-84 选择需修剪的曲线

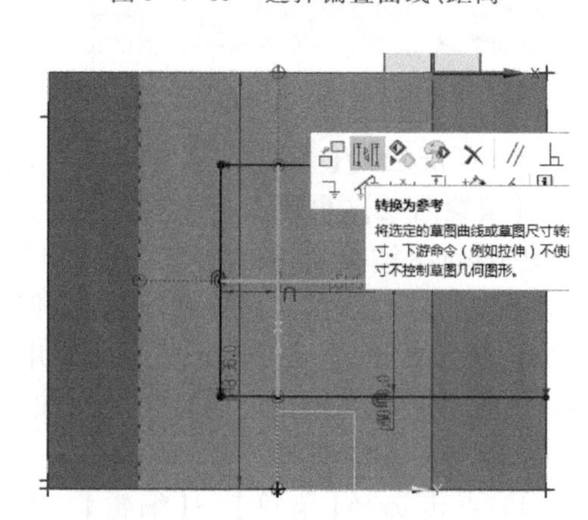

图 3-4-85 选择曲线转换为参考

（5）点击选择【菜单】→【插入】→【草图曲线】→【直线】（也可点击绘图界面上方工具条内对应图标选择，或输入快捷键“L”即可调用“直线”命令），弹出“直线”对话框。分别点击选择偏置曲线右端点为起点和终点，如图 3-4-86 所示。

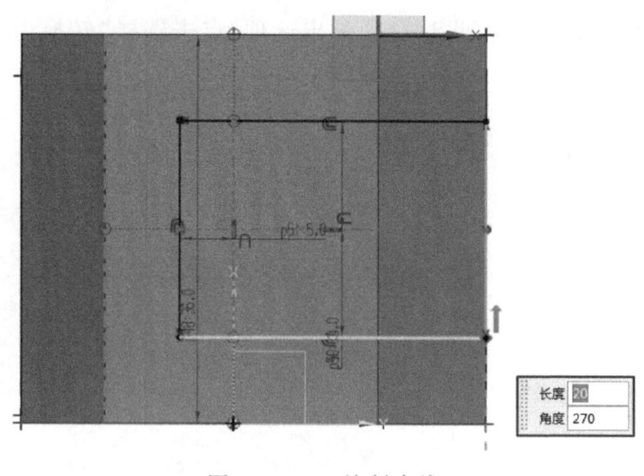

图 3-4-86 绘制直线

（6）点击选择【菜单】→【文件】→【完成草图】（也可点击绘图界面上方工具条内对应图标选择，或输入快捷键“Q”即可完成草图）。

(7) 点击选择【菜单】→【插入】→【设计特征】→【拉伸】(也可点击绘图界面上方工具条内对应图标选择,或输入快捷键“X”即可调用“拉伸”命令),弹出“拉伸”对话框。点击展开过滤器选项,选择“区域边界曲线”,点击选择需拉伸区域,输入距离“5”,更改布尔为“合并”,点击【确定】,如图 3-4-87 所示。再次打开“拉伸”命令,点击选择需拉伸区域,输入距离“-3”,更改布尔为“减去”,点击【确定】,如图 3-4-88 所示。参考操作完成其余轮廓拉伸,如图 3-4-89 所示。

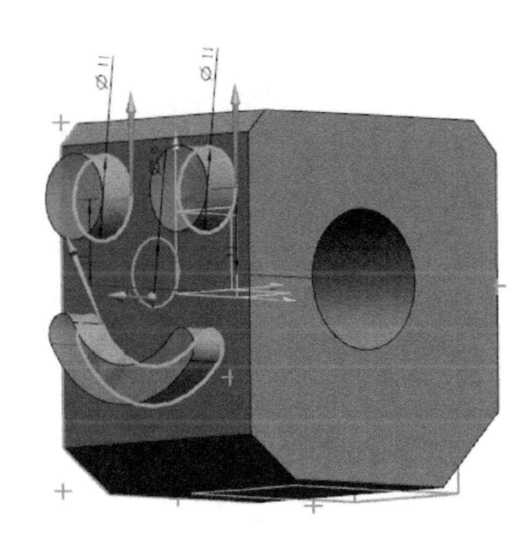

图 3-4-87　选择拉伸轮廓、合并

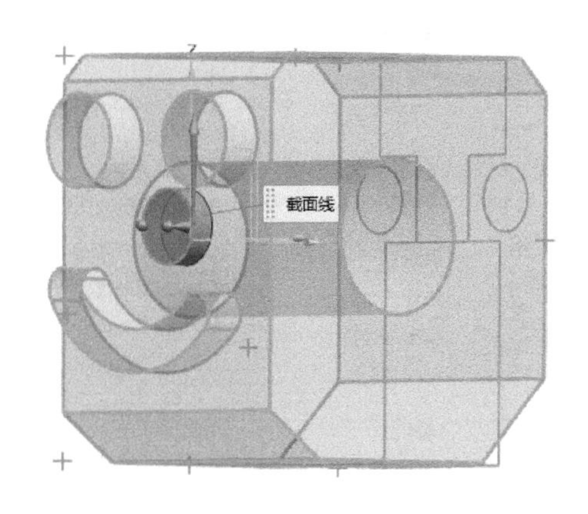

图 3-4-88　选择拉伸轮廓、减去

3.4.9　特征建模及编辑

（1）点击选择【菜单】→【插入】→【设计特征】→【孔】（也可点击绘图界面上方工具条内对应图标选择“孔”命令），如图 3-4-90 所示。弹出“孔”对话框，如图 3-4-91 所示。分别点击选择两 ϕ11 mm 凸台圆心，点击输入直径“6”、深度“12”后，点击【应用】，如图 3-4-92 所示。参考操作完成其余孔，如图 3-4-93 所示。

特征建模
及编辑

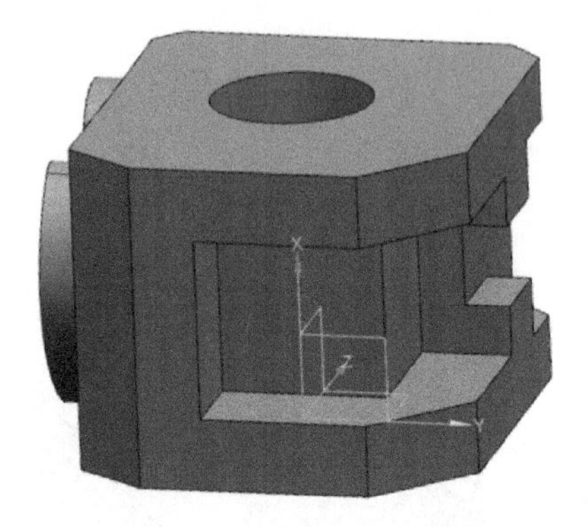

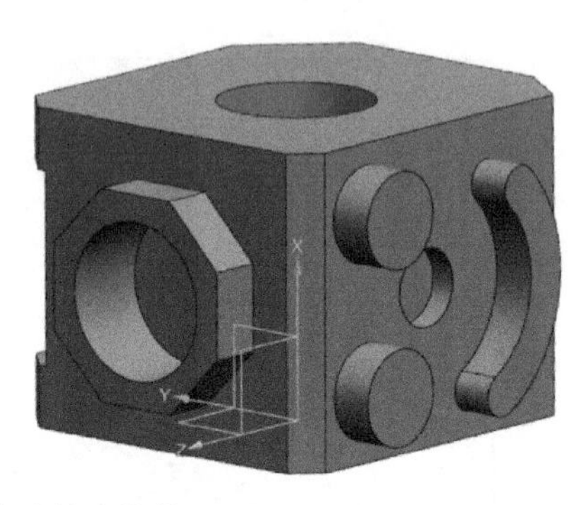

图 3-4-89　完成轮廓拉伸

图 3-4-90　选择“孔”命令

图 3-4-91　“孔”对话框

（2）点击选择【菜单】→【插入】→【细节特征】→【边倒圆】（也可点击绘图界面上方工具条内对应图标选择“边倒圆”命令），如图 3-4-94 所示。弹出“边倒圆”对话框，如图 3-4-95

所示。点击选择需倒圆角边，输入半径1“4.5”后，点击【应用】，如图3-4-96所示。参考操作完成其余圆角，如图3-4-97所示。

（3）点击选择【菜单】→【插入】→【细节特征】→【倒斜角】（也可点击绘图界面上方工具条内对应图标选择“倒斜角”命令），如图3-4-98所示。弹出“倒斜角”对话框，如图3-4-99所示。点击选择需倒斜角边，输入距离“0.5”后，点击【确定】，如图3-4-100所示。参考操作完成其余斜角，如图3-4-101所示。即完成三维建模。

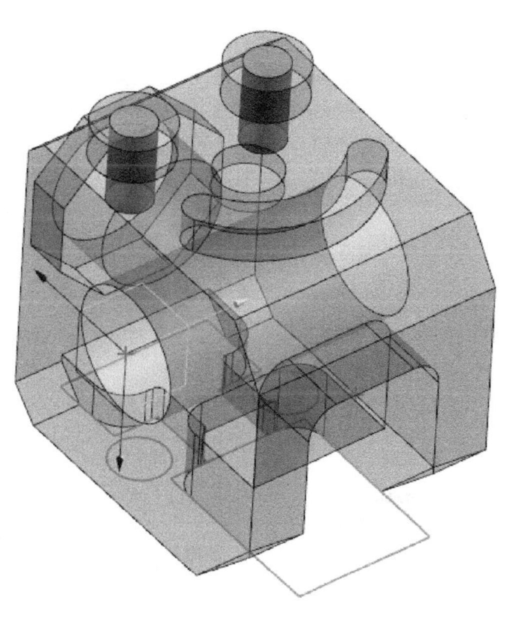

图3-4-92　选择孔位、指定尺寸

图3-4-93　完成孔

图 3-4-94　选择“边倒圆”命令

图 3-4-95　“边倒圆”对话框

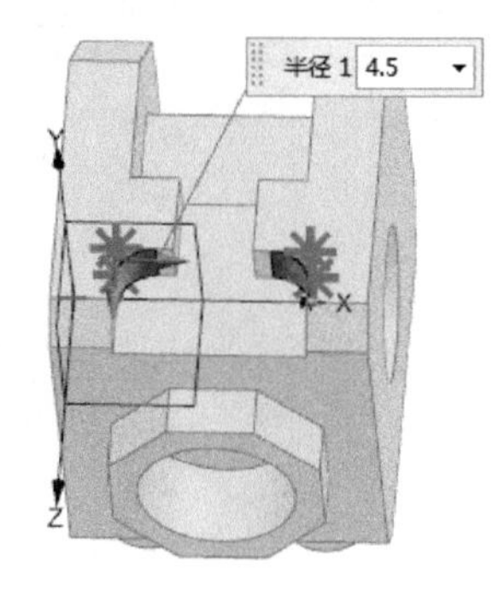

图 3-4-96　选择倒角边、半径

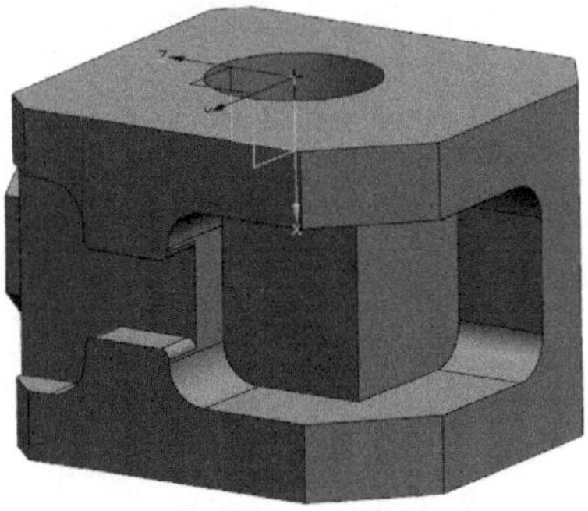

图 3-4-97　完成倒圆角

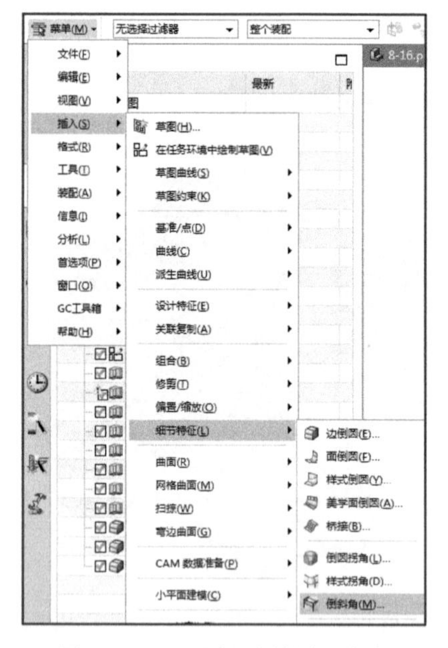

图 3-4-98　选择“倒斜角”命令

图 3-4-99　“倒斜角”对话框

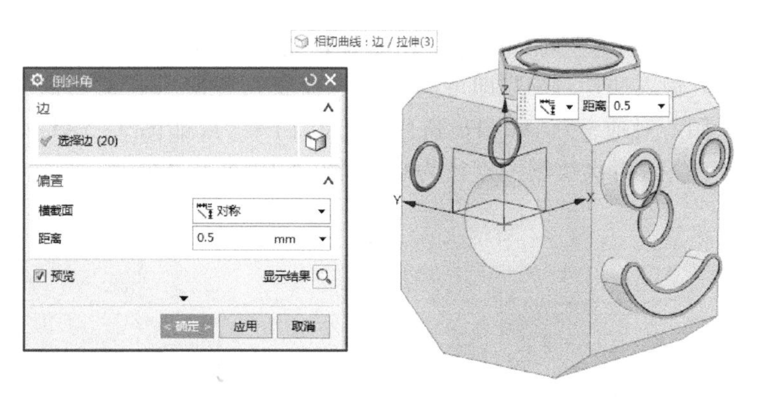

图 3-4-100　选择倒斜角边

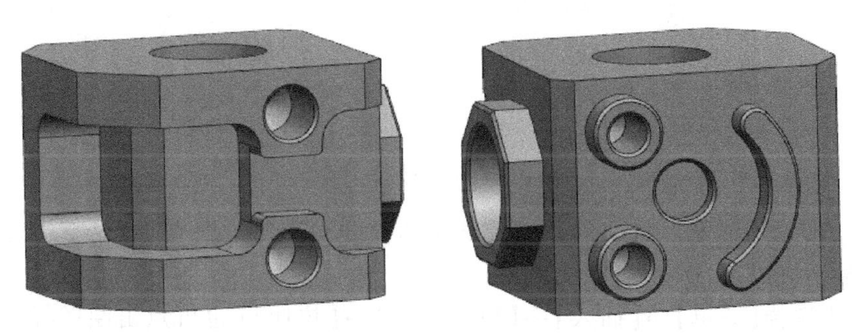

图 3-4-101　完成倒斜角

(4) 点击选择【文件】→【保存】→【保存】(也可点击导航栏内对应图标选择;或输入快捷键"【Ctrl+S】"即可调用保存文件),如图 3-4-102 所示。

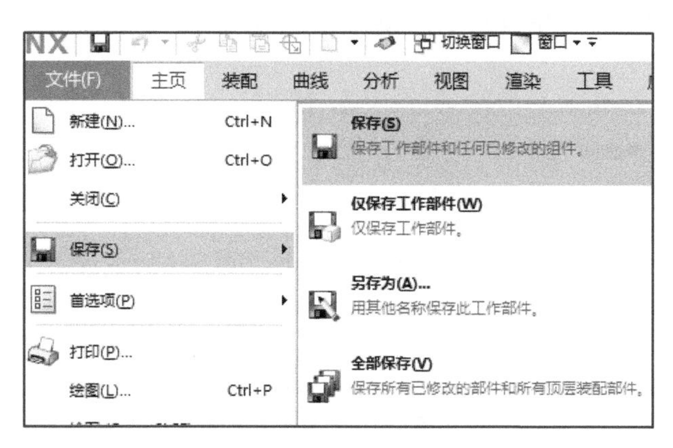

图 3-4-102　保存文件

3.5　多轴数控编程

3.5.1　绘制毛坯几何体

(1) 点击选择【菜单】→【插入】→【草图】弹出"创建草图"对话框,点击选择 *YZ* 平面,点击【确定】即进入草图绘制界面。

（2）点击选择【菜单】→【插入】→【草图曲线】→【圆】（也可点击绘图界面上方工具条内对应图标选择，或输入快捷键“O”即可调用“圆”命令），弹出“圆”对话框。点击指定圆心位置（或直接输入圆心对应坐标 *XC*、*YC* 值后，输入“回车”），如图 3-5-1 所示。输入直径“18”后，输入“回车”，后再次绘制一直径为 60 的圆，如图 3-5-2 所示。

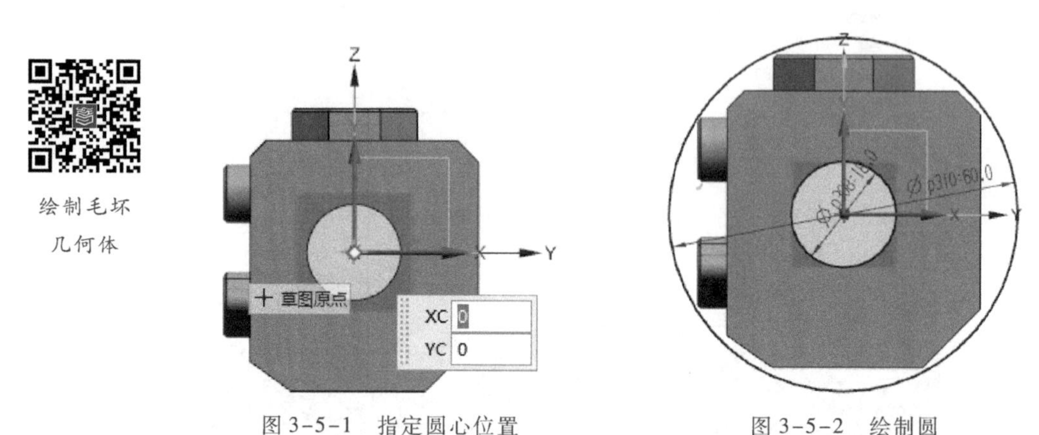

图 3-5-1　指定圆心位置　　　　图 3-5-2　绘制圆

（3）点击选择【菜单】→【文件】→【完成草图】（也可点击绘图界面上方工具条内对应图标选择，或输入快捷键“Q”即可完成草图）。

（4）点击选择【菜单】→【插入】→【设计特征】→【拉伸】（也可点击绘图界面上方工具条内对应图标选择，或输入快捷键“X”即可调用“拉伸”命令），弹出“拉伸”对话框。点击展开过滤器选项，选择“区域边界曲线”点击选择需拉伸的截面，输入距离“36”后，点击【确定】，如图 3-5-3 所示，即完成毛坯拉伸。

图 3-5-3　拉伸毛坯

3.5.2 进入加工模块

点击选择【应用模块】→【加工】(或直接按快捷键【Ctrl+Alt+M】进入),弹出“加工环境”对话框,如图3-5-4所示。采用软件默认选项即可,点击【确定】,如图3-5-5所示,即进入加工模块。

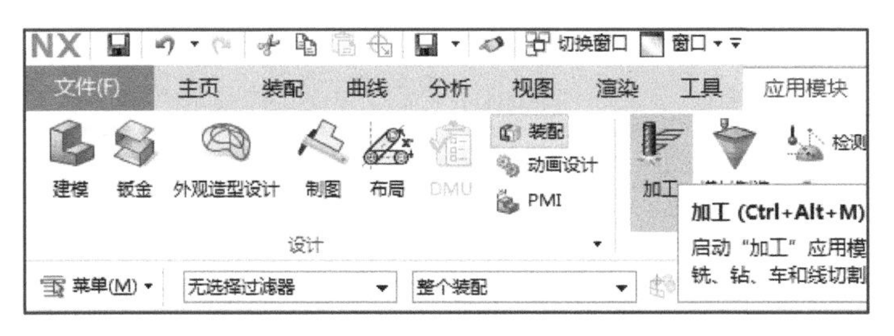

图3-5-4 选择“加工”模块

进入加工模块

3.5.3 设置加工坐标系

(1) 在【工序导航器-几何】空白位置点击鼠标右键,选择【几何视图】选项,将导航器切换至几何视图,如图3-5-6所示。

(2) 点击选择【MCS_MILL】后点击鼠标右键,选择【编辑】选项,如图3-5-7所示。弹出“MCS铣削”对话框,如图3-5-8所示。选择 ϕ18 mm孔右端圆心为加工坐标系原点,如图3-5-9所示;点击展开“安全设置选项”并选择“圆柱”,如图3-5-10所示;点击“指定点”并选择 ϕ18 mm孔左端圆心,如图3-5-11所示;点击“指定矢量”并选择基准坐标系 X 轴,如图3-5-12所示;输入半径“80”后,点击【确定】,更改圆柱半径,如图3-5-13所示。

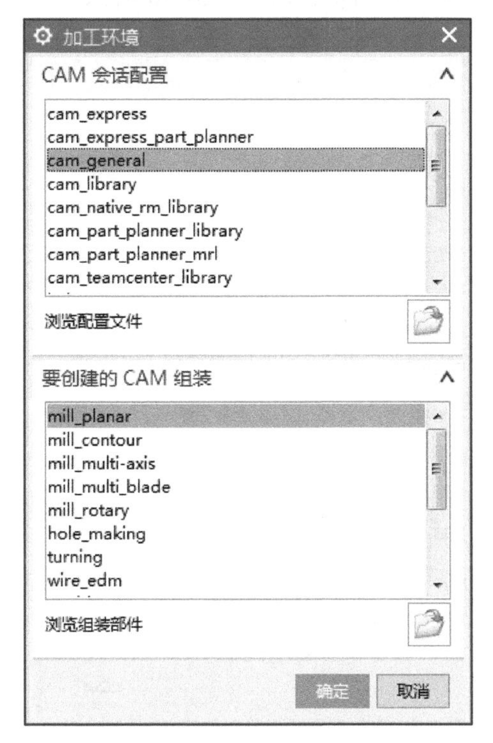

图3-5-5 “加工环境”对话框

设置加工坐标系

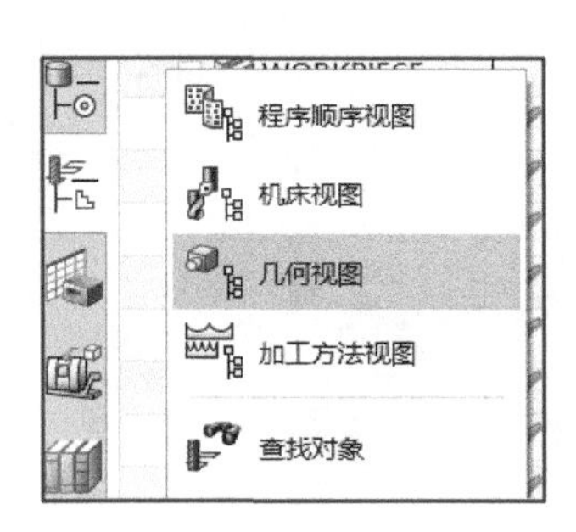

图3-5-6 切换几何视图

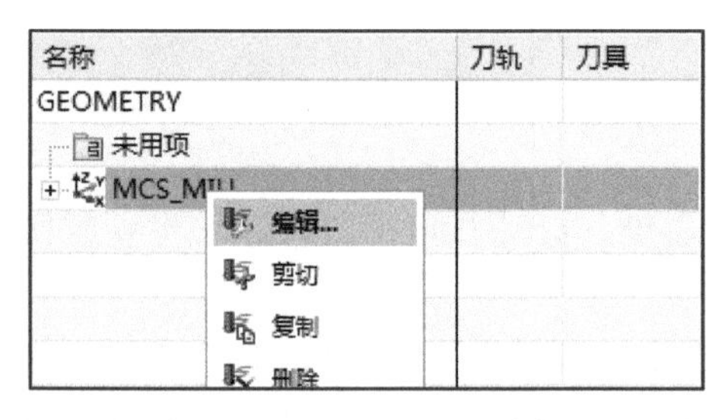

图 3-5-7　进入 MCS 编辑

图 3-5-8　“MCS 铣削”对话框

3.5.4　设置加工几何体

点击 ⊞ 展开选项，如图 3-5-14 所示。点击“WORKPIECE”后点击鼠标右键，选择【编辑】选项，编辑几何体，如图 3-5-15 所示。弹出“工件”对话框，如图 3-5-16 所示。点击

设置加工几何体

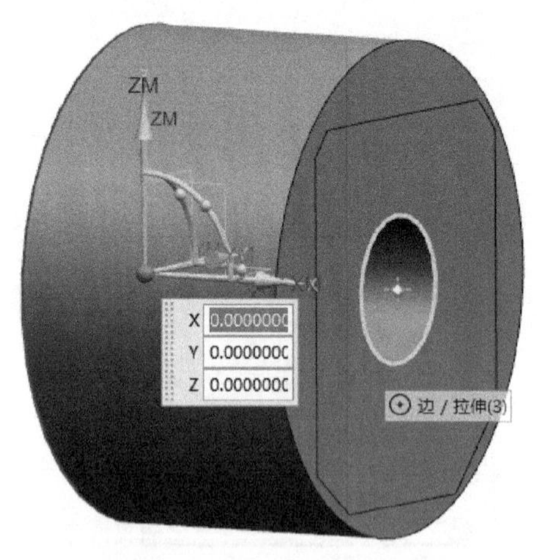

图 3-5-9　选择加工坐标系原点

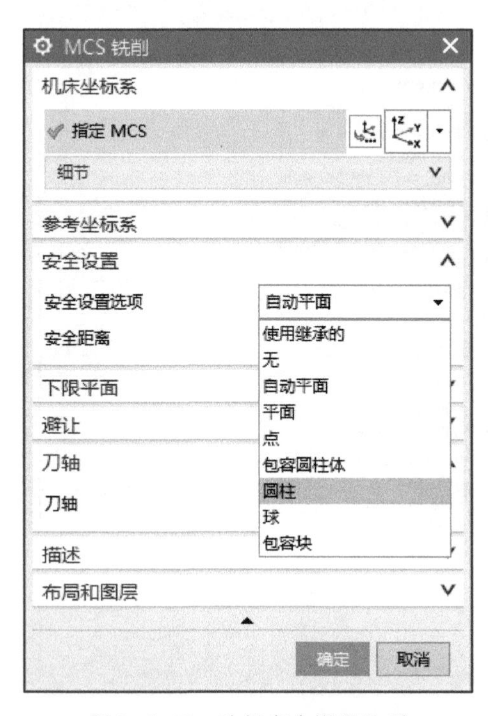

图 3-5-10　选择安全设置选项

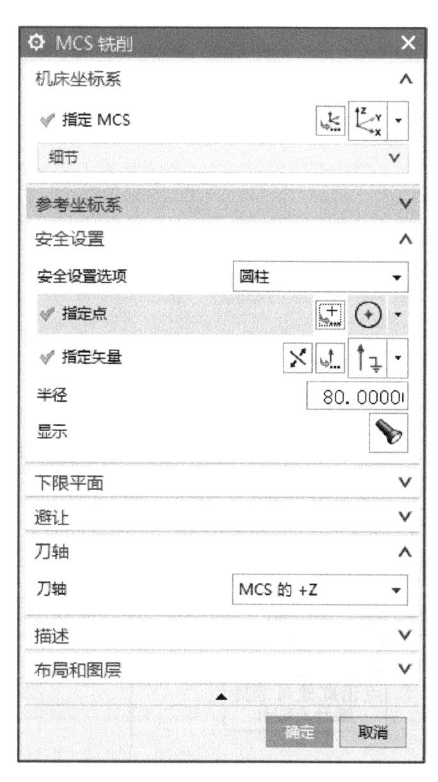

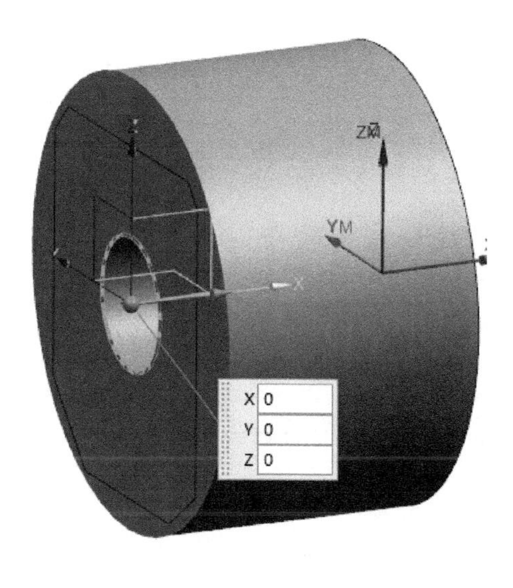

图 3-5-11　指定左端圆心位置

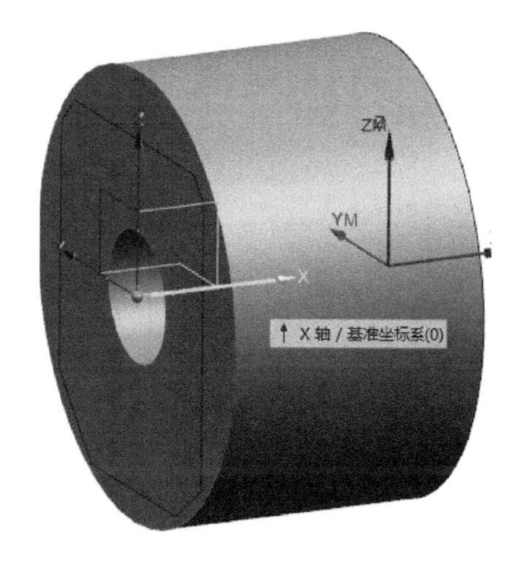

图 3-5-12　指定圆柱方向

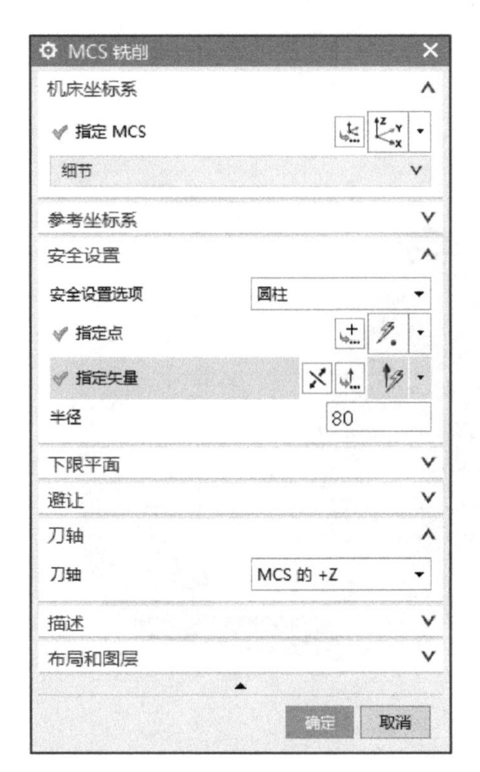

图 3-5-13　更改圆柱半径

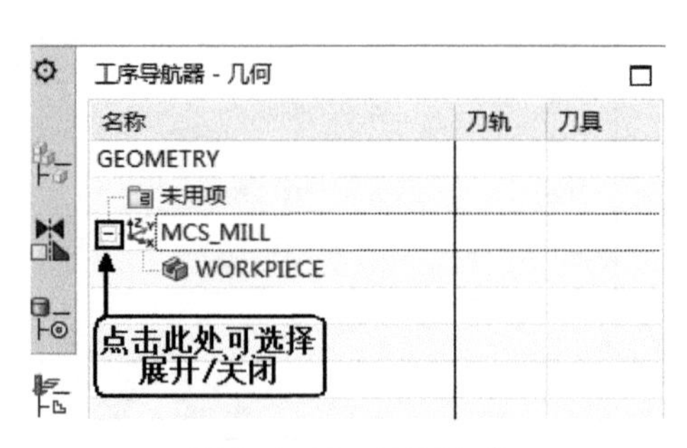

图 3-5-14　展开选项

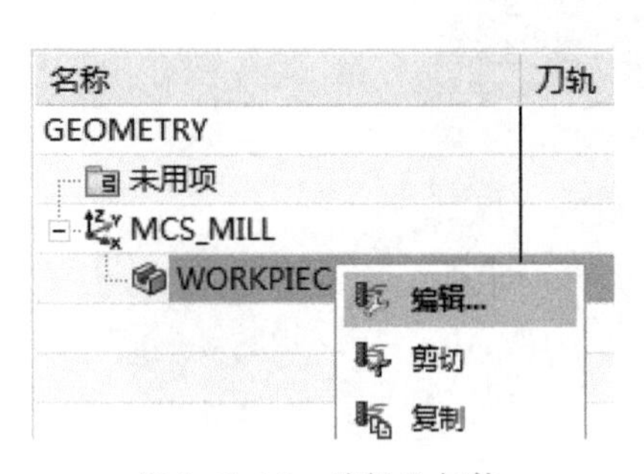

图 3-5-15　编辑几何体

图 3-5-16　“工件”对话框

“指定部件”，如图 3-5-17 所示；弹出“部件几何体”对话框，点击选择对象后点击【确定】，如图 3-5-18 所示。在“工件”对话框中点击“指定毛坯”，如图 3-5-19 所示；弹出“毛坯几何体”对话框，点击选择毛坯几何体后点击【确定】，如图 3-5-20 所示。

图 3-5-17　指定部件

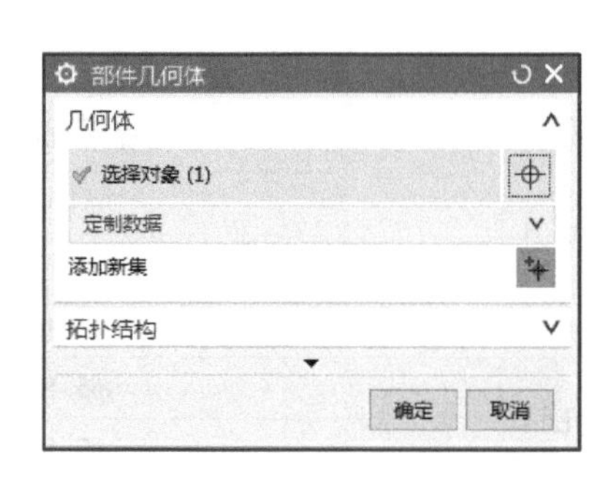

图 3-5-18　“部件几何体”对话框

图 3-5-19　指定毛坯

创建刀具

图 3-5-20 “毛坯几何体”对话框

3.5.5 创建刀具

(1) 所需创建的刀具见表 3-5。

表 3-5 所需创建的刀具

刀号	名称	规格/mm
1	直柄立铣刀	ϕ10
2		ϕ8
3	V 90°倒角刀	ϕ10
4	直柄麻花钻	ϕ5.8
5		ϕ7.8
6	直柄铰刀	ϕ6H7
7		ϕ8H7
8	中心钻	ϕ3

(2) 创建加工所需要的刀具。下面就以创建 1、3、4、6、8 号刀具为例,具体操作见表 3-6,参考操作完成其余刀具创建。

表 3-6 创 建 刀 具

软件操作步骤	操作过程图示
将【工序导航器】切换到【机床视图】的导航栏,再用鼠标右键点击【未用项】→【插入】→【刀具】创建刀具	

续表

软件操作步骤	操作过程图示
弹出“创建刀具”对话框。选择类型“mill_planar”，选择刀具子类型“MILL”，并输入刀具名称“D10”，后点击【确定】	
弹出“铣刀-5参数”对话框。点击选择“直径”栏，并输入直径“10.0000”，分别点击选择“刀具号”“补偿寄存器”“刀具补偿寄存器”，均改为“1”，后点击【确定】，其他参数默认设置，即完成当前刀具创建	
将【工序导航器】切换到【机床视图】的导航栏，再用鼠标右键点击【未用项】→【插入】→【刀具】创建刀具	

续表

软件操作步骤	操作过程图示
弹出“创建刀具”对话框。选择类型“hole_making”，选择刀具子类型“COUNTER_SINK”，并输入刀具名称“DJ10”，后点击【确定】	 
弹出“埋头孔”对话框。点击选择“直径”栏，并输入直径“10.0000”，分别点击选择“刀具号”“补偿寄存器”，均改为“3”，后点击【确定】，其他参数默认设置，即完成当前刀具创建	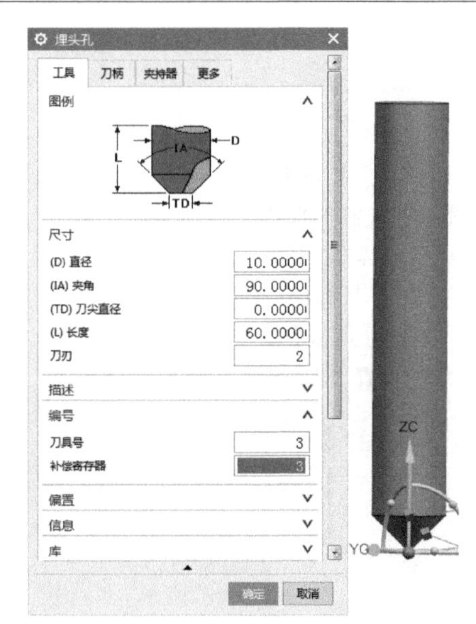
将【工序导航器】切换到【机床视图】的导航栏，再用鼠标右键点击【未用项】→【插入】→【刀具】创建刀具	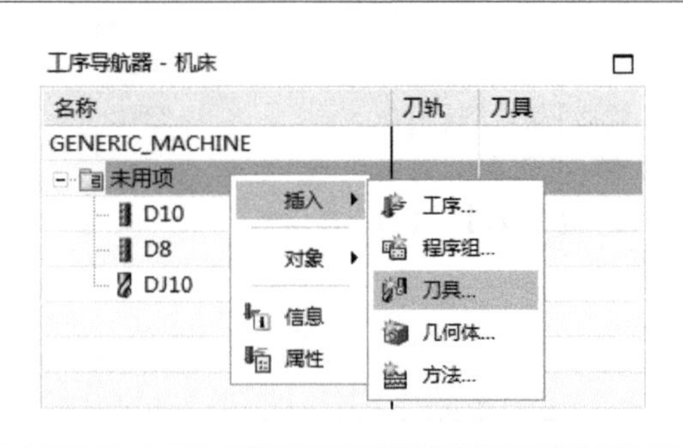

续表

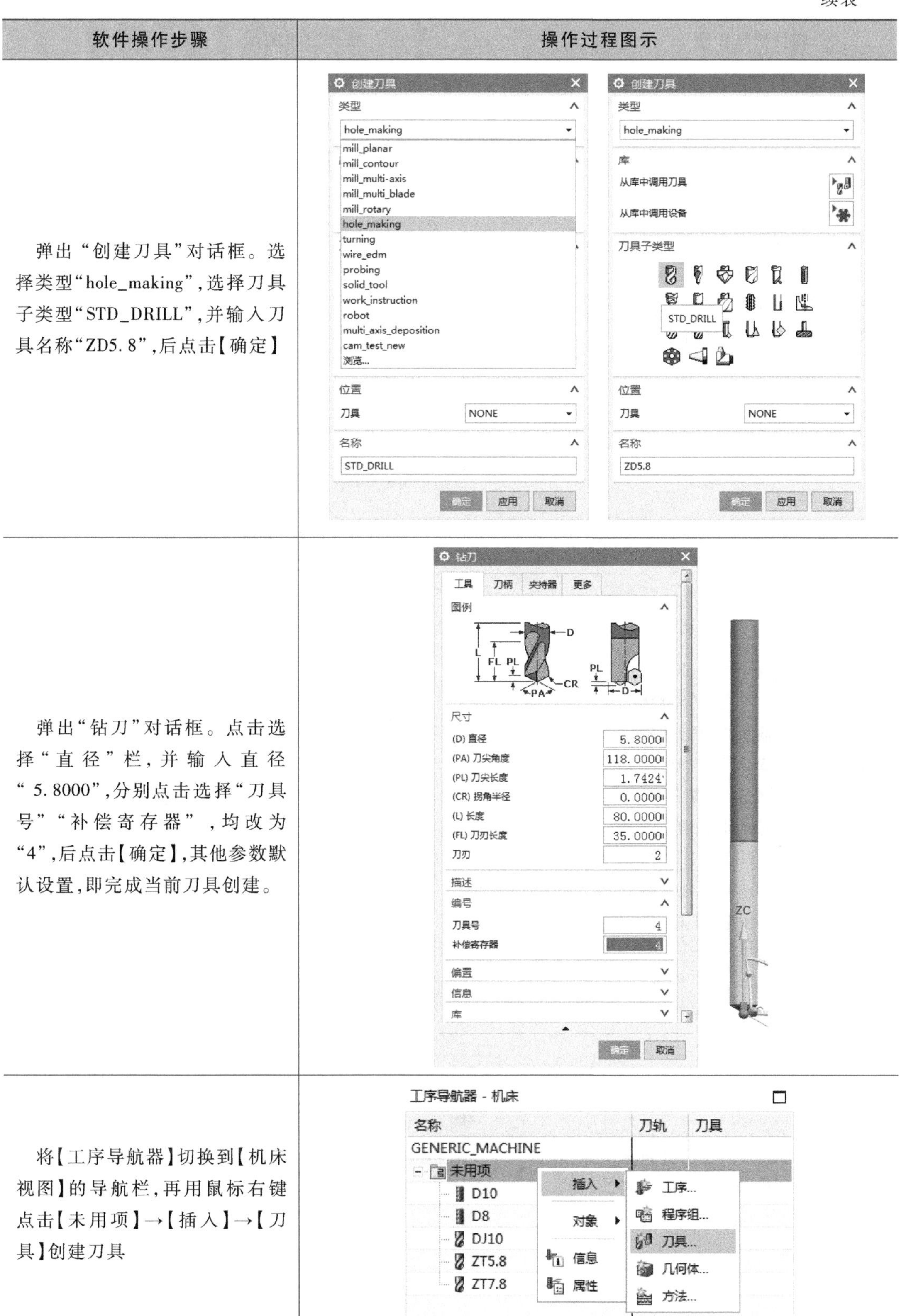

软件操作步骤	操作过程图示
弹出“创建刀具”对话框。选择类型“hole_making”，选择刀具子类型“STD_DRILL”，并输入刀具名称“ZD5.8”，后点击【确定】	
弹出“钻刀”对话框。点击选择“直径”栏，并输入直径“5.8000”，分别点击选择“刀具号”“补偿寄存器”，均改为“4”，后点击【确定】，其他参数默认设置，即完成当前刀具创建。	
将【工序导航器】切换到【机床视图】的导航栏，再用鼠标右键点击【未用项】→【插入】→【刀具】创建刀具	

续表

<table>
<tr><th>软件操作步骤</th><th>操作过程图示</th></tr>
<tr><td>弹出“创建刀具”对话框。选择类型“hole_making”，选择刀具子类型“REAMER”，并输入刀具名称“JD6”，后点击【确定】</td><td>
</td></tr>
<tr><td>弹出“铰刀”对话框。点击选择“直径”栏，并输入直径“6.0000”，点击选择“颈部直径”栏，并输入颈部直径“5.5000”，点击选择“刀尖长度”栏，并输入长度“0.0000”，分别点击选择“刀具号”“补偿寄存器”，均改为“6”，后点击【确定】，其他参数默认设置，即完成当前刀具创建</td><td>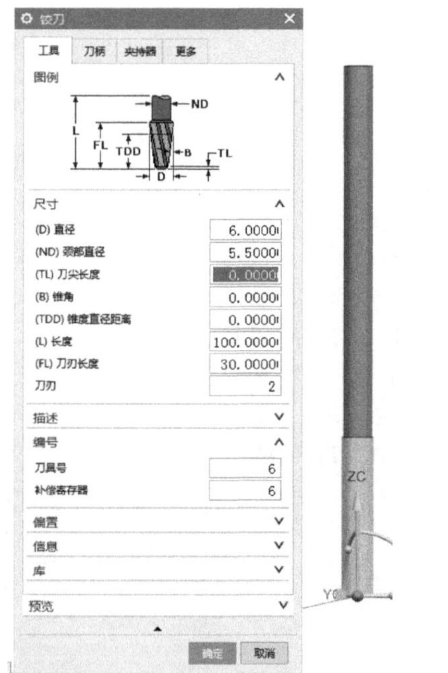
</td></tr>
<tr><td>将【工序导航器】切换到【机床视图】的导航栏，再用鼠标右键点击【未用项】→【插入】→【刀具】创建刀具</td><td>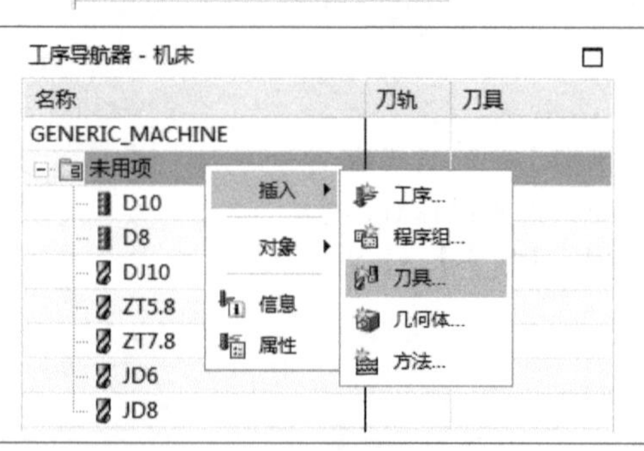
</td></tr>
</table>

续表

<table>
<tr><th>软件操作步骤</th><th>操作过程图示</th></tr>
<tr><td>弹出“创建刀具”对话框。选择类型“hole_making”，选择刀具子类型“COUNTER_SINK”，并输入刀具名称“DXZ”，后点击【确定】</td><td>

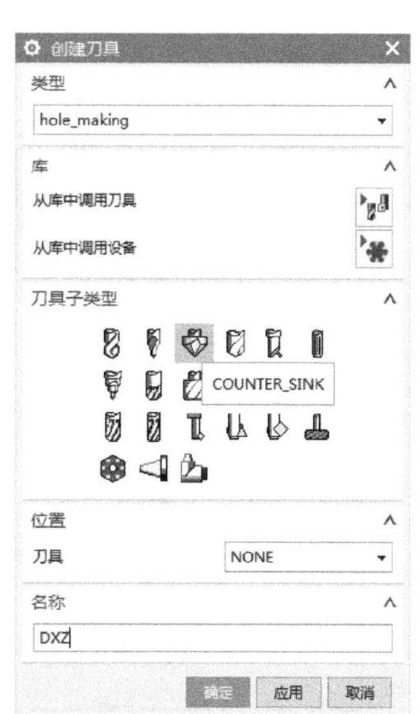
</td></tr>
<tr><td>弹出“刀具参数”对话框。点击选择“直径”栏，并输入直径“3.0000”，夹角“120.0000”，分别点击选择“刀具号”“补偿寄存器”，均改为“8”，后点击【确定】，其他参数默认设置，即完成当前刀具创建</td><td>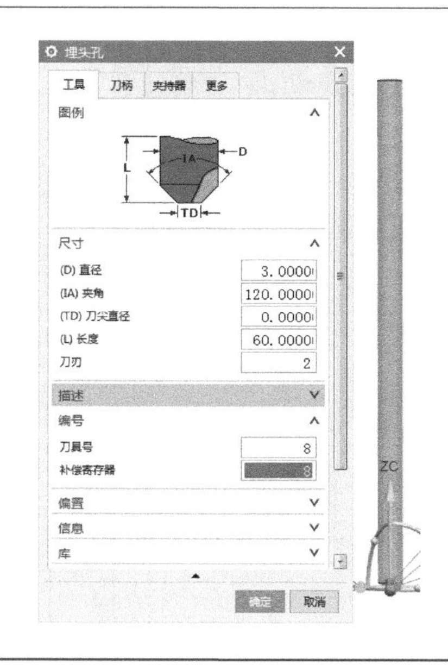
</td></tr>
</table>

3.5.6 创建及编辑型腔铣工序

点击“WORKPIECE”后点击鼠标右键，选择【插入】→【工序】，如图 3-5-21 所示。弹出“创建工序”对话框，如图 3-5-22 所示。

创建及编辑型腔铣工序

点击展开【类型】选项，点击选择“mill_contour”，如图 3-5-23 所示。点击选择“型腔铣”后点击【确定】，如图 3-5-24 所示。

点击型腔铣“CAVITY_MILL”后点击鼠标右键，选择【编辑】，如图 3-5-25 所示。弹出“型腔铣”对话框，如图 3-5-26 所示。

图 3-5-21　创建工序

图 3-5-22　“创建工序”对话框

图 3-5-23　选择工序类型

图 3-5-24　选择“型腔铣”

点击展开“工具”选项，再展开“刀具”，点击选择“D8”，如图 3-5-27 所示。点击展开“刀轴”选项，再展开“轴”，点击选择“指定矢量”，如图 3-5-28 所示。

点击展开“指定矢量”选项，点击选择“自动判断的矢量”，如图 3-5-29 所示。点击选择刀轴垂直表面，如图 3-5-30 所示。

图 3-5-25　进入程序编辑

图 3-5-26　“型腔铣”对话框

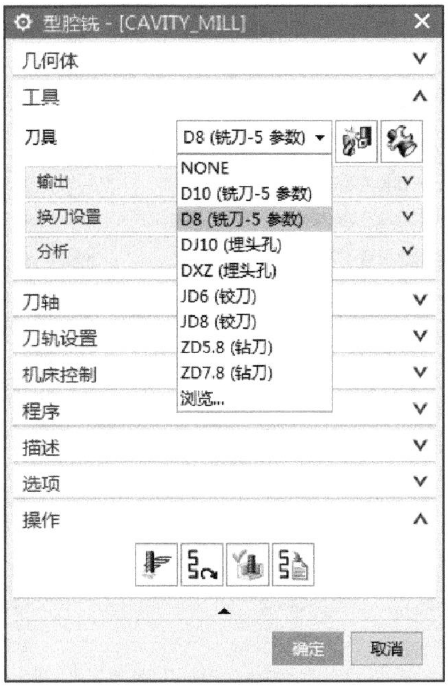

图 3-5-27　选择刀具

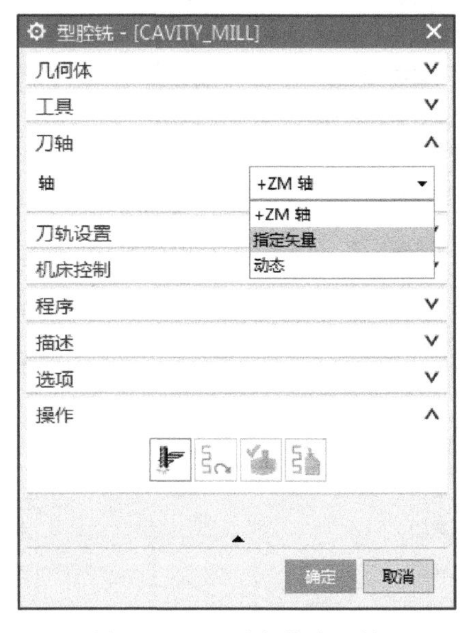

图 3-5-28　选择指定刀轴

点击展开“刀轨设置”选项，再展开“切削模式”，点击选择“跟随周边”，如图 3-5-31 所示。点击选择“平面直径百分比”，更改为“75.0000%”，如图 3-5-32 所示。点击选择“最大

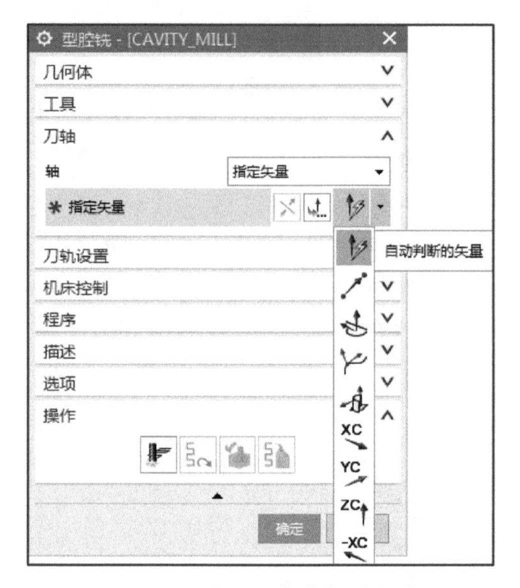

图 3-5-29　选择指定矢量方式

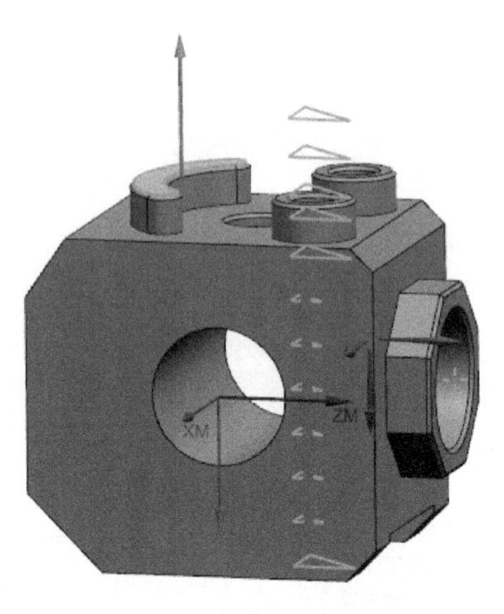

图 3-5-30　指定刀轴矢量方向

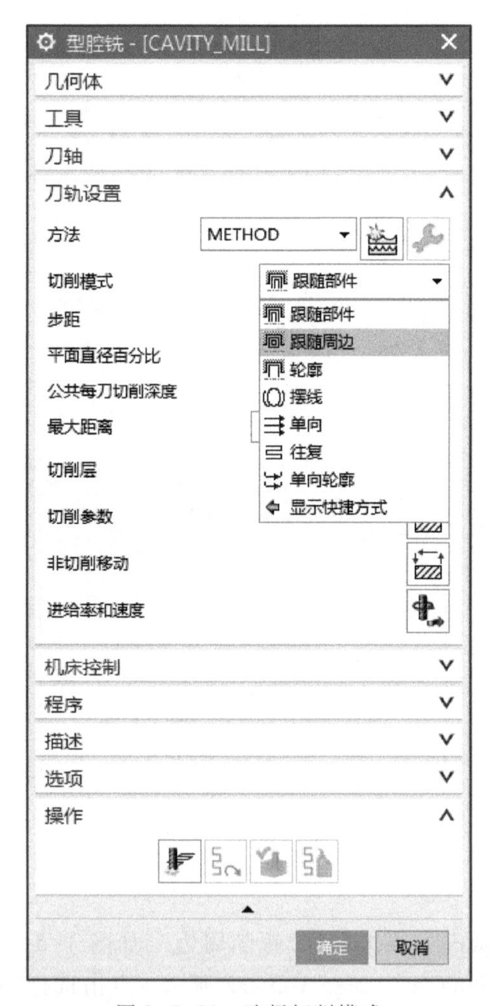

图 3-5-31　选择切削模式

型腔铣 - [CAVITY_MILL]
几何体
工具
刀轴
刀轨设置
方法　METHOD
切削模式　跟随周边
步距　% 刀具平直
平面直径百分比　75.0000
公共每刀切削深度　恒定
最大距离　0.5　mm
切削层
切削参数
非切削移动
进给率和速度
机床控制
程序
描述
选项
操作
确定　取消

图 3-5-32　更改径向、轴向切深

距离”,更改为“0.5 mm”。点击选择“切削层”选项,如图 3-5-33 所示。弹出“切削层”对话框,点击选择“移除”,删除所有自动切削层,如图 3-5-34 所示。

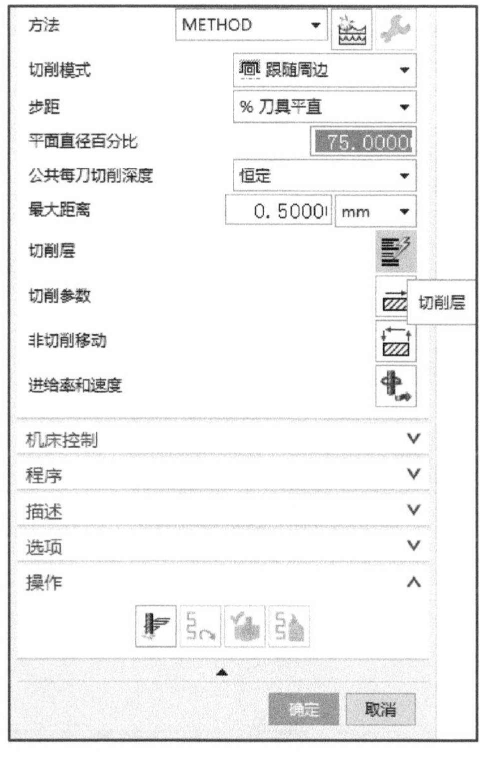

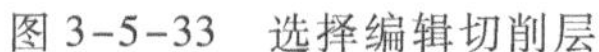
图 3-5-33 选择编辑切削层

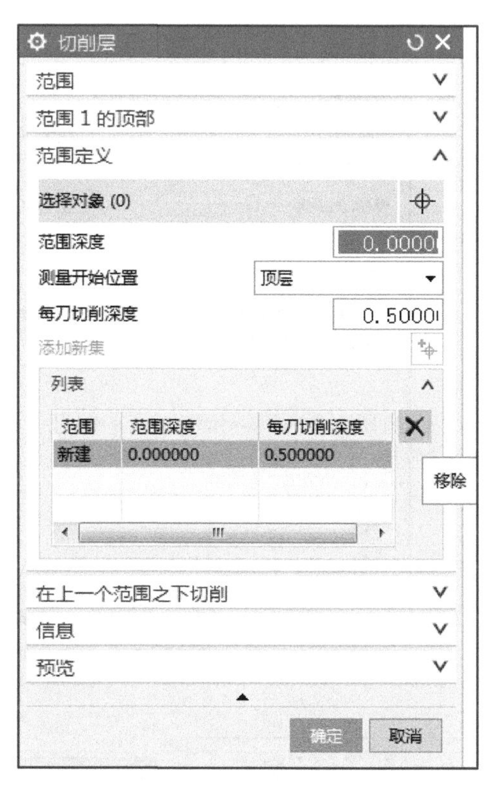

图 3-5-34 删除切削层

点击选择或输入当前刀轴所需切削深度,后点击【确定】,如图 3-5-35 所示。点击选择“切削参数”选项,如图 3-5-36 所示。弹出“切削参数”对话框,在“策略”选项卡中点击展开“切削顺序”选项,点击选择“深度优先”,如图 3-5-37 所示。

点击选择“余量”选项卡,将“部件侧面余量”更改为“0.2000”,内、外公差均更改为“0.0100”,后点击【确定】,如图 3-5-38 所示;点击选择“非切削移动”选项,如图 3-5-39 所示。

弹出“非切削移动”对话框,在“进刀”选项卡中点击展开“封闭区域”下的“进刀类型”选项,点击选择“沿形状斜进刀”,如图 3-5-40 所示。“斜坡角度”更改为“1.0000”,“高度” 更改为“0.5000 mm”。“开放区域”中的“长度”更改为“80.0000% 刀具直径”,“高度” 更改为“0.0000 mm”,如图 3-5-41 所示。

点击选择“转移/快速”选项卡:点击展开“区域内”中的“转移类型”选项,点击选择“直接”,后点击【确定】,如图 3-5-42 所示。点击选择“进给率和速度”选项,如图 3-5-43 所示。

弹出“进给率和速度”对话框,点击 □ 勾选“主轴速度”选项,更改为“6000.0000”,“切削” 更改为“3000 mmpm”,如图 3-5-44 所示。点击 “基于此值计算进给和速度”即可完成计算,后点击【确定】,如图 3-5-45 所示。

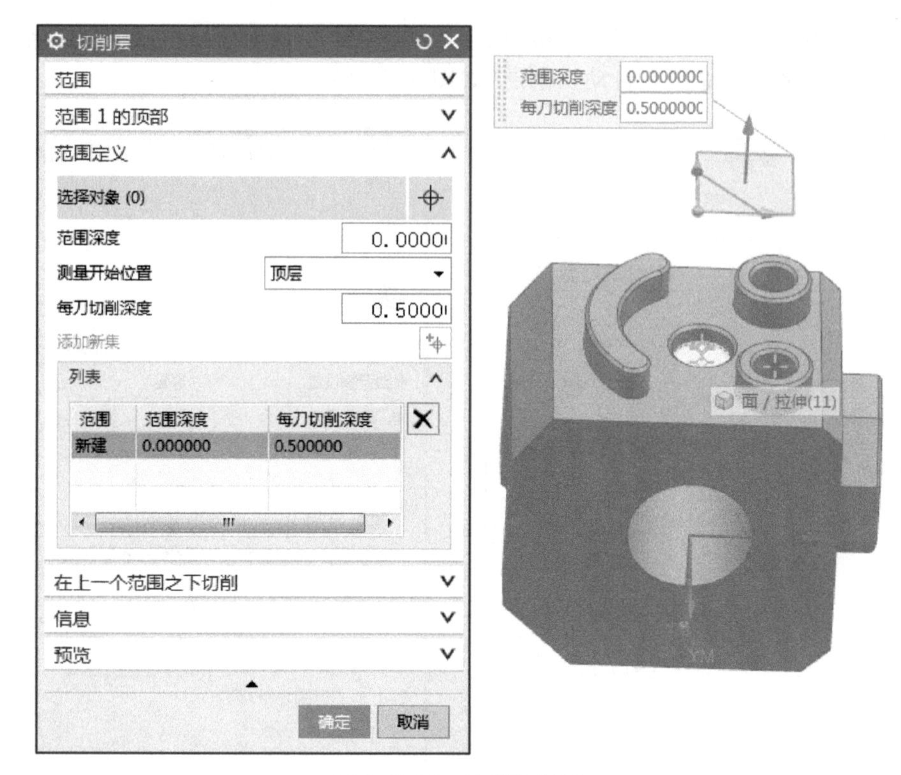

图 3-5-35　选择切削层

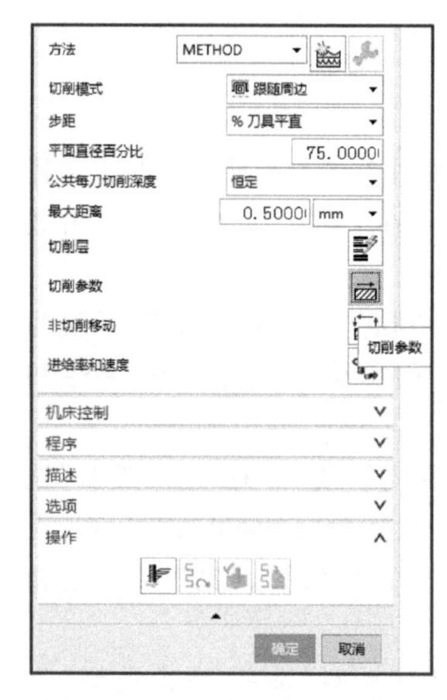

图 3-5-36　选择编辑切削参数

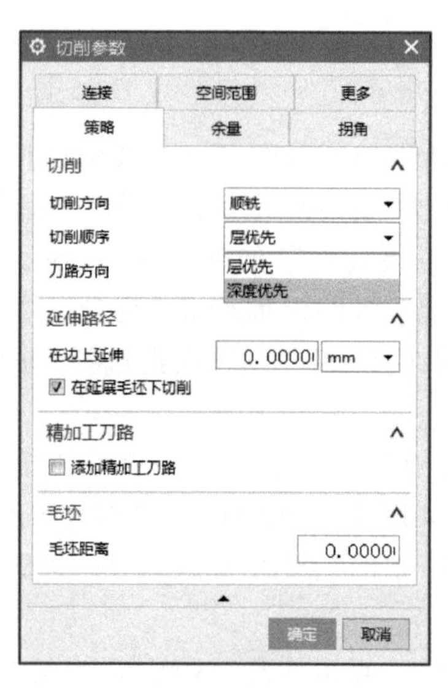

图 3-5-37　选择切削顺序

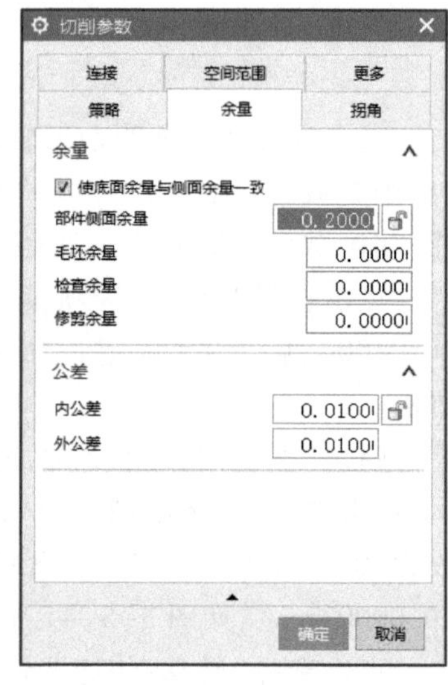

图 3-5-38　更改余量、公差

点击选择“生成”，如图 3-5-46 所示，即可生成刀轨，如图 3-5-47 所示，后点击【确定】。

点击选择需要复制的程序“CAVITY_MILL”后点击鼠标右键，选择【复制】，如图 3-5-48 所示。点击选择需要粘贴位置的前一个程序“CAVITY_MILL”后点击鼠标右键，选择【粘贴】，如图 3-5-49 所示，即完成复制。

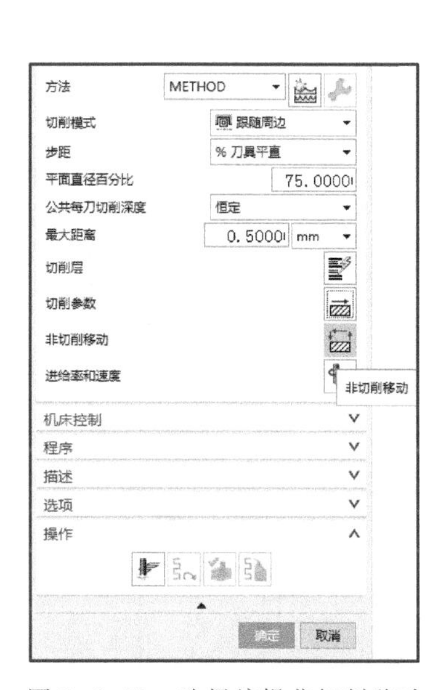

图 3-5-39　选择编辑非切削移动

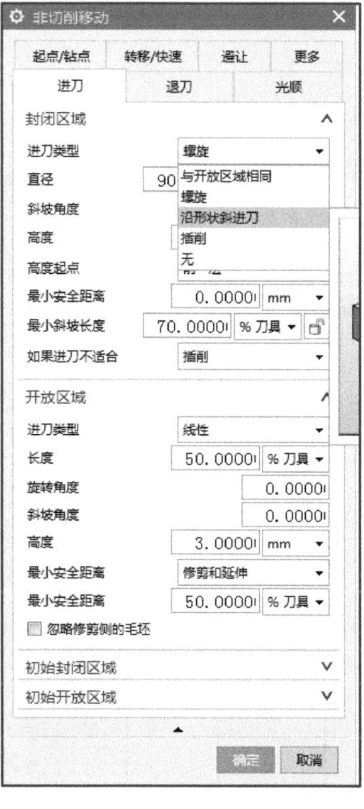

图 3-5-40　更改进刀类型

图 3-5-41　更改进刀参数

点击选择需编辑程序“CAVITY_MILL_COPY”后点击鼠标右键，选择【编辑】，如图 3-5-50所示。弹出“型腔铣”对话框；指定新刀轴矢量方向，点击展开“刀轴”选项，点击选择刀轴垂直表面，弹出“警告”对话框，点击【确定】，如图 3-5-51 所示。

图 3-5-42　更改区域内转移类型

图 3-5-43　选择编辑进给率和速度

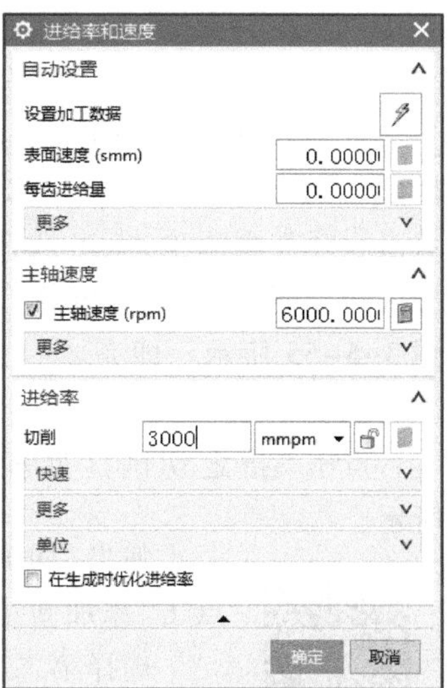

图 3-5-44　定义转速、进给率

点击选择“切削层”选项，弹出“切削层”对话框，点击选择或输入当前刀轴所需切削深度后点击【确定】，如图 3-5-52 所示。点击选择“生成”，即可生成刀轨，如图 3-5-53 所示。

后点击【确定】，参考操作完成其余方向粗加工，刀轨如图 3-5-54 所示。

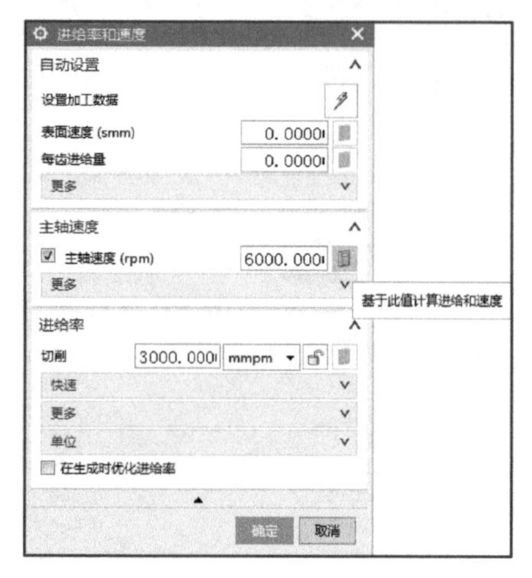

图 3-5-45　计算进给和速度

图 3-5-46　生成刀轨

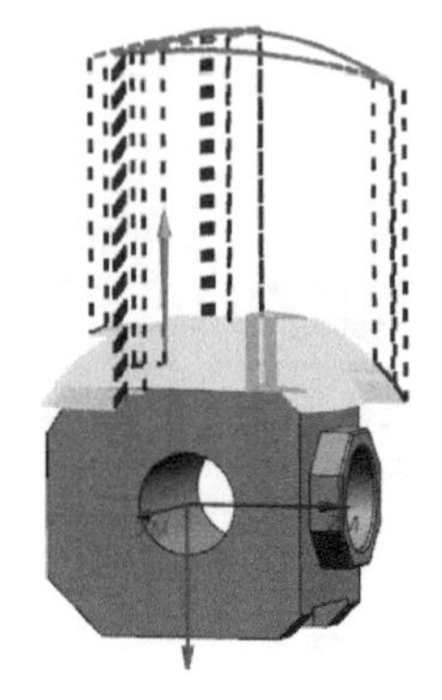

图 3-5-47　刀轨

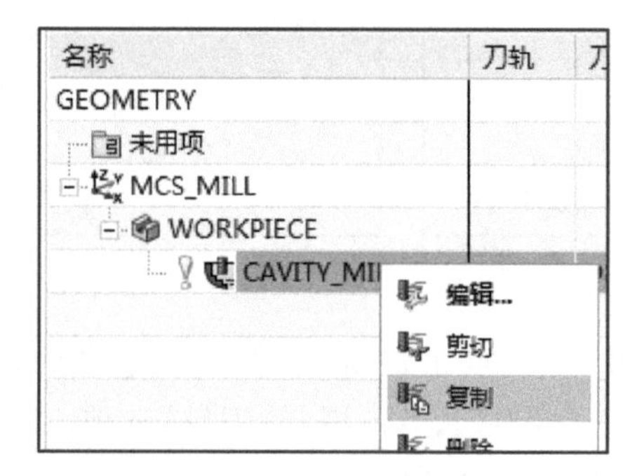

图 3-5-48　选择复制程序

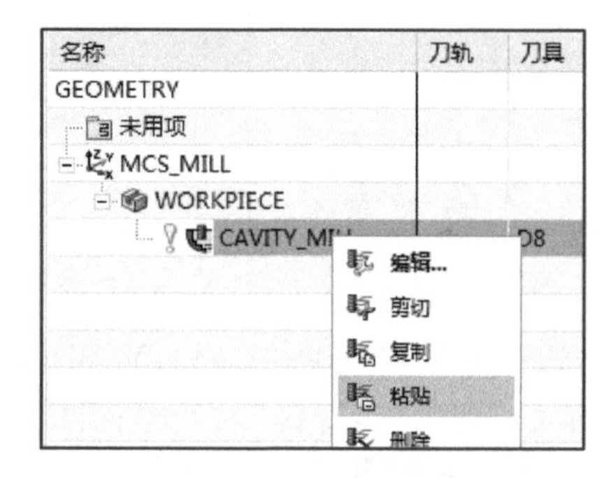

图 3-5-49　粘贴复制程序

3.5.7　创建及编辑底壁铣工序

点击“WORKPIECE”后点击鼠标右键，选择【插入】→【工序】弹出“创建工序”对话框。点击展开类型选项，点击选择“mill_planar”，点击选择工序子类型“底壁铣”后点击【确定】，如图 3-5-55 所示。即完成一个工序创建。弹出“底壁铣”对话框，如图 3-5-56 所示。

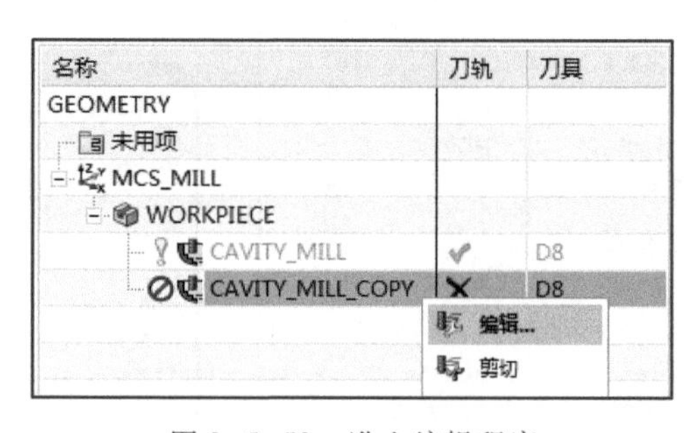

图 3-5-50　进入编辑程序

点击“指定切削区底面”，如图 3-5-57 所示。

弹出“切削区域”对话框，选择第一个底面（同一高度平面可进行多选），点击“添加新集”，如图 3-5-58 所示。

选择第二个底面，如图 3-5-59 所示。

再次点击“添加新集”，选择第三个底面，后点击【确定】，如图 3-5-60 所示。

点击□勾选“自动壁”选项，如图 3-5-61 所示。点击展开“工具”选项，再展开“刀具”，点击选择“D8”，如图 3-5-62 所示。

创建及编辑底壁铣工序

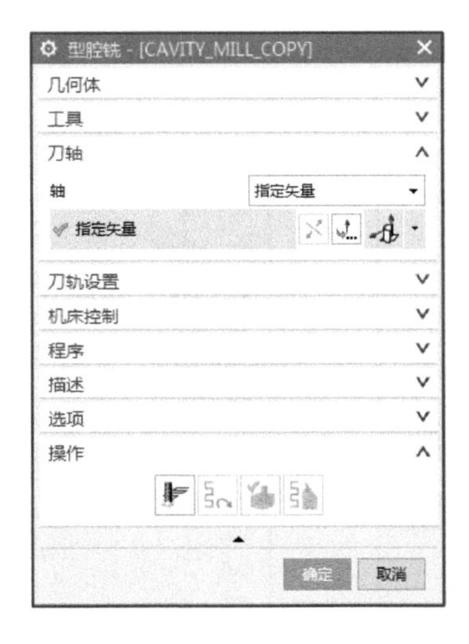

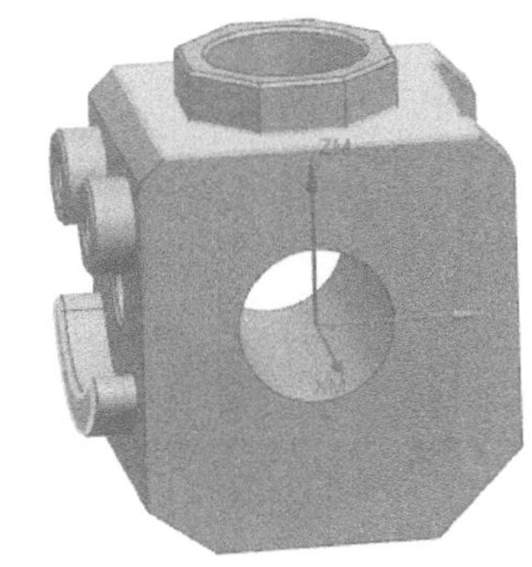

图 3-5-51　指定新刀轴矢量方向

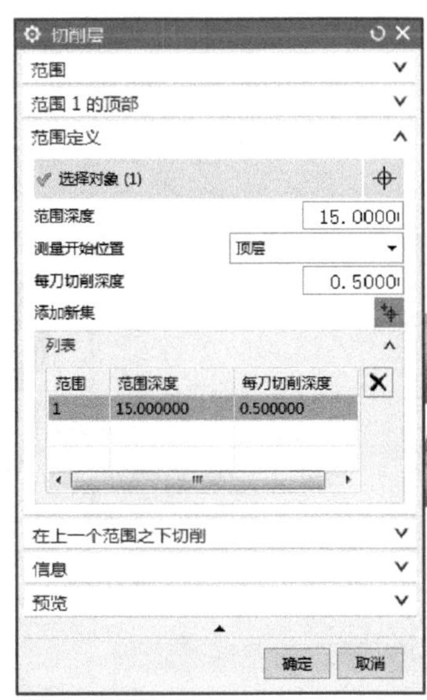

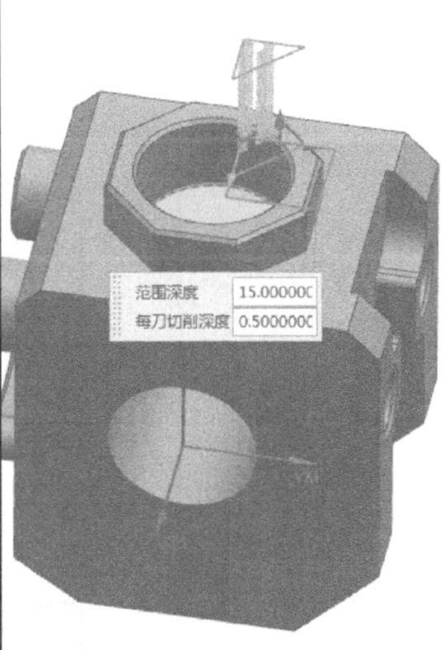

图 3-5-52　选择编辑切削层

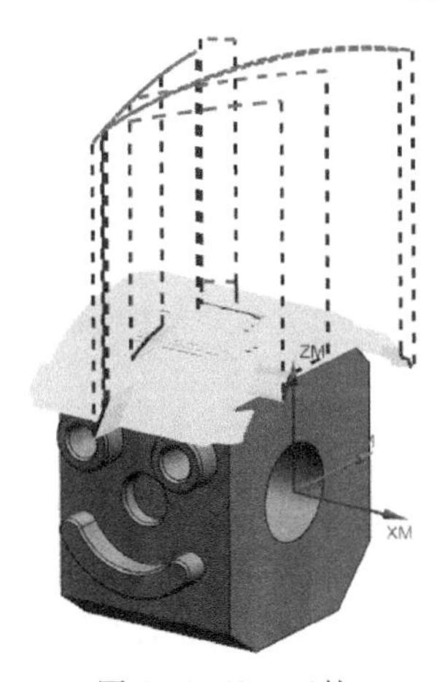

图 3-5-53　刀轨

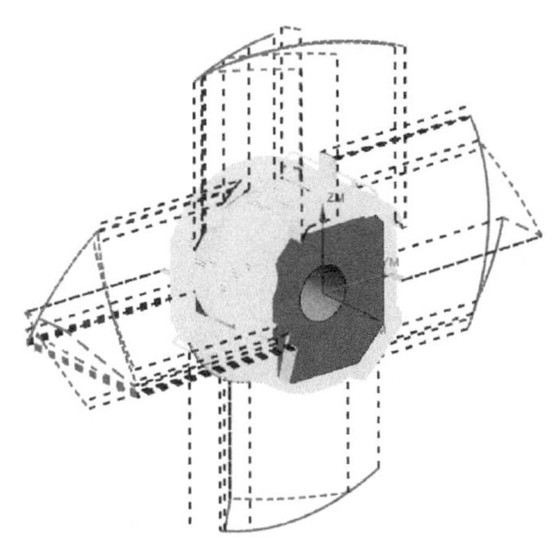

图 3-5-54　粗加工刀轨

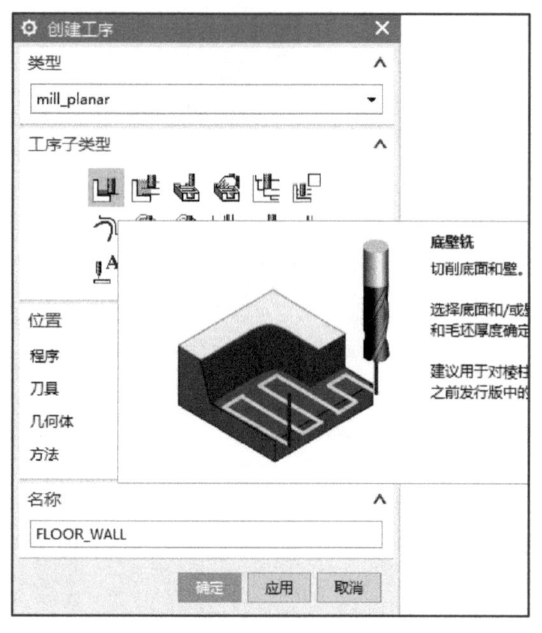

图 3-5-55　选择“底壁铣”

图 3-5-56　“底壁铣”对话框

图 3-5-57　选择指定切削区底面

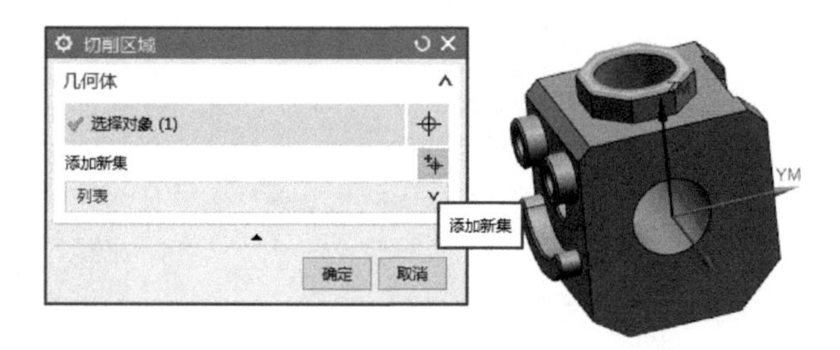

图 3-5-58　选择第一个底面

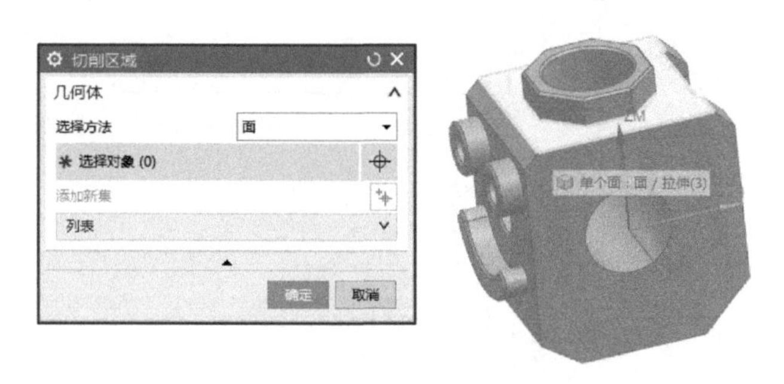

图 3-5-59　选择第二个底面

点击展开“刀轴”选项，再展开“轴”，点击选择“垂直于第一个面”，如图 3-5-63 所示。点击展开“刀轨设置”选项，再展开“切削模式”，点击选择“跟随周边”，如图 3-5-64 所示。

点击选择“切削参数”选项，如图 3-5-65 所示；弹出“切削参数”对话框，在“策略”选项卡中点击展开“刀路方向”选项，点击选择向内；点击 ☐ 勾选“添加精加工刀路”选项，如图 3-5-66 所示。

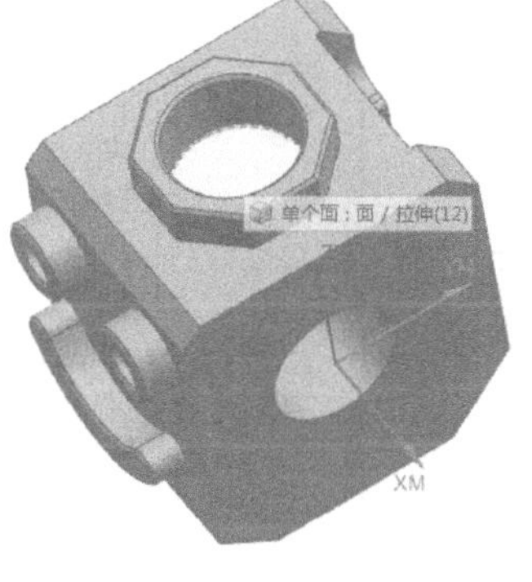

图 3-5-60　选择第三个底面

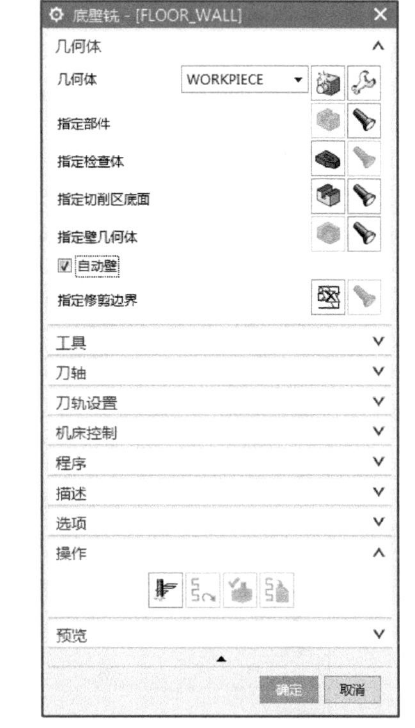

图 3-5-61　勾选“自动壁”

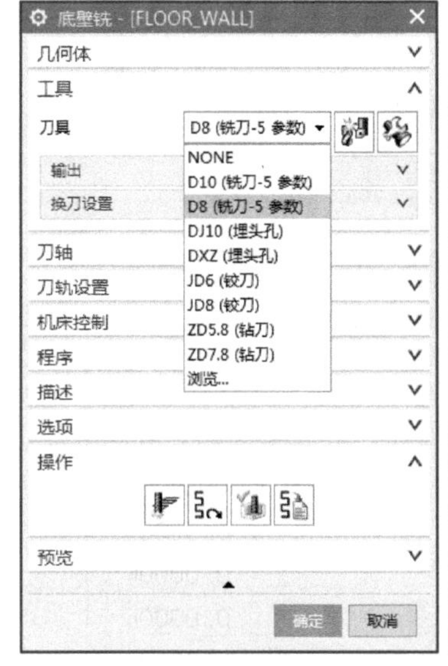

图 3-5-62　选择刀具

图 3-5-63　选择指定刀轴

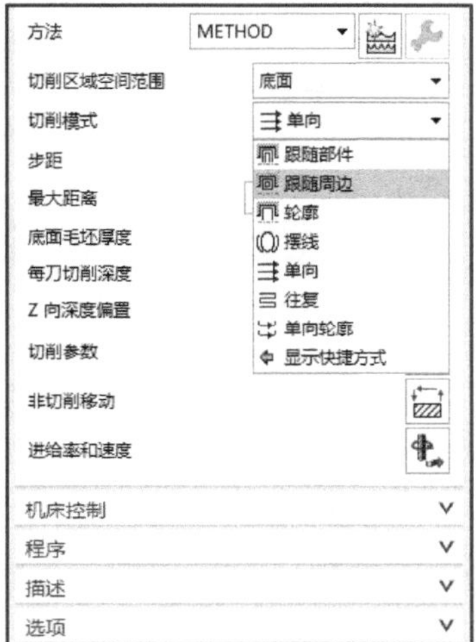

图 3-5-64　选择切削模式

“精加工步距”更改为“0.1000”，点开单位选项，选择“mm”，如图 3-5-67 所示。点击选择“余量”选项卡，将内、外公差均更改为“0.0010”，后点击【确定】，如图 3-5-68 所示。

点击选择“非切削移动”选项，如图 3-5-69 所示。弹出“非切削移动”对话框，在“进刀”选项卡中点击展开“封闭区域”下的“进刀类型”选项，点击选择“沿形状斜进刀”；“斜坡角度”更改为“1.0000”，“高度” 更改为“0.5000 mm”。“开放区域”中的

“长度”更改为“5.0000 mm”,“高度” 更改为“0.0000 mm”;后点击【确定】,如图 3-5-70 所示。

点击选择“进给率和速度”选项,如图 3-5-71 所示;弹出“进给率和速度”对话框,点击☐勾选“主轴速度”选项,点击更改为“6000.000”,“切削” 更改为“1000 mmpm”,如图 3-5-72 所示。

图 3-5-65　选择编辑切削参数

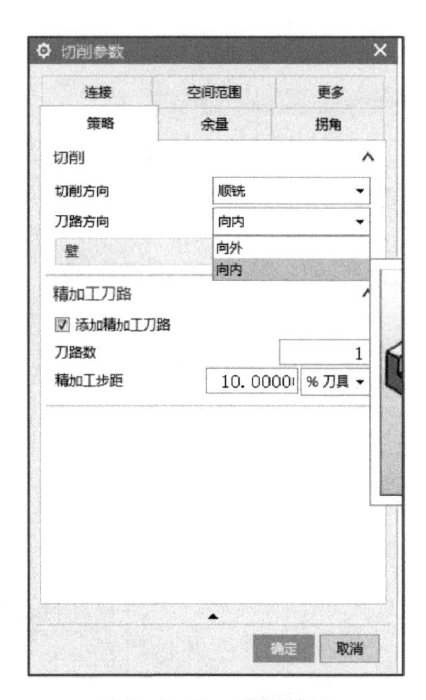

图 3-5-66　编辑策略

图 3-5-67　编辑精加工步距

图 3-5-68　更改内、外公差

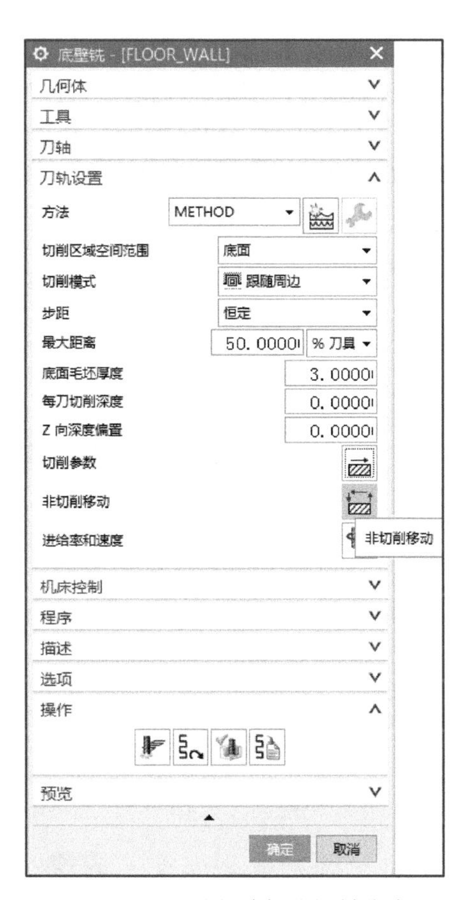

图 3-5-69　选择编辑非切削移动

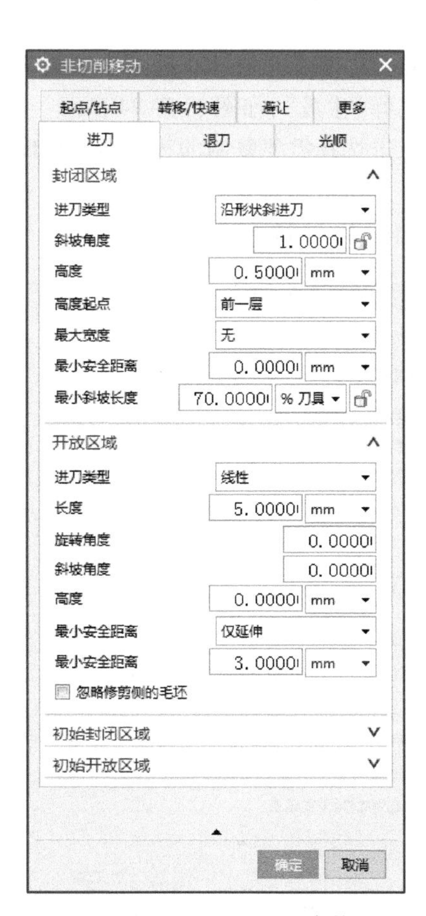

图 3-5-70　更改进刀参数

图 3-5-71　选择编辑进给率和速度

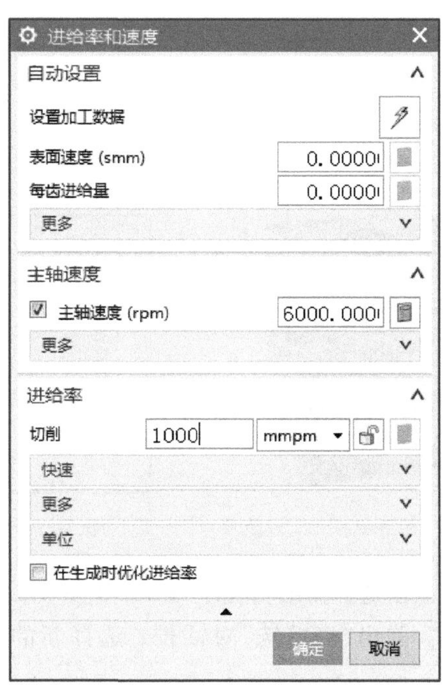

图 3-5-72　定义转速、进给率

点击“基于此值计算进给和速度”即可完成计算,后点击【确定】,如图 3-5-73 所示。点击选择“生成”,如图 3-5-74 所示。即可生成刀轨,如图 3-5-75 所示,后点击【确定】。

点击选择需要复制的程序“FLOOR_WALL”后点击鼠标右键,选择【复制】,如图 3-5-76 所示。点击选择需要粘贴位置的前一个程序“FLOOR_WALL”后点击鼠标右键,选择【粘贴】,如图 3-5-77 所示,即完成复制。

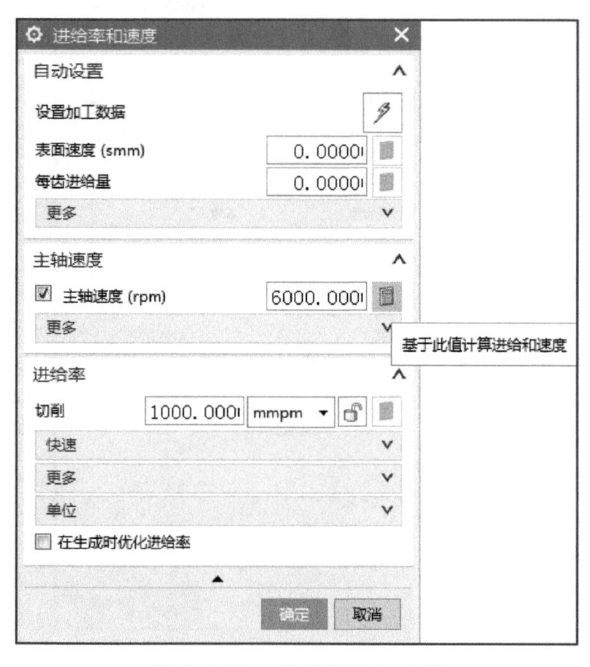

图 3-5-73 计算进给和速度

图 3-5-74 生成刀轨

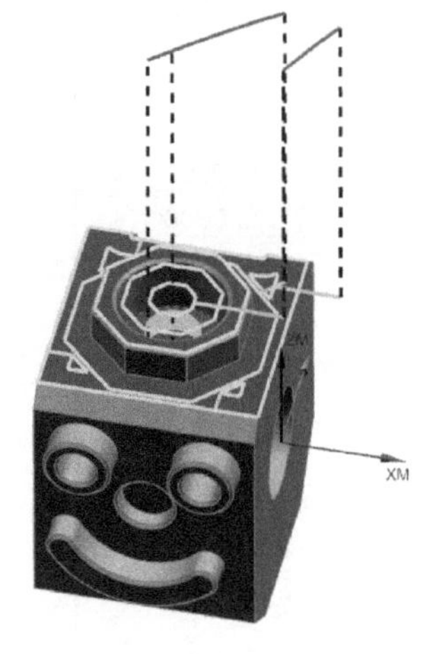

图 3-5-75 刀轨

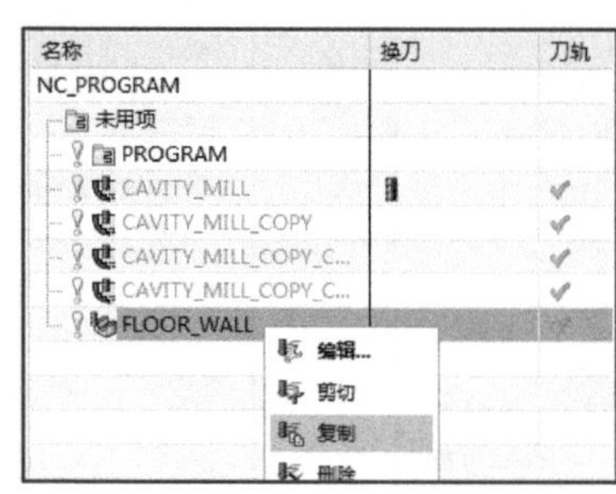

图 3-5-76 选择复制程序

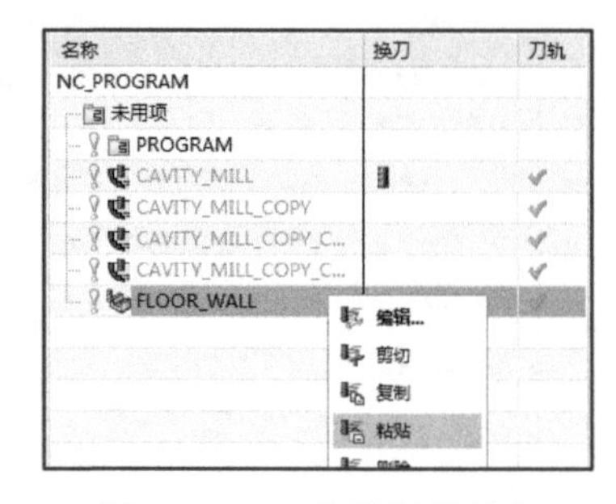

图 3-5-77 粘贴复制程序

点击选择需编辑程序“FLOOR_WALL _COPY”后点击鼠标右键,选择【编辑】,如图 3-5-78 所示。弹出“底壁铣”对话框;选择新的切削底面,点击“指定切削区底面”,如图 3-5-79 所示。

弹出“切削区域”对话框;点击“移除”,删除已有底面,如图 3-5-80 所示。选择第一个底面（同一高度平面可进行多选），点击“添加新集”，如图 3-5-81 所示。

选择第二个底面后点击【确定】，如图 3-5-82 所示。点击选择“切削参数”选项，弹出“切削参数”对话框，点击选择“空间范围”选项，点击选择“刀具延展量”更改为“100.0000% 刀具直径”，后点击【确定】，如图 3-5-83 所示。

点击选择“生成”，即可生成刀轨，如图 3-5-84 所示。后点击【确定】，参考操作完成其余方向底壁加工，所有刀轨如图 3-5-85 所示。

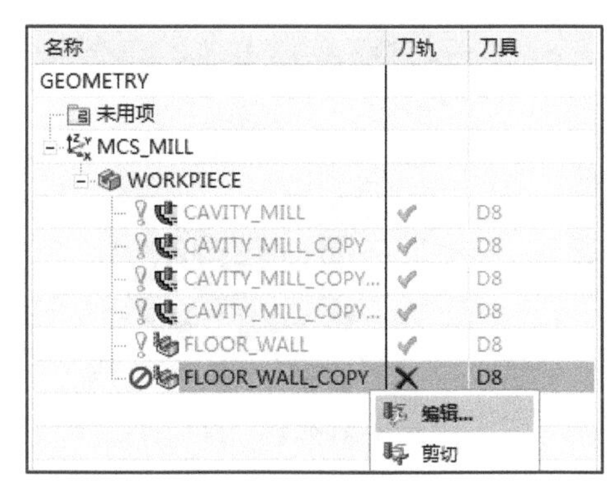

图 3-5-78 进入编辑程序

图 3-5-79 选择新的切削底面

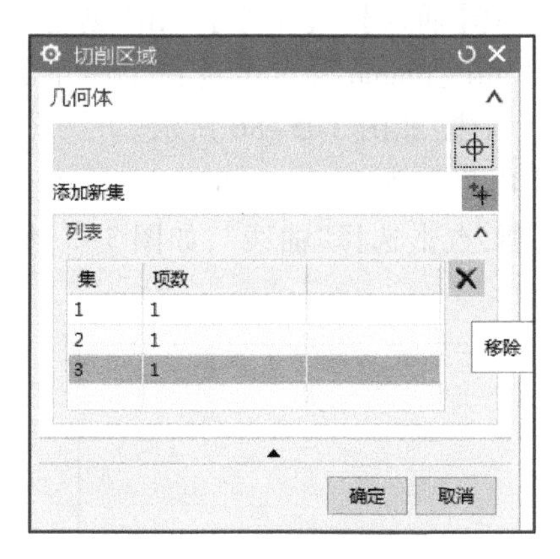

图 3-5-80 移除已有底面

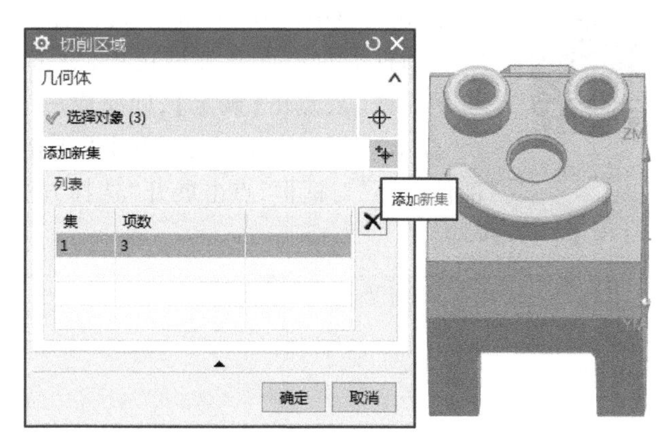

图 3-5-81 指定底面

图 3-5-82 指定底面

图 3-5-83 更改刀具延展量

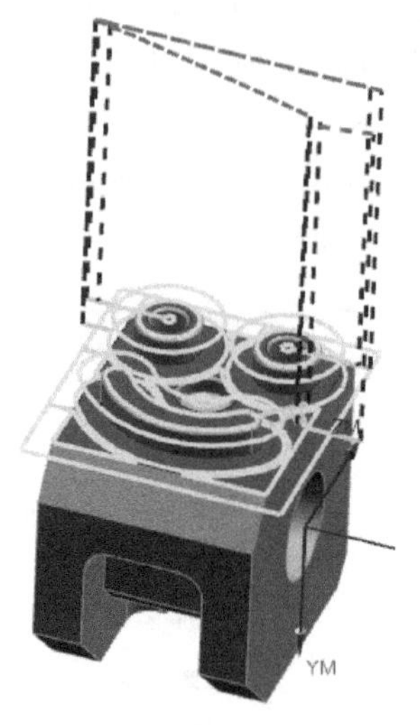

图 3-5-84 刀轨

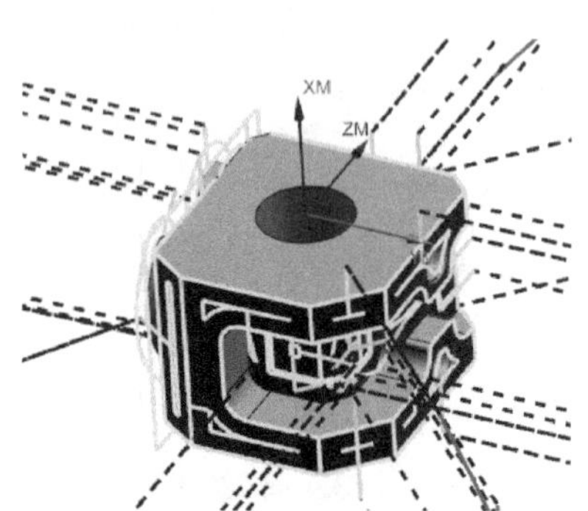

图 3-5-85 所有刀轨

3.5.8 创建及编辑平面铣工序

创建及编辑平面铣工序

点击“WORKPIECE”后点击鼠标右键，选择【插入】→【工序】弹出“创建工序”对话框。点击展开类型选项，点击选择“mill_planar”，点击选择工序子类型“平面铣”后点击【确定】，即完成一个工序创建，如图 3-5-86 所示。

弹出“平面铣”对话框，点击“指定部件边界”，如图 3-5-87 所示。弹出“部件边界”对话框，点击展开“选择方法”选项，点击选择“曲线”，如图 3-5-88 所示。

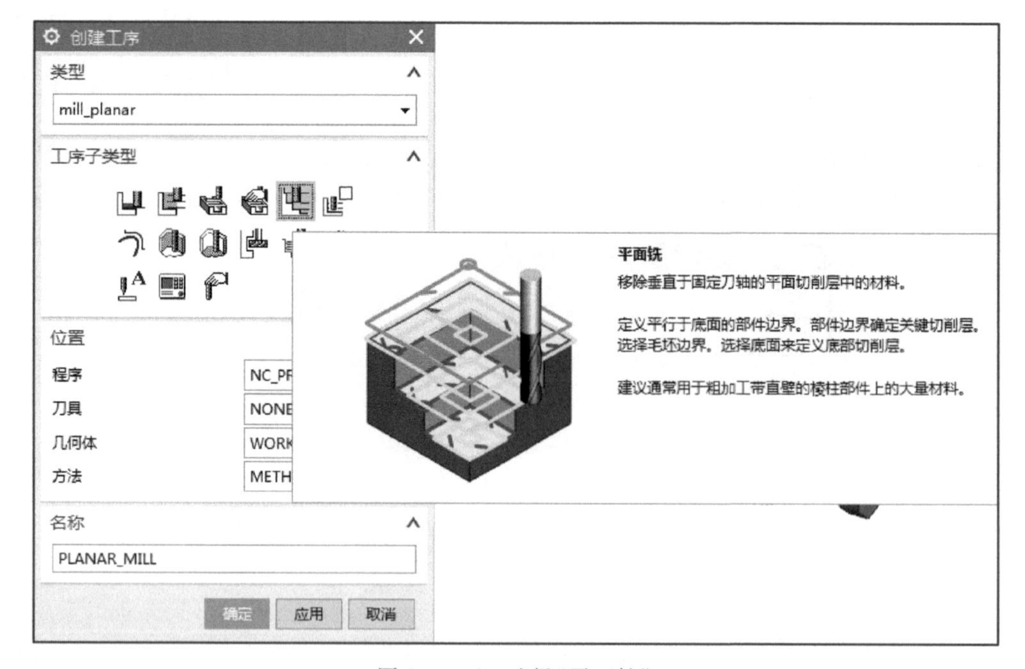

图 3-5-86 选择“平面铣”

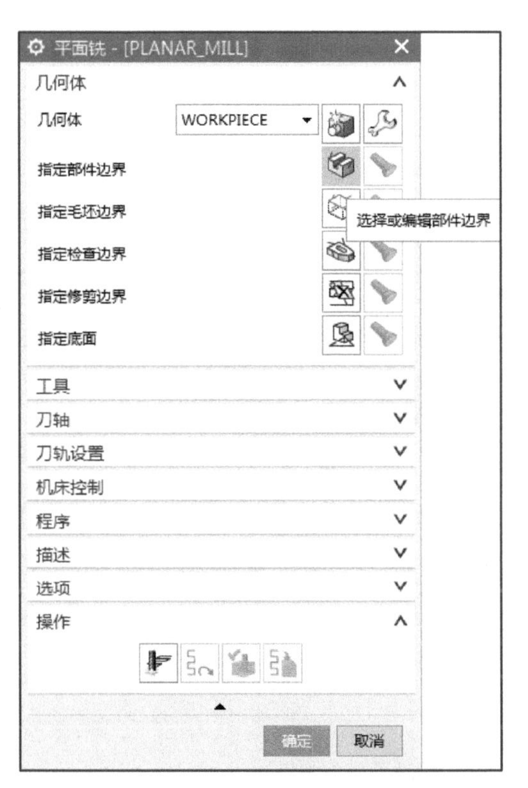

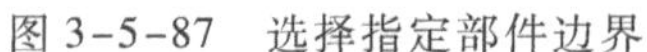
图 3-5-87 选择指定部件边界

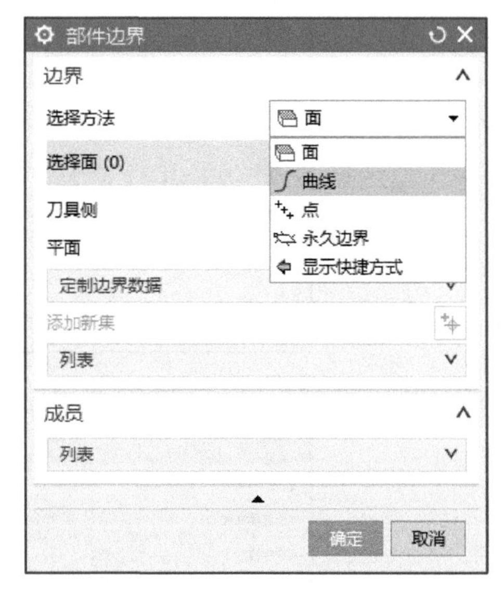

图 3-5-88 选择指定边界方法

点击展开“边界类型”选项，点击选择“开放”，如图 3-5-89 所示。点击展开“平面”选项，点击选择“指定”，如图 3-5-90 所示。

点击“指定”选择“指定平面”，如图 3-5-91 所示。点击选择边界曲线，点击“选择曲线”，后点击【确定】，如图 3-5-92 所示。

点击“指定底面”，如图 3-5-93 所示。弹出“平面”对话框，点击选择加工底面，后点击【确定】，如图 3-5-94 所示。

点击展开“工具”选项，再展开“刀具”，点击选择“D8”，如图 3-5-95 所示。点击展开“刀轴”选项，再展开“轴”，点击选择“垂直于底面”，如图 3-5-96 所示。

图 3-5-89 更改边界类型

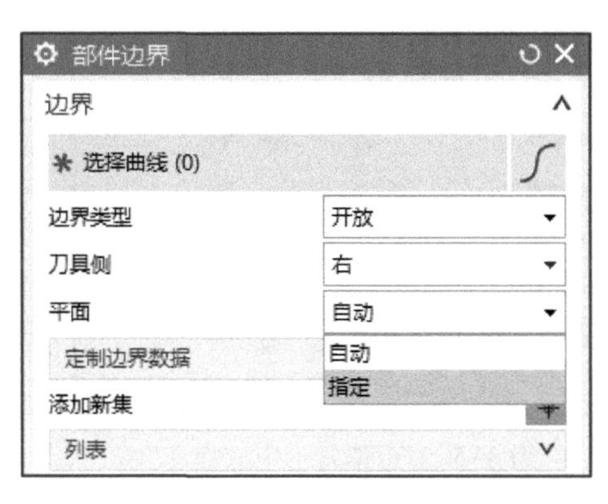

图 3-5-90 更改平面

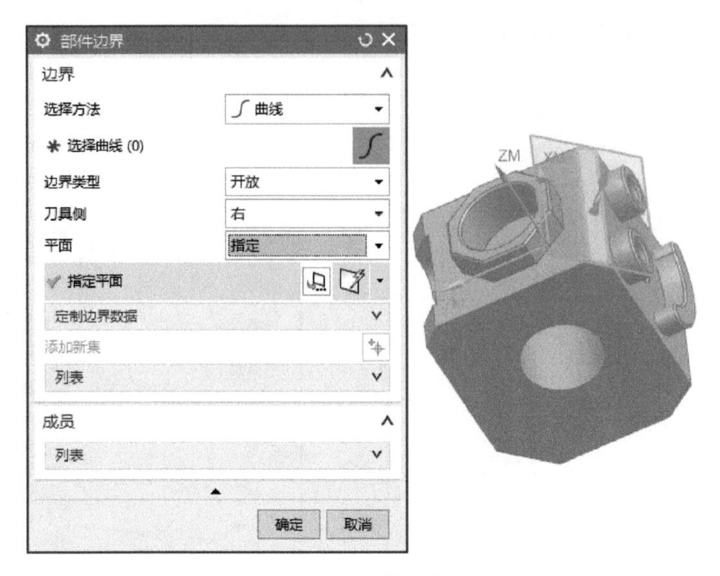

图 3-5-91　选择指定平面

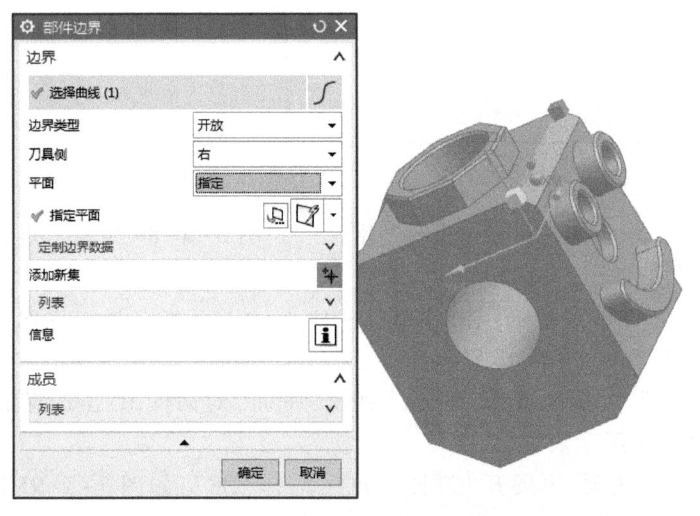

图 3-5-92　选择边界曲线

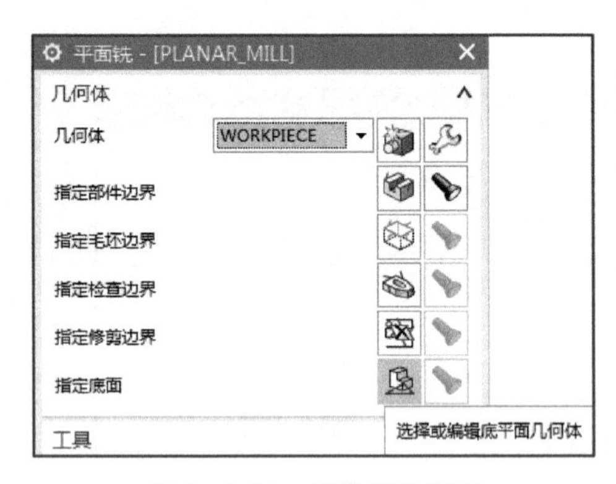

图 3-5-93　编辑指定底面

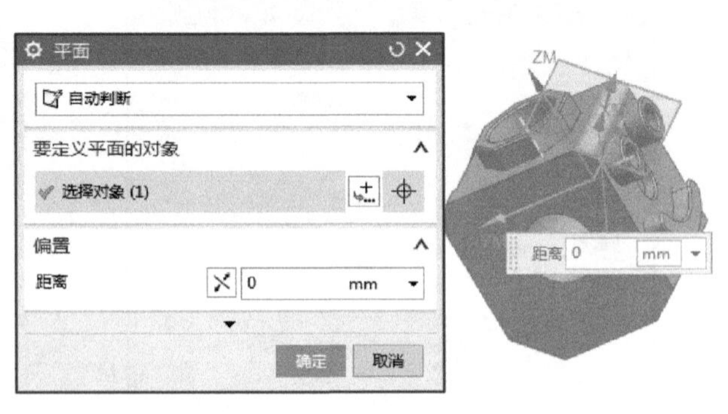

图 3-5-94　指定底面

点击展开“刀轨设置”选项，再展开“切削模式”，点击选择“轮廓”，如图 3-5-97 所示。

点击选择“切削参数”选项，如图 3-5-98 所示。

弹出“切削参数”对话框，点击选择“余量”选项卡，将“部件余量”更改为“-3”；内、外公差均更改为“0.0010”，后点击【确定】，如图 3-5-99 所示。设置“进给率和速度”对话框参数，然后生成刀轨后点击【确定】，如图 3-5-100 所示。

点击选择需要复制的程序“PLANAR_MILL”后点击鼠标右键，选择【复制】，如图 3-5-101 所示；点击选择需要粘贴位置的前一个程序“PLANAR_MILL”后点击鼠标右键，选择【粘贴】，如图 3-5-102 所示，即完成复制。

点击选择需编辑程序“PLANAR_MILL_COPY”后点击鼠标右键，选择【编辑】，如图 3-5-103所示。弹出对应对话框“平面铣”，点击“指定部件边界”。

图 3-5-95　选择刀具

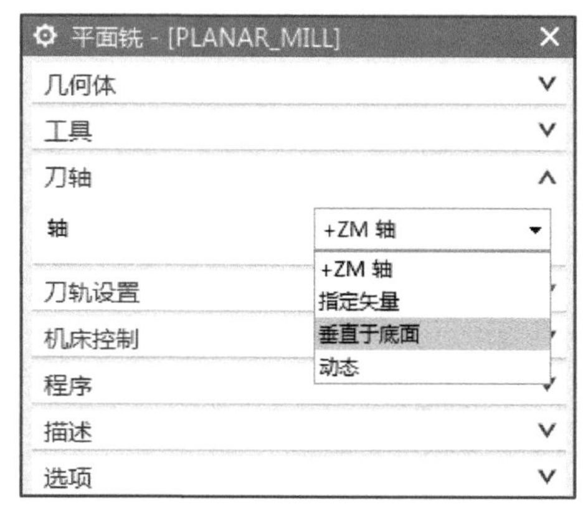

图 3-5-96　选择指定刀轴

图 3-5-97　选择切削模式

图 3-5-98　选择编辑切削参数

图 3-5-99 编辑余量和内、外公差

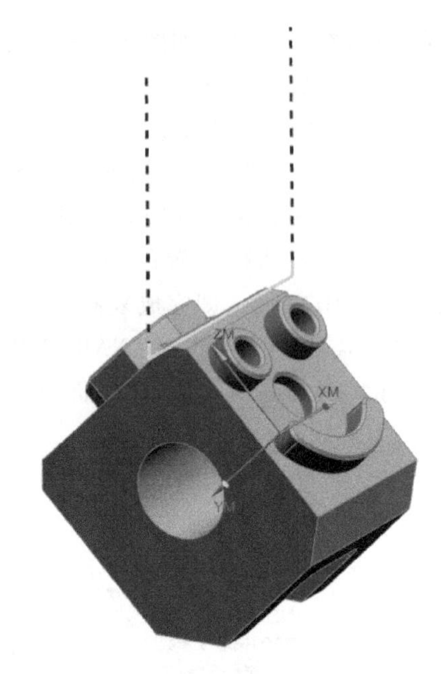

图 3-5-100 刀轨

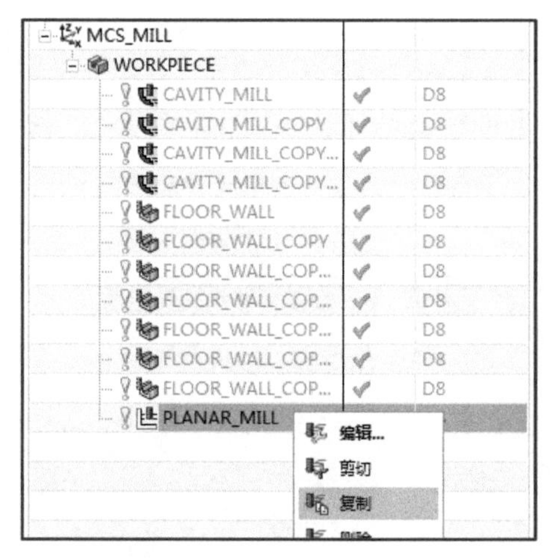

图 3-5-101 选择复制程序

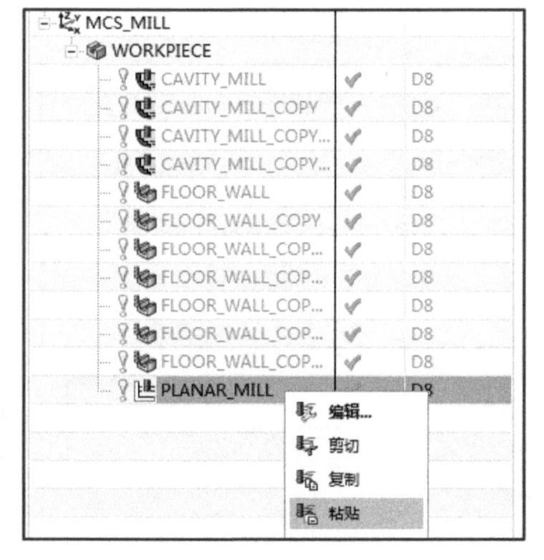

图 3-5-102 粘贴复制程序

弹出“部件边界”对话框，点击“移除”，删除已有边界，如图 3-5-104 所示。点击展开“选择方法”选项，点击选择“曲线”。

点击选择平面，如图 3-5-105 所示。点击选择边界曲线，选择第一条边界，点击“添加新集”，如图 3-5-106 所示。

选择第二条边界，后点击【确定】，如图 3-5-107 所示。点击“指定底面”。

弹出“平面”对话框，点击选择加工底面，后点击【确定】，如图 3-5-108 所示。点击选择“切削参数”选项，弹出“切削参数”对话框，点击选择“余量”选项卡，将“部件余量”更改为“0”，后点击【确定】，如图 3-5-109 所示。

点击选择“非切削移动”选项，如图 3-5-110 所示；弹出“非切削移动”对话框，在“进刀”选项卡中点击展开“开放区域”下的“进刀类型”选项，点击选择“圆弧”，如图 3-5-111 所示。

“半径”更改为“0.3000 mm”，“高度”更改为“1.0000 mm”，点击展开“最小安全距离”选项，选择“无”，后点击【确定】，如图 3-5-112 所示。生成刀轨，如图 3-5-113 所示，后点击【确定】。

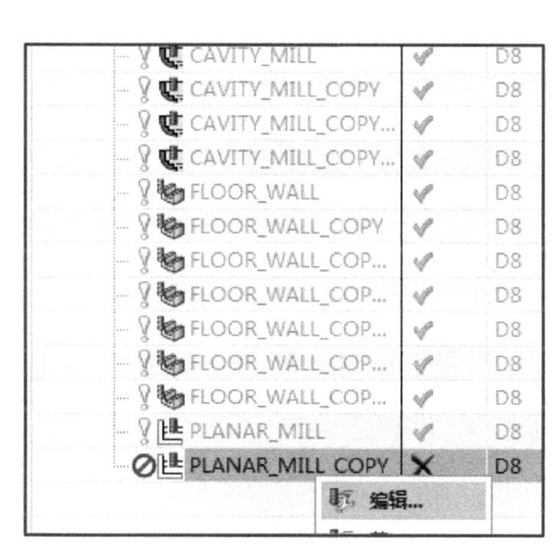

图 3-5-103　选择编辑程序

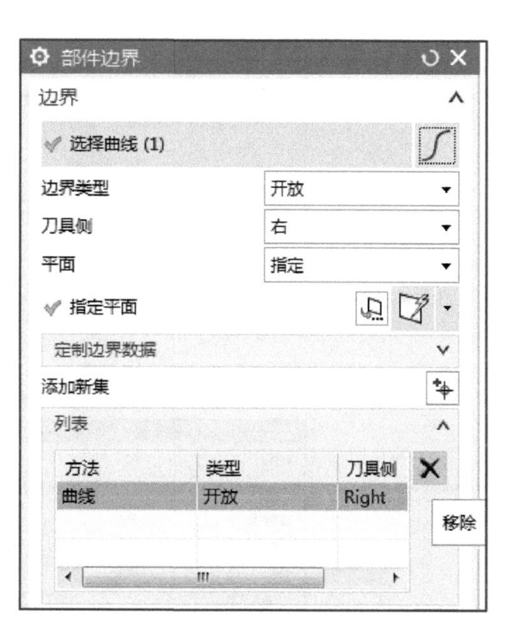

图 3-5-104　移除已有边界

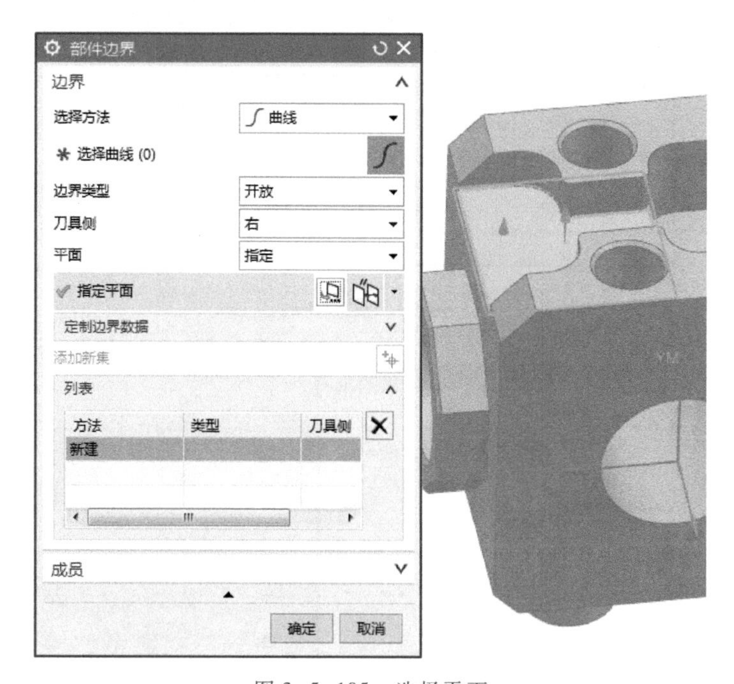

图 3-5-105　选择平面

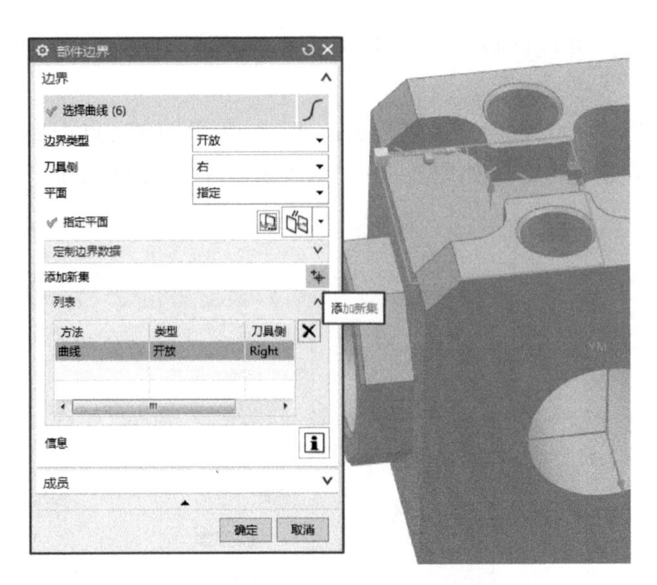

图 3-5-106　选择边界、添加新集

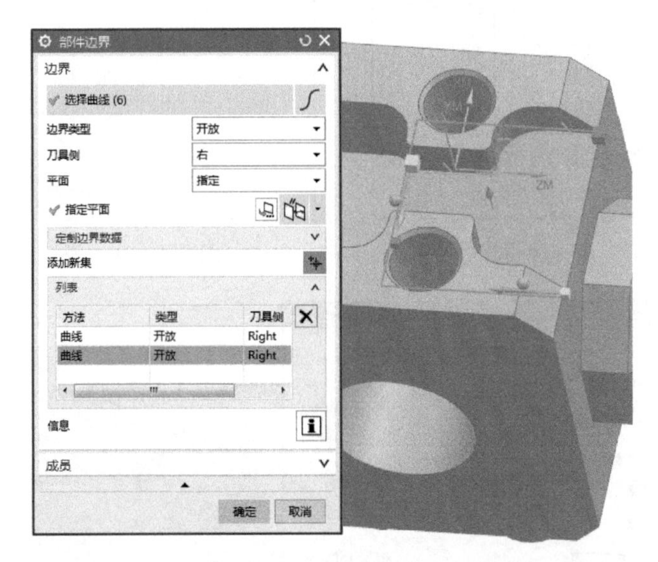

图 3-5-107　选择新的边界

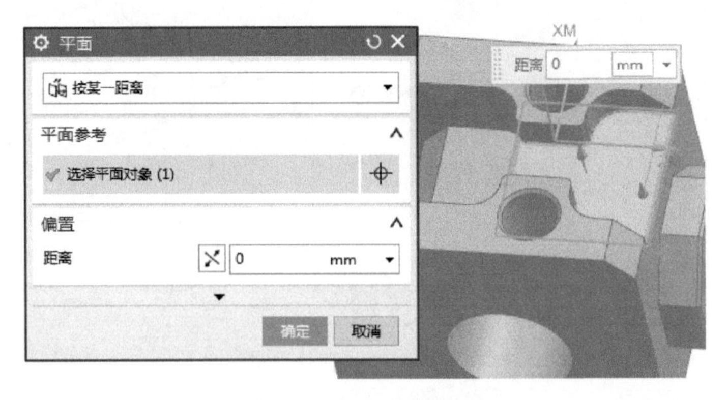

图 3-5-108　指定底面

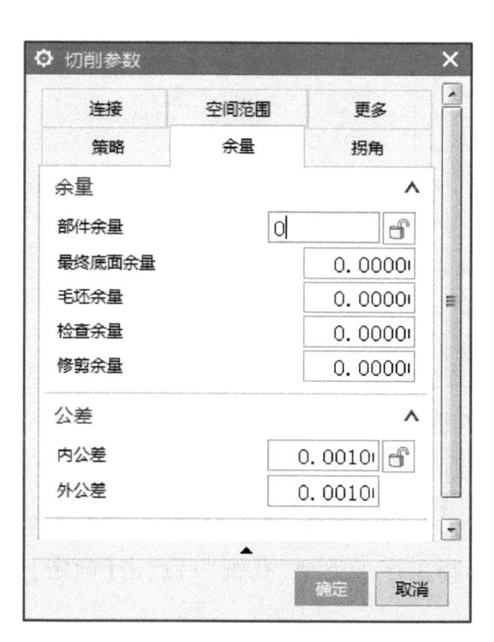

图 3-5-109　编辑部件余量

图 3-5-110　选择编辑非切削移动

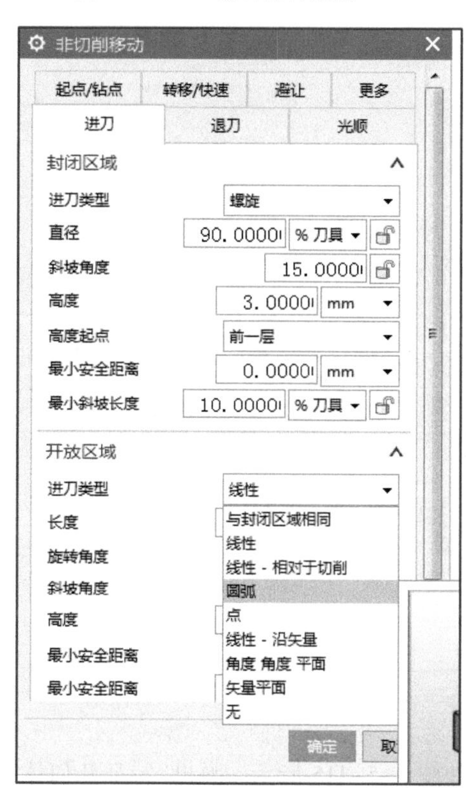

图 3-5-111　更改进刀参数

图 3-5-112　选择最小安全距离

创建及编辑孔铣工序

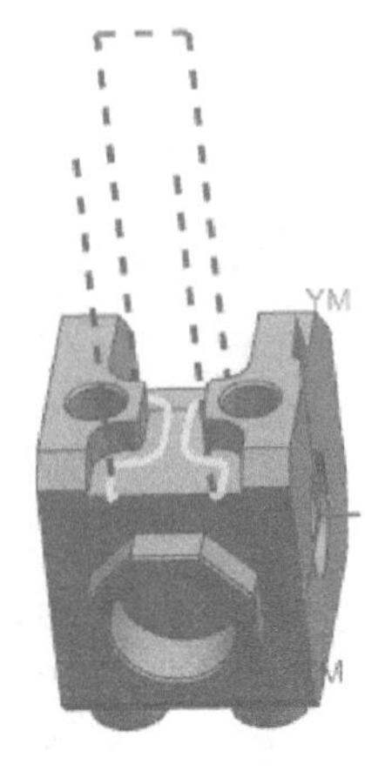

图 3-5-113 刀轨

3.5.9 创建及编辑孔铣工序

点击“WORKPIECE”后点击鼠标右键，选择【插入】→【工序】，弹出“创建工序”对话框。点击展开类型选项，点击选择“mill_planar”，点击选择工序子类型“孔铣”后点击【确定】，即完成一个工序创建，如图 3-5-114 所示。

图 3-5-114 选择“孔铣”

弹出“孔铣”对话框，点击“指定特征几何体”，如图 3-5-115 所示。弹出“特征几何体”对话框，点击选择特征“孔壁”，如图 3-5-116 所示。后点击【确定】，编辑选择对象如图 3-5-117 所示。

图 3-5-115 选择指定特征几何体

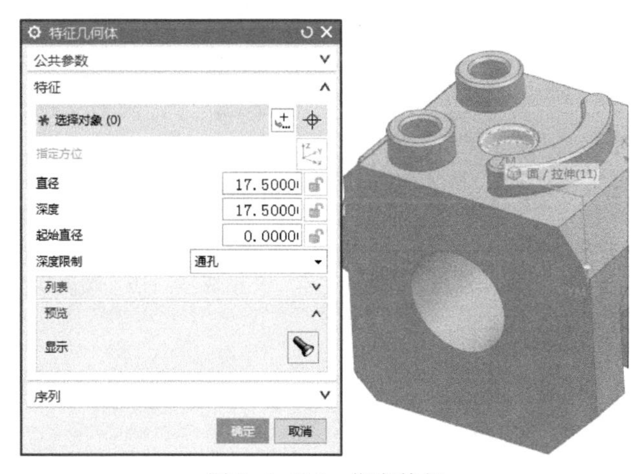

图 3-5-116 指定特征

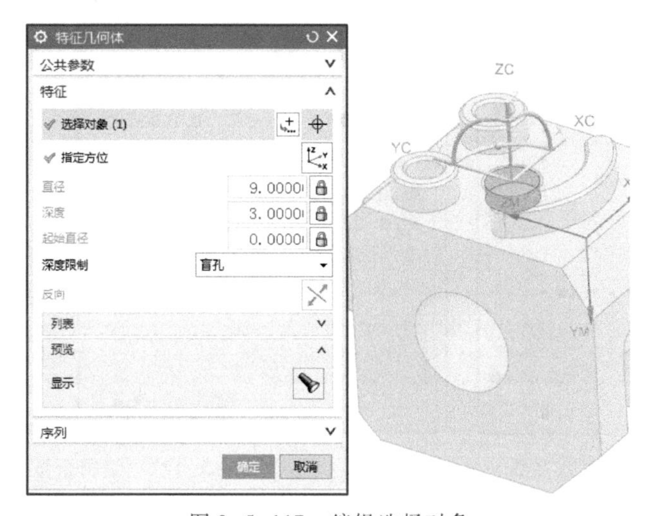

图 3-5-117 编辑选择对象

点击展开“工具”选项，再展开“刀具”，点击选择“D8”，如图 3-5-118 所示。

点击展开“刀轨设置”选项，“螺距”更改为“0. 2000”，点击展开其后的单位选项，点击选择“mm”，如图 3-5-119 所示。点击选择“切削参数”选项，如图 3-5-120 所示。弹出“切削参数”对话框，点击选择“余量”选项卡，将“部件侧面余量”更改为“0. 1500”，内、外公差均更改为“0. 0010”，后点击【确定】，如图 3-5-121 所示。

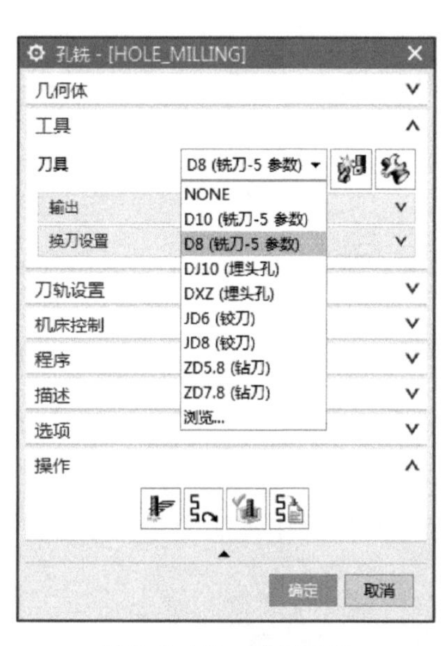

图 3-5-118　选择刀具

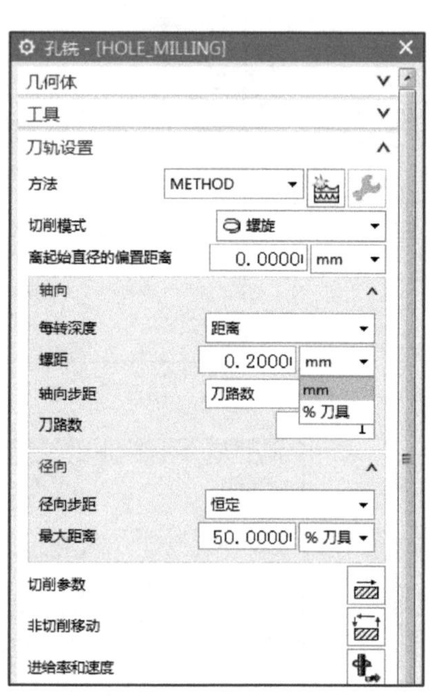

图 3-5-119　编辑切削深度

图 3-5-120　选择编辑切削参数

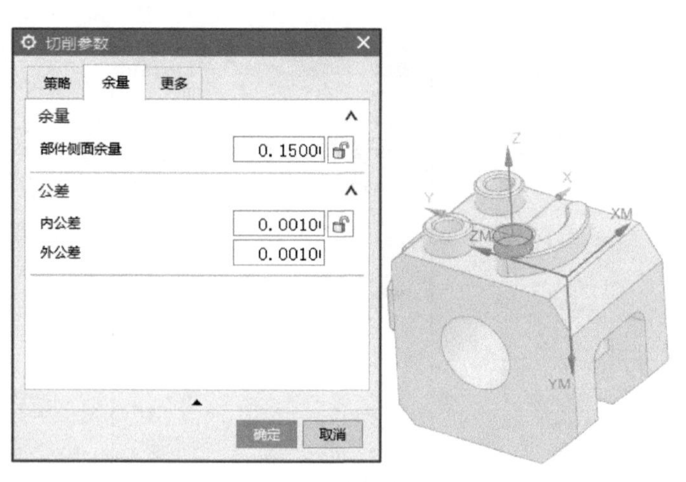

图 3-5-121　编辑余量、公差

设置“进给率和速度”对话框参数，“主轴速度”更改为“7000. 000”，“切削”更改为

“1000 mmpm”,如图 3-5-122 所示。点击“基于此值计算进给和速度”即可完成计算,后点击【确定】,如图 3-5-123 所示。点击选择“生成”,如图 3-5-124 所示,后点击【确定】生成刀轨,如图 3-5-125 所示。

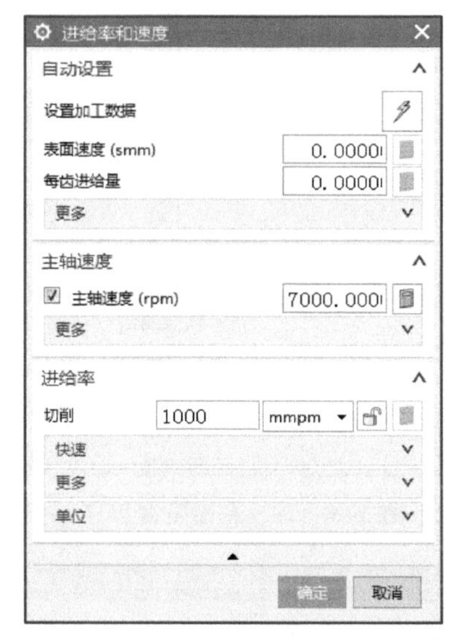

图 3-5-122 编辑转速、进给率

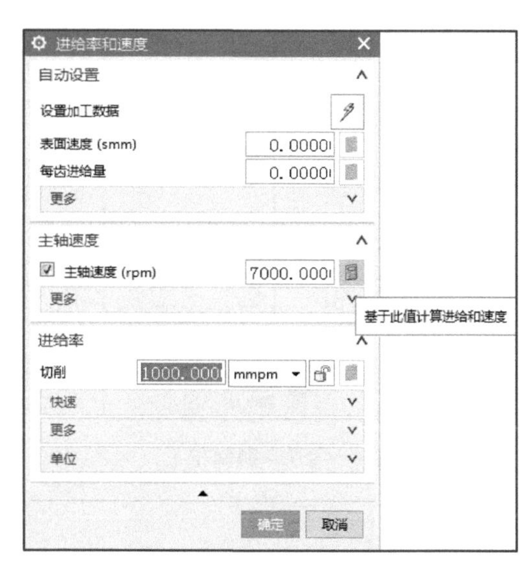

图 3-5-123 计算进给和速度

图 3-5-124 生成刀轨

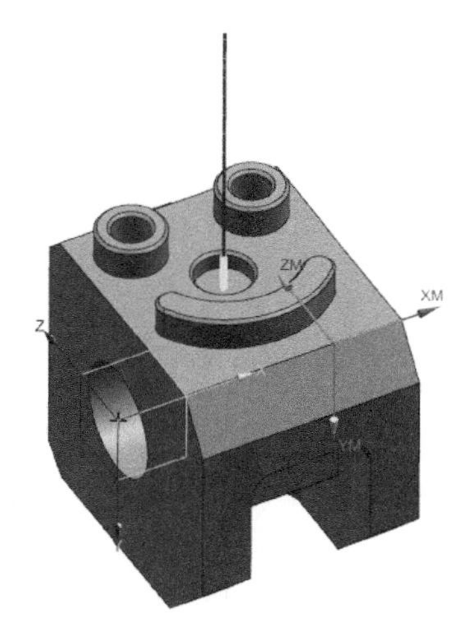

图 3-5-125 刀轨

点击选择需要复制的程序“HOLE_MILLING”后点击鼠标右键,选择【复制】,如图 3-5-126 所示;点击选择需要粘贴位置的前一个程序“HOLE_MILLING”后点击鼠标右键,选择【粘贴】,如图 3-5-127 所示,即完成复制。

点击选择需编辑程序“HOLE_MILLING_COPY”后点击鼠标右键,选择【编辑】,如图 3-5-128 所示。弹出“孔铣”对话框,点击展开“刀轨设置”选项,“螺距”更改为“1 mm”,如图 3-5-129 所示。点击选择“切削参数”选项,弹出“切削参数”对话框,点击选择“余量”选项卡,将“部件侧面余量”更改为“0”,后点击【确定】,如图 3-5-130 所示。点击选择“生成”,后点击【确定】,即可生成刀轨,如图 3-5-131 所示。

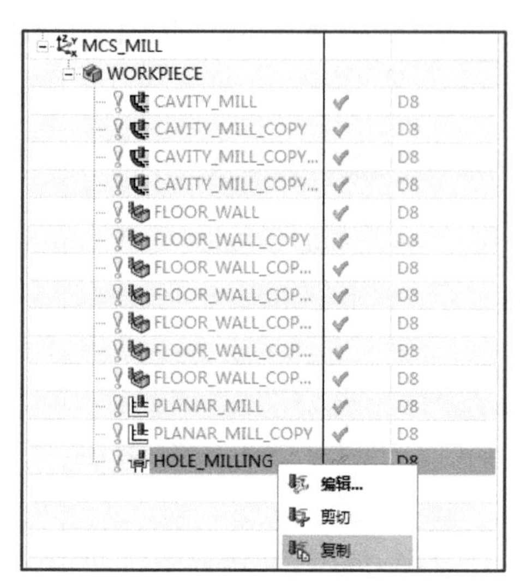

图 3-5-126　选择复制程序

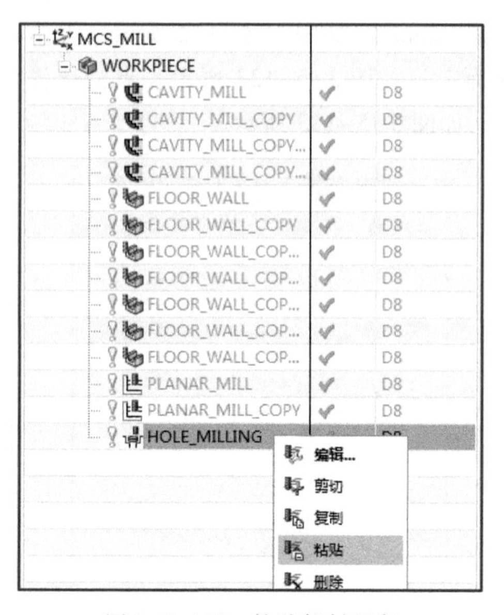

图 3-5-127　粘贴复制程序

图 3-5-128　选择编辑程序

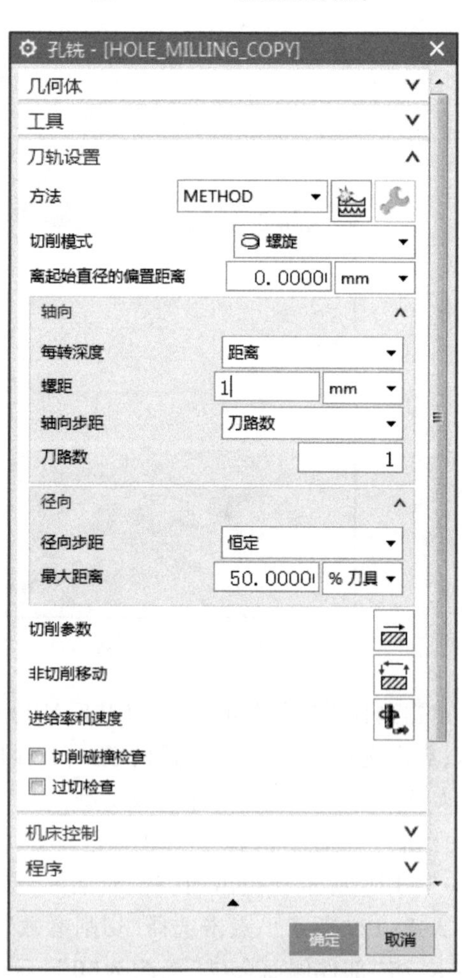

图 3-5-129　编辑曲线深度

图 3-5-130　编辑余量

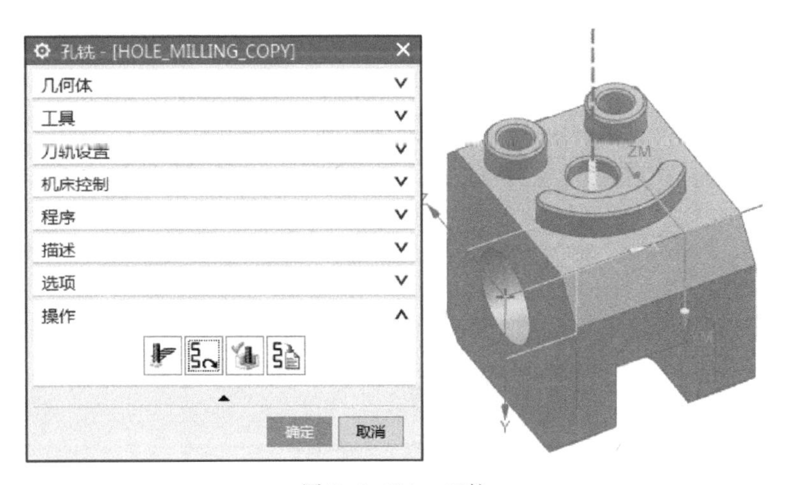

图 3-5-131　刀轨

3.5.10　创建及编辑钻孔工序

点击“WORKPIECE”后点击鼠标右键，选择【插入】→【工序】，弹出“创建工序”对话框。点击展开类型选项，点击选择“hole_making”，如图 3-5-132 所示。点击选择工序子类型“定心钻”后点击【确定】，如图 3-5-133 所示。

创建及编辑钻孔工序

弹出“定心钻”对话框，点击“指定特征几何体”，弹出“特征几何体”对话框，点击选择第一个特征“孔壁”，如图 3-5-134 所示。

点击展开“从几何体”，如图 3-5-135 所示，点击选择“用户定义”，如图 3-5-136 所示。

“深度”更改为“1.5”，如图 3-5-137 所示。再次点击选择新的特征，如图 3-5-138 所示，重复操作其余空选择后点击【确定】，如图 3-5-139 所示。

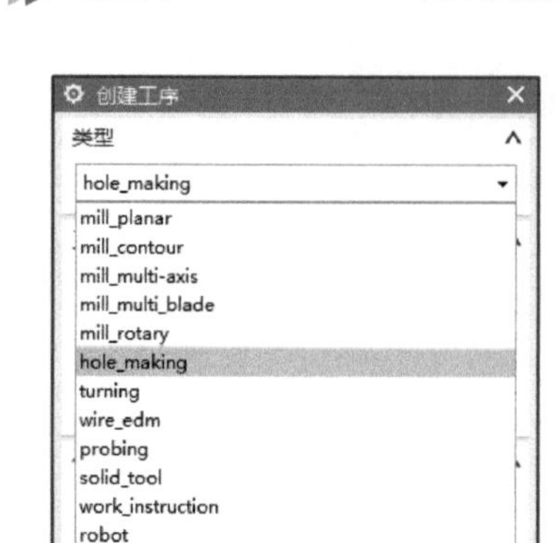

图 3-5-132 选择工序类型

图 3-5-133 选择“定心钻”

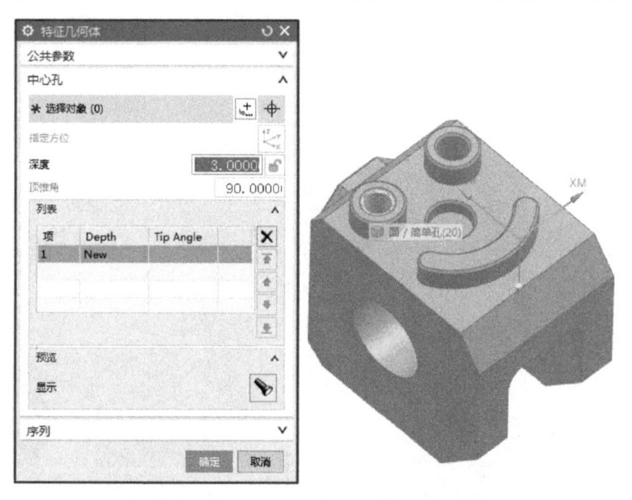

图 3-5-134 指定特征

图 3-5-135 选择“从几何体”

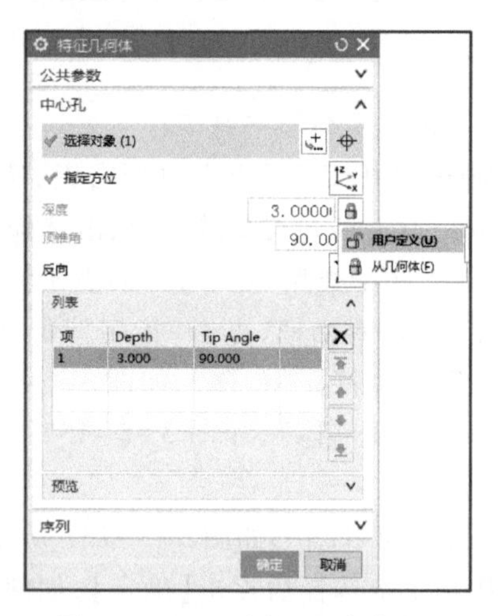

图 3-5-136 选择“用户定义”

图 3-5-137 编辑点孔深度

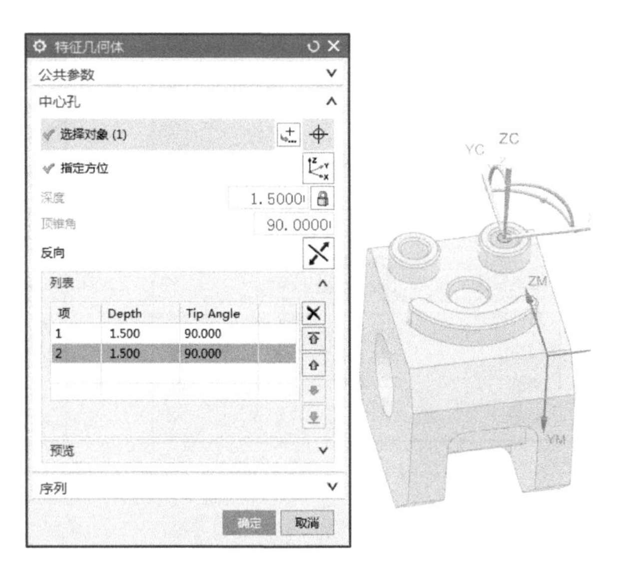

图 3-5-138 指定新的特征

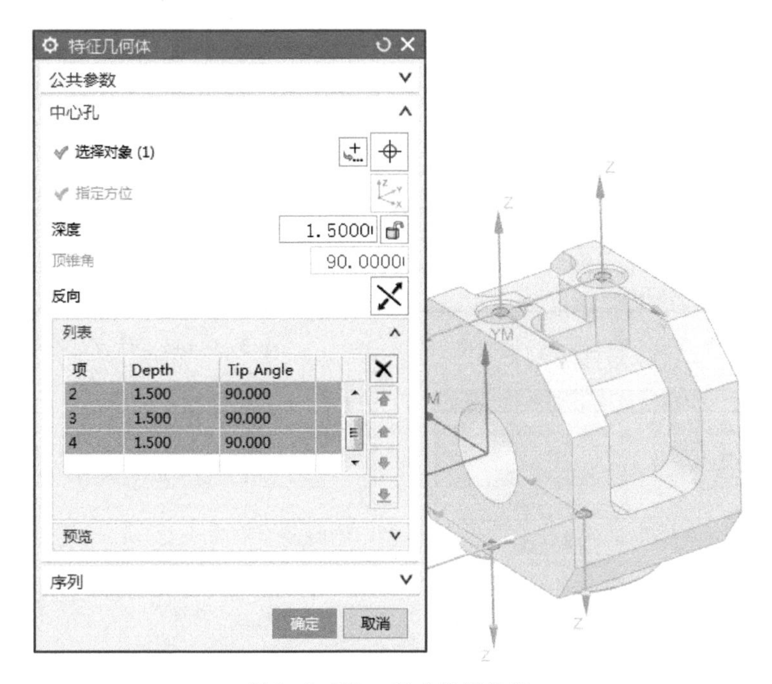

图 3-5-139 完成特征指定

点击展开“工具”选项，再展开“刀具”，点击选择“DXZ”，如图 3-5-140 所示。点击展开“刀轨设置”选项，点击选择“进给率和速度”选项，如图 3-5-141 所示。弹出“进给率和速度”对话框，“主轴速度”更改为“1500.0000”；“切削” 更改为“100.0000 mmpm”，如图 3-5-142所示。点击 “基于此值计算进给和速度”即可完成计算，后点击【确定】，如图 3-5-143所示。

点击选择“生成”，点击【确定】生成刀轨，如图 3-5-144 所示。

图 3-5-140　选择刀具

图 3-5-141　选择进给率和速度

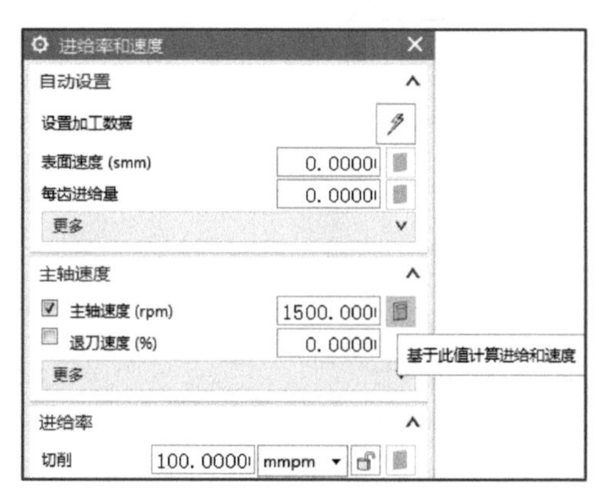

图 3-5-142　编辑转速、进给率

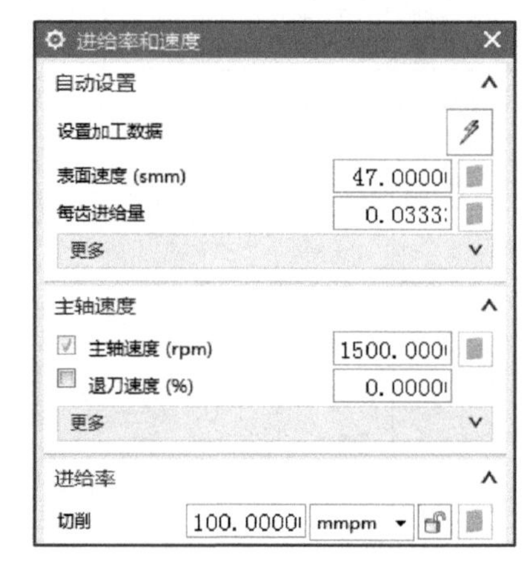

图 3-5-143　计算进给和速度

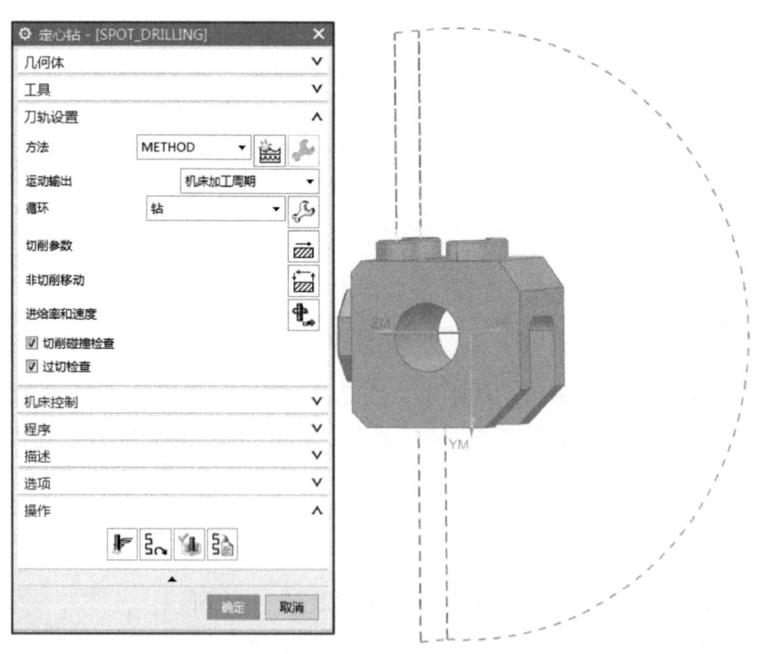

图 3-5-144　刀轨

点击“WORKPIECE”后点击鼠标右键，选择【插入】→【工序】，弹出“创建工序”对话框。点击展开类型选项，点击选择“hole_making”，如图3-5-145所示。点击选择工序子类型“钻孔”后点击【确定】，如图3-5-146所示。

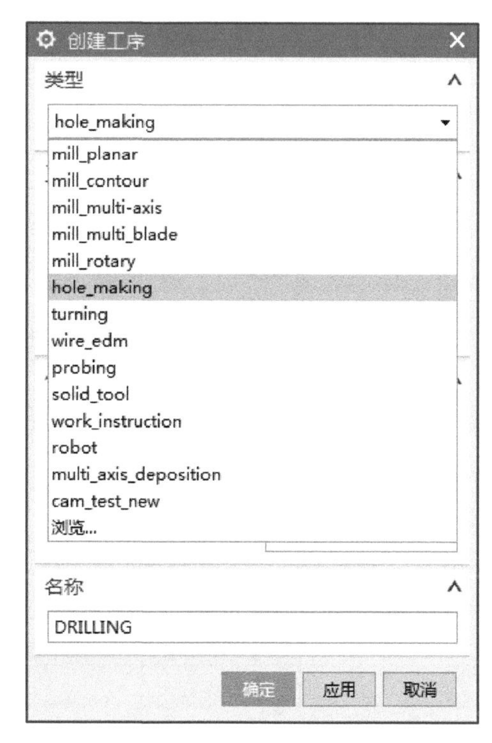

图 3-5-145　选择工序类型

弹出“钻孔”对话框，点击“指定特征几何体”，弹出“特征几何体”对话框，点击选择第一个特征“孔壁”，如图3-5-147所示。

点击选择第二个特征“孔壁”，如图3-5-148所示，后点击【确定】完成指定特征几何体，如图3-5-149所示。

点击展开“工具”选项，再展开“刀具”，点击选择“ZD5.8”，如图3-5-150所示。点击展开“刀轨设置”选项，在“循环”选项中点击选择“钻、深孔、断屑”，如图3-5-151所示。

弹出“循环参数”对话框，“最大距离”更改为“4 mm”，后点击【确定】，如图3-5-152所示。点击选择“进给率和速度”选项，如图3-5-153所示。

图 3-5-146　选择“钻孔”

弹出“进给率和速度”对话框，点击□勾选“主轴速度”选项，更改为“1000.000”，“切削”更改为“100 mmpm”，如图3-5-154所示。点击“基于此值计算进给和速度”即可完成计算，后点击【确定】，如图3-5-155所示。

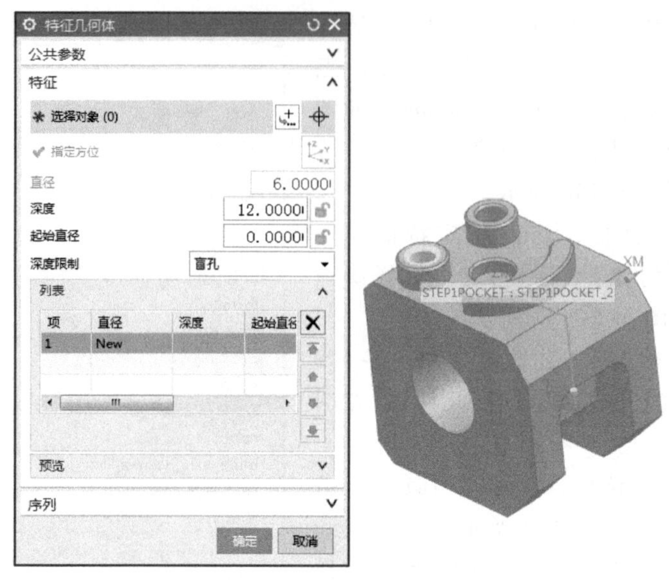

图 3-5-147 指定第一个特征

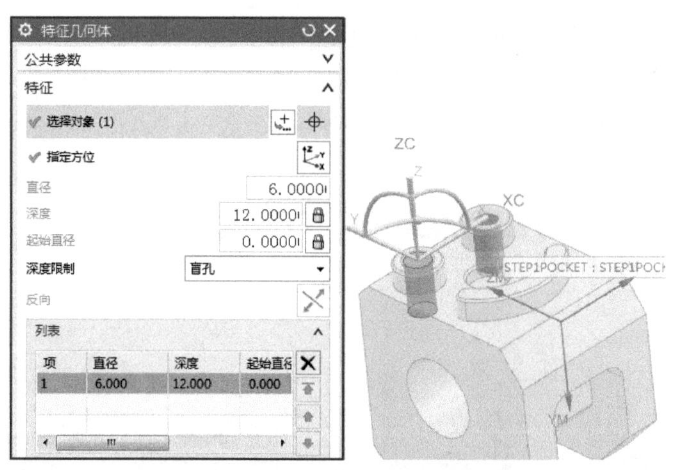

图 3-5-148 指定第二个特征

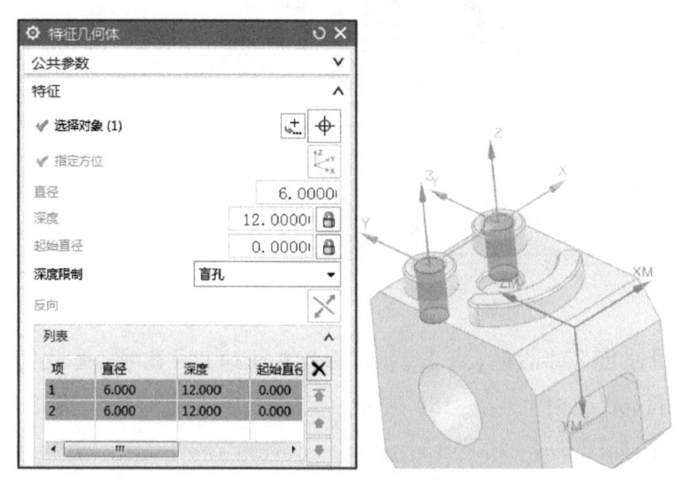

图 3-5-149 完成指定特征几何体

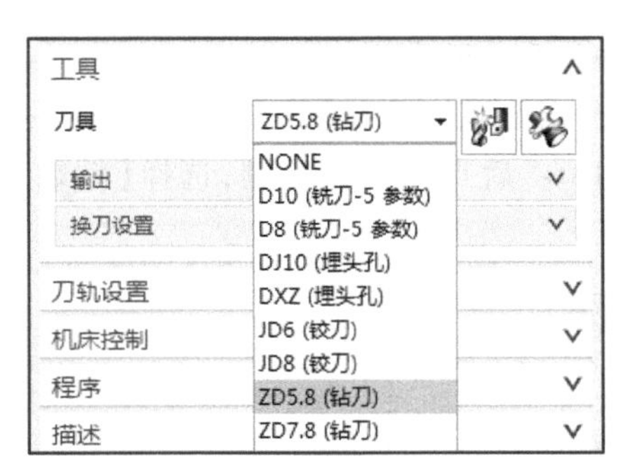

图 3-5-150 选择刀具

图 3-5-151 选择循环模式

图 3-5-152 更改循环步距

图 3-5-153 选择进给率和速度

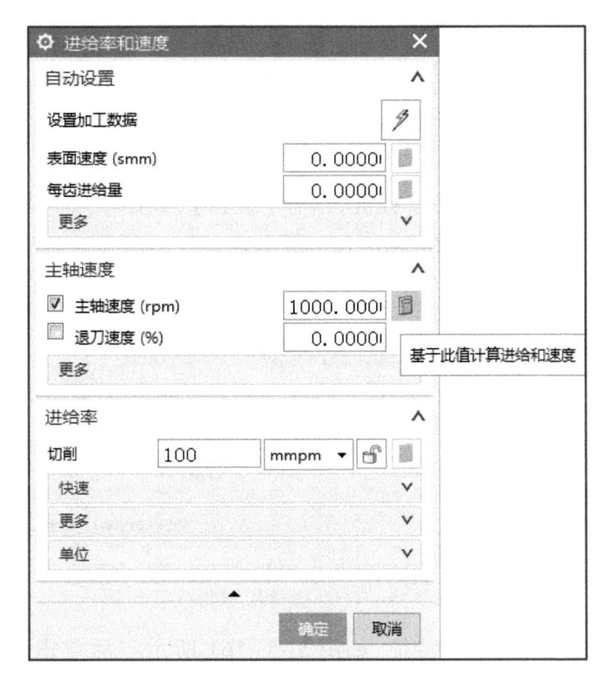

图 3-5-154 编辑转速、进给率

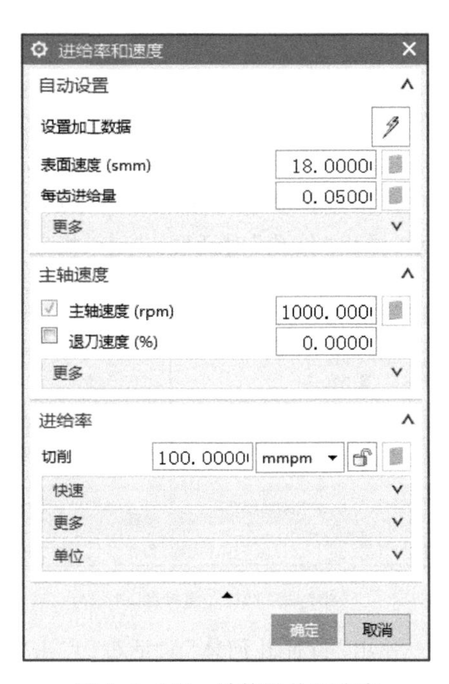

图 3-5-155 计算进给和速度

点击选择“生成”，点击【确定】生成刀轨，如图 3-5-156 所示。

点击选择需要复制的程序“DRILLING”后点击鼠标右键，选择【复制】，如图 3-5-157 所示；点击选择需要粘贴位置的前一个程序“DRILLING”后点击鼠标右键，选择【粘贴】，如图 3-5-158所示，即完成复制。

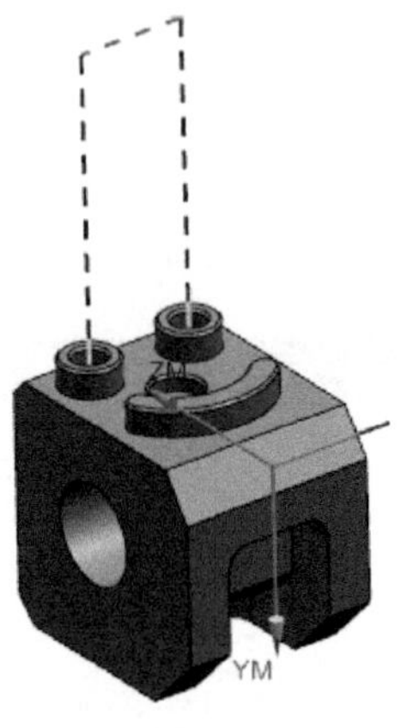

图 3-5-156　刀轨

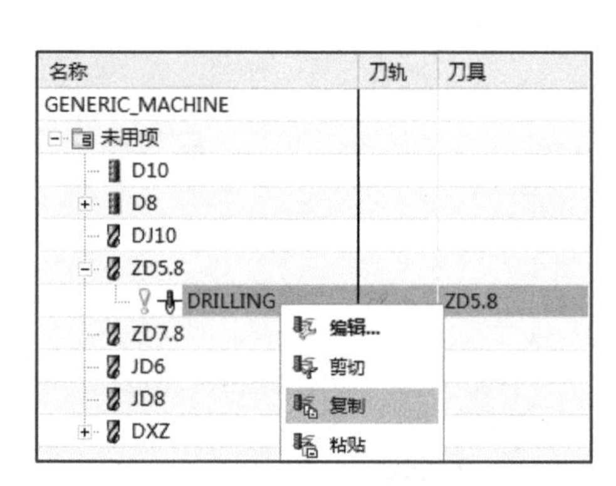

图 3-5-157　选择复制程序

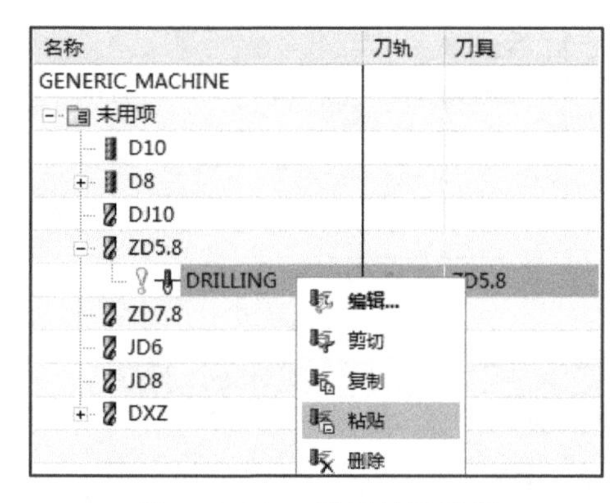

图 3-5-158　选择粘贴程序

点击选择需编辑程序“DRILLING_COPY”后点击鼠标右键，选择【编辑】，如图 3-5-159 所示；弹出“钻孔”对话框，点击“指定特征几何体”，如图 3-5-160 所示。

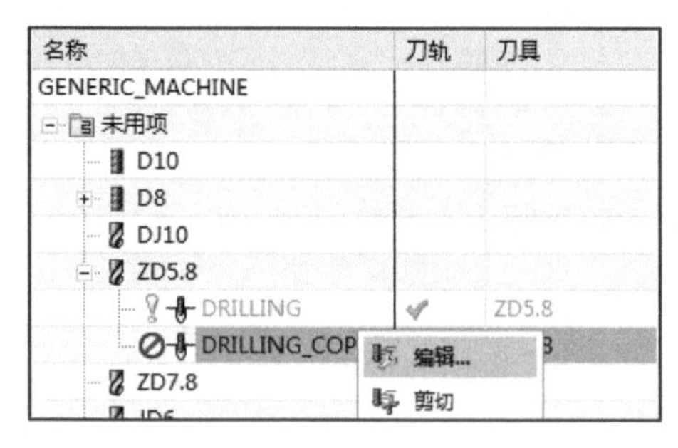

图 3-5-159　选择编辑程序

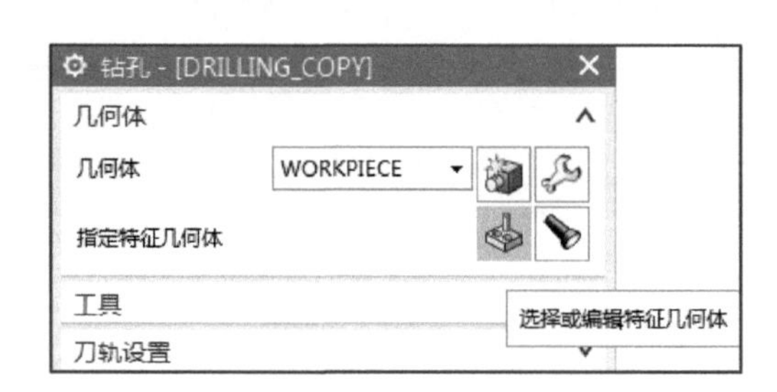

图 3-5-160　选择指定特征几何体

弹出“特征几何体”对话框，点击“移除”，删除已有特征，如图 3-5-161 所示。后点击选择第一个特征，如图 3-5-162 所示。

点击选择第二个特征，后点击【确定】，如图 3-5-163 所示。点击展开"工具"选项，再展开"刀具"，点击选择"ZD7.8"，如图 3-5-164 所示。

图 3-5-161　移除已有特征

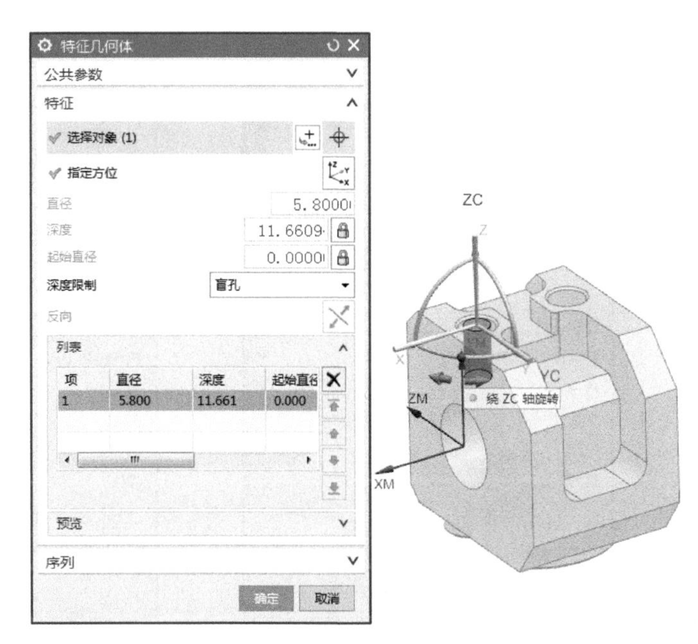

图 3-5-162　指定第一个特征

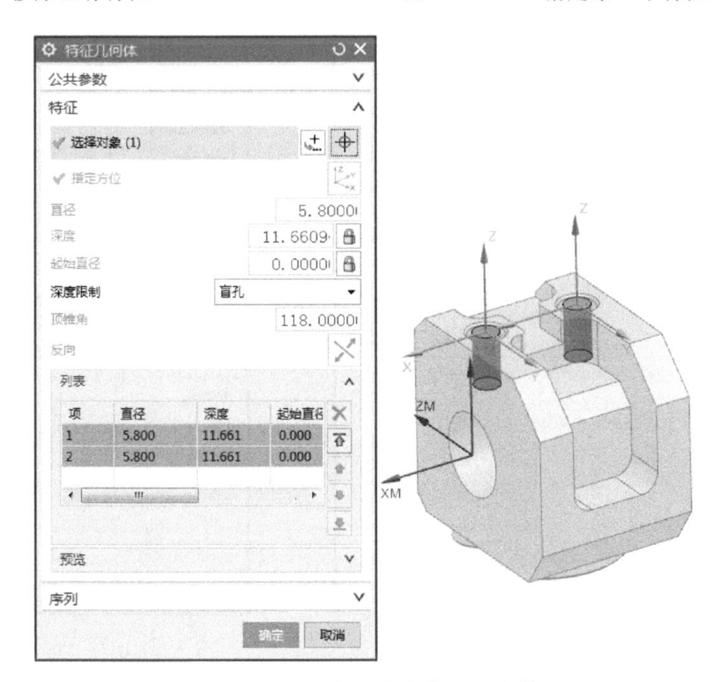

图 3-5-163　完成指定特征几何体

点击选择"进给率和速度"选项，如图 3-5-165 所示。弹出"进给率和速度"对话框，"主轴速度"更改为"900"，点击 "基于此值计算进给和速度"如图 3-5-166 所示，即可完成计算，后点击【确定】，如图 3-5-167 所示。点击选择"生成"，即可生成刀轨，后点击【确定】，如图 3-5-168 所示。

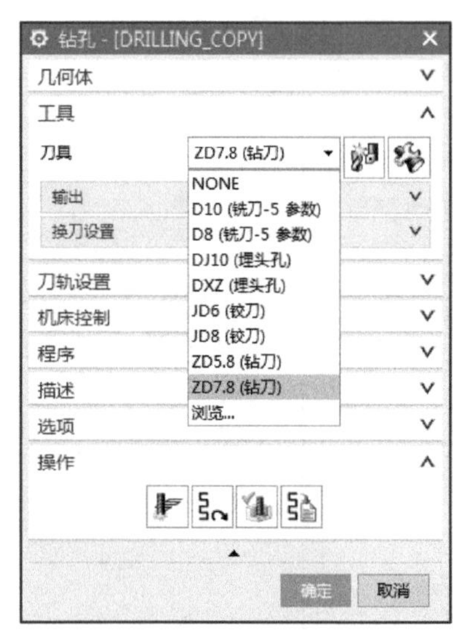

图 3-5-164　选择刀具

图 3-5-165　选择进给率和速度

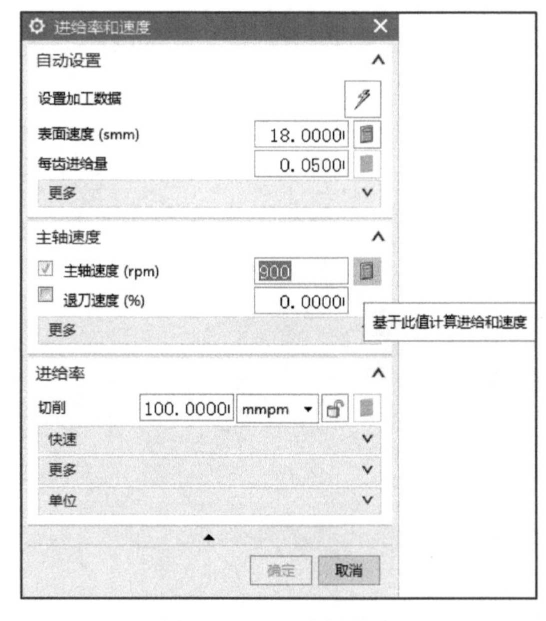

图 3-5-166　编辑转速

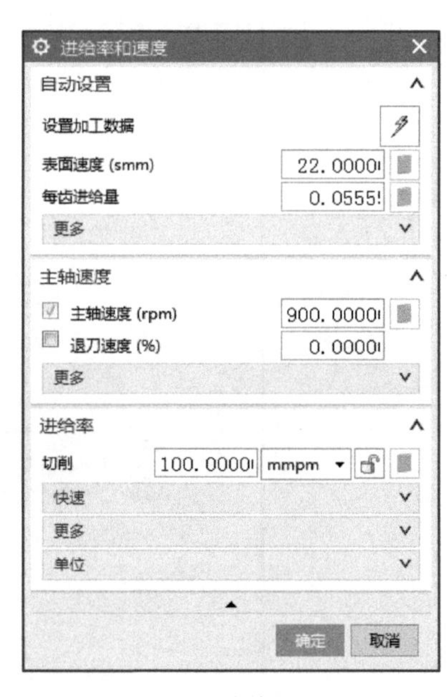

图 3-5-167　计算进给和速度

点击选择需要复制的程序“DRILLING”后点击鼠标右键，选择【复制】，如图 3-5-169 所示；点击选择需要粘贴位置的前一个程序“JD6”后点击鼠标右键，选择【内部粘贴】，如图 3-5-170 所示，即完成复制。

点击选择需编辑程序“DRILLING_COPY_1”后点击鼠标右键，选择【编辑】，如图 3-5-171 所示。弹出“钻孔”对话框，点击“指定特征几何体”，如图 3-5-172 所示。

弹出“特征几何体”对话框，解除锁定后点击选择编辑深度模式，如图 3-5-173 所示，后点击选择“用户自定义”，如图 3-5-174 所示。“深度”更改为“11”，后点击【确定】，如图 3-5-175 所示。点击展开“刀轨设置”选项，点击展开“循环”选项，点击选择“钻”，如图 3-5-176 所示。

弹出“循环参数”对话框，后点击【确定】。设置“进给率和速度”参数，“主轴速度”更改为“350.0000”，“切削” 更改为“30.0000 mmpm”，如图 3-5-177 所示。点击“基于此值计算进给和速度”即可完成计算，后点击【确定】，如图 3-5-178 所示。点击选择“生成”，即可生成刀轨，后点击【确定】，如图 3-5-179 所示。

参考以上操作完成其余铰孔加工，所有钻孔刀轨如图 3-5-180 所示。

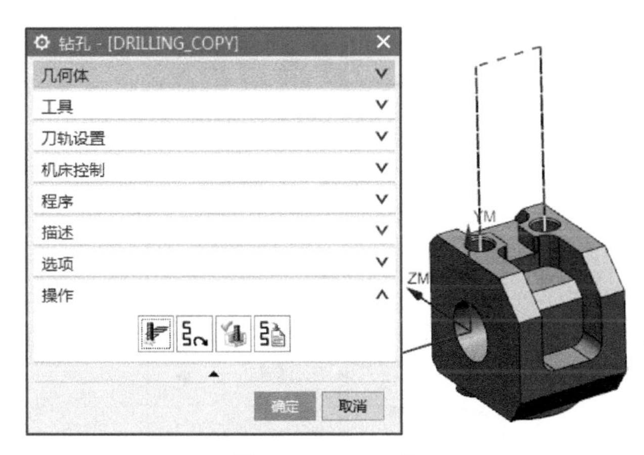

图 3-5-168　刀轨

图 3-5-169　选择复制程序

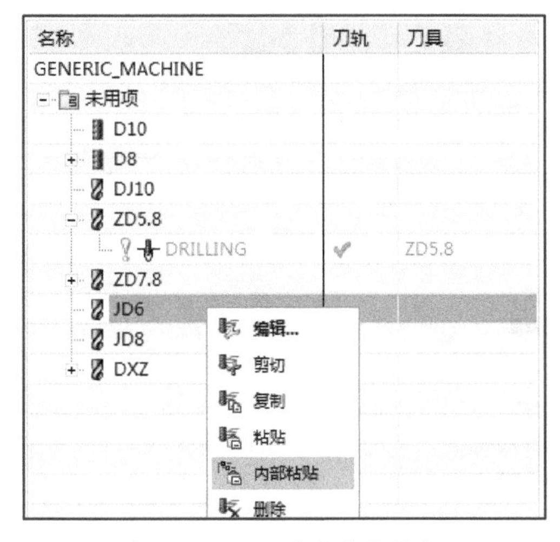

图 3-5-170　选择粘贴程序

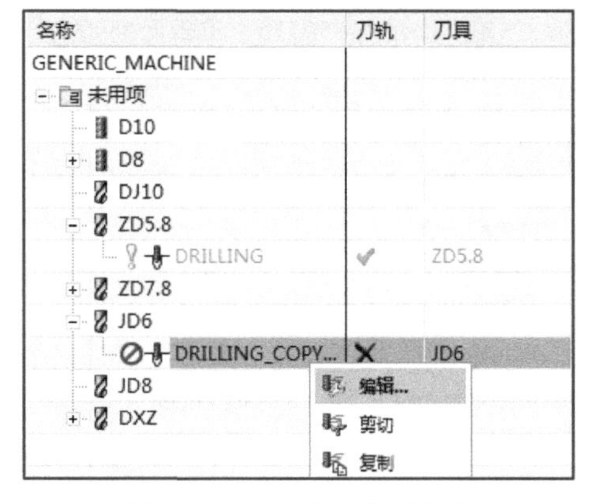

图 3-5-171　选择编辑程序

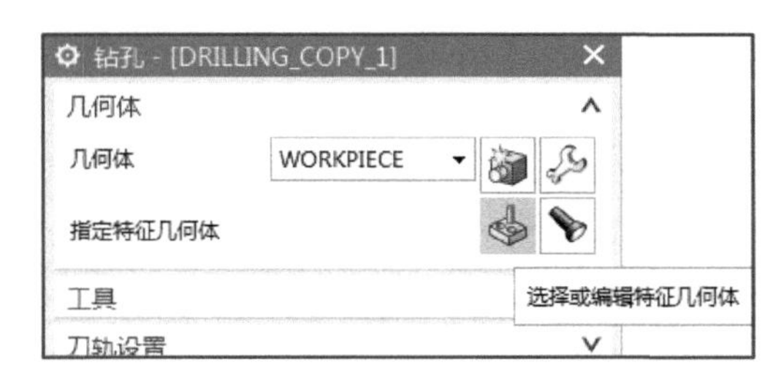

图 3-5-172　选择指定特征几何体

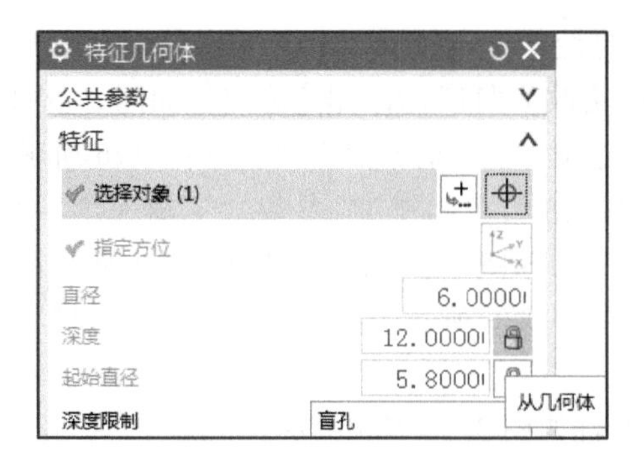

图 3-5-173　选择编辑深度

图 3-5-174　选择深度模式

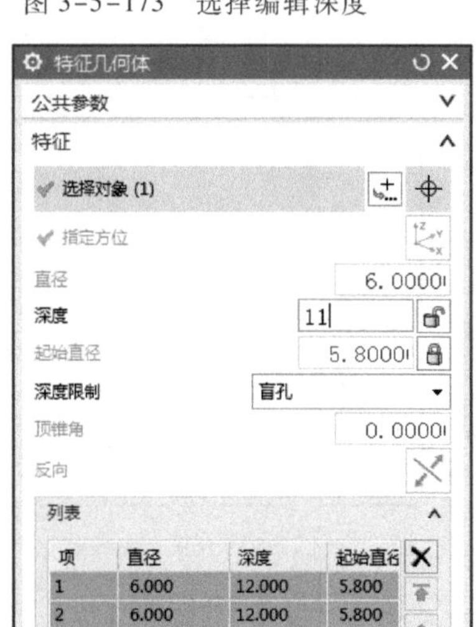

图 3-5-175　编辑深度

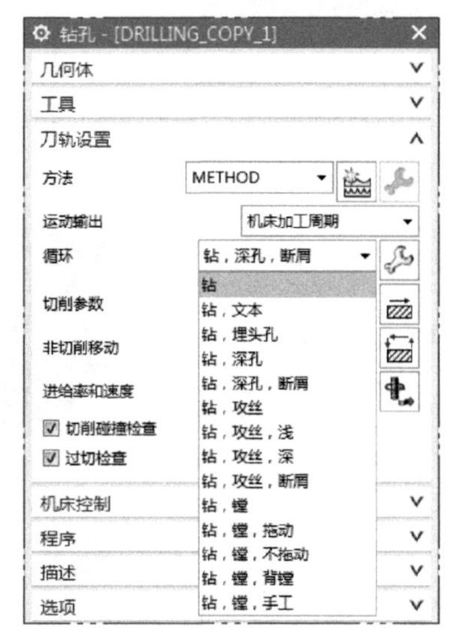

图 3-5-176　选择钻循环

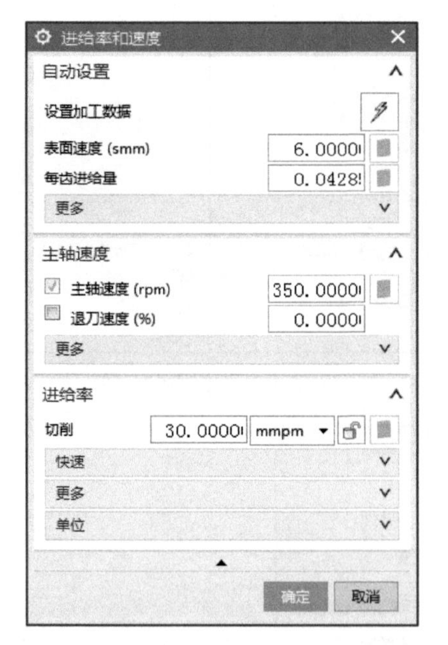

图 3-5-177　编辑转速、进给率

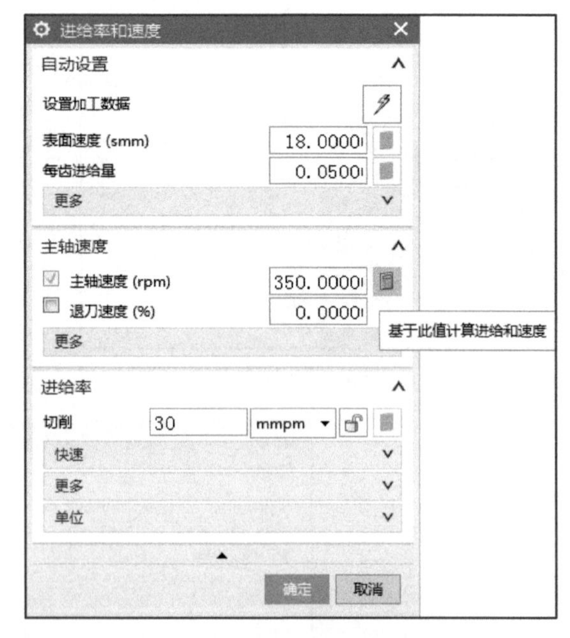

图 3-5-178　计算进给和速度

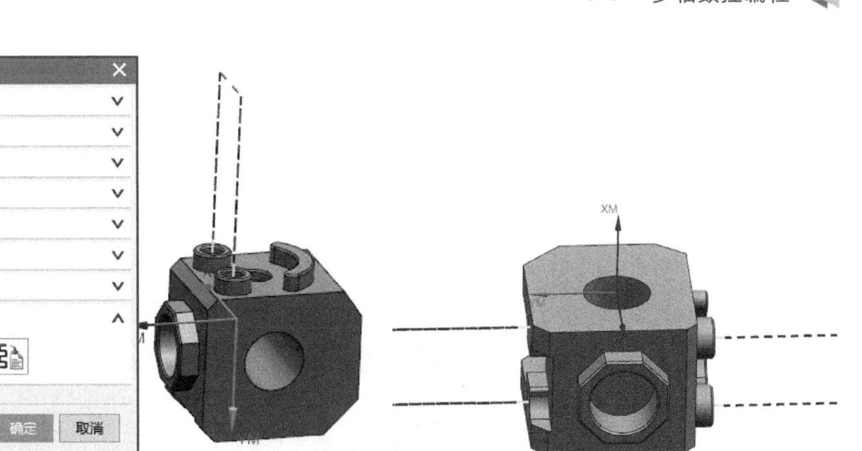

图 3-5-179　刀轨　　　　图 3-5-180　所有钻孔刀轨

3.5.11　创建及编辑倒角工序

创建及编辑倒角工序

点击“WORKPIECE”后点击鼠标右键，选择【插入】→【工序】，弹出“创建工序”对话框，点击展开类型选项，点击选择“mill_planar”，点击选择工序子类型“平面铣”后点击【确定】。

弹出“平面铣”对话框，点击“指定部件边界”，弹出“部件边界”对话框，点击展开“选择方法”选项，点击选择“曲线”。

点击展开“平面”选项，点击选择“指定”，如图 3-5-181 所示。点击选择需倒角平面，并向下偏置所需倒角大小的距离，如图 3-5-182 所示。

图 3-5-181　选择倒角平面

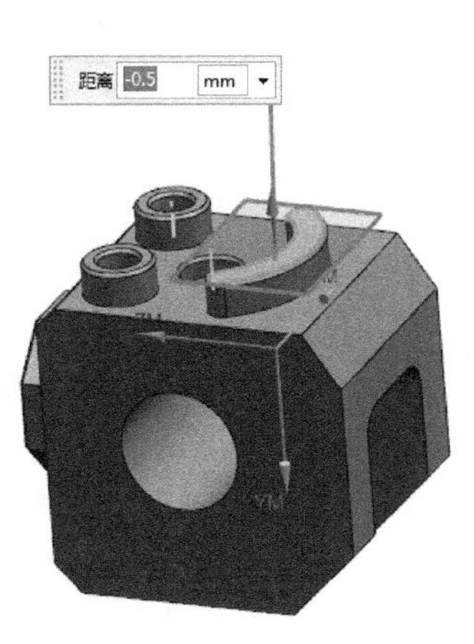

图 3-5-182　指定倒角大小

点击选择边界曲线，选择第一条边界，如图 3-5-183 所示。点击“添加新集”，如图 3-5-184所示。

选择第二条边界，如图 3-5-185 所示，再次点击“添加新集”，选择第三条边界，后点击【确定】，如图 3-5-186 所示。

点击“指定底面”，弹出“平面”对话框，选择加工底面，偏置下刀深度，后点击【确定】，如图 3-5-187 所示。

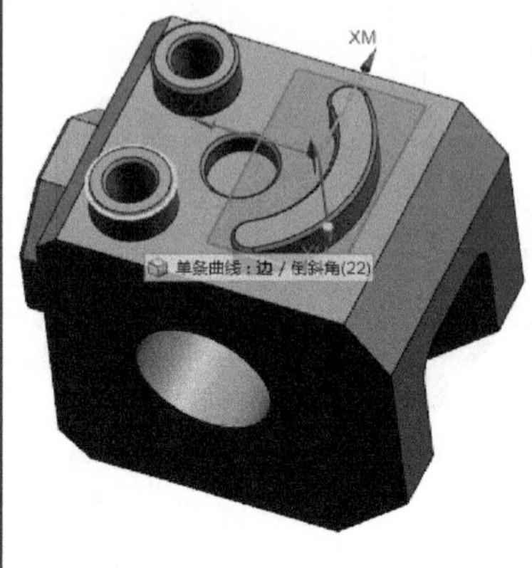

图 3-5-183　指定第一条边界

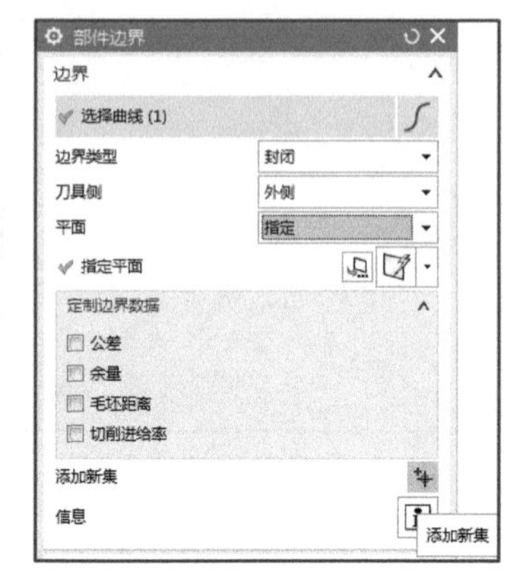

图 3-5-184　选择添加新集

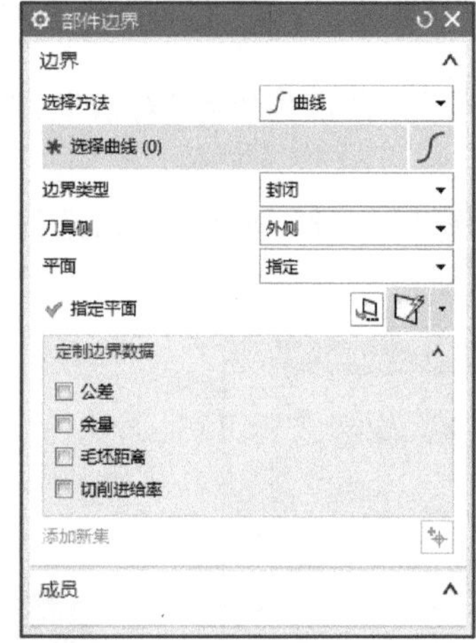

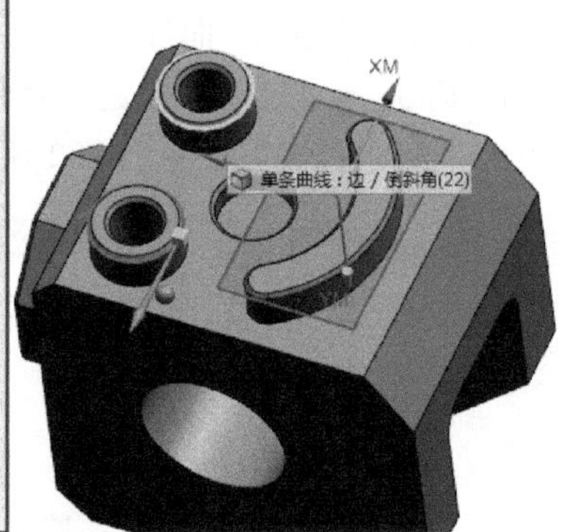

图 3-5-185　指定第二条边界

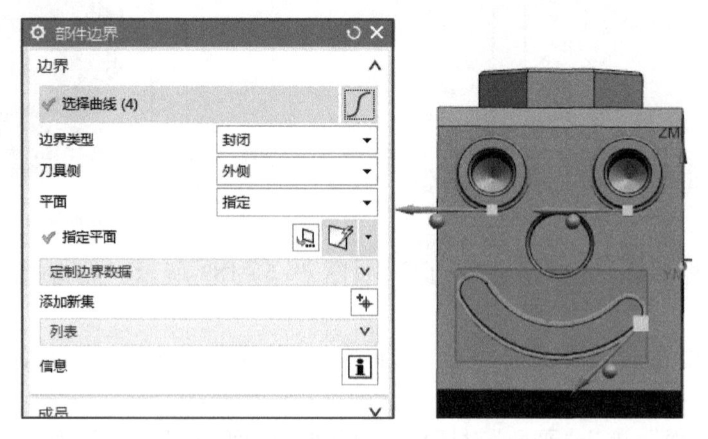

图 3-5-186　指定第三条边界

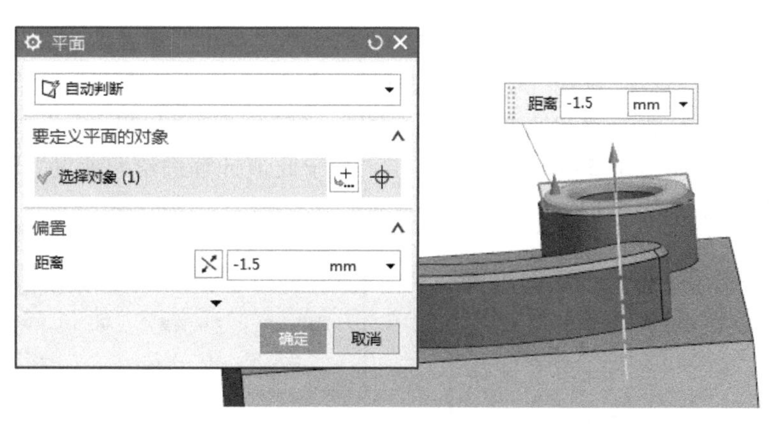

图 3-5-187 指定下刀深度

点击展开“工具”选项，再展开“刀具”，点击选择“DJ10”，如图 3-5-188 所示。点击展开“刀轴”选项，再展开“轴”，点击选择“垂直于底面”。

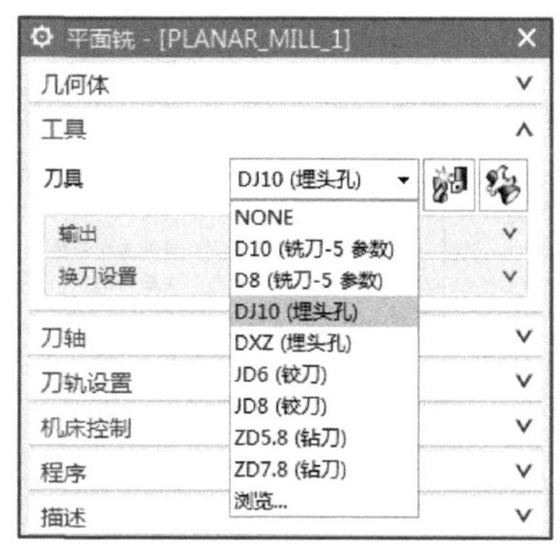

图 3-5-188 选择刀具

点击展开“刀轨设置”选项，再展开“切削模式”，点击选择“轮廓”，点击选择“切削参数”选项。

弹出“切削参数”对话框，点击选择“余量”选项卡，内、外公差均更改为“0.0010”，后点击【确定】，如图 3-5-189所示。点击选择“非切削移动”选项，弹出“非切削移动”对话框，在“进刀”选项卡中点击展开“封闭区域”下的“进刀类型”选项，点击选择“与开放区域相同”，如图 3-5-190 所示。点击展开“开放区域”中的“进刀类型”选项，点击选择“圆弧”，如图 3-5-191 所示。

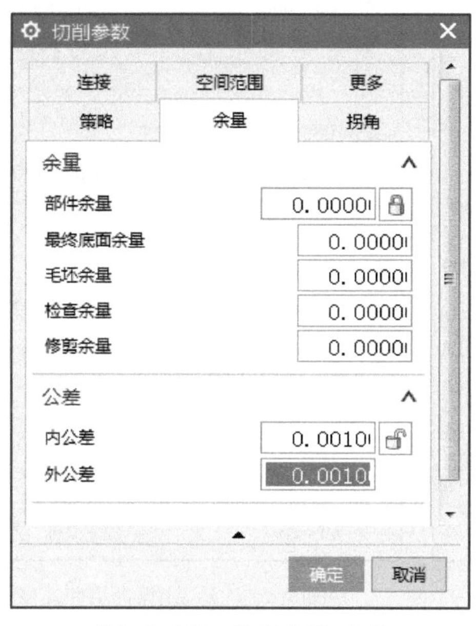

图 3-5-189 编辑余量、公差

图 3-5-190 选择封闭区域进刀类型

在“进刀”选项卡中将“半径”更改为“2. 0000 mm”,“高度” 更改为“1. 0000 mm”,点击展开“最小安全距离”选项,选择“无”,后点击【确定】,如图 3-5-192 所示。点击选择“进给率和速度”选项,设置“进给率和速度”参数,“主轴速度”更改为“3000. 000”,“切削” 更改为“1000. 000 mmpm”,如图 3-5-193 所示。点击 “基于此值计算进给和速度”即可完成计算,如图 3-5-194 所示,后点击【确定】。

图 3-5-191 选择开放区域进刀类型

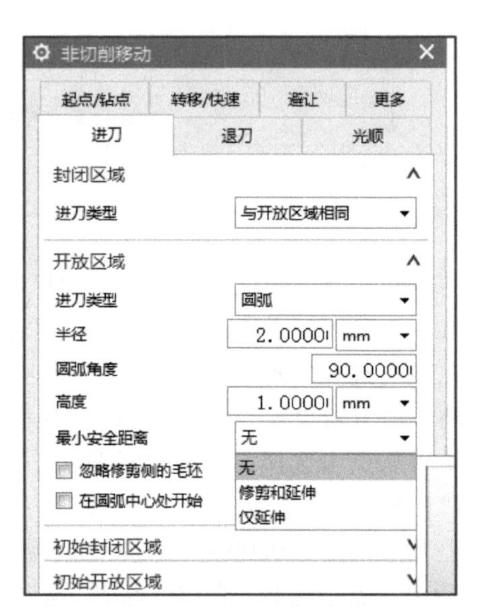

图 3-5-192 编辑进刀参数

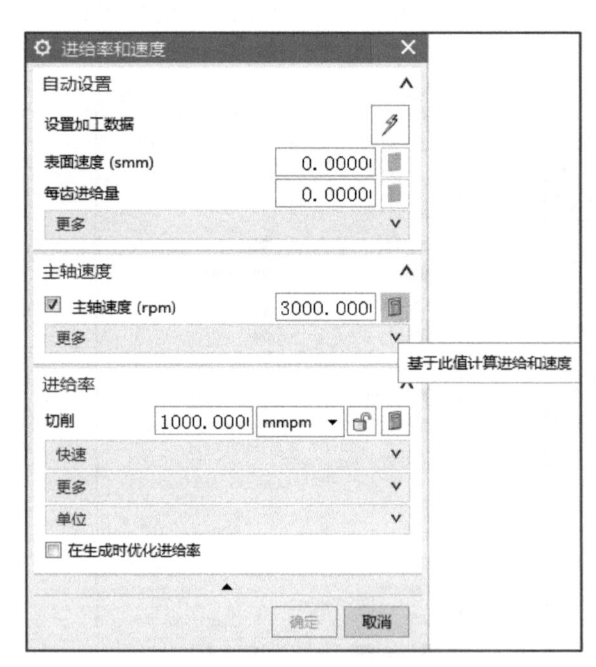

图 3-5-193 编辑主轴速度、切削

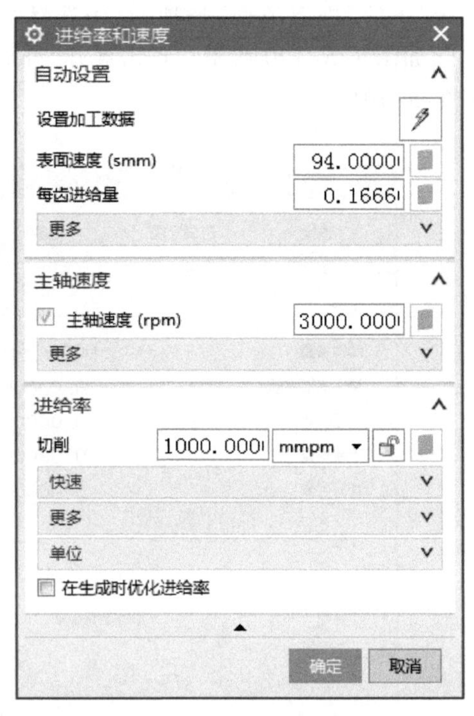

图 3-5-194 计算进给和速度

点击选择“生成”，后点击【确定】生成刀轨，如图 3-5-195 所示。

点击选择需要复制的程序“PLANAR_MILL_1”后点击鼠标右键，选择【复制】，如图 3-5-196 所示；点击选择需要粘贴位置的前一个程序“PLANAR_MILL_1”后点击鼠标右键，选择【粘贴】，如图 3-5-197 所示，即完成复制。

点击选择需编辑程序“PLANAR_MILL_1_COPY”后点击鼠标右键，选择【编辑】，如图 3-5-198 所示；弹出“平面铣”对话框；点击选择“指定部件边界”。

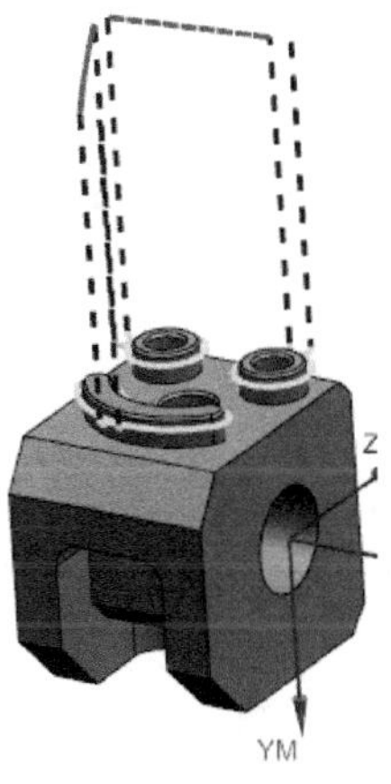

图 3-5-195　刀轨

图 3-5-196　选择复制程序

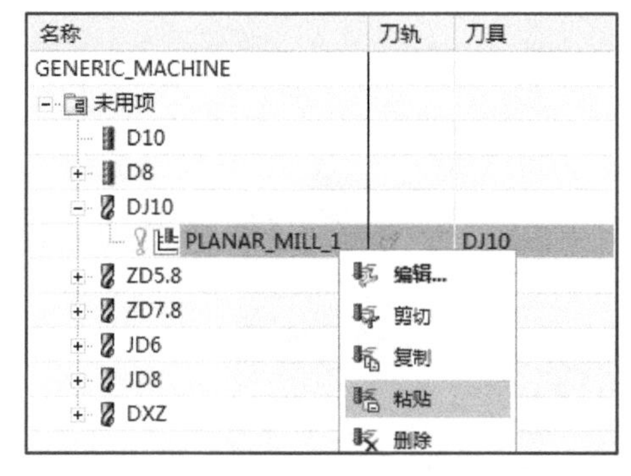

图 3-5-197　选择粘贴程序

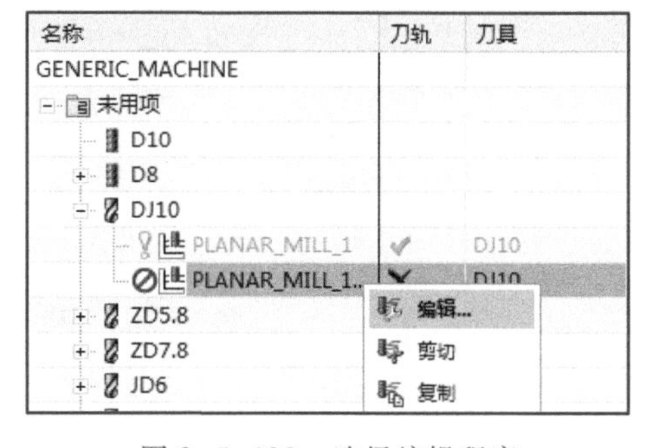

图 3-5-198　选择编辑程序

弹出“部件边界”对话框；点击“移除”，删除已有边界，如图 3-5-199 所示。点击展开“选择方法”选项，点击选择“曲线”。

点击展开“刀具侧”选项，点击选择“内侧”如图 3-5-200 所示。点击展开“平面”选项，点击选择“指定”，点击选择需倒角平面，并向下偏置所需倒角的距离“-0.5 mm”，如图 3-5-201 所示。

点击选择边界曲线，选择第一条边界，点击“添加新集”，如图 3-5-202 所示。选择第二条边界，后点击【确定】，如图 3-5-203 所示。点击选择“非切削移动”选项，弹出“非切削移动”对话框，“半径”更改为“1.5 mm”，后点击【确定】，如图 3-5-204 所示。点击选择“生成”，生成刀轨，后点击【确定】，如图 3-5-205 所示。

参考以上操作完成其余倒角加工的刀轨，如图 3-5-206 所示。

图 3-5-199 移除已有边界

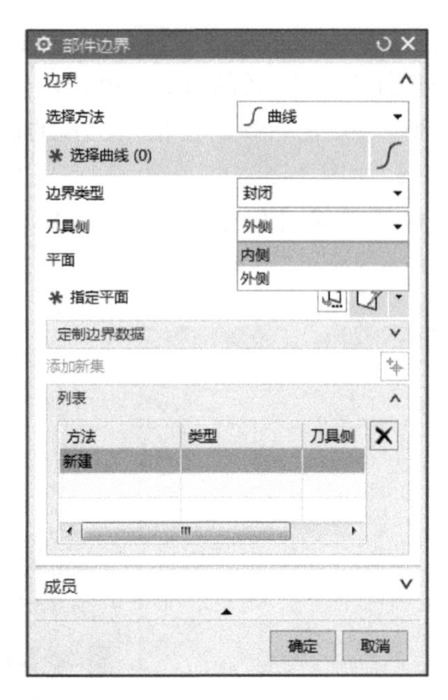

图 3-5-200 选择刀具侧

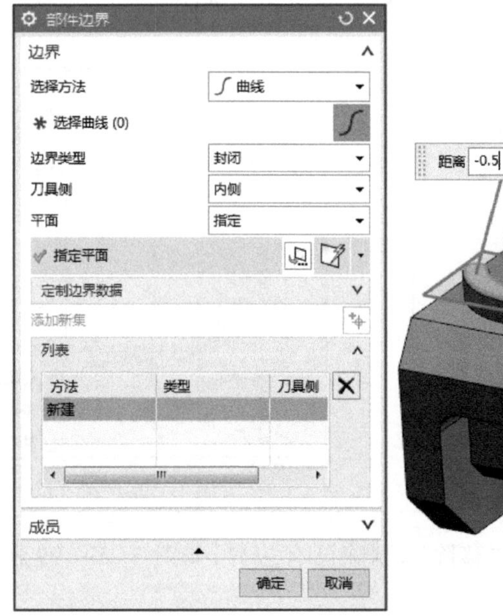

图 3-5-201 选择倒角大小

刀轨路径
仿真加工

3.5.12 刀轨路径仿真加工

点击“WORKPIECE”后点击鼠标右键，选择【刀轨】→【确认】，如图 3-5-207 所示。弹出“刀轨可视化”对话框，如图 3-5-208 所示。可点击选择“动画速度”（或点住鼠标左键左右拖动选择），如图 3-5-209 所示。

“重播”模式下可点击选择一刀轨，查看刀具位置，如图 3-5-210 所示。点击“播放”即可播放所选确认刀轨，如图 3-5-211 所示。点击一次“步进”即刀具向前移动一步，如图 3-5-212 所示。点击选择“前进倒下一工序”即跳转到下一程序，如图 3-5-213 所示。

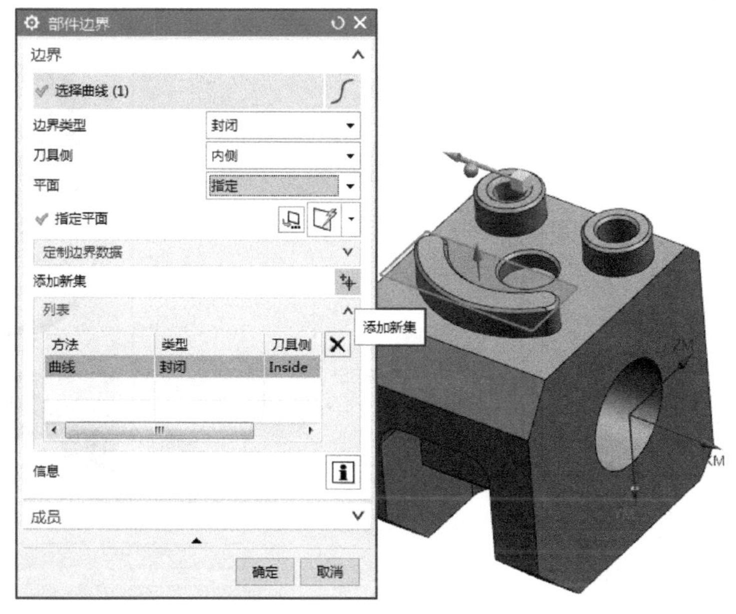

图 3-5-202　选择第一条边界

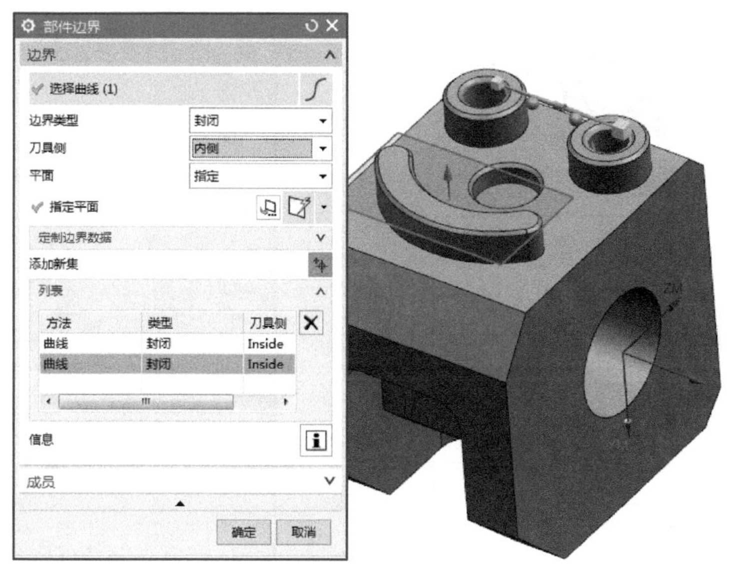

图 3-5-203　选择第二条边界

点击选择“3D 动态”，如图 3-5-214 所示。点击“播放”，如图 3-5-215 所示，即自动显示出毛坯几何体跟刀具，且可见切削效果动画，其间可点击选择“停止”，如图 3-5-216 所示，后再次点击“播放”，即可继续播放，如图 3-5-217 所示。在此期间可继续转动几何体，进行视角切换，如图 3-5-218 所示。完成所选程序播放，如图3-5-219所示。

点击选择“分析”，如图 3-5-220 所示。弹出“分析”对话框，如图 3-5-221 所示。可点击选择任意一点，显示分析加工后的精度（仅供参考），后点击【确定】，如图 3-5-222 所示。再次点击【确定】。

图 3-5-204　编辑圆弧半径

图 3-5-205　刀轨

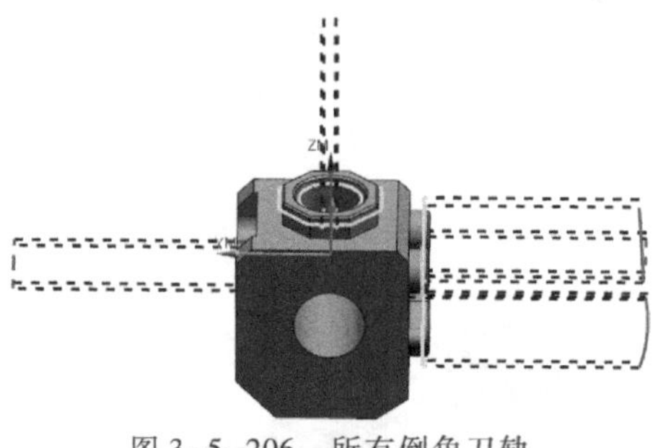

图 3-5-206　所有倒角刀轨

图 3-5-207　选择确认刀轨

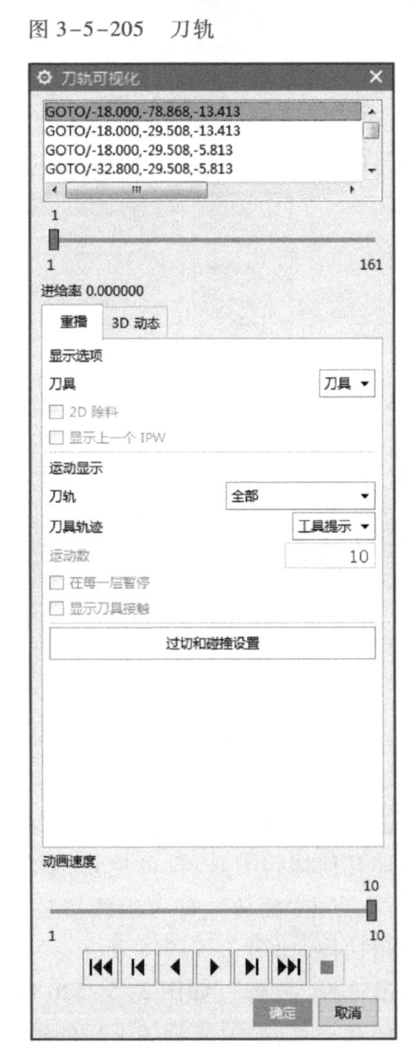

图 3-5-208　“刀轨可视化”对话框

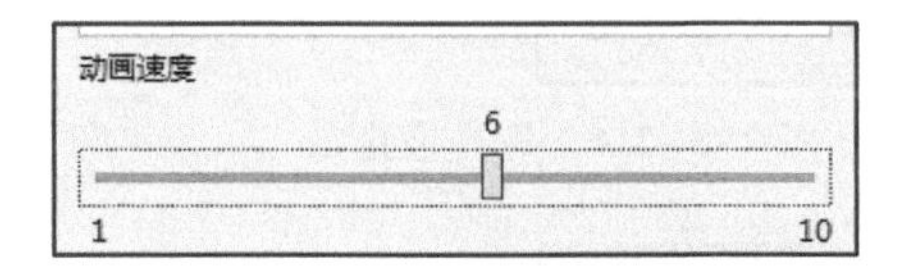

图 3-5-209 调整动画速度

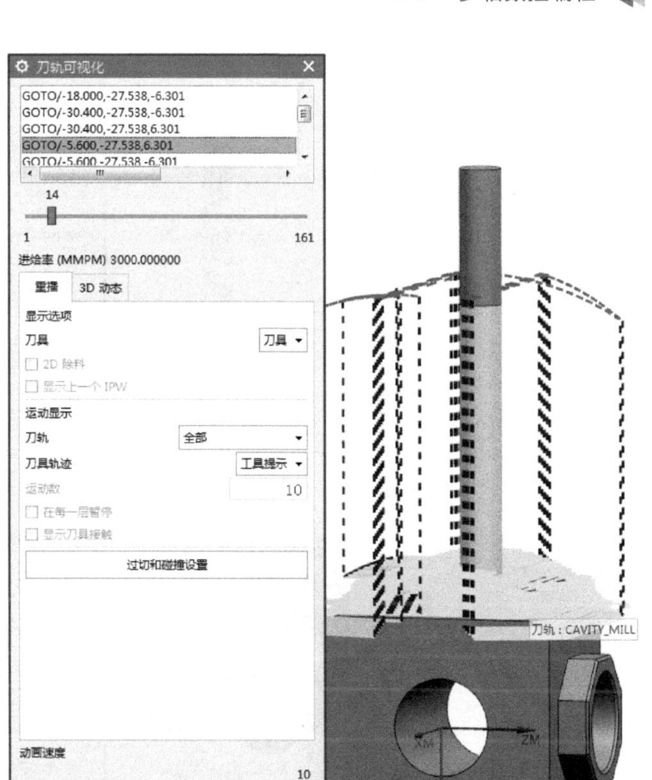

图 3-5-210 选择刀轨

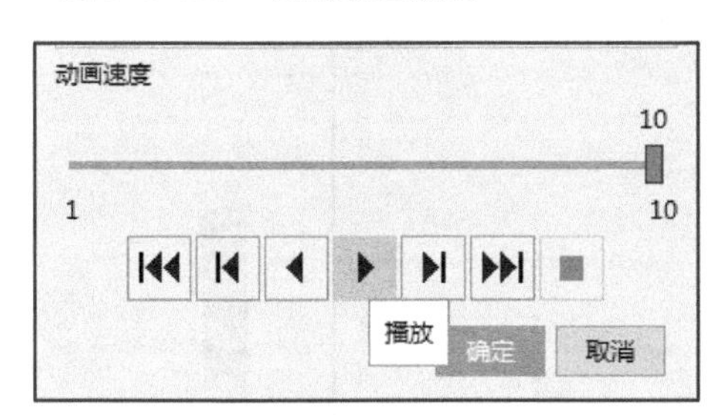

图 3-5-211 选择播放

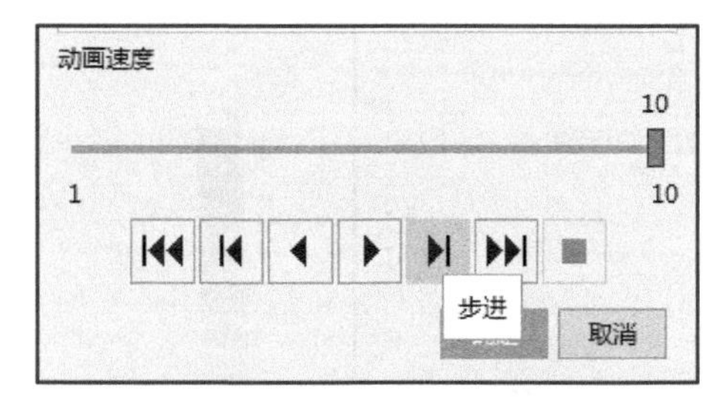

图 3-5-212 选择步进

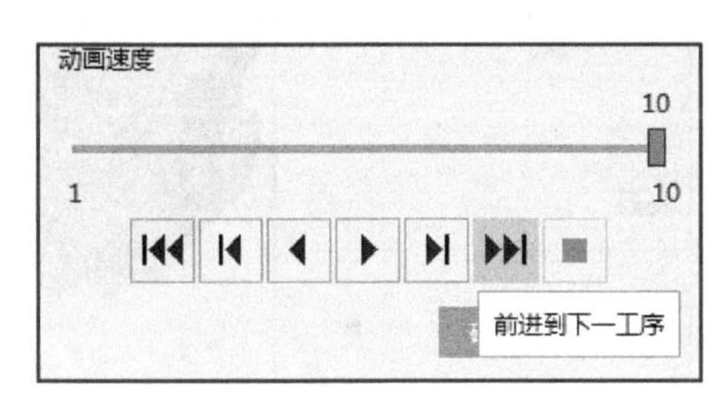

图 3-5-213 选择前进到下一工序

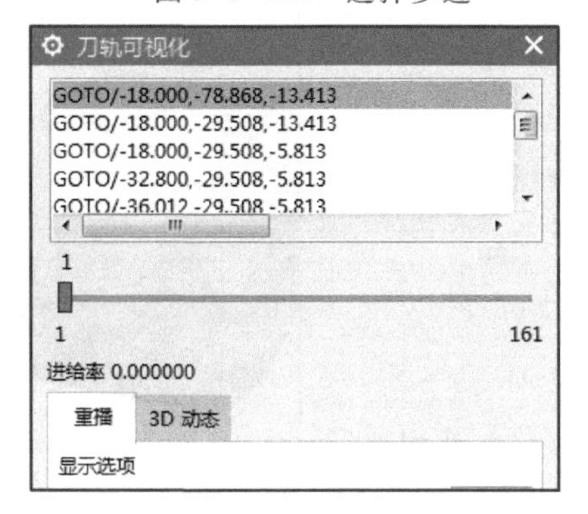

图 3-5-214 选择 3D 动态

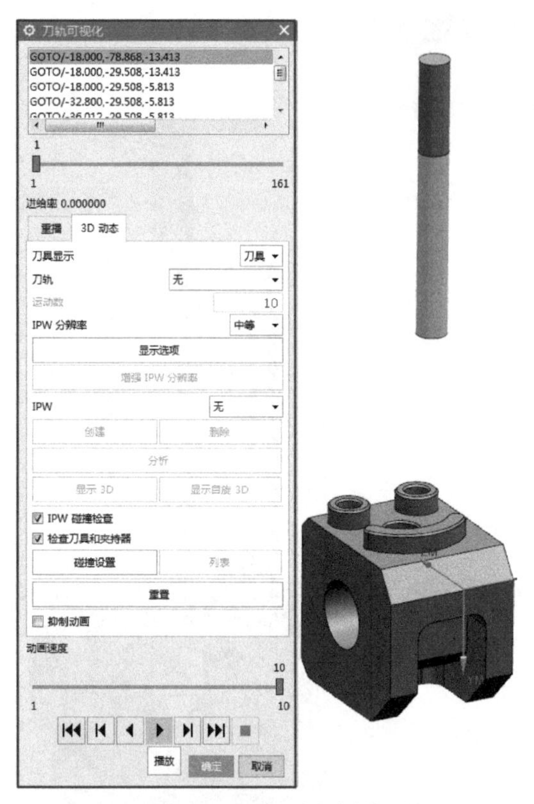

图 3-5-215 选择播放

图 3-5-216 选择停止

图 3-5-217 选择继续播放

图 3-5-218 选择视角

图 3-5-219　播放完成

图 3-5-220　选择分析

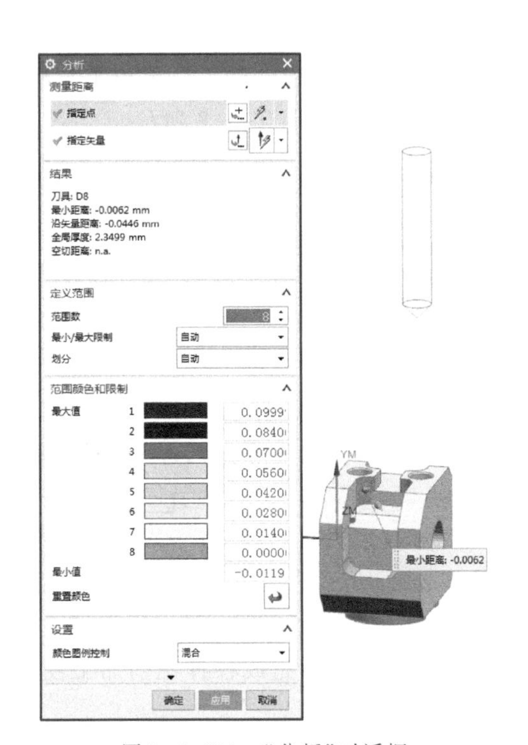

图 3-5-221　“分析”对话框

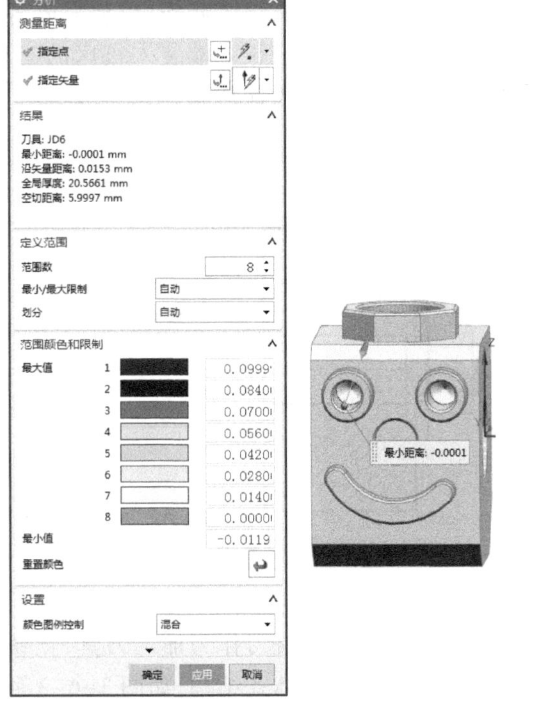

图 3-5-222　指定分析点

点击选择【文件】→【保存】→【保存】(也可点击导航栏内对应图标选择,或输入快捷键“Ctrl+S”即可调用保存文件),如图 3-5-223 所示。

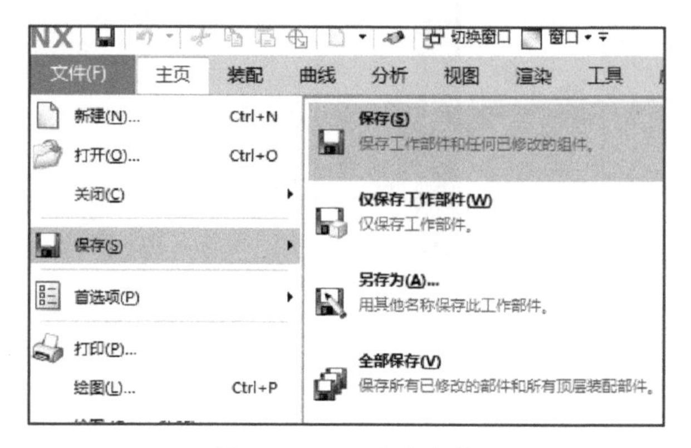

图 3-5-223 保存文件

3.6 零件加工与检测

3.6.1 机床开机、预热

(1) 首先打开机床电源开关,检查风扇运行是否正常。然后打开机床控制面板上的系统电源,释放急停按钮,启动数控机床。

(2) 机床启动后,首先让主轴低速旋转几分钟,进行机床的预热操作。

3.6.2 装夹工件

(1) 将毛坯和夹具组装起来,组装完成的装配体如图 3-6-1 所示。

(2) 把装配体的较长一端装入机床的三爪自定心卡盘内,使用杠杆百分表校正装配体使其和三爪自定心卡盘保持同心,然后锁紧卡盘完成零件装夹,如图 3-6-2 所示。

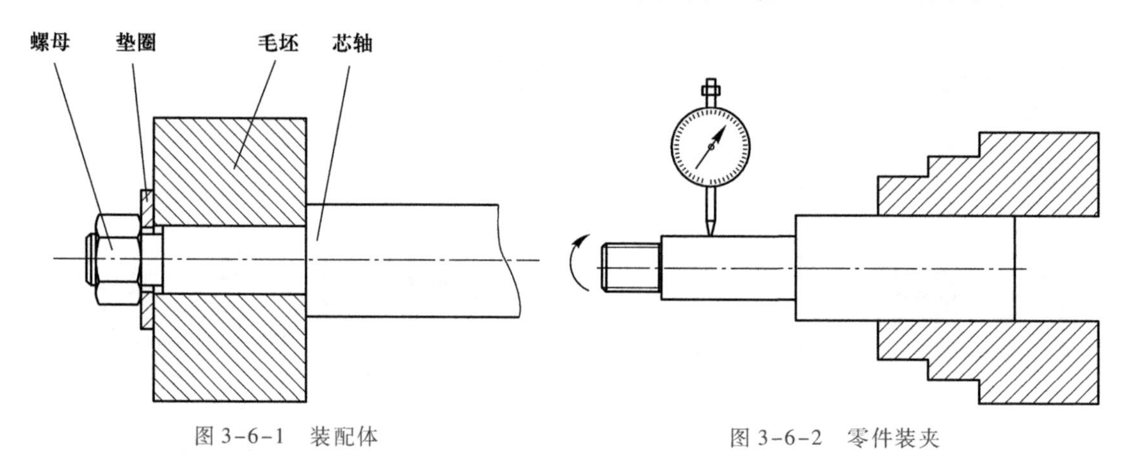

图 3-6-1 装配体

图 3-6-2 零件装夹

3.6.3 加工刀具及安装

数控铣床常用立铣刀作为加工刀具,立铣刀结构形式多样,可完成各种铣削加工任务,小尺寸范围常采用整体式结构,如图 3-6-3 所示。

数控刀具在刀柄中的安装如图 3-6-4 所示，安装步骤如下：

（1）将拉钉与刀柄安装到一起，此后使用中不必每次拆卸。

（2）选择相对应的刀柄及弹簧夹头，把夹头大端压入压帽至平齐，铣刀柄部插入弹簧夹头的通孔内，适当调整刀具伸出长度。

图 3-6-3　整体式立铣刀

（3）刀柄装入锁刀器，如图 3-6-5 所示，刀柄卡槽对准凸起部分，将压帽旋进刀柄，用月牙形扳手锁紧螺母，完成刀具安装。

图 3-6-4　刀具的安装

图 3-6-5　锁刀器及扳手

3.6.4　设定工件坐标系

在数控机床上加工零件，由于工件在机床上的安装位置是任意的，要正确执行加工程序，必须确定工件在机床坐标系中的确切位置。加工中心的对刀就是指找出工件坐标系与机床坐标系空间关系的操作过程。简单地说，对刀就是告诉机床，工件在机床工作台的什么地方。

为了保证工件的加工精度要求，对刀位置应尽量选在零件的设计基准或工艺基准上。如以零件上孔的中心点或两条相互垂直的轮廓边的交点作为对刀位置，则对这些对刀位置应提出相应的精度要求，并在对刀以前准备好。

机床对刀是一项非常基础且重要的操作，通过正确的找正装夹，能够提高零件加工的尺寸和形位精度等，从而提高产品的合格率。常用的对刀方法可以分为两种。

1. 切削式对刀法

用安装在主轴上的旋转刀具试切工件表面，通过观察切削来判断是否到达位置，从而建立坐标系。但是使用此方法会破坏工件表面，并且这种方法精度较低，只适合粗加工时确定坐标系。

2. 非切削式对刀法

借助对刀仪器测定刀具与工件的相对位置，常用的对刀仪器如图 3-6-6 所示。

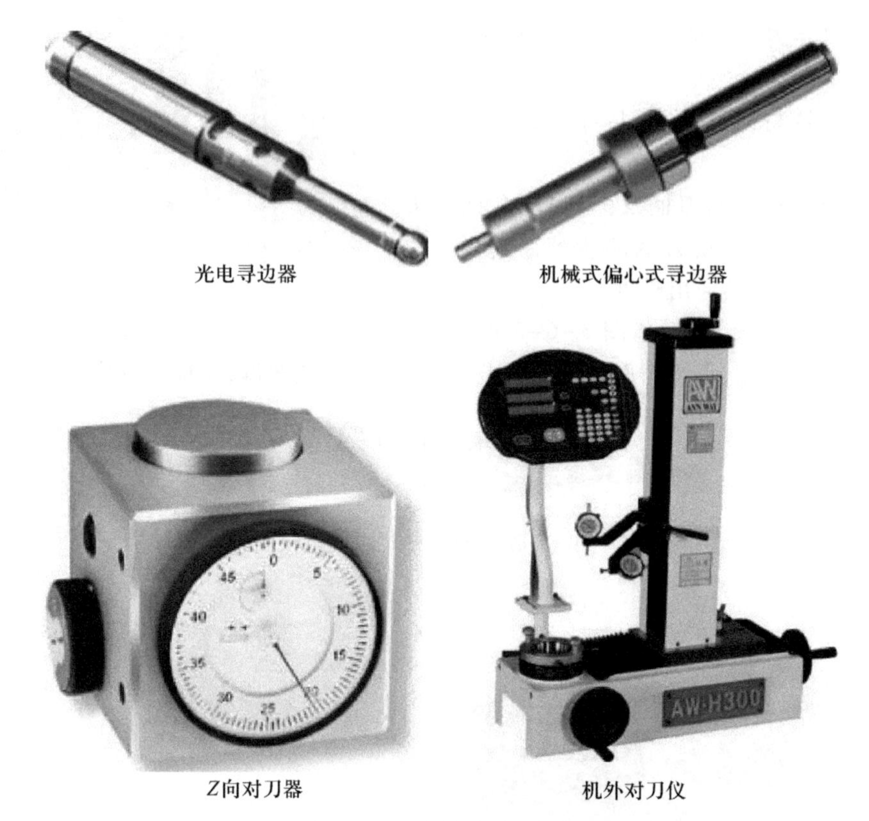

图 3-6-6　常用的对刀仪器

下面以 Z 向对刀器和光电寻边器为例，进行对刀方法说明。

以机床工作台表面为基准，使用 Z 向对刀器来设置刀具长度、【MACHINE】→【测量刀具】→【手动长度】，把每把刀依次按压到设定器上表面，使设定器表盘指针指到同一位置【设置长度】，按刀号将各刀具入库。

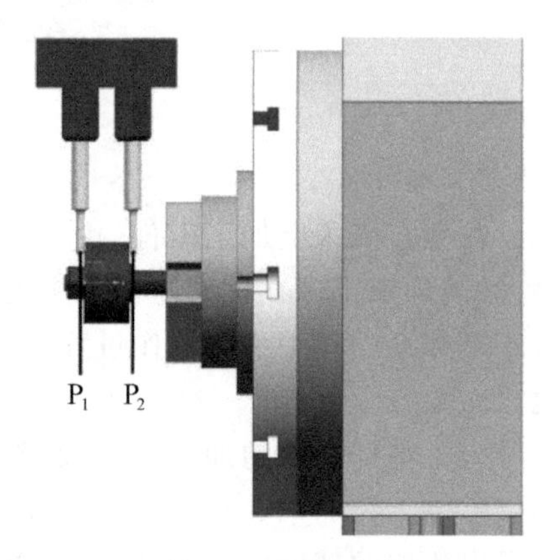

图 3-6-7　X 分中

工件坐标系 XY 的确定：【MACHINE】、主轴低速转动、【工件测量】→【四边分中】，为消除寻边器误差，采用分中法，操作手轮控制机床工作台移动，使光电寻边器分别触毛坯的左（P_1）、右（P_2）对应点（如图 3-6-7 所示）和前（P_3）、后（P_4）对应点（如图 3-6-8 所示），并用对应按键记录相应点（保存 P_1、P_2、P_3、P_4），点击【计算】→【设置零偏】，X 方向移动毛坯厚度尺寸的 1/2，工件 X 坐标零点建立在毛坯左端面。

加工坐标系原点 Z 值的确定：将主轴移动到加工坐标系下的 X_0/Y_0 位置。调用任一把刀具，将刀具刀尖平面触碰毛坯的最高处，记录机械坐标值（Z_1）并减去毛坯半径，得到机械坐标值 Z_2，移动坐标将刀尖平面触碰机床工作台的表面（触碰表面需擦拭干净），得到机械坐标值 Z_3，求得工作台表面与工件圆柱中心之间的距离为 $H_b = Z_2 - Z_3$，将 H_b 输入数控系统的加工坐标系 Z 值框中（如：G54 坐标系），完成加工坐标系 Z 值的设定（为防止刀尖平面碰伤工件或机床工作台，可以采用塞尺或 Z 轴设定器进行差值计算测定），具体对刀方法如图 3-6-9 所示。

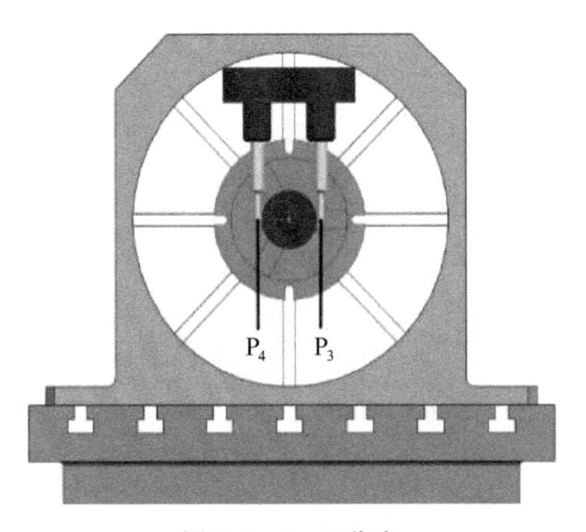

图 3-6-8　Y 分中

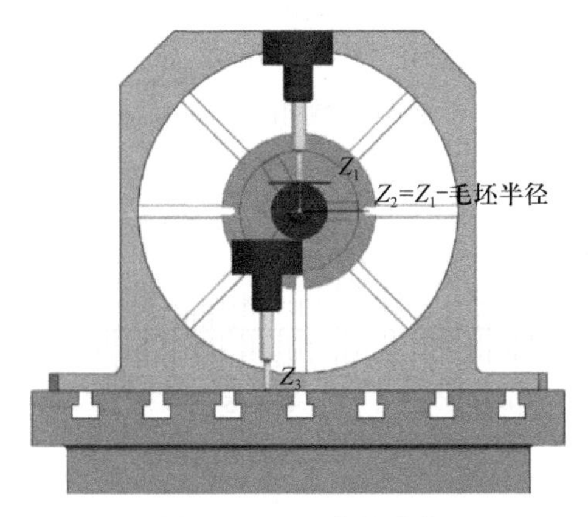

图 3-6-9　Z 值的确定

3.6.5　传输数据进行数控加工

把编制好的程序通过 CF 卡、U 盘或 DNC 软件方式，输入到机床的数控系统中进行加工。

3.7　零件检测

3.7.1　常用量具及使用方法

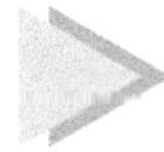 1. 游标卡尺

游标卡尺是在测量中广泛使用的量具，其式样较多，如图 3-7-1 所示，常见的三用游标卡尺，可用来测量外表面、内表面和深度的尺寸。按读数的准确度，游标卡尺可分为 1/10、1/20 与 1/50 三种，其读数准确度分别为 0.1 mm、0.05 mm 和 0.02 mm。

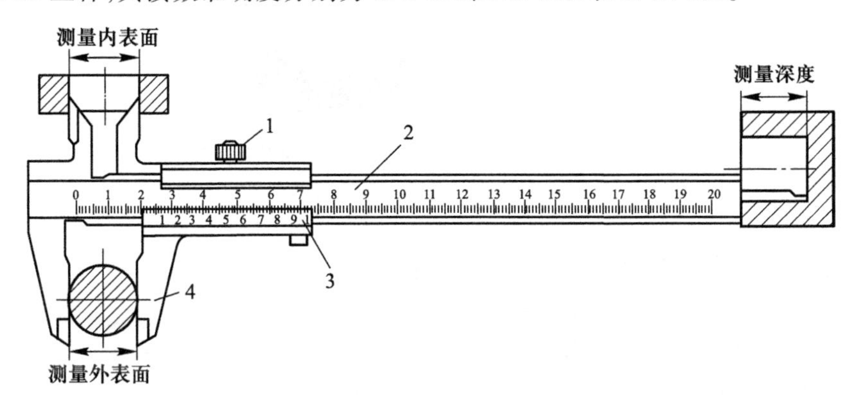

1—制动螺钉；2—尺身；3—游标；4—量爪

图 3-7-1　游标卡尺

现以 1/50 的游标卡尺为例，介绍刻线原理，如图 3-7-2(a)所示，当两量爪贴合时，尺身与游标的零线对齐，尺身每一小格为 1 mm。取尺身 49 mm 长度在游标上等分为 50 格，则游标每一小格为 49/50 mm(0.98 mm)。尺身与游标每格之差为：1 mm-0.98 mm=0.02 mm。

游标卡尺的读数方法如图 3-7-2(b)所示,共分为三个步骤:

(1) 读整数:读出游标尺零线以左的主尺上最大整数(毫米数),图中为 31 mm。

(2) 读小数:根据游标尺零线以右,且与主尺上刻线对准的刻线数,乘以 0.02 读出小数,图中为:14×0.02 mm=0.28 mm。

(3) 将整数与小数相加,即为总尺寸。图 3-7-2(b)中的总尺寸为 31 mm+0.28 mm=31.28 mm。

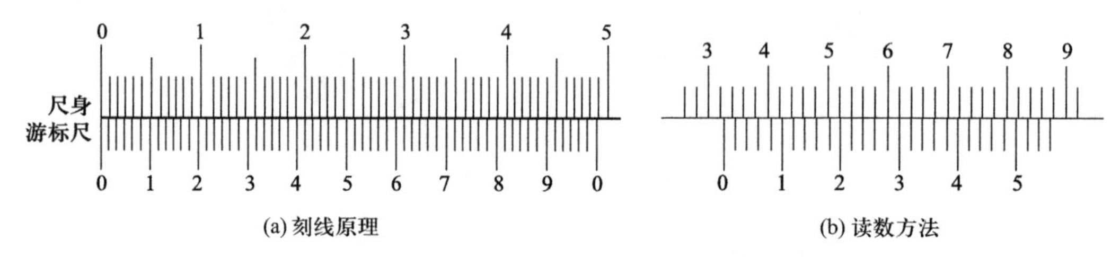

图 3-7-2　1/50 游标卡尺的刻线原理和读数方法

2. 千分尺

千分尺是精密的量具,其测量的准确度为 0.01 mm,可分为外径千分尺、螺纹千分尺、内径千分尺、深度千分尺和公法线千分尺等,如图 3-7-3 所示。其中外径千分尺使用得最为普遍,外径千分尺按测量尺寸的范围有 0～25 mm、25～50 mm、50～75 mm、75～100 mm 等规格。

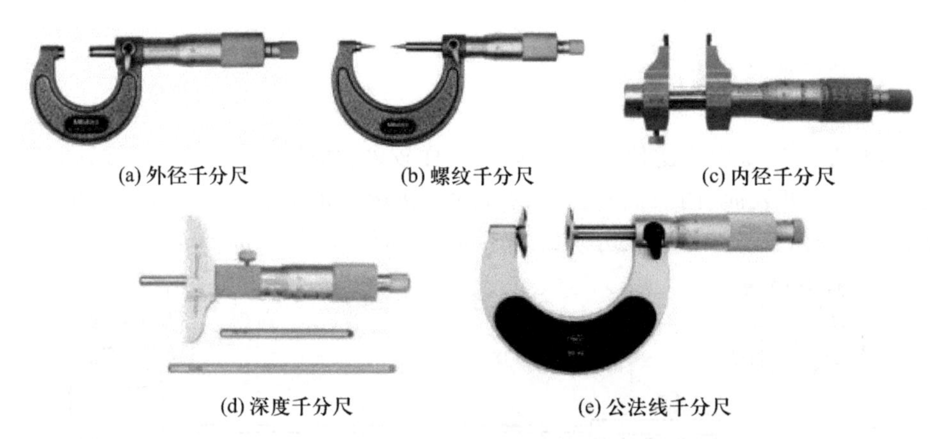

图 3-7-3　千分尺的类型

外径千分尺(如图 3-7-4 所示)的测微螺杆与微分筒连在一起,转动微分筒时测微螺杆即可向左或向右移动。测微螺杆与砧座之间的距离,即为零件的外圆直径或长度尺寸。

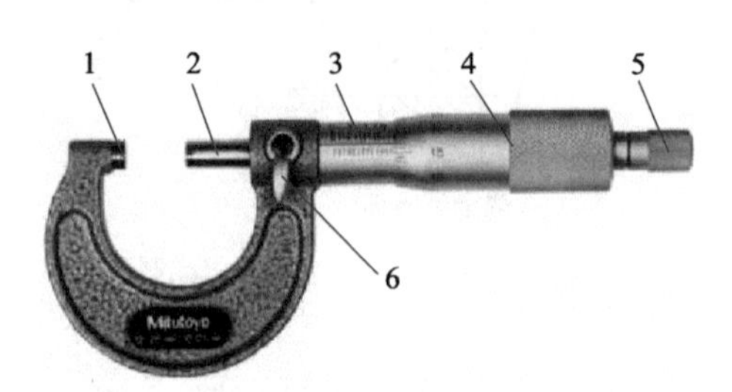

1—砧座;2—测微螺杆;3—固定套筒;4—微分筒;5—棘轮;6—锁紧钮

图 3-7-4　外径千分尺

外径千分尺的读数方法:

(1) 固定套筒的纵线上、下方刻线每格为 1 mm,但错开为 0.5 mm,可读得整毫米数和半毫米数。

(2) 微分筒左端圆周上分为 50 格,刻度值每格为 0.01 mm。与固定套筒纵线对准的刻线即为小数值，如纵线在两格之间还可近似估计到微米（μm）值。

（3）将固定套筒读数与微分筒读数相加就是工件的测量尺寸，如图 3-7-5 所示。

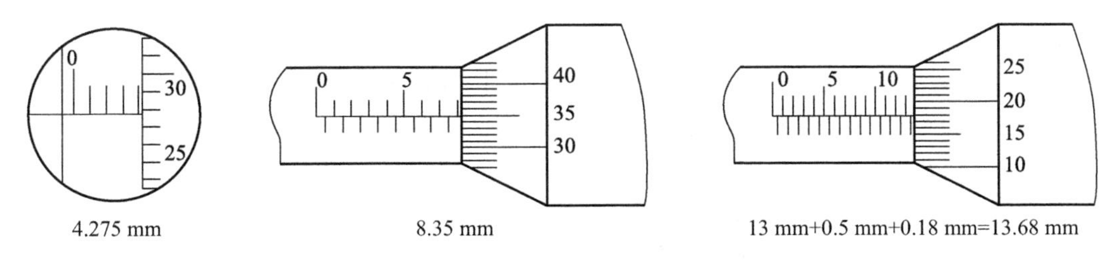

图 3-7-5 外径千分尺的读数方法

3. 百分表

百分表如图 3-7-6 所示，它可用来精确测量工件圆度、圆跳动、平面度和直线度等形位误差，其分度值为 0.01 mm。读数方法是长指针每转一格为 0.01 mm，短指针每转动一格为 1 mm，把长、短指针读数相加即为测量读数。

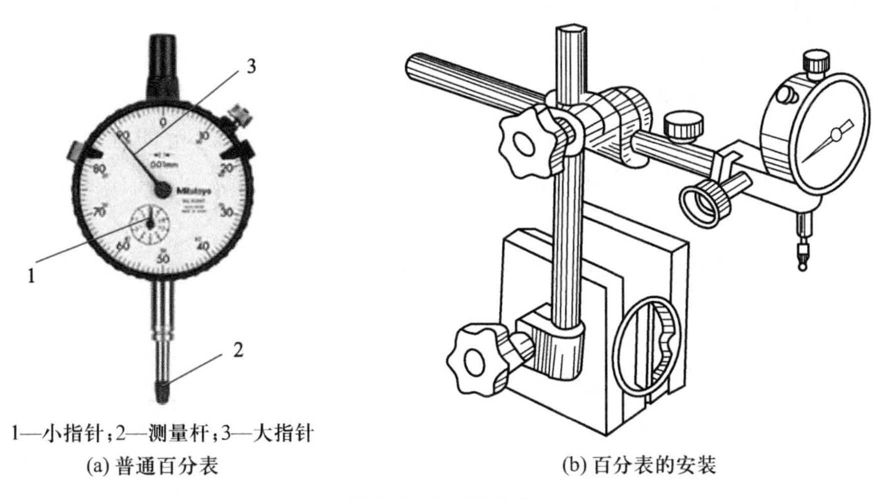

图 3-7-6 百分表

百分表的使用方法：

（1）使用前将百分表装夹在合适的表夹和表座上，用手指向上轻抬测头，然后让它自由落下，没有任何轧卡现象，重复几次，此时长指针不应产生位移，即指针能回到原来的刻度位置。

（2）测平面时，测量杆要和被测面垂直；测圆柱体工件时，测量杆中心必须通过工件的中心。否则将使测量杆活动不灵或测量结果不准确。

（3）测量时先将测量杆轻轻提起，把表架或工件移到测量位置后，缓慢放下测量杆，使之与被测面接触，不可强制把测量头推上被测面。然后转动刻度盘使其零位对正长指针，此时要多次重复提起测量杆，观察长指针是否都在零位上，在不产生位移的情况下才能读数。

(4) 测量时,不要使测量杆的行程超过它的测量范围,不要让表头突然撞到工件上,也不要用百分表测量表面粗糙或表面凹凸不平的工件。

(5) 百分表不用时,应使测量杆处于自由状态。

4. 塞规

塞规是用来测量孔径和槽宽的。较长的一端,其直径等于孔径的最小极限尺寸,称为“通端”;较短的一端,其直径等于孔径的最大极限尺寸,称为“止端”。测量孔径时,当“通端”能进去,而“止端”进不去,即为合格。

塞规的使用方法如图 3-7-7 所示,使用时遵守以下要求:

(1) 核对塞规上的标志与工件的图样。塞规与工件的尺寸和公差应相符合,并要辨清塞规的“通端”或“止端”。

(2) 检查塞规是否有影响使用准确度的外观缺陷,若测量面有碰伤、锈蚀或划痕时,可用天然油石打磨。

(3) 擦拭塞规时必须用清洁的棉纱或软布,工件上的毛刺、异物等要清除干净。

(4) 使用塞规时,要轻拿轻放。检验时用力不能过大,不能硬塞、硬卡和任意转动,防止划伤塞规和工件表面。

(5) 检验时,塞规的轴线应与被检验工件的轴线重合,不要歪斜。

(6) 被检验工件与塞规温度一致时,方可使用塞规。否则测量结果不可靠,甚至会发生塞规与工件过盈配合的现象。

(7) 塞规“通端”要在孔的整个长度上检测,塞规“止端”要尽可能在孔的两端进行检测。检验塞规“通端”和“止端”应沿被测轴的轴向方向和径向方向,且在多个位置上同时进行。

(8) 要定期对塞规进行鉴定,以保证塞规的精确度。

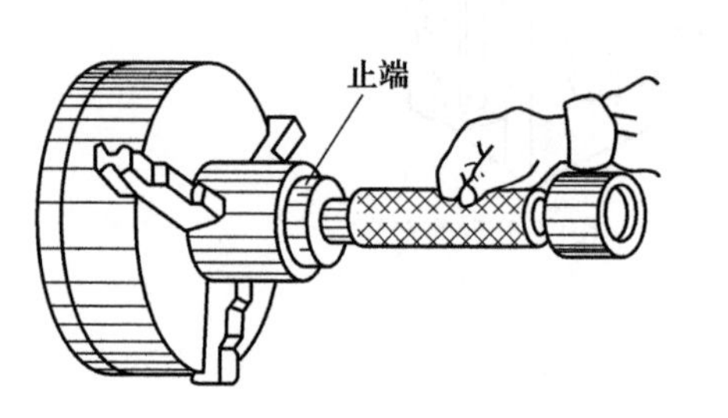

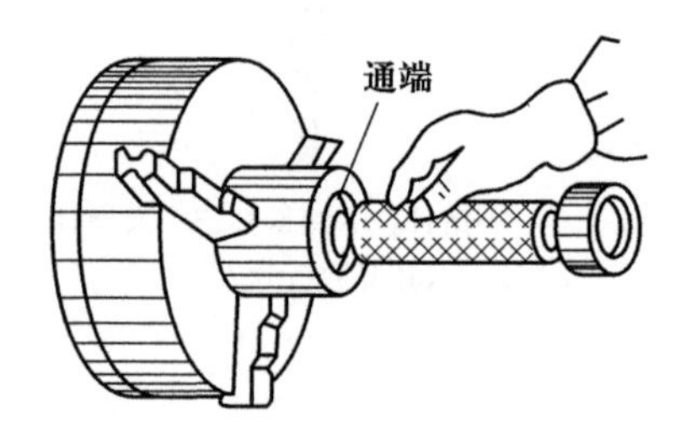

图 3-7-7 塞规的使用方法

5. 万能角度尺

万能角度尺(如图 3-7-8 所示)是测量角度的计量器具,在机械加工中应用得比较广泛。主尺上刻有 90 个分度和 30 个辅助分度,相邻两刻线之间的夹角是 1°,主尺右端为基尺,主尺的背面沿圆周方向装有齿条,小齿轮与主尺背面的齿条啮合。这样可使主尺在扇形板的圆弧面和制动器的圆弧面间微动,不用微动装置,主尺也能沿扇形板圆弧面和制动器圆弧面间移动。扇形板上装有游标,用卡规可把直尺或直角尺固定在扇形板上,也可以把直尺固定在直角尺上,实现不同的角度测量。它可以测量 0°~320°范围内的任何角度。

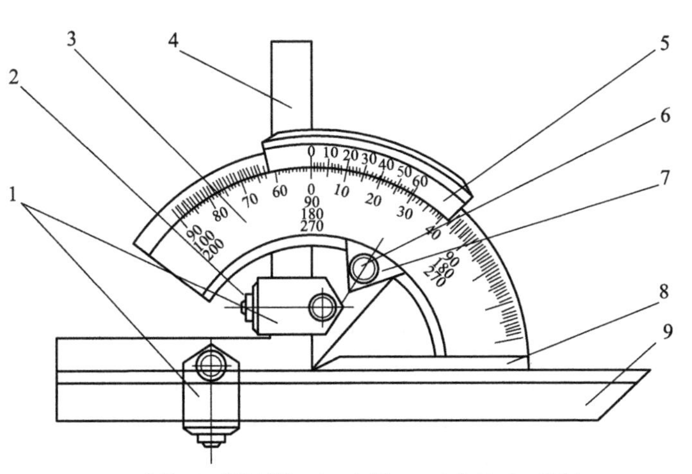

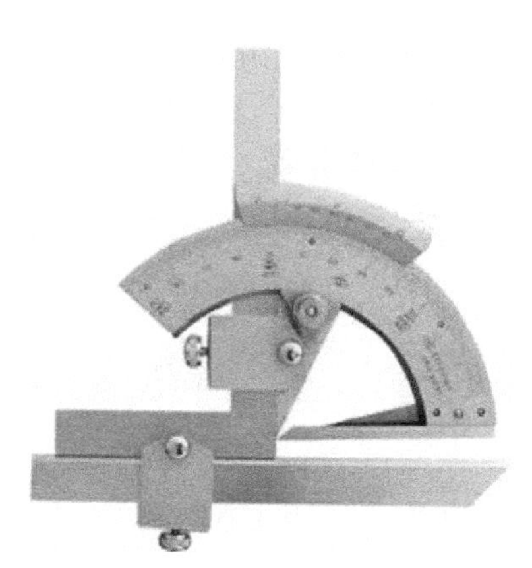

1—卡块；2—紧固螺钉；3—主尺；4—直角尺；5—游标；
6—制动器紧固螺钉；7—动器；8—基尺；9—直尺

图 3-7-8 万能角度尺

万能角度尺的使用方法：

(1) 利用卡块将直尺装在直角尺上可以测量 0°～50°，如图 3-7-9(d)所示。

(2) 卸下直角尺换上直尺即可测量 50°～140°，如图 3-7-9(b)所示。

(3) 取下直尺及卡块即可测量 140°～230°，如图 3-7-9(a)、(c)所示。

(4) 将直角尺、直尺、卡块都拆下即可测量 230°～320°。

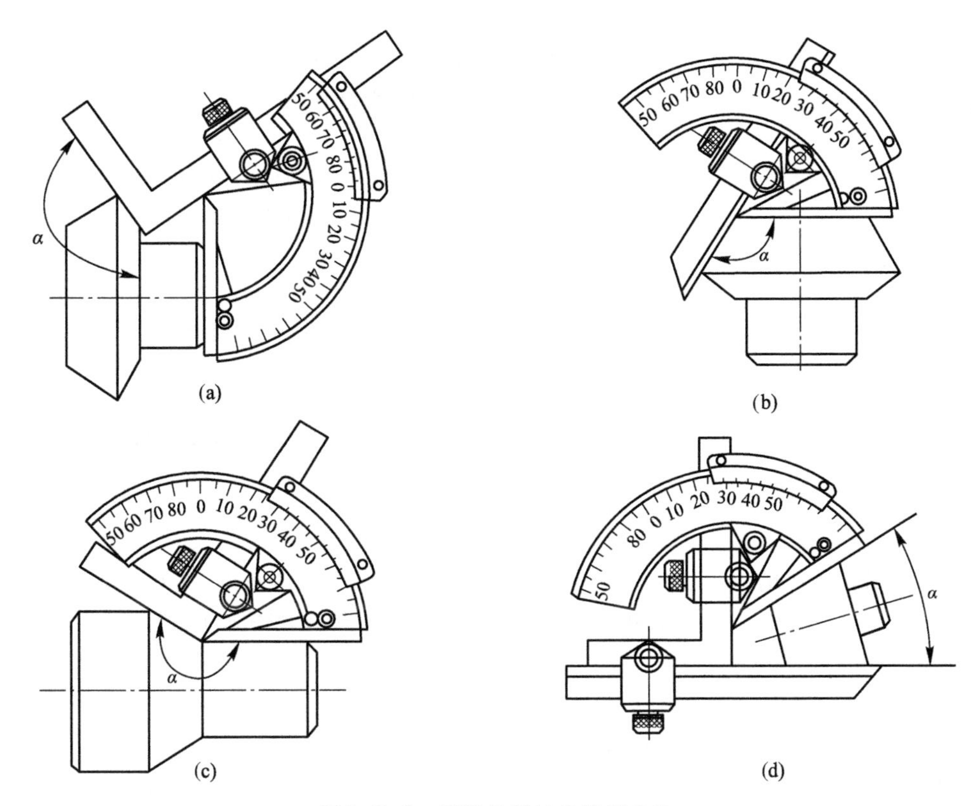

图 3-7-9 万能角度尺的使用方法

3.7.2 加工误差分析及处理

机床、夹具、刀具和工件组成了机械加工中完整的工艺系统，在整个系统中，任一组成条件产生误差，都会影响加工质量。工艺系统的误差在不同的条件下，会以不同程度和方式在零件上反映出来。

1. 机械加工误差的来源（表 3-7）

表 3-7 机械加工误差的来源

序号	误差类别	具体内容
1	加工原理误差	使用近似的刀刃轮廓或近似的加工传动而产生的误差，为了使所加工的零件表面符合规定的要求，就需要工件和刀具之间有一定的运动关系。例如加工圆弧几何的直线插补、车螺纹所需要的刀具和工件之间的特殊螺旋运动关系等，都会产生加工原理误差
2	装夹定位误差	安装定位零件是加工的必要过程，定位零件是用来保证零件在整个加工坐标系中的绝对位置的，需要非常准确。但定位零件总会有一定的尺寸公差存在，这样装夹时误差就会产生。这种误差无法完全消除，但应尽量使误差降到最低
3	机床误差	机床在制造、安装和使用过程中都会出现一定的偏差。机床误差主要由主轴误差、导轨误差和传动链误差等组成
4	刀具误差	刀具在加工零件时会被磨损，使得零件加工表面的精度发生变化，导致加工误差的出现，降低零件的质量
5	调整误差	在机械加工工序中，需要进行各种调整工作，如重新定位、装夹等，这样就会带来一定的调整误差，影响零件的精度
6	工艺系统受热变形产生的误差	在机械加工时，刀具切削零件会产生切削热和摩擦热等因素。工件、刀具和机床之间的部分温度会升高而产生形变，使工件和刀具的正确相对位置发生变化，产生加工误差
7	工艺系统受力变形产生的误差	在机械加工时，刀具、工件、夹具、机床等在受切削力、传动力等外力的作用下产生变形，使工件和刀具的正确相对位置发生变化，产生加工误差
8	残余内应力产生的误差	没有外力作用下，工件内会存留残余应力。有残余应力的零件内部状态不稳定，内部组织会发生变化，影响加工精度

2. 加工误差的控制和精度的实现方法

机械加工误差的产生是不可避免的，但是可以通过合理方法找出误差产生的原因，并努力加以控制，使零件的加工精度有效提高。在加工的不同阶段对零件精度进行控制的实现方法，见表 3-8。

表 3-8 不同加工阶段零件精度控制实现方法

阶段	具体内容
加工前	加工前进行预热操作使机床空运行，让机床各部件得到更好的润滑，达到热平衡状态有利于保证加工精度的稳定。 在装夹前要仔细检查刀柄、弹簧夹头、三爪自定心卡盘是否有锈迹、油污等，如果有需及时擦拭去除。保证刀柄和卡盘的干净，防止油污腐蚀工具，影响加工精度。 在进行零件装夹时要使用百分表校正装夹，确保零件加工原点与加工坐标系重合。 在进行刀具装夹时要通过使用 Z 轴设定器等方法，得到准确的刀具长度补偿值；同时刀柄装夹后，可通过百分表进行刀具径向和轴向跳动检查，以确保加工精度
加工时	调整喷嘴使切削液准确喷至刀具切削点，以加快散热和排除切屑。 合理选用刀具，粗精加工刀具要分开，可选用新刀或磨损较小的刀具进行精加工。 先加工基准面，然后加工被测面。 合理利用刀具补偿和余量设置方法，使加工尺寸值接近于零件尺寸公差带的中值。 把刀具尽量装短一些可以有效避免刀具在加工时颤动，提高零件的表面质量。 在进行侧壁精加工时可以使用刀具的侧刃分几层精加工，来保证零件的平行度要求。 使用钻-铰孔的方法来保证孔加工的精度
加工后	加工完成后要用气枪去除零件表面残留的切削液，转运零件时轻拿轻放，注意不要刮伤零件表面

3.7.3 零件自检表

考核内容及要求		配分	评分标准	检测结果	扣分	得分
合计						

第四章 MasterCAM软件四轴加工案例

4.1　零件工程图（图 4-1-1）

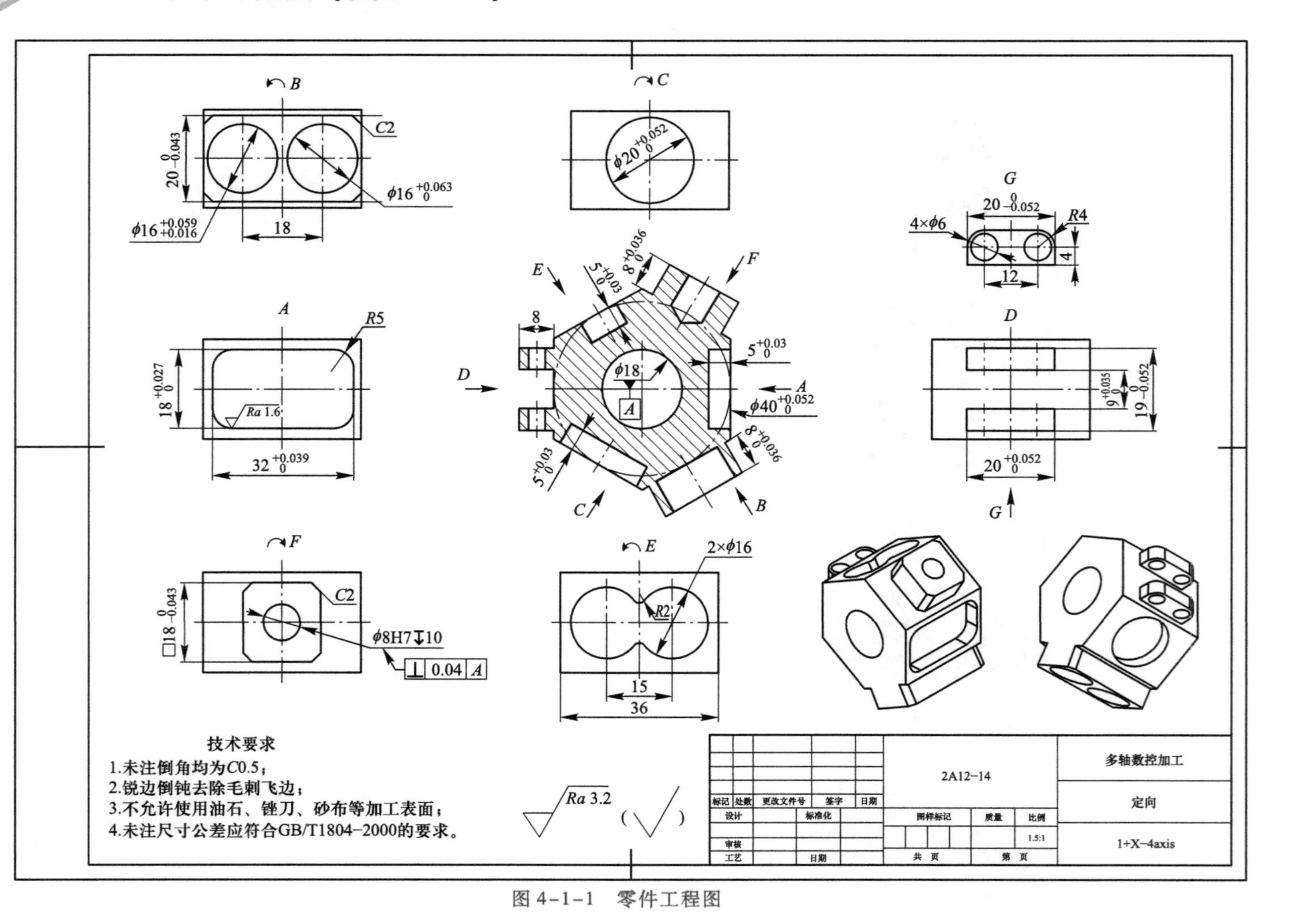

图 4-1-1　零件工程图

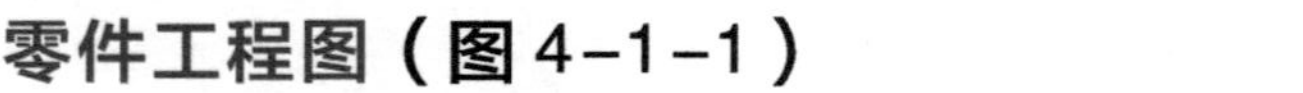

4.2 案例结构分析

通过图样可知，该零件是在六边体的六个面上分布着不同的特征，为保证六个面与 ϕ40 mm的圆柱相切并且减少装夹次数，可选择四轴加工中心进行加工，采用 3+1 定向加工方法保证尺寸精度和加工效率。零件标注公差的等级为 9 级，尺寸精度要求一般，但有一个 ϕ8H7 的孔并有垂直度要求需要注意；其次有一处要求较高的表面粗糙度，其值为 *Ra*1.6，其余加工表面的表面粗糙度值为 *Ra*3.2，整体表面质量要求较高，精加工时要注意切削参数的选用；最后对所有的锐角边倒角 *C*0.3～0.5。

毛坯材料、工装夹具及工艺路线规划与第三章案例相同，详细内容参见第三章 3.2 和 3.3。零件加工与检测参见第三章 3.6 节和 3.7 节。

4.3 三维建模

4.3.1 轴向结构建模

根据后续加工要求分析，*X* 轴为旋轴，所以在右视图绘制是较好的选择，在【平面】操作管理器，点击鼠标左键将“G、WCS、C、T”全部切换至右视图。

点击【线框】→【矩形】→【多边形】，选择坐标原点鼠标往外拖，输入边数“6”、半径“20.0”，点击【确定】或输入“回车”，如图 4-3-1 所示。

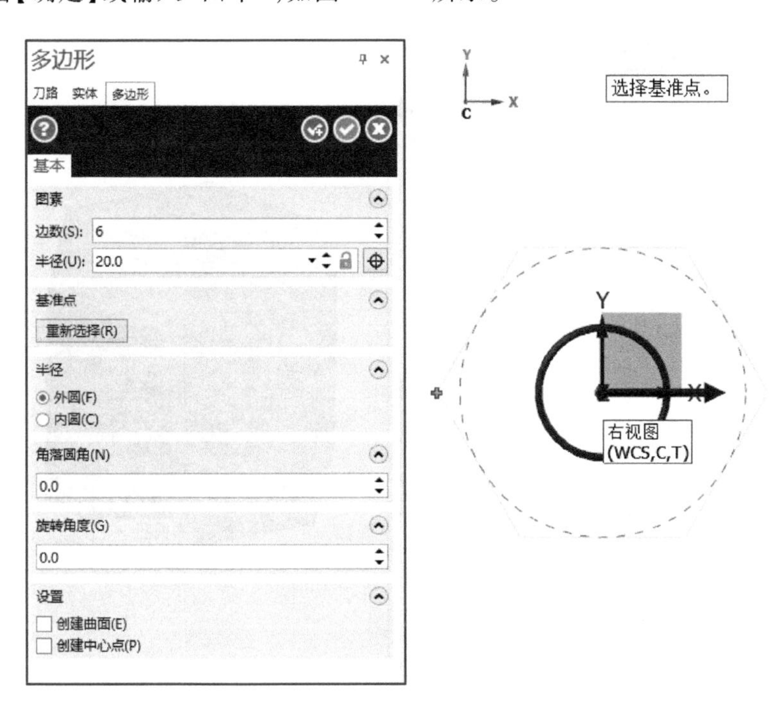

图 4-3-1 绘制六边形

选择【已知点画圆】，点击原点鼠标往外拖拉，输入直径“18.0”，点击【确定】或输入“回车”，如图 4-3-2 所示。

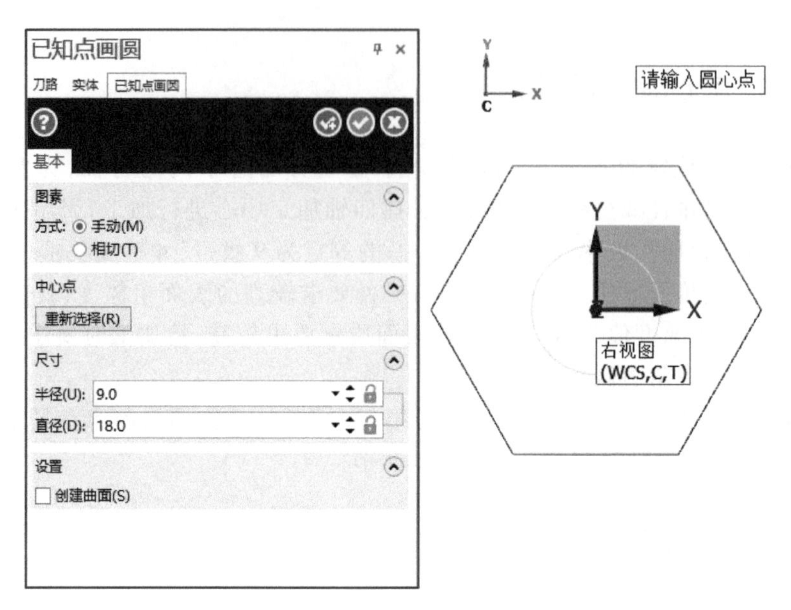

图 4-3-2　绘制 ϕ18 mm 的圆

选择【实体拉伸】→【拉伸】,然后选择所有绘制的图素,输入距离“36.0”,点击【确定】或输入“回车”创建主体,如图 4-3-3 所示。

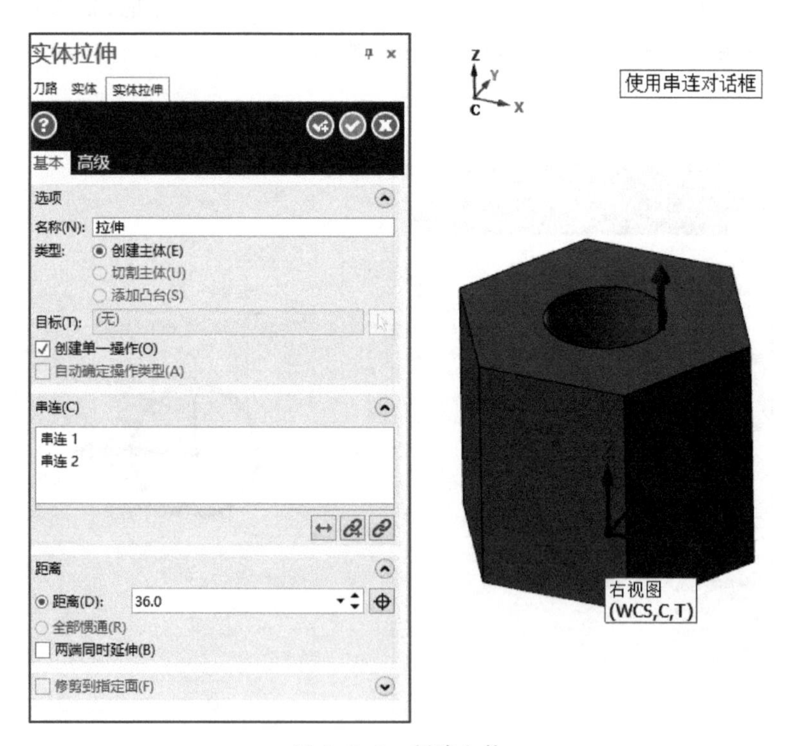

图 4-3-3　创建主体

4.3.2　径向侧面一建模

点击【平面】,点击鼠标左键将“G、WCS、C、T”全部切换至俯视图,将绘图模式改为 2D

(在绘图区的右下方),*Z* 坐标值输入“20”,设置绘图平面如图 4-3-4 所示。

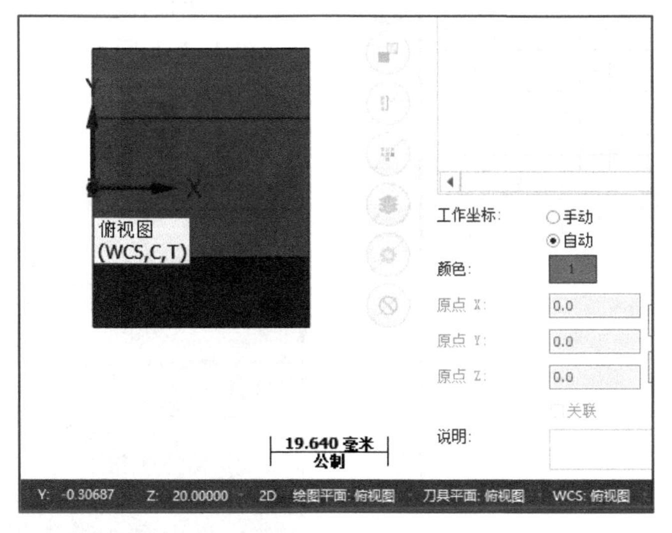

图 4-3-4 设置绘图平面

在俯视图 *Z* 向 20 的高度平面,点击【线框】→【矩形】→【圆角矩形】,在“矩形形状”对话框内选择【原点】位置为“左中点”,输入宽度“36.0”、高度“19.0”,点击【确定】或输入“回车”,绘制矩形如图 4-3-5 所示。

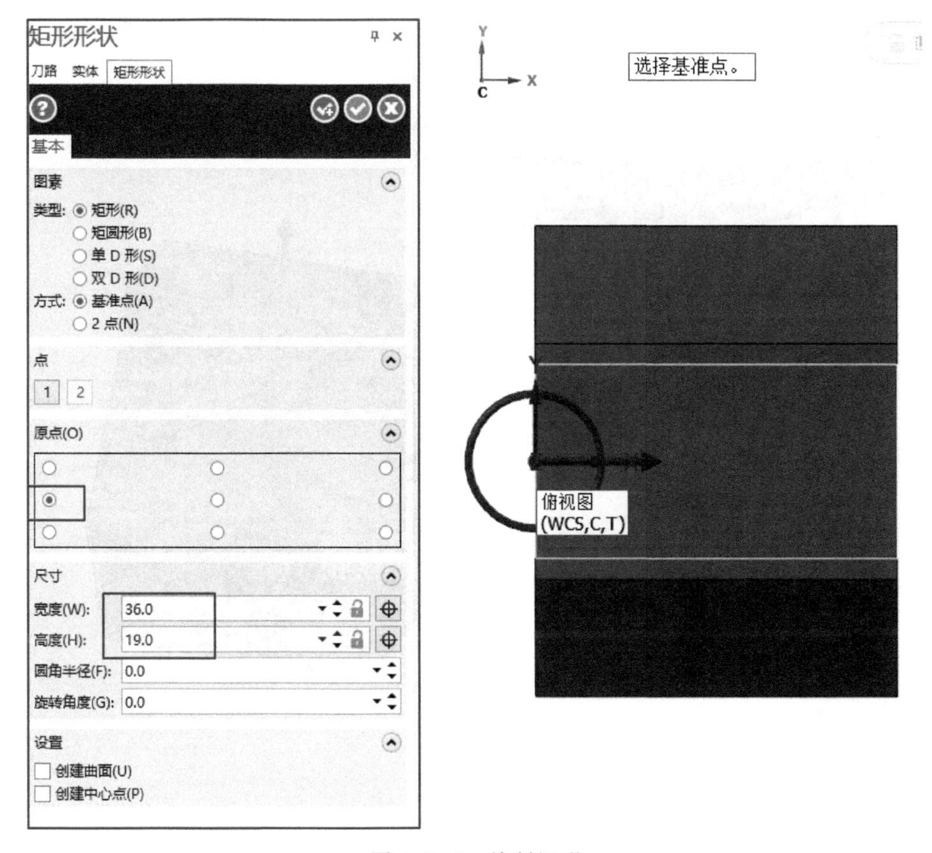

图 4-3-5 绘制矩形

接着绘制两个 $\phi16$ mm 的圆，点击【已知点画圆】→输入坐标点“9,0(英文输入法状态下)”确定圆心位置，输入直径“16.0”，点击【确定并新创建操作】，采用同样的方式，输入坐标点“27,0”→点击【确定】或按“回车”完成操作，如图 4-3-6 所示。

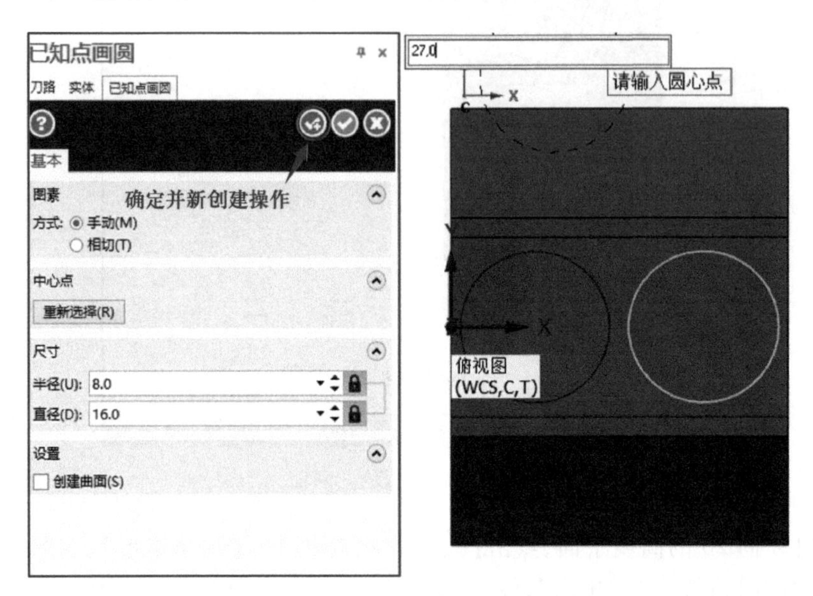

图 4-3-6 绘制两个 $\phi16$ mm 的圆

拉伸距离为“8.0”的凸台，并与之前的实体求和，具体操作如图 4-3-7 所示。

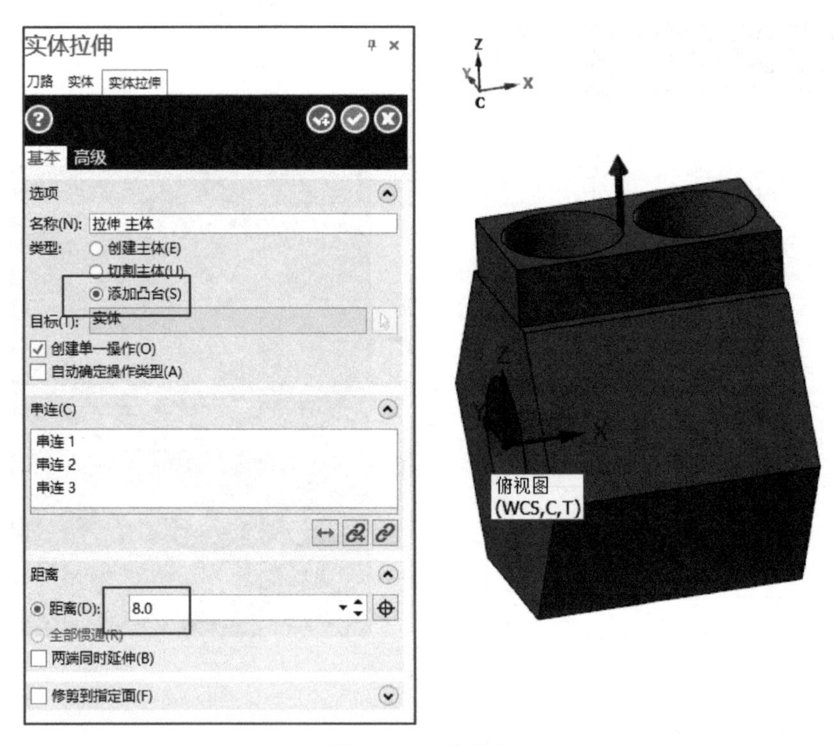

图 4-3-7 拉伸凸台

对凸台的四边进行倒斜角，选择【实体】→【单一距离倒角】，选择需要倒角的边，距离输入“2.0”，点击【确定】，具体操作如图 4-3-8 所示。

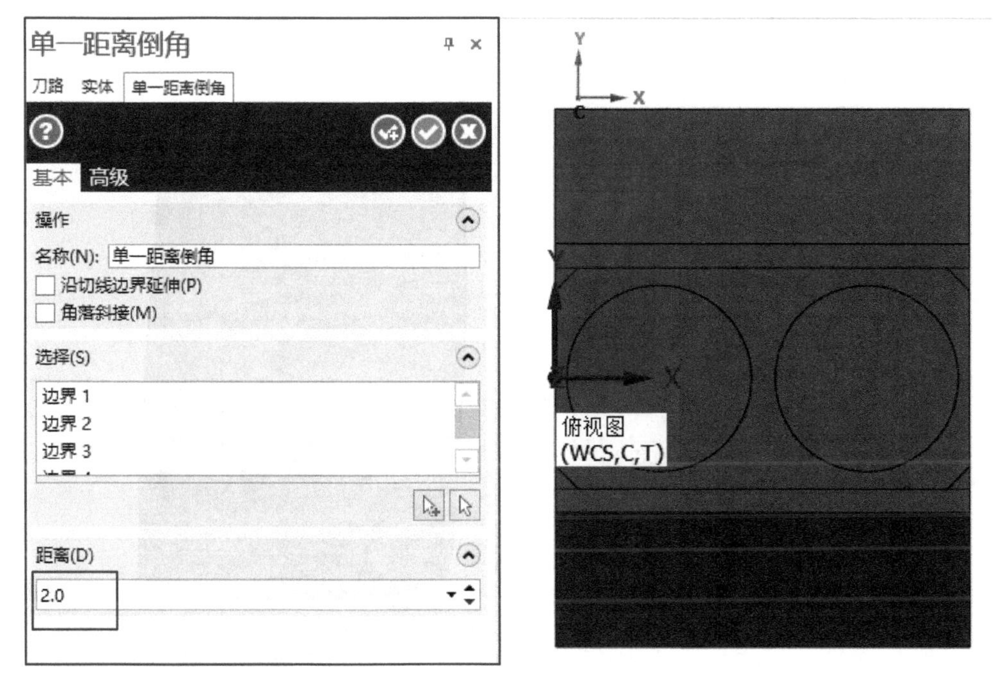

图 4-3-8　创建四边 $C2$ 的倒角

4.3.3　径向侧面二建模

按逆时针方向绘制其他平面的特征，点击【平面】→【创建新平面】→【依据实体面】→【选择创建新坐标系的实体面】，调整 X 轴的方向，点击【确定】，如图 4-3-9 所示。在弹出的“新建平面”对话框中，输入名称“棕”，点击【确定】完成创建，如图 4-3-10 所示。

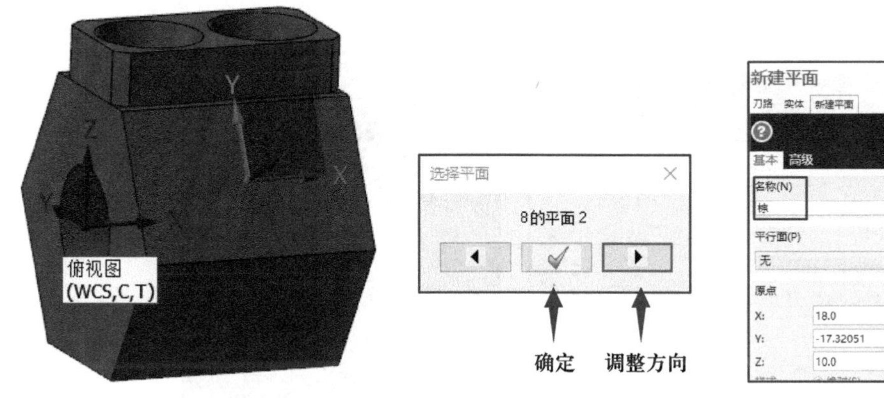

图 4-3-9　调整 X 轴的方向

图 4-3-10　新建平面

在 3D 绘图模式下，点击【实体】→【孔】，平面方位选择孔所在的平面，然后使用“添加”自动抓取点位置，在快速选栏使用【光标】→【面中心】→【实体面】→【深度】，输入距离“5.0”、底角“0”，直径“20.0”，点击【确定】完成孔创建，具体操作如图 4-3-11 所示。

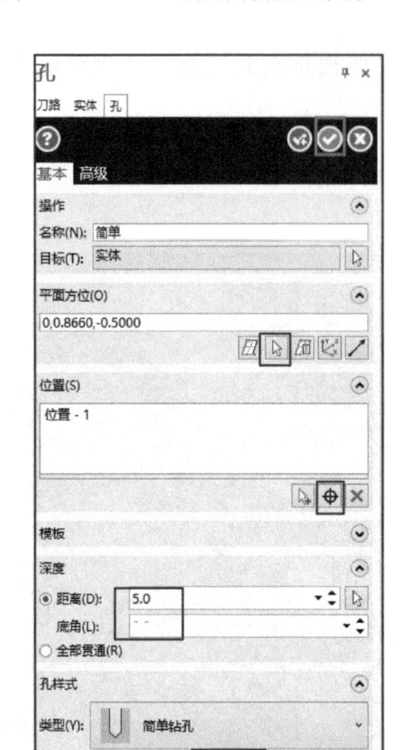

图 4-3-11　创建 ϕ20 mm 深 5 mm 的平底孔

4.3.4　径向侧面三建模

按照逆时针方向,重复图 4-3-9、图 4-3-10 所示步骤,创建名称为“黄”的平面,重复如图 4-3-4 所示步骤,将平面切换至“黄”平面,将 Z 向深度改为“0”;接着在该平面使用【线框】→【矩形】,直接输入坐标点“10,4.5”(英文输入法模式下)→输入宽度“-20.0”、高度“5.0”,点击【确定】完成上半部分矩形的绘制,如图 4-3-12 所示。

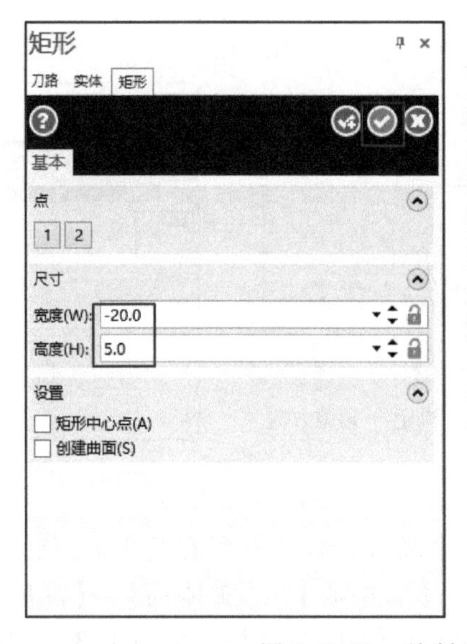

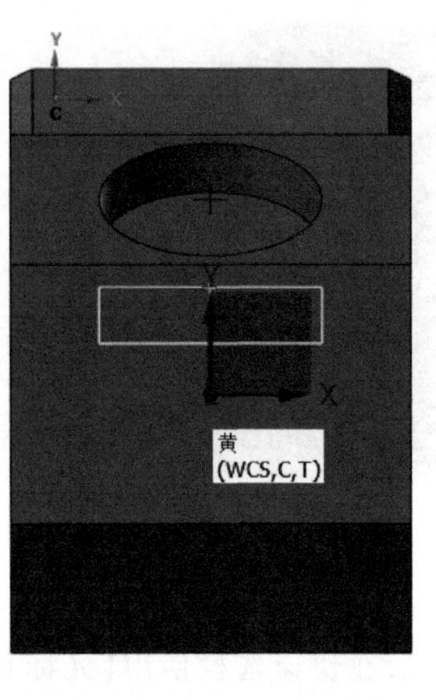

图 4-3-12　绘制上半部分矩形

使用上半部分的矩形镜像，使用【转换】→【镜像】，选择矩形图素，输入“回车”结束选择，之后选择参照 X 轴镜像，点击【确定】，如图 4-3-13 所示。

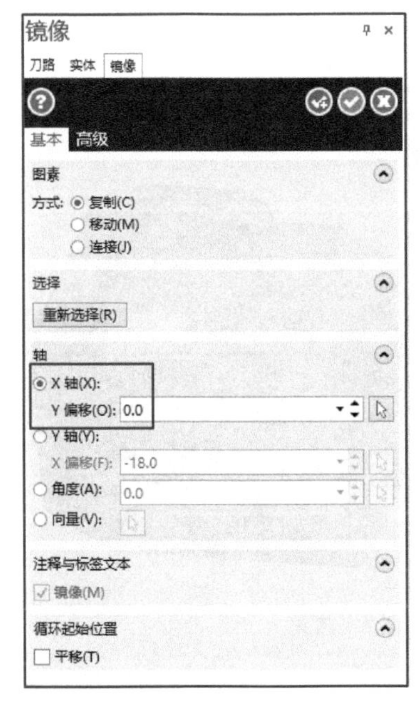

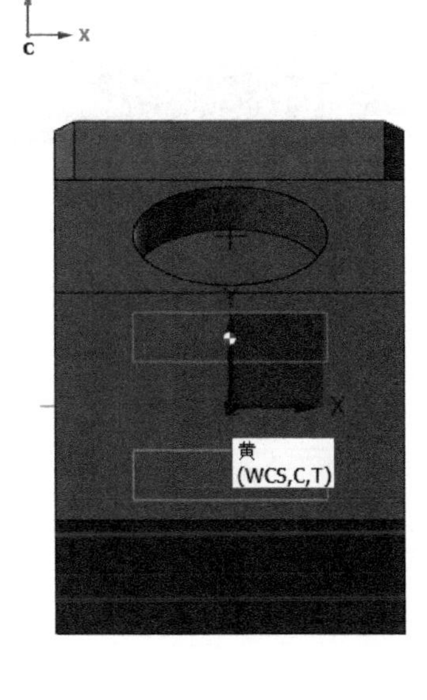

图 4-3-13　镜像矩形

使用【实体】→【实体拉伸】，选择两个图素→输入“回车”结束选择，输入距离“8.0”，点击【确定】，如图 4-3-14 所示。

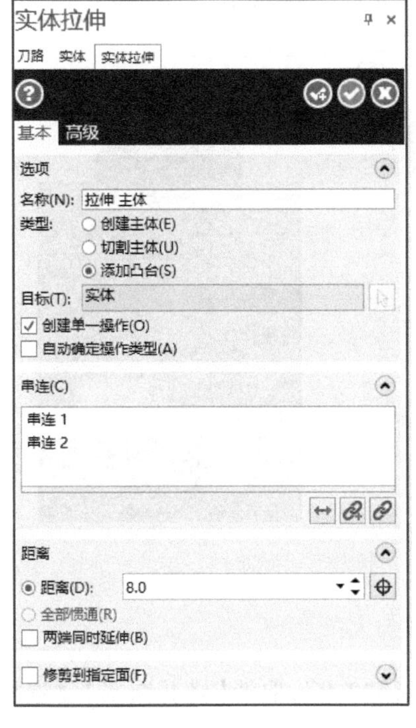

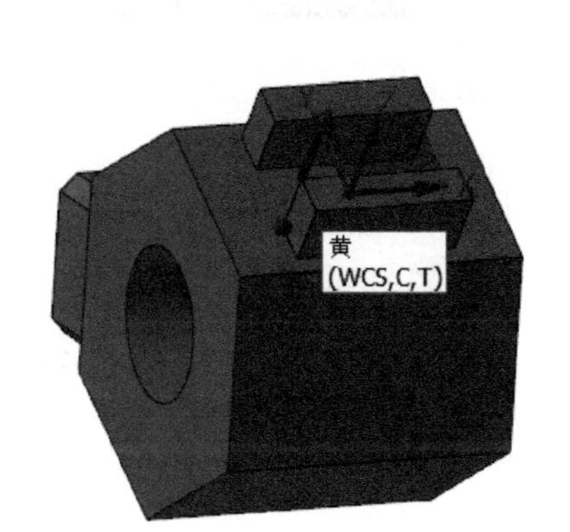

图 4-3-14　拉伸两个 8 mm 高的矩形

给四条边倒圆角，选择【实体】→【固定圆角半径】，选择圆角所在的边，输入“回车”结束选择“半径”，输入“4.0”，点击【确定】完成绘制，如图 4-3-15 所示。

图 4-3-15 倒 $R4$ 圆角

4.3.5 径向侧面四建模

按照逆时针方向，重复图 4-3-9、图 4-3-10 所示步骤，创建名称为“绿”的平面，重复图 4-3-4 所示步骤，将平面切换至“绿”平面。继续在该平面使用【已知点画圆】，直接输入坐标点“7.5,0”（英文输入法模式下），输入半径“8.0”，之后点击【确定并新创建操作】，输入坐标点“-7.5,0”再绘制一个圆，最后点击【确定】，完成绘制，如图 4-3-16 所示。

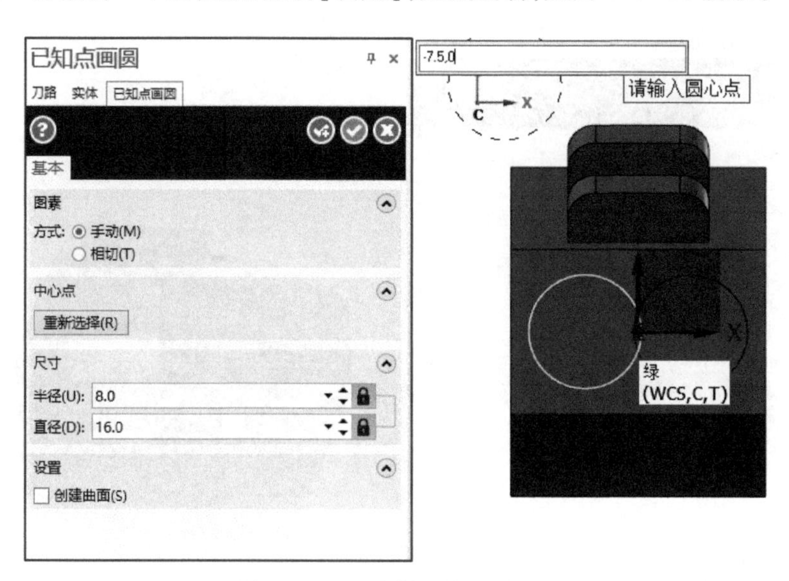

图 4-3-16 绘制两个 $R8$ 的圆

继续使用【图素倒圆角】，设置圆角，输入半径“2.0”，取消【修剪图素】复选框，在上方和下方分别选择两条圆弧，点击【确定】完成创建，如图 4-3-17 所示。

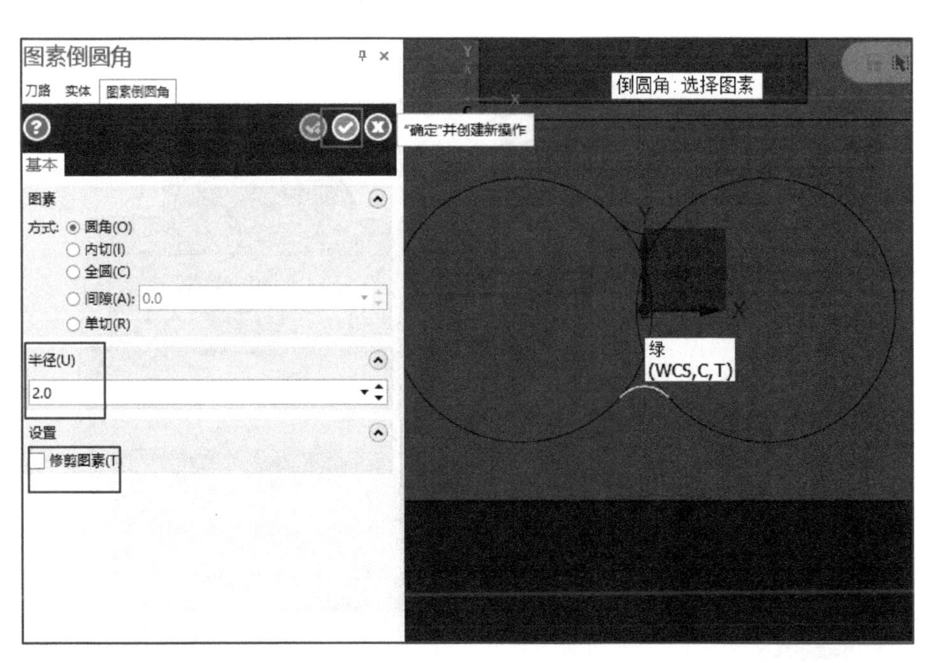

图 4-3-17 两圆倒 $R2$ 的圆角

修剪多余的图素，使用【分割】，鼠标点击需要删除的位置，即可删除多余图素，如图4-3-18所示。

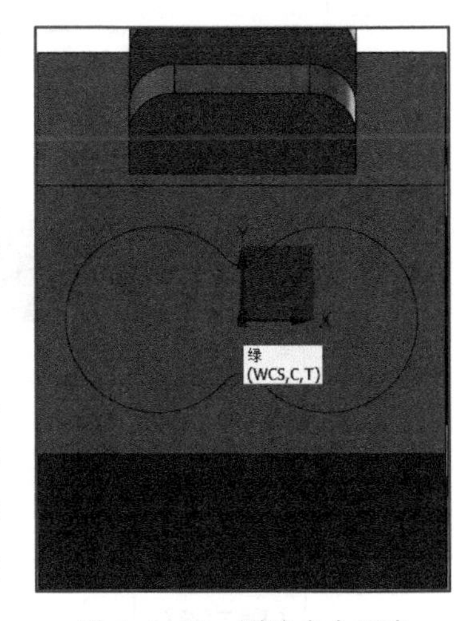

图 4-3-18 删除多余图素

使用【实体拉伸】，选择线框，输入"回车"结束选择，【类型】修改为"切割主体"，串联对话框下点击【全部反向】输入距离"5.0"，点击【确定】，完成创建，如图 4-3-19 所示。

4.3.6 径向侧面五建模

按照逆时针方向，重复图 4-3-9、图 4-3-10 所示步骤，创建名称为"蓝"的平面，重复图 4-3-4 所示步骤，将平面切换至"蓝"平面，继续在该平面使用【矩形】，勾选【矩形中心点】→"高度"和"宽度"输入"18.0"，选择坐标原点位置，点击【确定】完成绘制，如图 4-3-20 所示。

拉伸正方形，使用【实体拉伸】，选择正方形，输入"回车"结束选择，"类型"选择【添加凸台】，"串连"下点击【全部反向】，输入距离"8.0"，点击【确定】完成绘制，如图 4-3-21 所示。

在 3D 绘图模式下，点击【实体】→【孔】，平面方位选择孔所在的平面，使用添加自动抓取点位置，之后在快速选栏使用【光标】下拉菜单，选择【面中心】抓点方式，点击【实体面】→【深度】。输入距离"10.0"、底角"118.0"、直径"8.0"，点击【确定】完成孔创建，如图 4-3-22 所示。

对凸台的四边进行倒斜角，点击【实体】→【单一距离倒角】，选择需要倒角的边输入"回车"结束选择，输入距离"2.0"，点击【确定】，如图 4-3-23 所示。

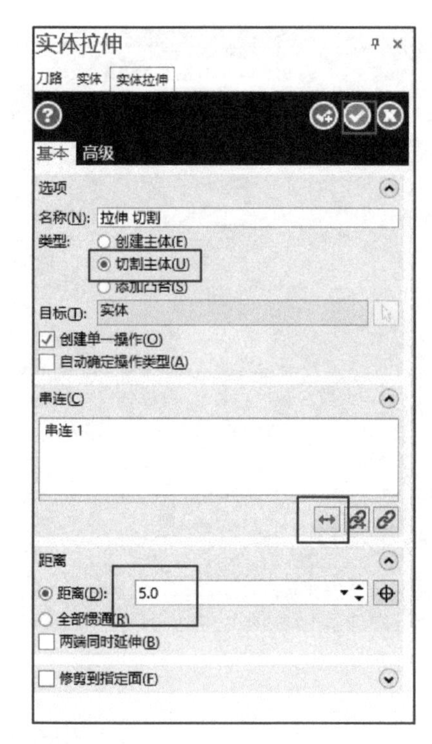

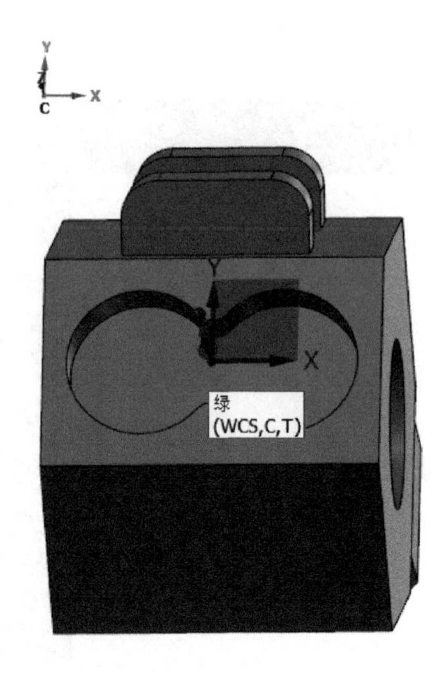

图 4-3-19　拉伸切割特征

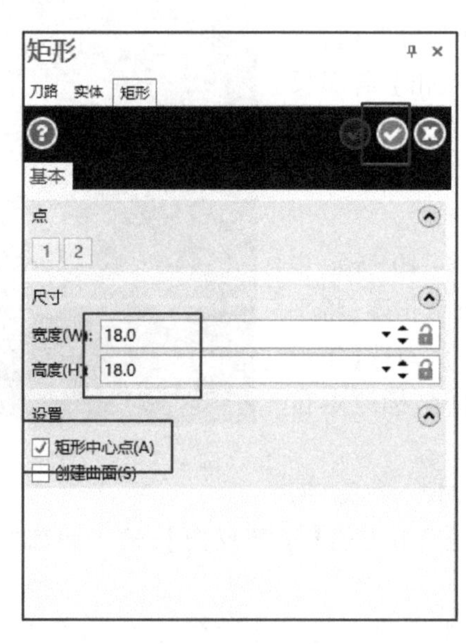

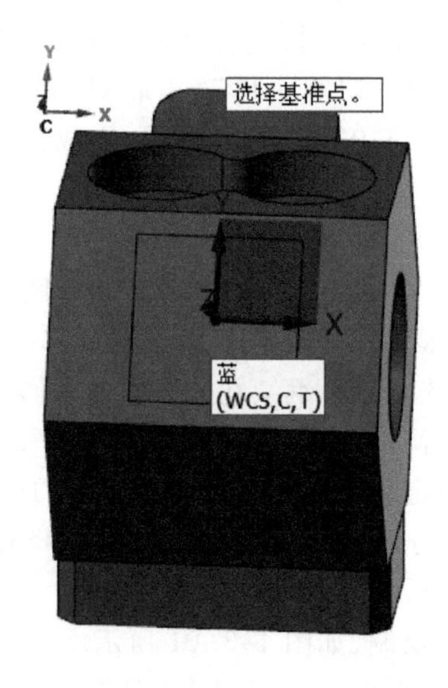

图 4-3-20　在原点绘制 18 mm 的正方形

4.3.7　径向侧面六建模

按照逆时针方向，重复图 4-3-9、图 4-3-10 所示步骤，创建名称为“青”的平面，重复图 4-3-4 所示步骤，将平面切换至“青”平面；继续在该平面使用【圆角矩形】，选择原点位置为【中心点】，输入宽度“32.0”、高度“18.0”、圆角半径“5.0”，选择坐标原点位置，点击【确定】完成绘制，如图 4-3-24 所示。

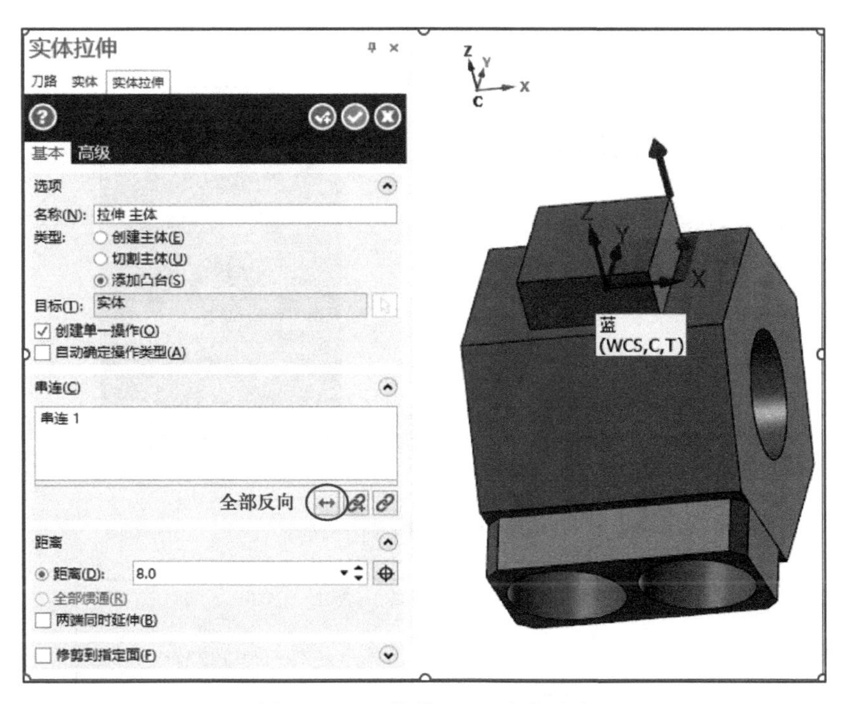

图 4-3-21 拉伸 8 mm 高的凸台

图 4-3-22 创建 $\phi 8$ mm 的孔

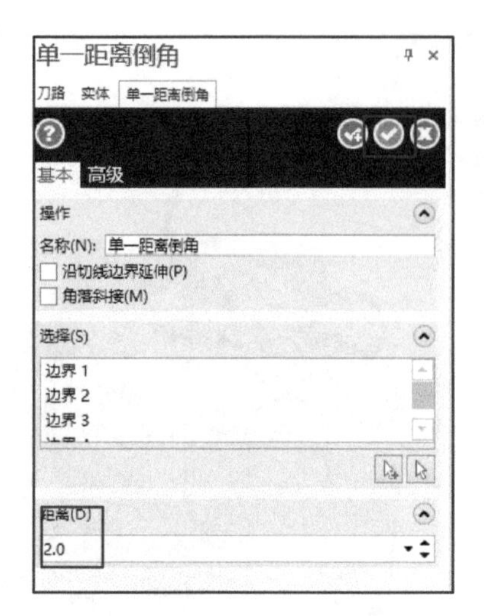

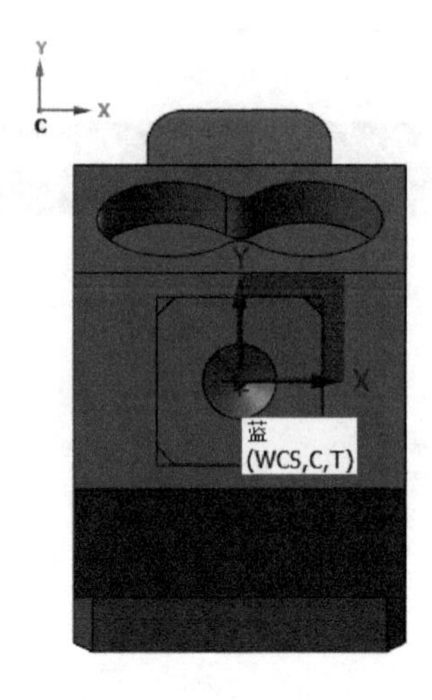

图 4-3-23 创建 C2 的倒斜角

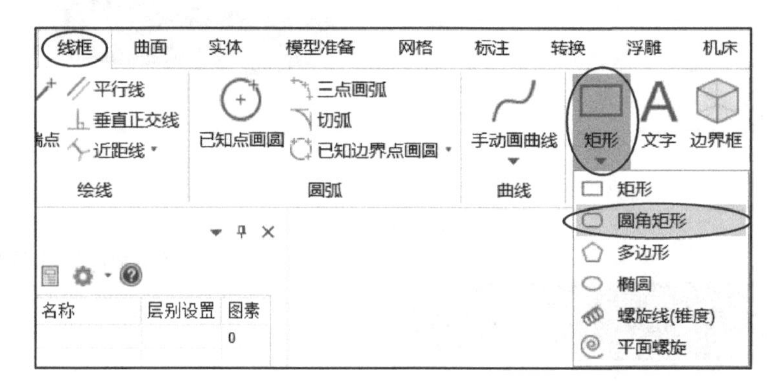

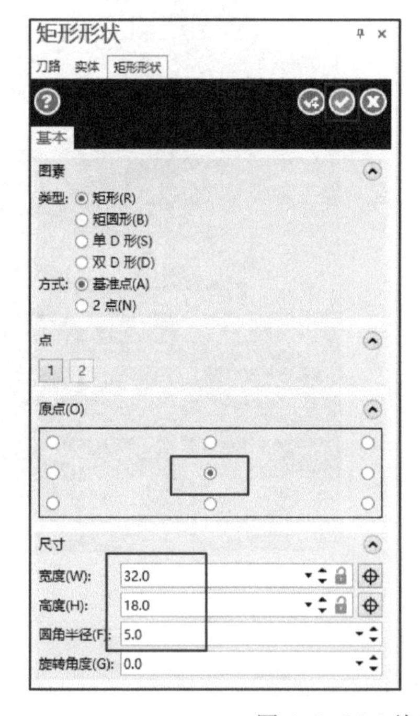

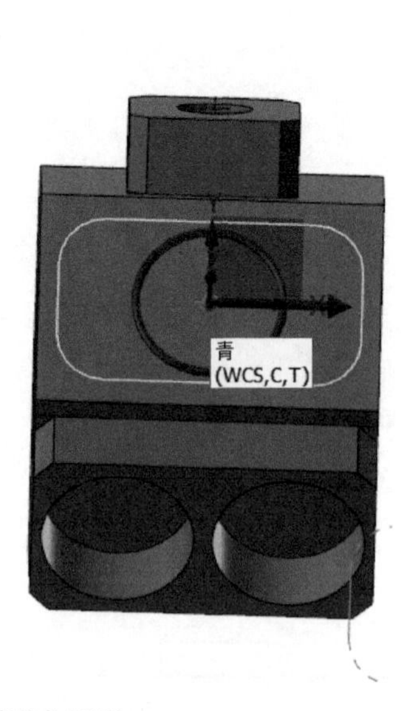

图 4-3-24 绘制圆角矩形

点击【拉伸】,选择圆角矩形输入“回车”结束选择,“类型”选择【切割主体】,“串联”下点击【全部反向】,输入距离“5.0”→点击【确定】完成绘制,如图 4-3-25 所示。

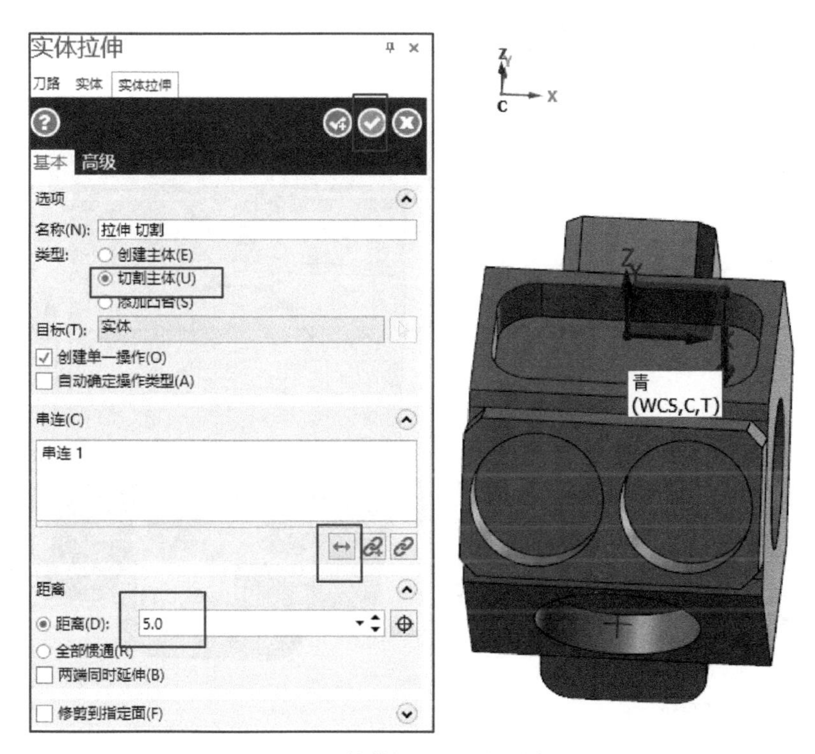

图 4-3-25　拉伸深 5 mm 的圆角矩形槽

4.3.8　径向侧面七建模

在与“黄”平面垂直的面上创建一个新的“紫”平面,重复图 4-3-9、图 4-3-10 所示步骤,创建名称为“紫”的平面,重复图 4-3-4 所示步骤,将平面切换至“紫”平面。继续在该平面使用【孔】,选择孔开始的平面,在【添加自动抓点设置】中选取点的位置(抓取时鼠标靠近圆弧出现圆心点时左击抓取),如图 4-3-26 所示。抓取两个圆心点输入“回车”结束选择,输入直径“6.0”,点击【确定】完成创建,如图 4-3-27 所示。

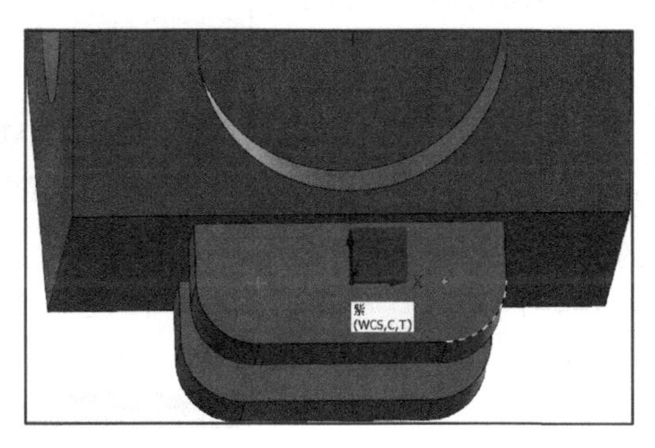

图 4-3-26　抓取两孔圆心点

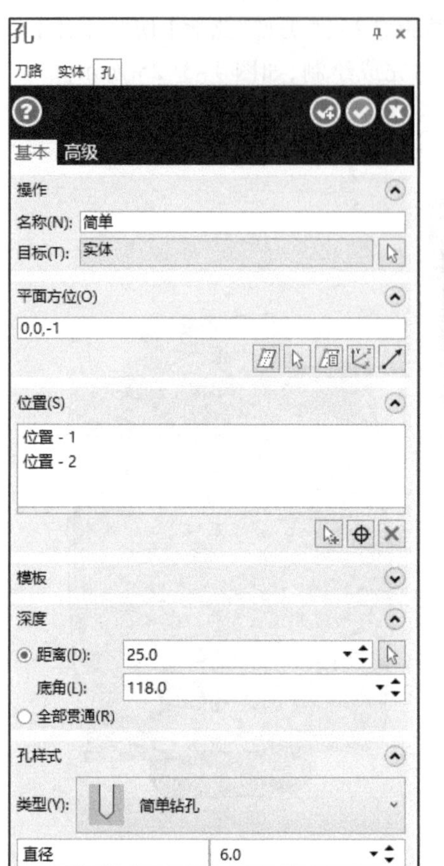

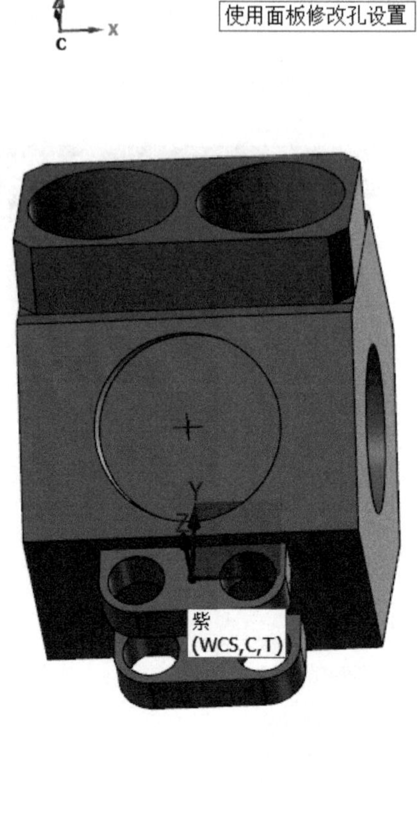

图 4-3-27　创建两个 $\phi6$ mm 的孔

4.4　多轴数控编程

4.4.1　模型编程前的准备

四轴加工中心在编程中采用的是同一个坐标系(WCS),通过不同面的法向来控制刀轴的方向,即每个面的+Z,实现多面的加工。由于加工的面比较多,为了方便后续的编程操作,所以将加工的面设定成不同颜色,提高辨识度。

设置实体面颜色(根据创建的平面名称设置相对应的颜色):点击【建模】→【修改实体面颜色】,选择需要修改颜色的面,在对话框点击【颜色】→【创建并继续】,如图 4-4-1 所示。

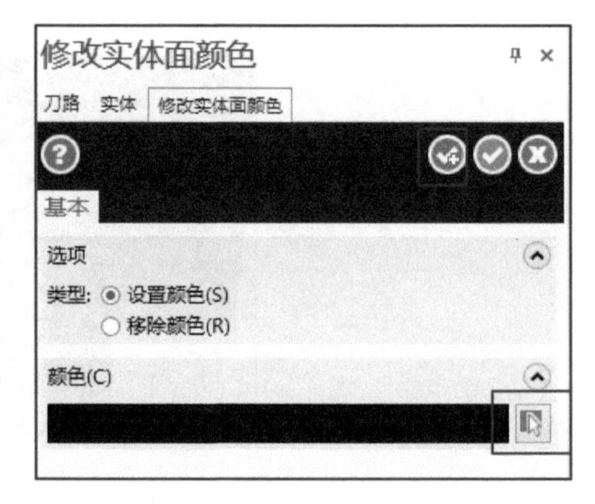

图 4-4-1　设置实体面颜色

依次设置好实体面的颜色,如图 4-4-2 所示。

4.4.2　粗加工程序编制

准备工作完成后,进入编程模块,点击选择

【机床】→【铣床】，选择后置文件(与机床相对应的后置处理文件)，自动加载界面，如图4-4-3所示。

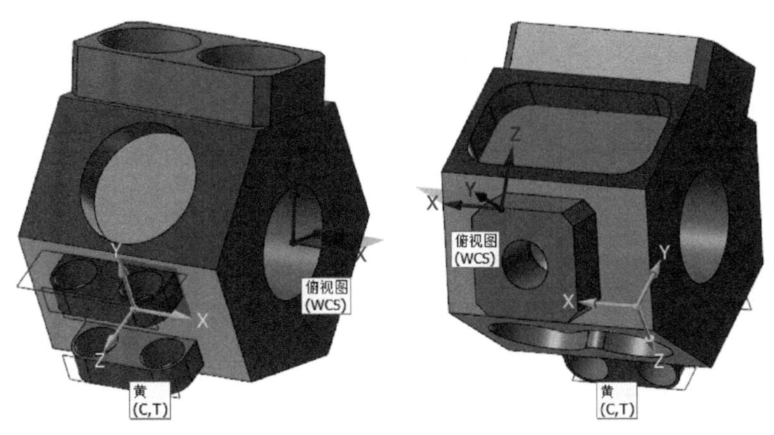

图 4-4-2　实体面颜色设置

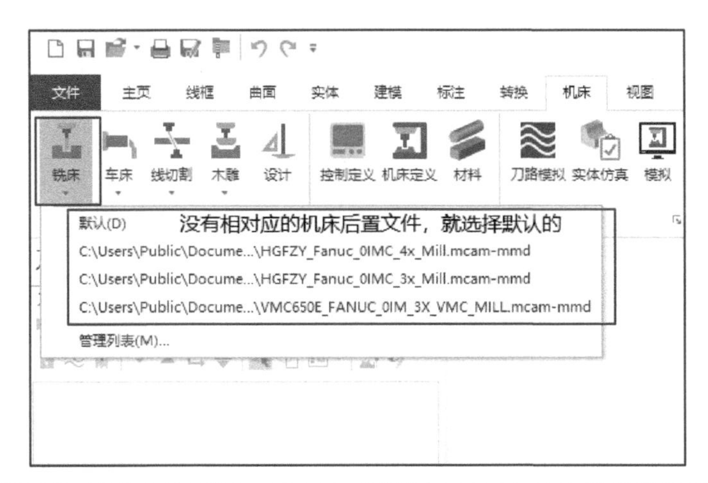

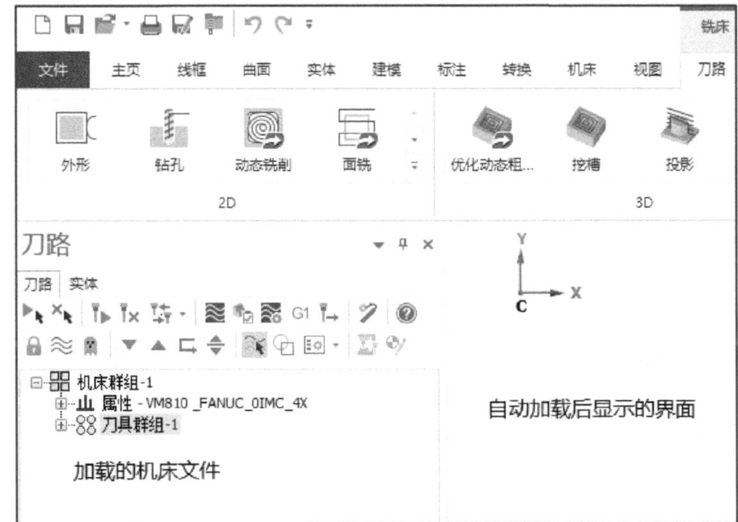

图 4-4-3　进入编程模块

创建实体仿真毛坯，点击选择【机床属性】→【毛坯设置】，“毛坯平面”选择【俯视图】，“形状”选择【圆柱体】，“轴向”选择【X】。输入直径“60.0”、高“36.0”，点击【确定】完成创建，如图 4-4-4 所示。

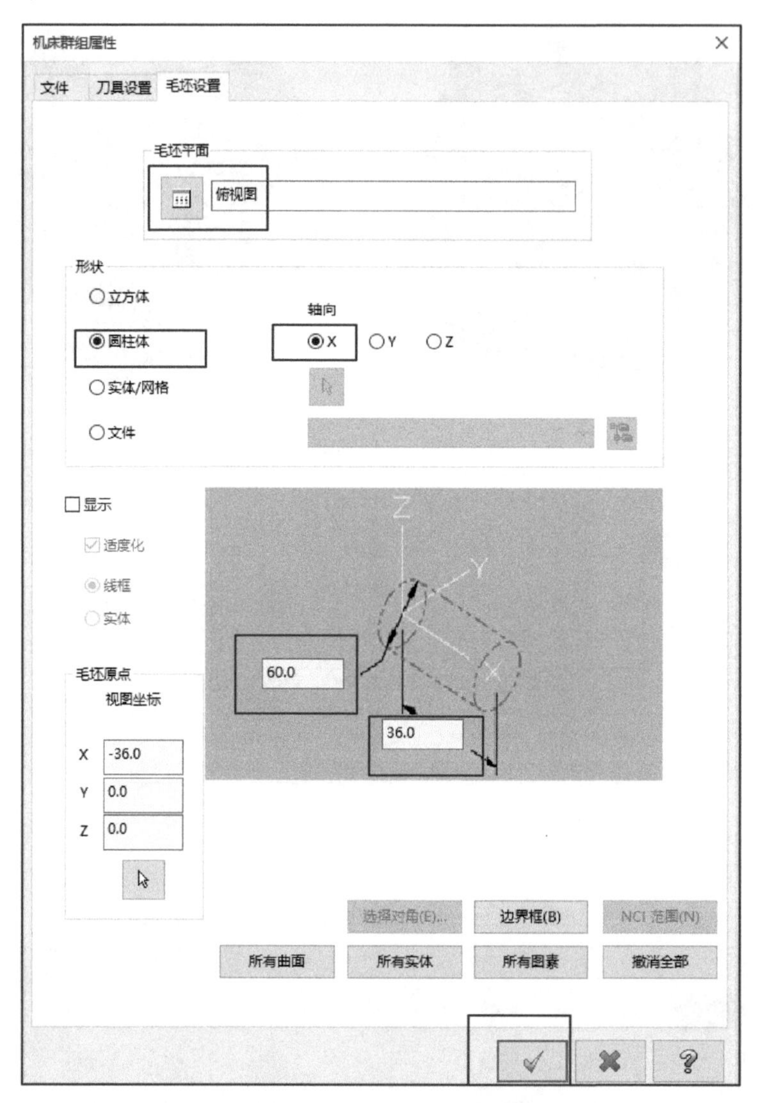

图 4-4-4　创建实体仿真毛坯

创建编程毛坯模型，在【刀路】菜单栏毛坯区点击【毛坯模型】，“名称”输入“毛坯-1”，“毛坯平面”选择【俯视图】，“最初毛坯形状”选择【圆柱体】，“轴向”选择【X】，“毛坯原点”设置为(-36,0,0)，输入直径“60”、高“36”，点击【确定】完成创建，如图 4-4-5 所示。

在【平面】管理器内切换“G”“WCS”“C”“T”为俯视图，在【刀路】菜单栏内的 3D 区域选择【优化动态粗切】，在【模型图形】中设置各种余量，具体参数如图 4-4-6 所示。

在【刀路控制】中，“补正”选择【外部】，如图 4-4-7 所示。

在空白区域点击鼠标右键，选择【创建刀具】，如图 4-4-8 所示。点击下一步进入【定义刀具】选项卡，设置刀齿、刀肩、刀杆直径，如图 4-4-9 所示。点击【完成属性】选项卡，刀具切削参数如图 4-4-10 所示，最后点击【确定】完成创建，返回刀路参数设置。

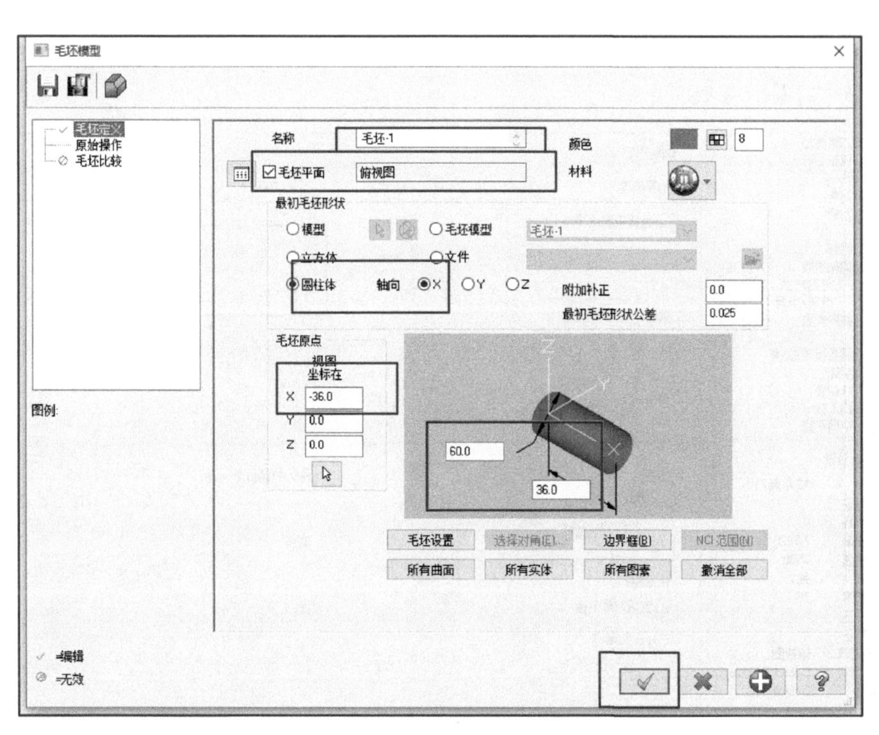

图 4-4-5　创建编程毛坯模型

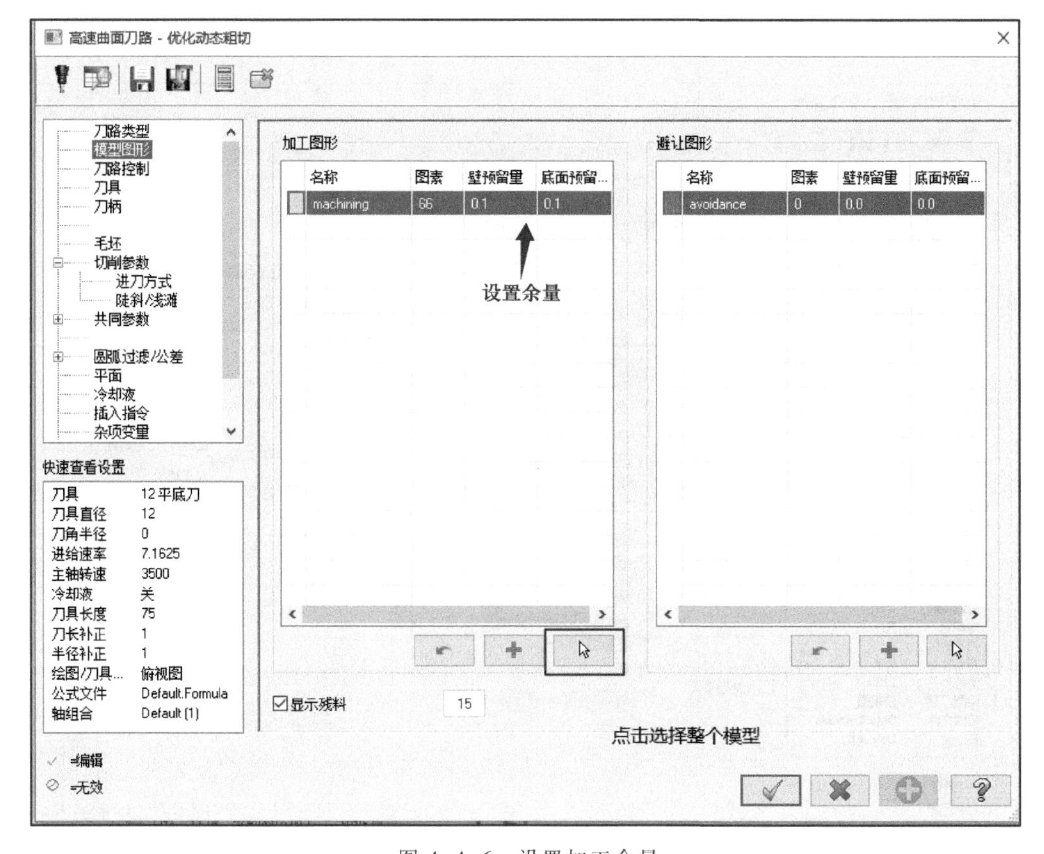

图 4-4-6　设置加工余量

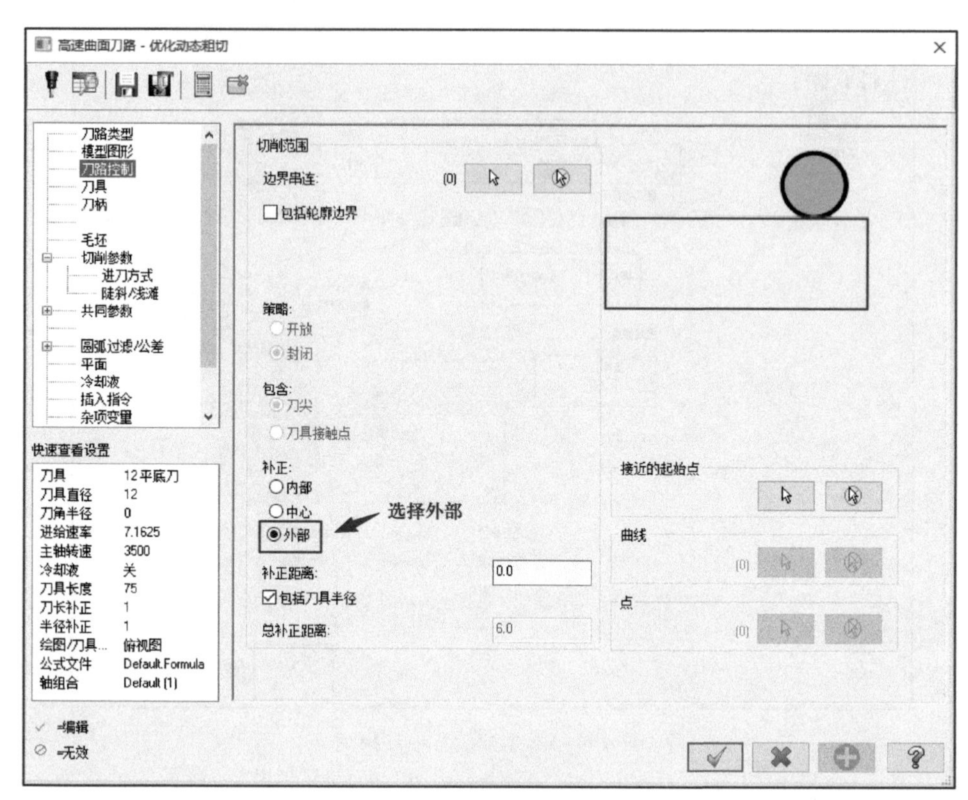

图 4-4-7　刀路控制补正位置

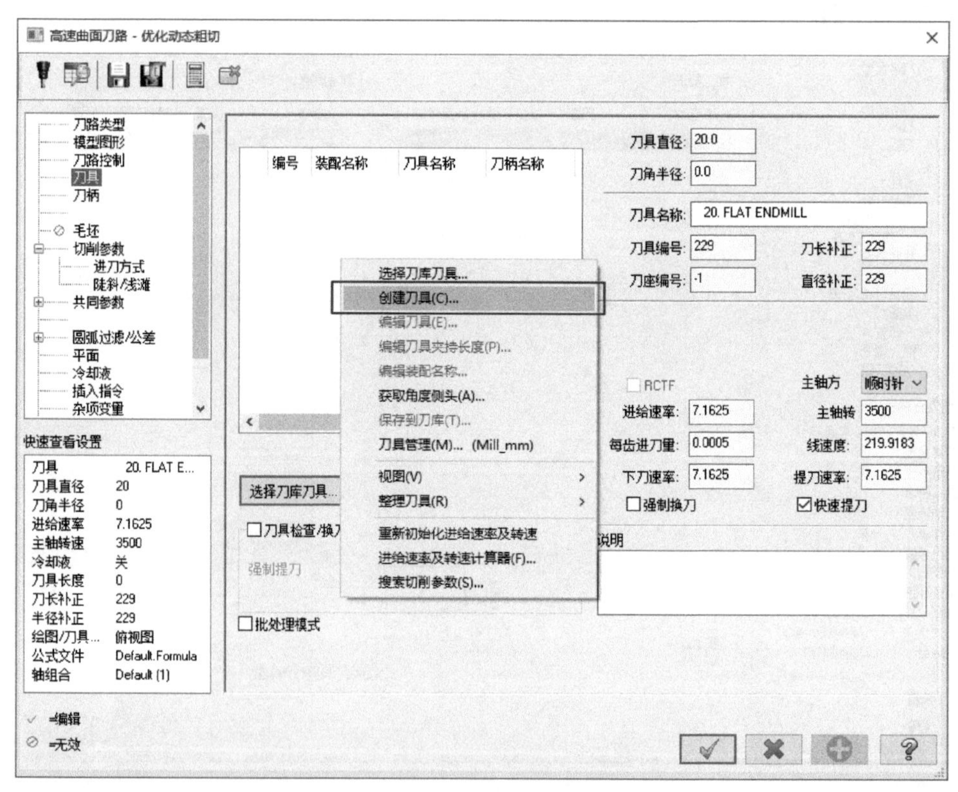

图 4-4-8　创建刀具

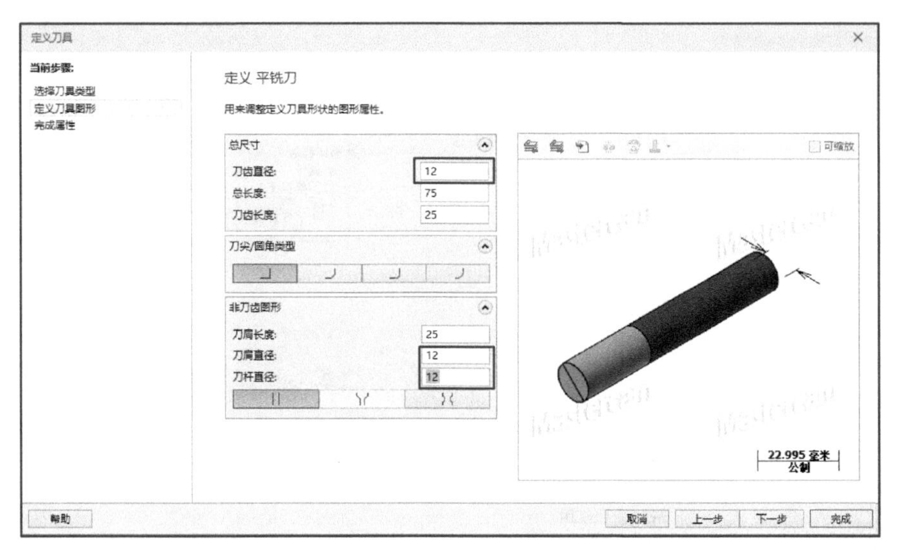

图 4-4-9　刀具参数设置

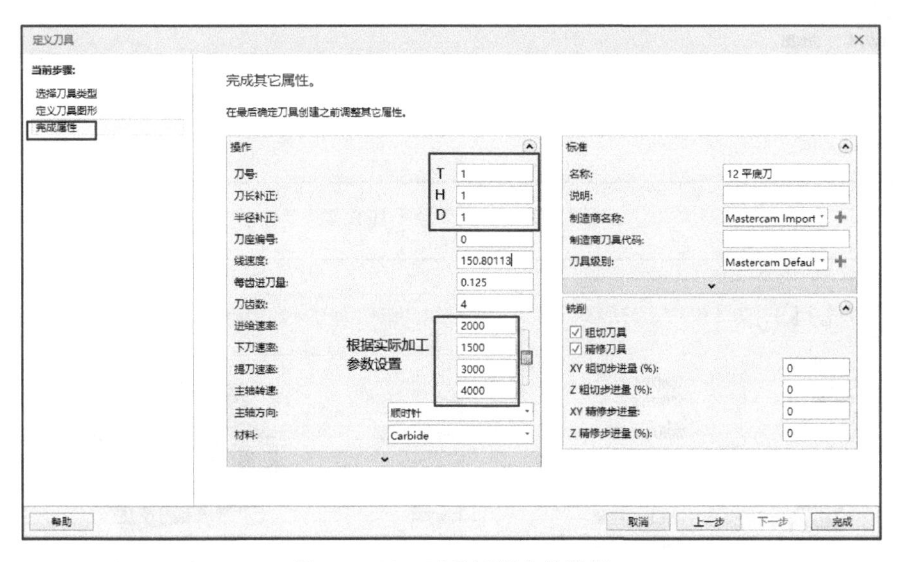

图 4-4-10　刀具切削参数设置

点击【毛坯】选项卡,勾选【剩余材料】,选择【指定操作】,选中使用毛坯模型,如图 4-4-11 所示。点击【切削参数】选项卡,具体参数如图 4-4-12 所示,接着设置【进刀方式】设置封闭区域的下刀方式可参考如图 4-4-13 所示方法。

【陡斜/浅滩】选项卡的设置如图 4-4-14 所示,表示切削的深度范围,之后点击【确定】退出参数设置。

生成俯视图优化动态粗切,如图 4-4-15 所示,是刀路轨迹和实体切削仿真的效果。

继续在俯视图上加工两个 $\phi16$ mm×5 mm 的平底孔,使用 2D 区域的【螺旋铣孔】,在【刀路孔定义】中选择两个圆弧,如图 4-4-16 所示,点击【确定】进入命令界面,选择 D12 平底刀具。

在【切削参数】选择卡中设置各种余量,如图 4-4-17 所示,设定粗切参数。

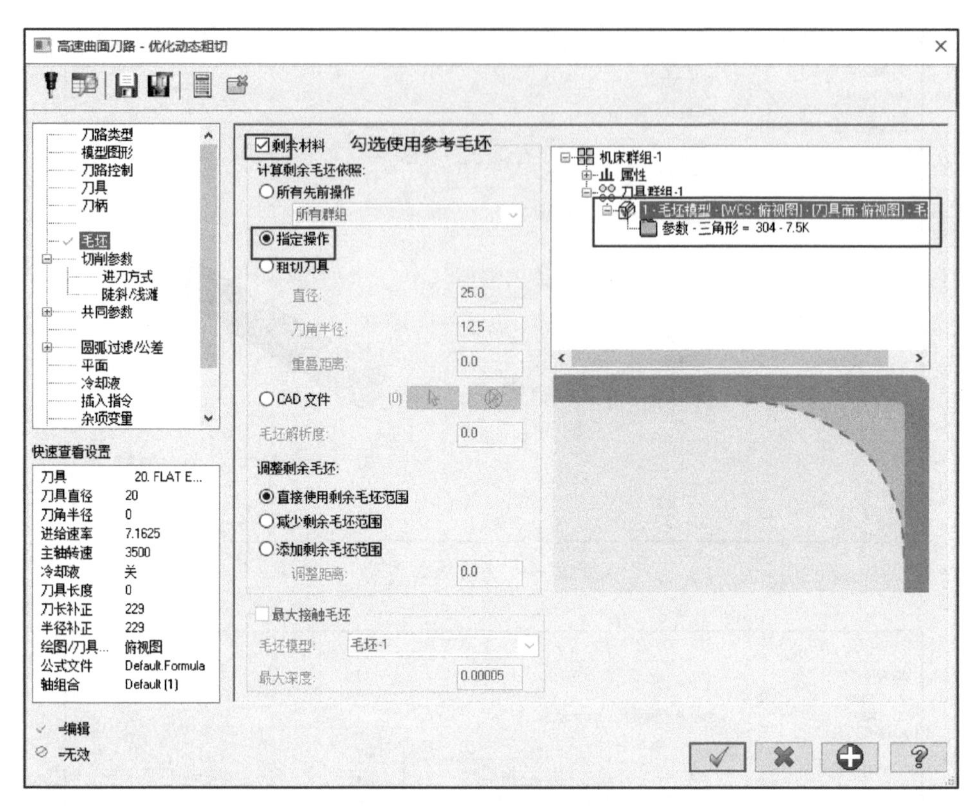

图 4-4-11　参考毛坯模型

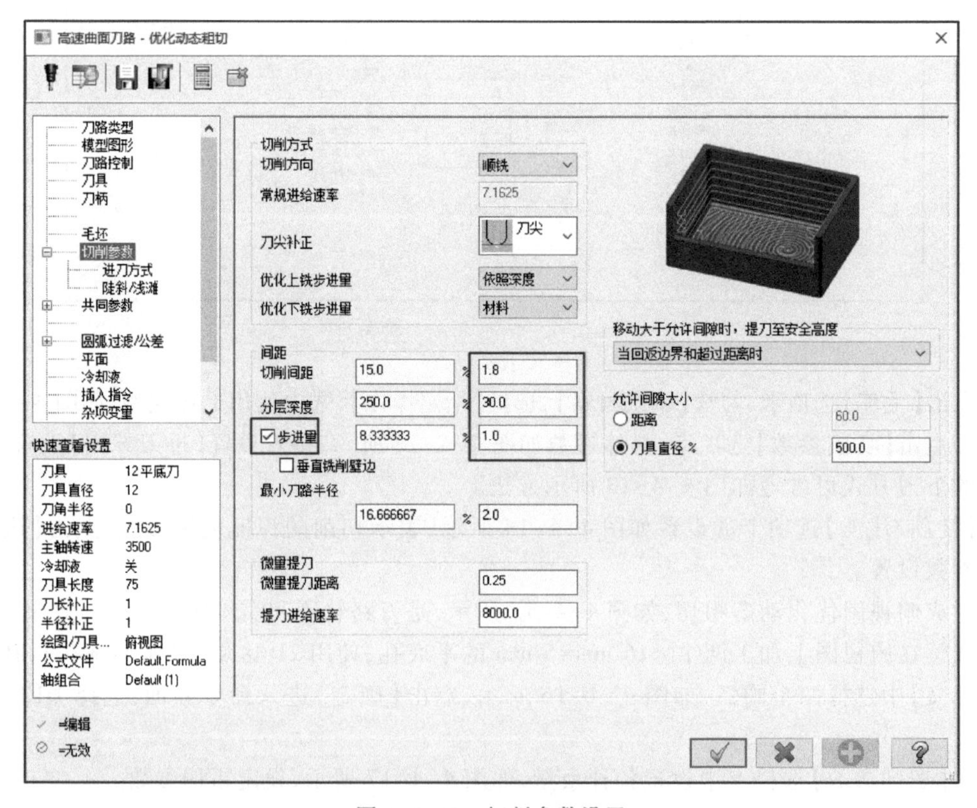

图 4-4-12　切削参数设置

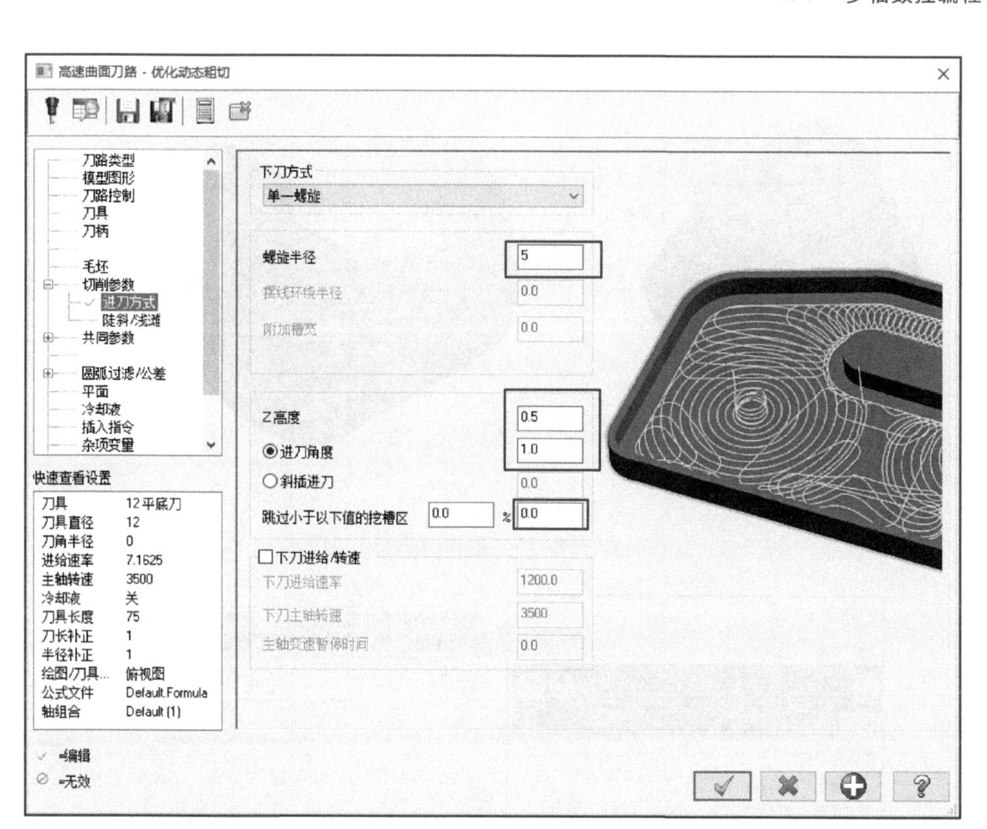

图 4-4-13 封闭区域的下刀方式设置

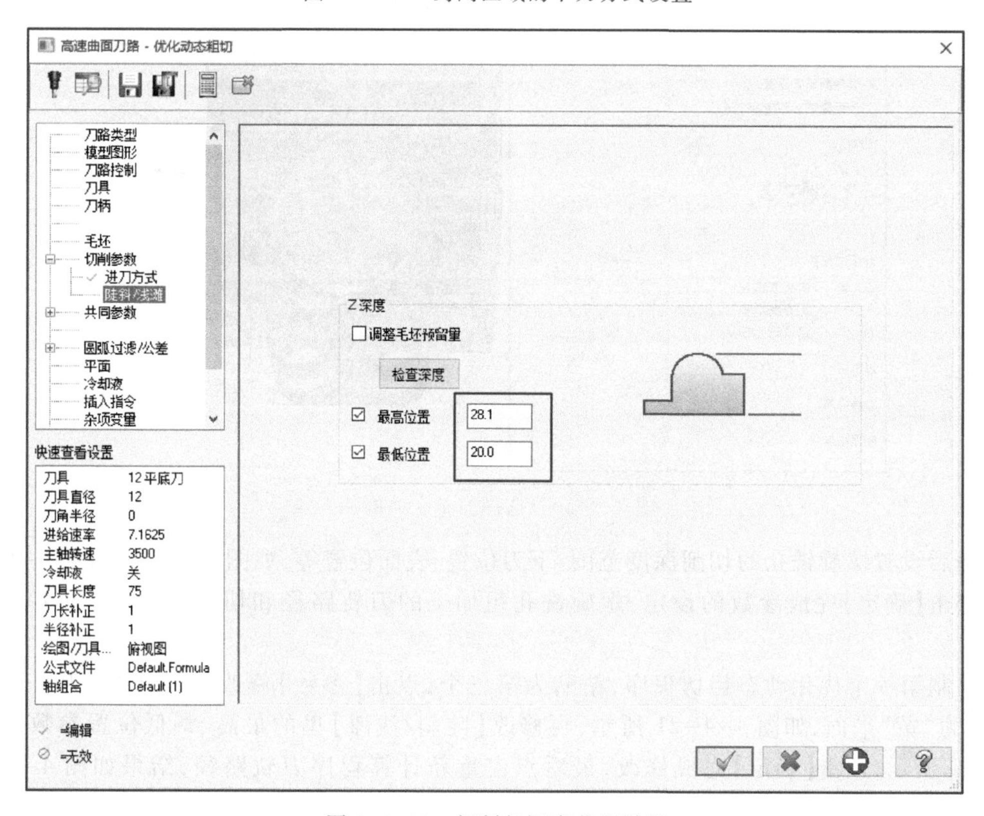

图 4-4-14 切削的深度范围设置

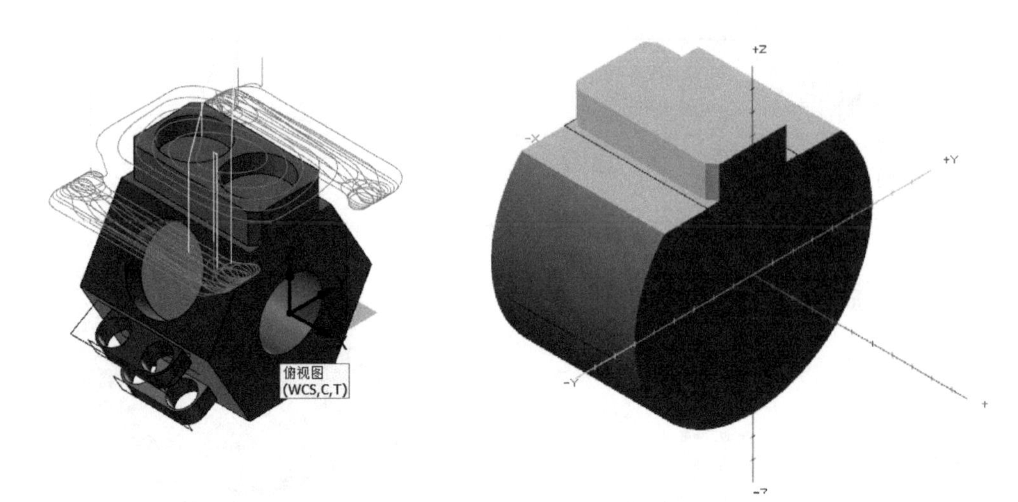

图 4-4-15　俯视图粗切

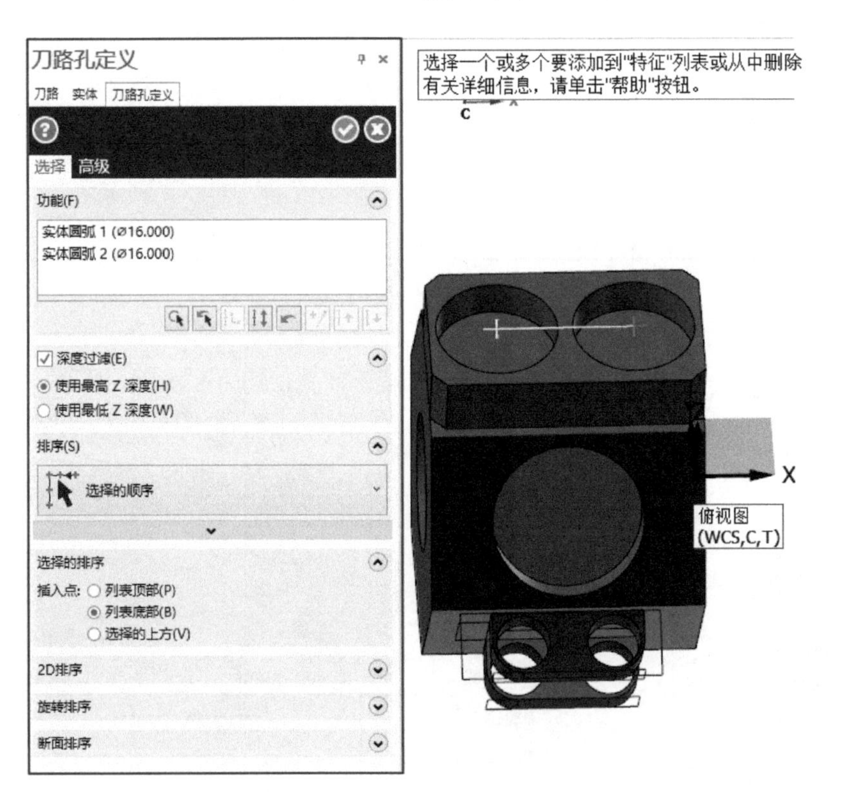

图 4-4-16　选择加工孔的圆弧

最后设置螺旋铣孔的切削深度范围、下刀位置、表面位置等，如图 4-4-18、图 4-4-19 所示。点击【确定】完成参数的设定，螺旋铣孔粗加工的刀轨路径和切削仿真，如图 4-4-20 所示。

复制第一个优化动态粗切程序，粘贴为第三个，点击【参数】修改→先修改“刀具、绘图平面”为“黄”平面，如图 4-4-21 所示，再修改【陡斜/浅滩】里的最高、最低位置参数，如图 4-4-22 所示，点击【确定】完成修改，最后点击重新计算程序刀轨路径，结果如图 4-4-23 所示。

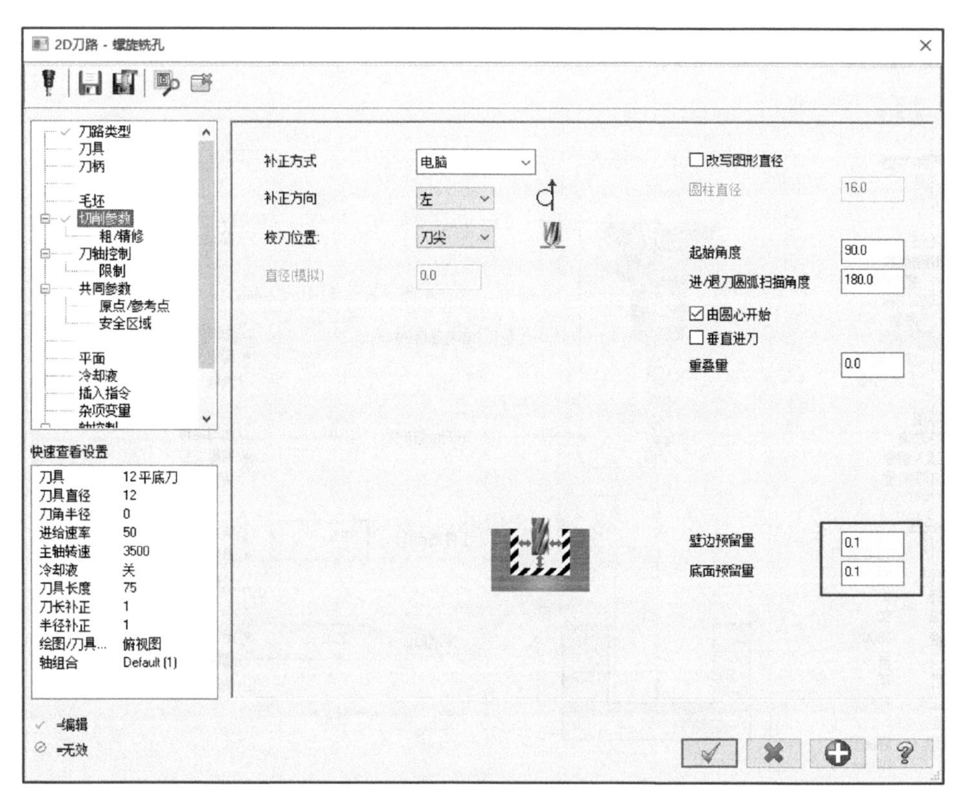

图 4-4-17　设置加工余量

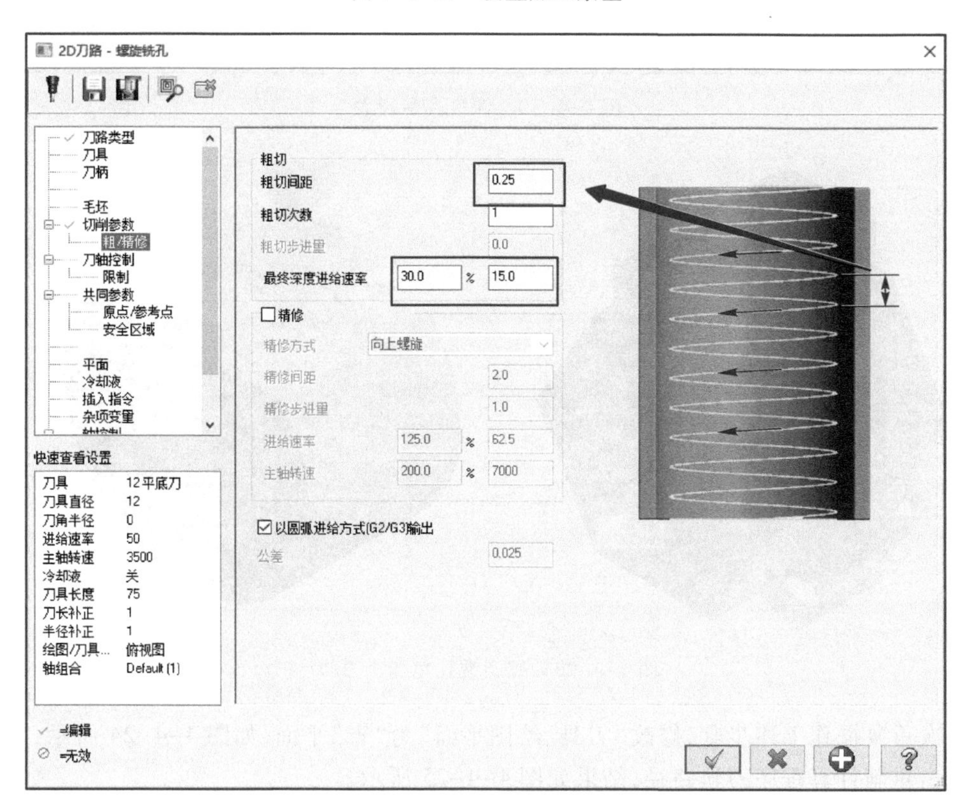

图 4-4-18　螺旋铣孔参数设置

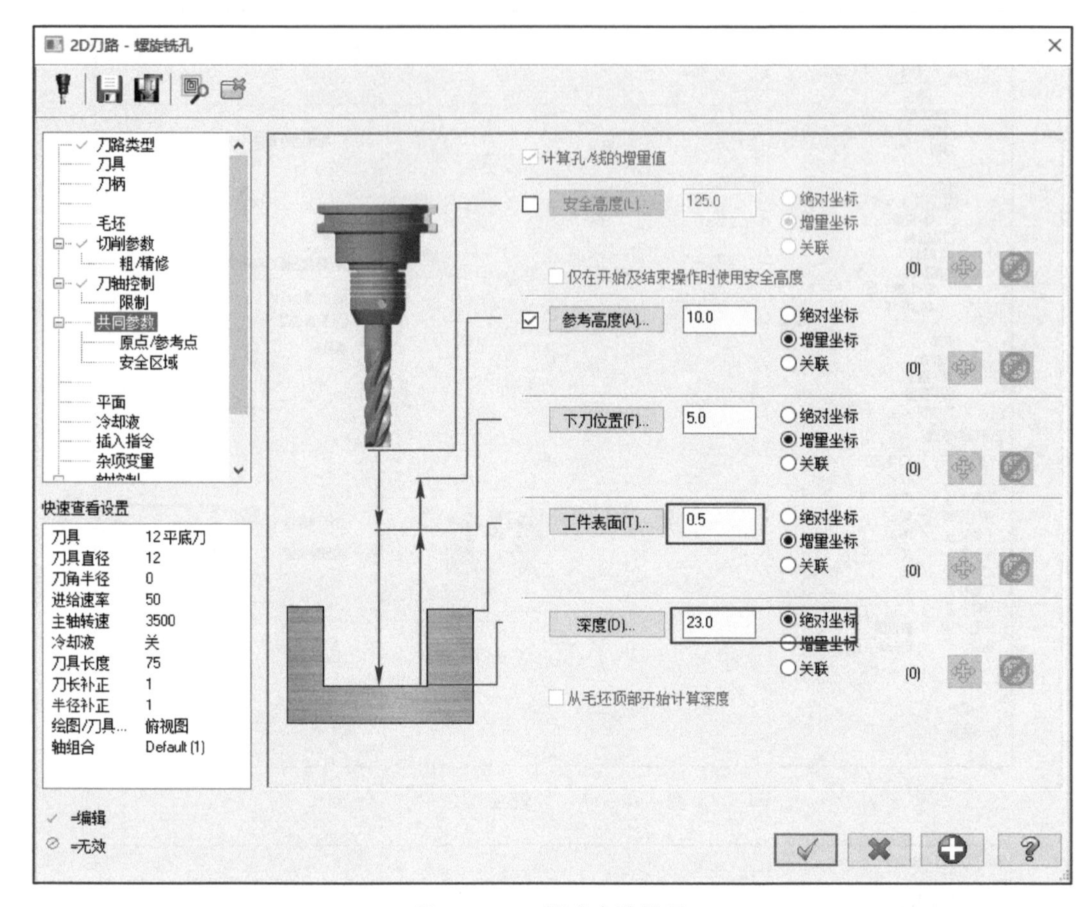

图 4-4-19　深度参数设置

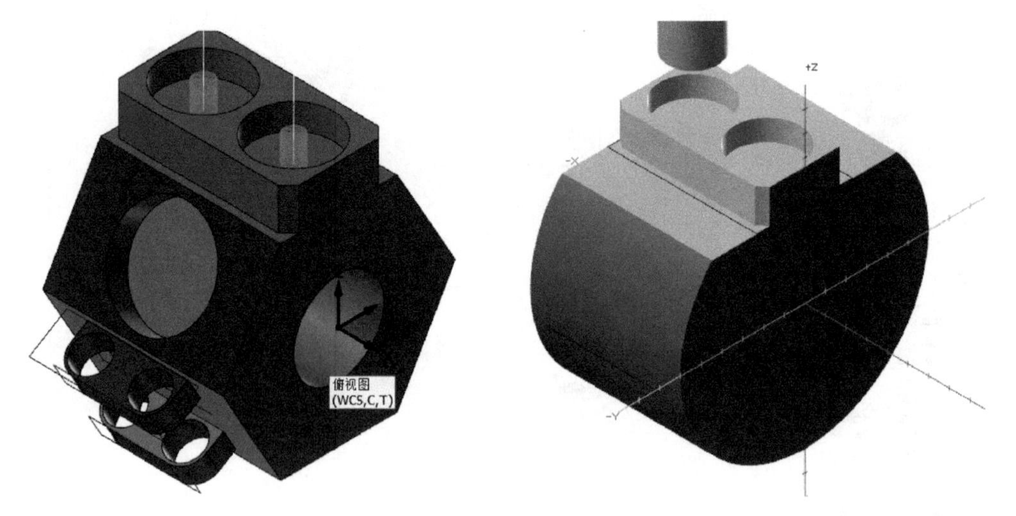

图 4-4-20　螺旋铣孔粗加工刀轨

再次重复操作上述步骤,修改“刀具、绘图平面”为“青”平面,如图 4-4-24 所示,完成修改后点击重新计算程序刀轨路径,结果如图 4-4-25 所示。

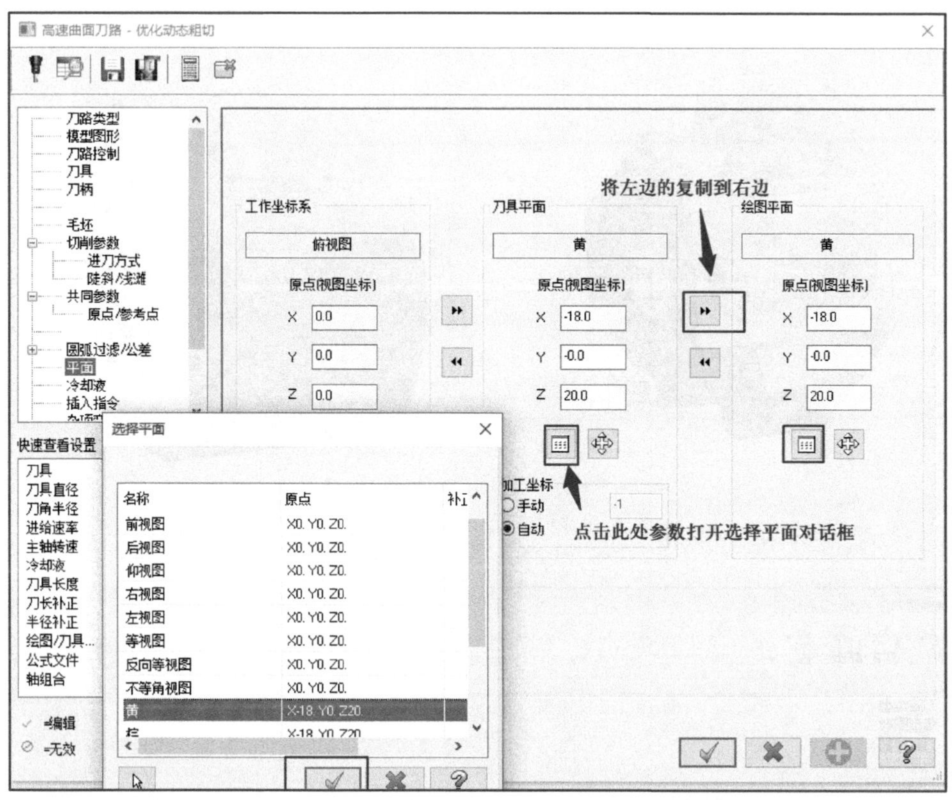

图 4-4-21 修改平面设置

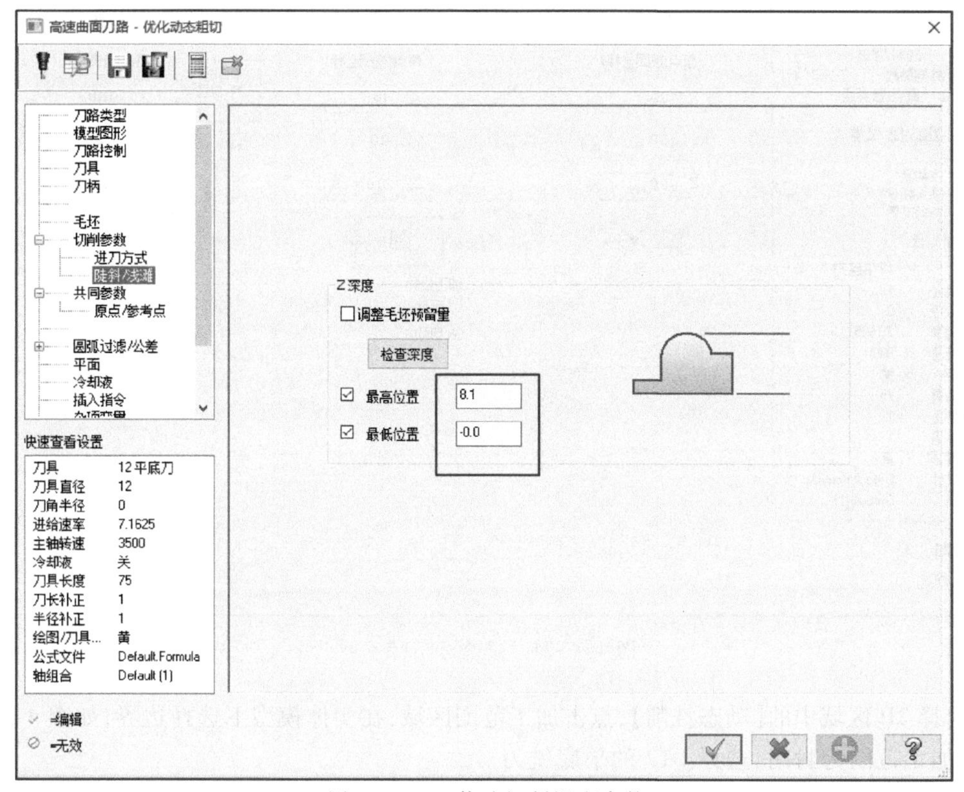

图 4-4-22 修改切削深度参数

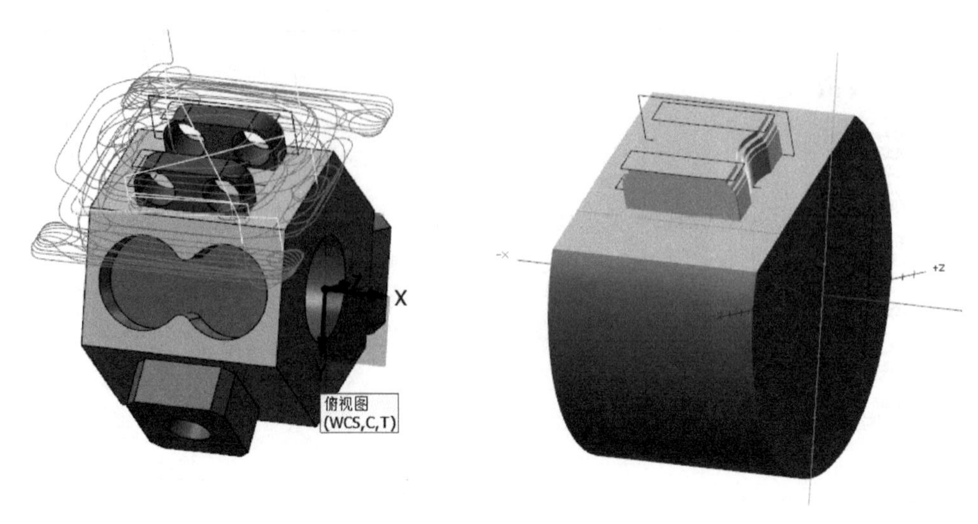

图 4-4-23　“黄”平面粗加工刀轨

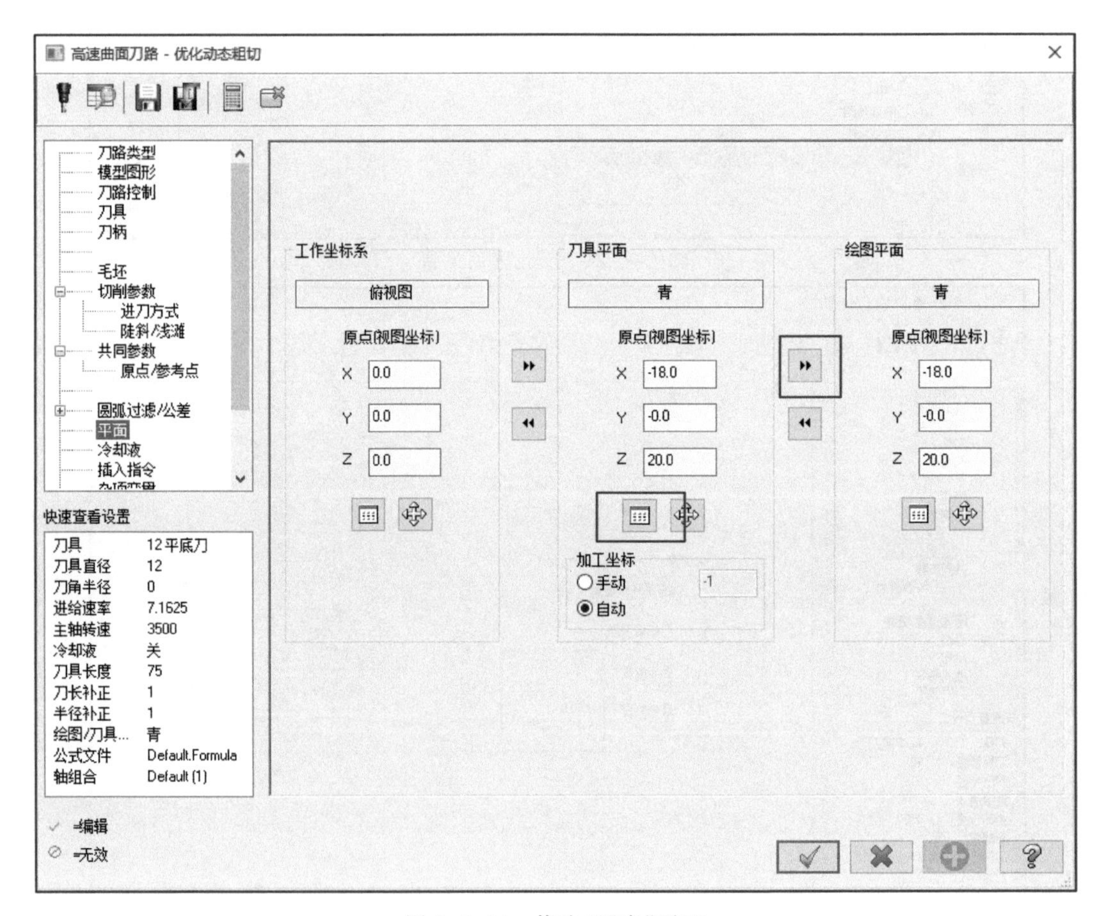

图 4-4-24　修改至“青”平面

选择 2D 区域中的【动态铣削】，点击加工范围区域，在实体模型下选择边界，如图 4-4-26 所示，加工范围为封闭，选择 D12 的平底铣刀。

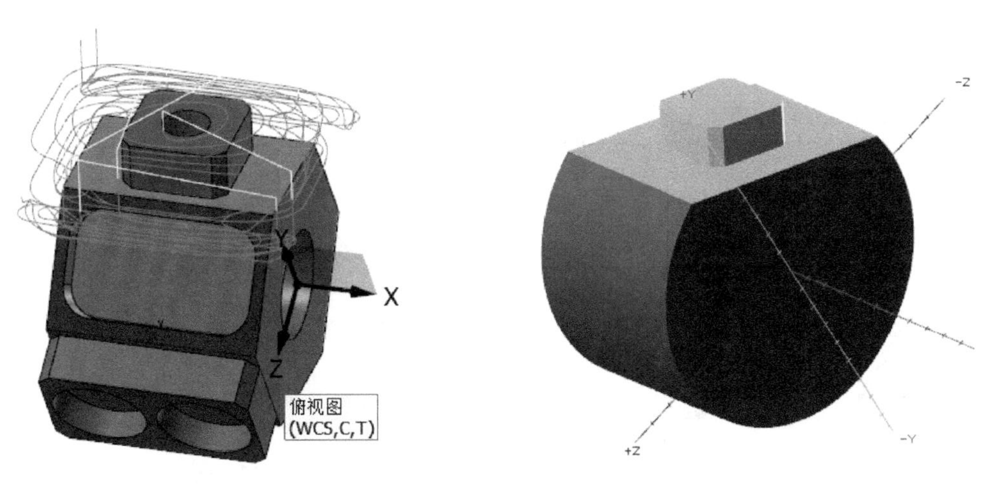

图 4-4-25 “青”平面粗加工

图 4-4-26 选择加工范围区域

【切削参数】选项卡中，输入第一刀补正“3.0”、预留量均输入“0.1”，如图 4-4-27 所示。由于是封闭轮廓必须要设置【进刀方式】，具体参数如图 4-4-28 所示。然后修改“刀具、绘图平面”为“绿”平面，如图 4-4-29 所示。最后设置【共同参数】，如图 4-4-30 所示，点击【确定】完成，重新计算程序刀轨路径，结果如图 4-4-31 所示。

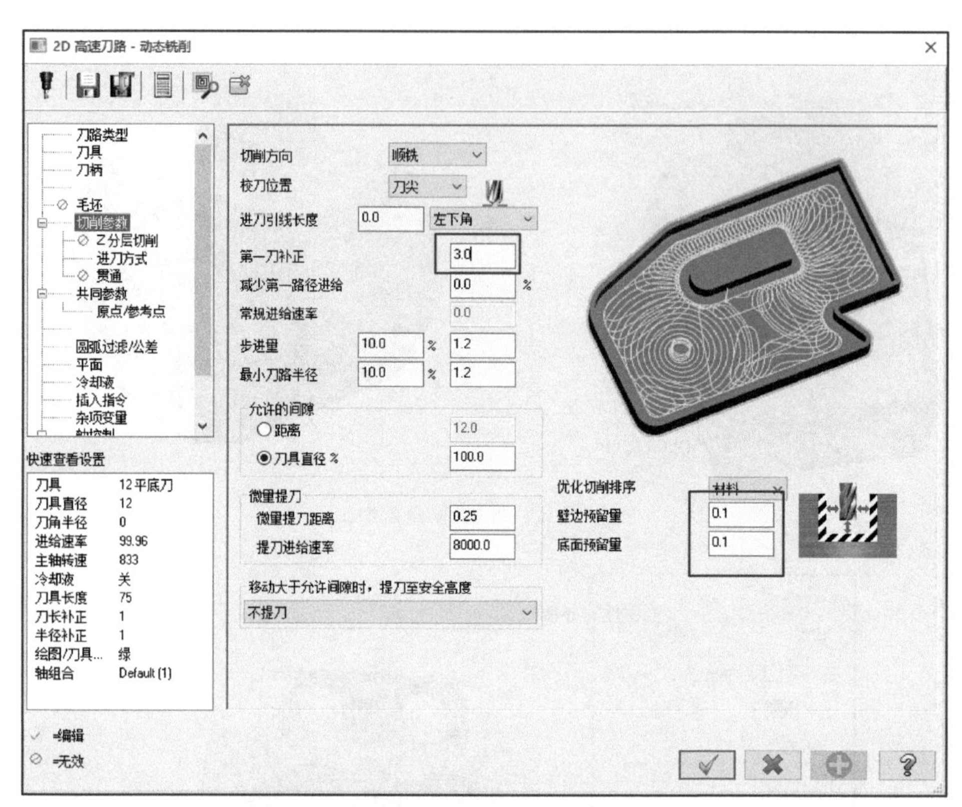

图 4-4-27　切削参数设置

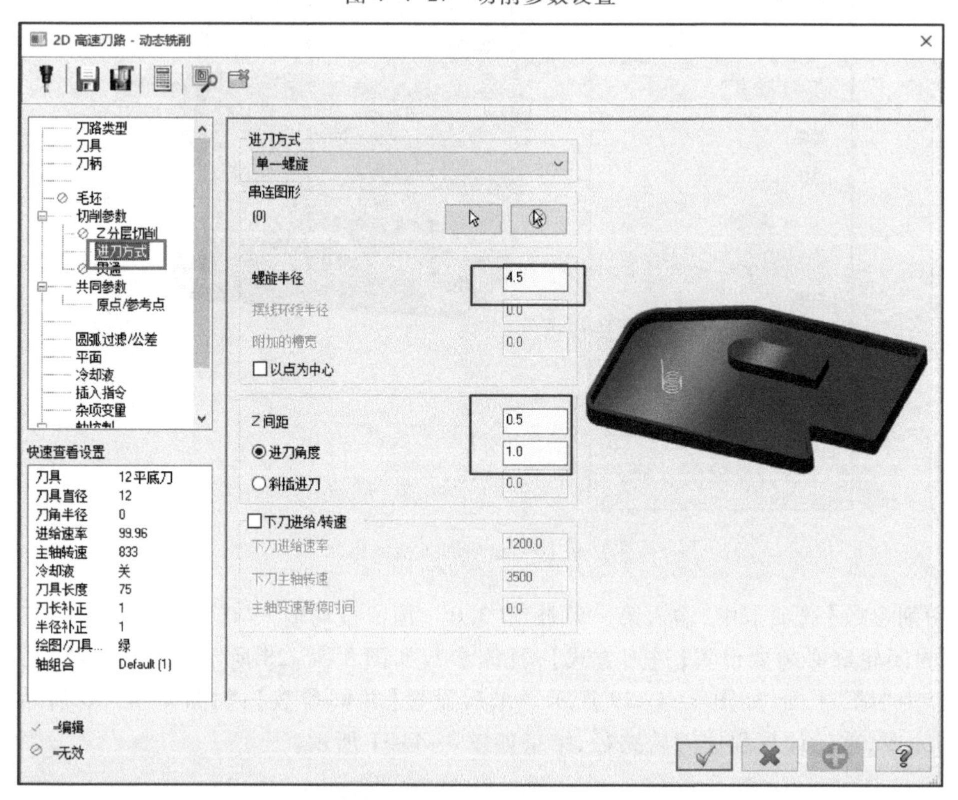

图 4-4-28　进刀方式设置

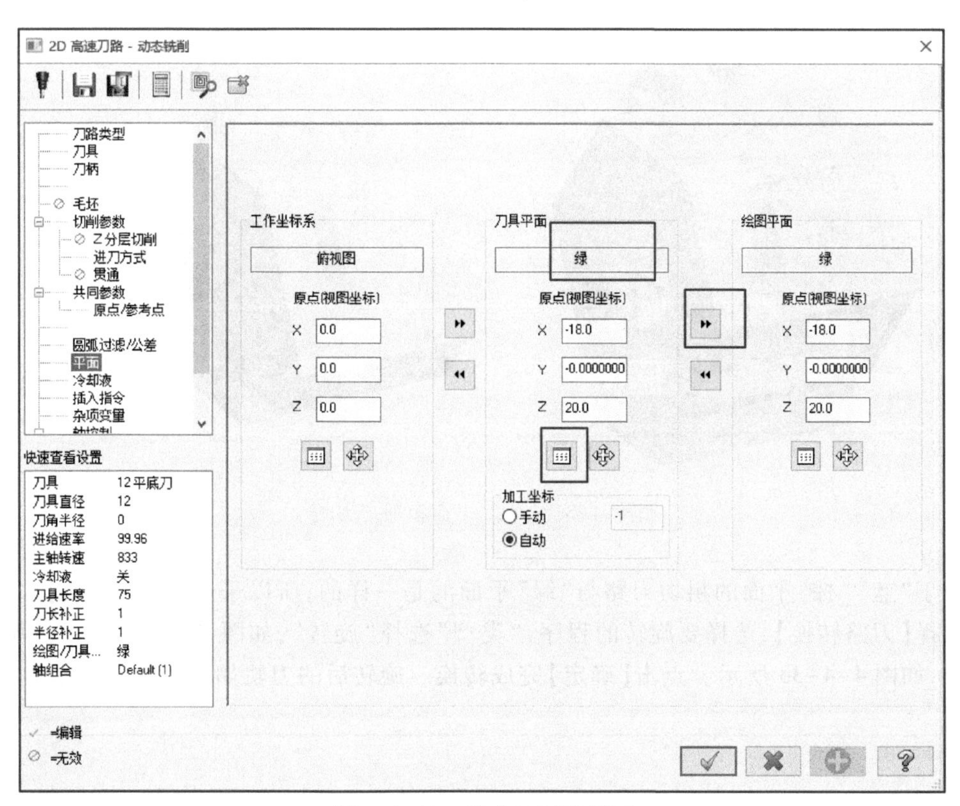

图 4-4-29 修改至“绿”平面

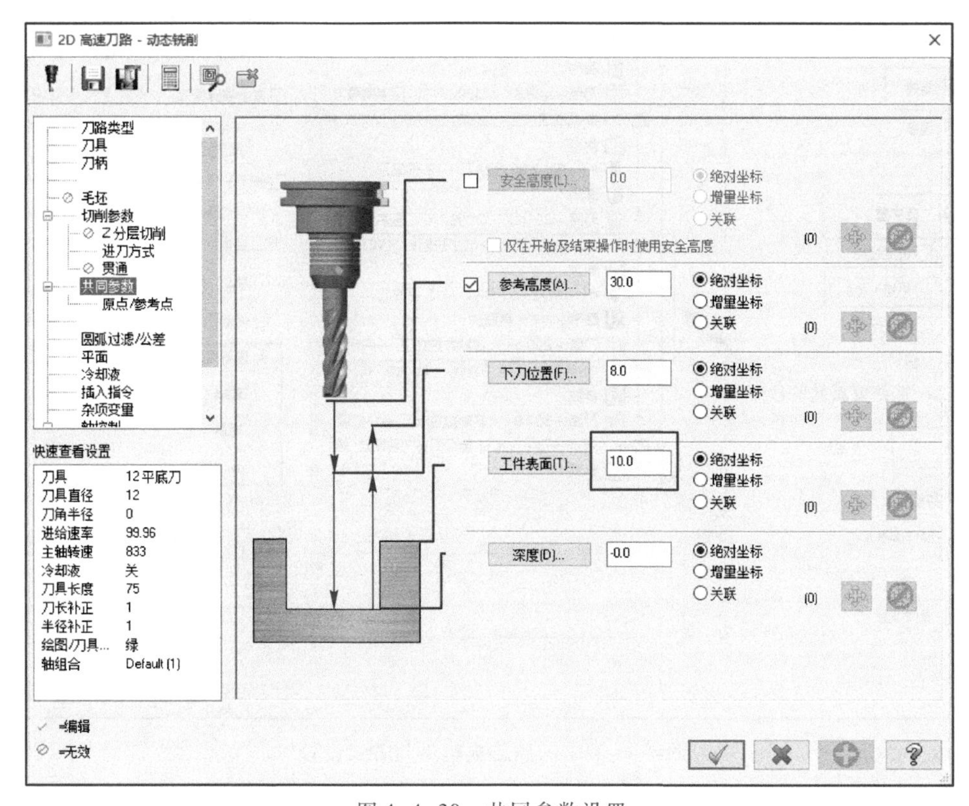

图 4-4-30 共同参数设置

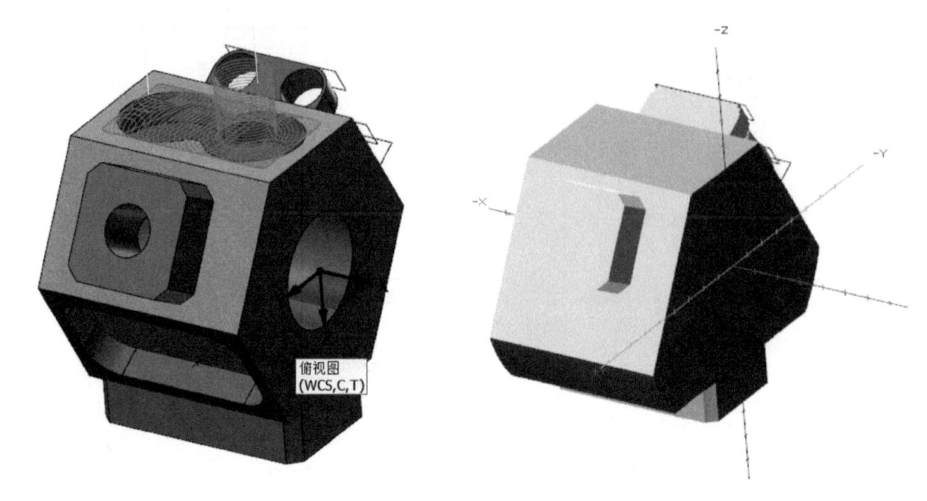

图 4-4-31　“青”平面粗加工刀轨

由于“蓝”“棕”平面的粗切刀路与“绿”平面的是一样的，所以采用【刀路转换】来实现。点击选择【刀路转换】，选择要旋转的程序，“类型”选择“旋转”，如图 4-4-32 所示。旋转参数设置，如图 4-4-33 所示。点击【确定】完成转换。旋转后的刀轨如图 4-4-34 所示。

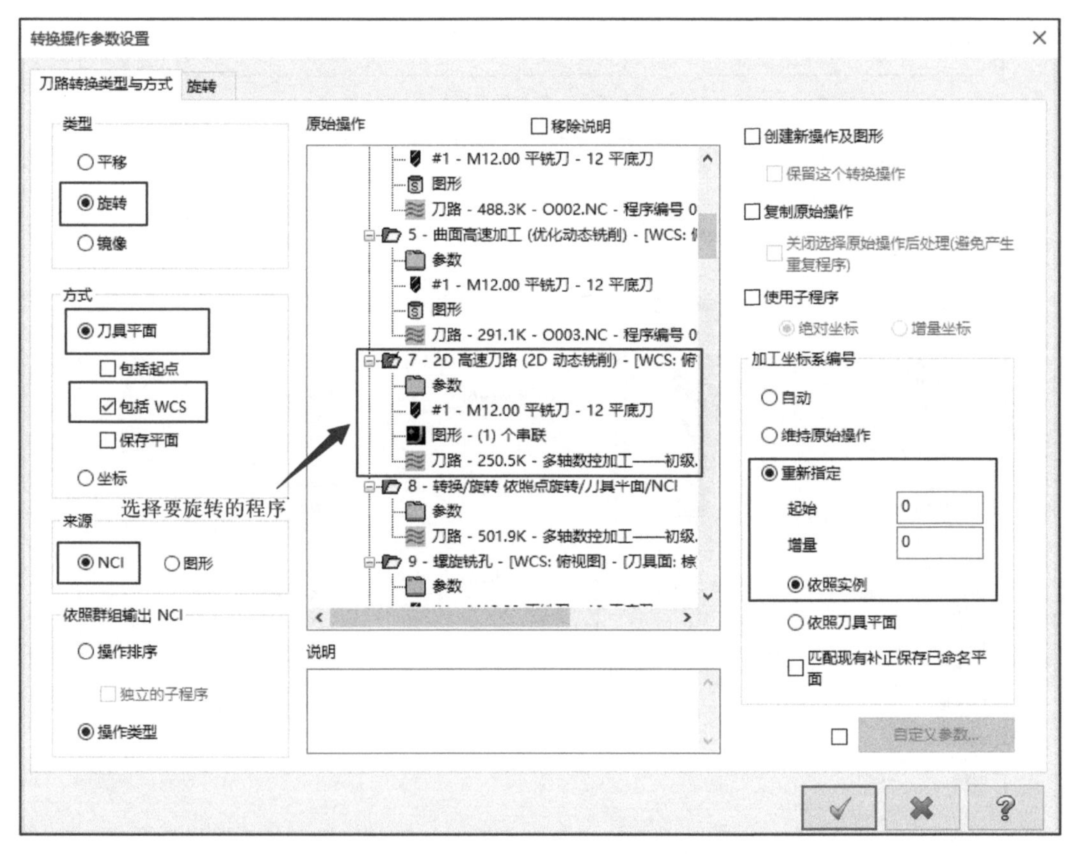

图 4-4-32　刀路转换类型与方式设置

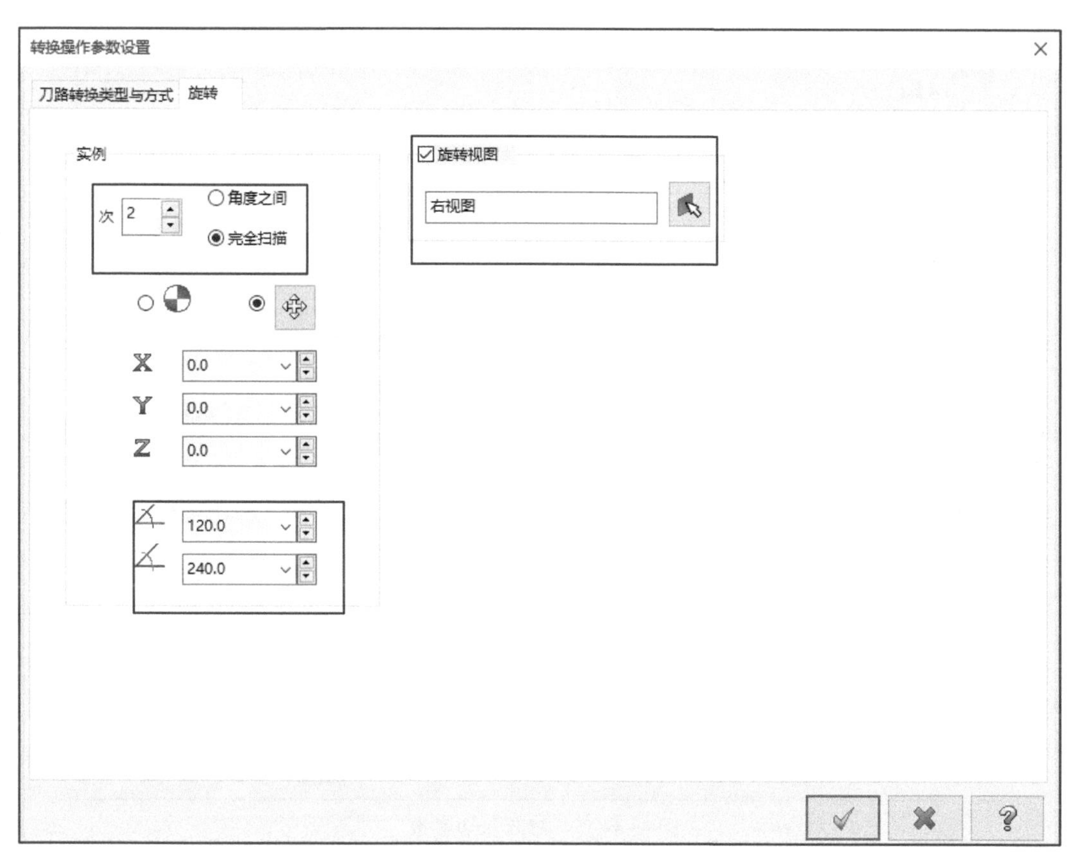

图 4-4-33　旋转参数设置

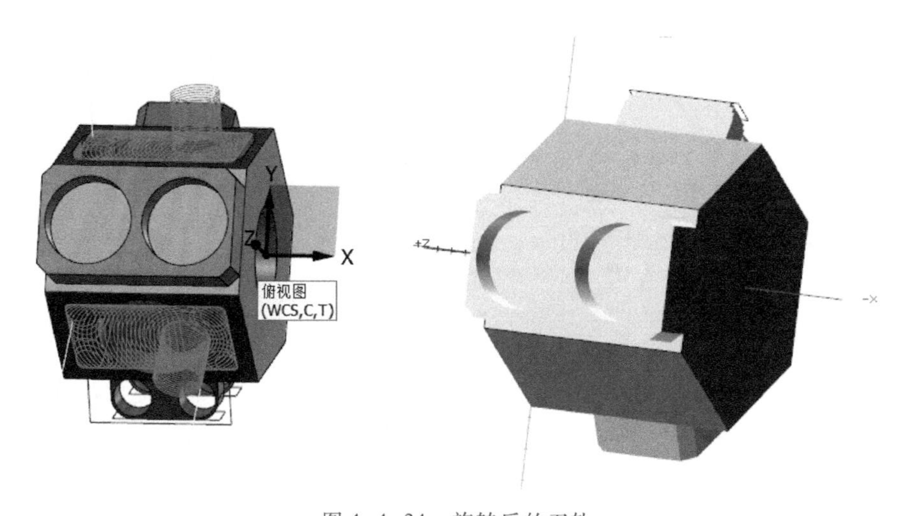

图 4-4-34　旋转后的刀轨

参考上述步骤创建螺旋铣孔，修改【刀路类型】选项卡中孔的轮廓线，再修改【粗/精修】中的粗切参数，如图 4-4-35 所示。然后修改【平面】选项卡中“刀具、绘图平面”为“棕”平面，如图 4-4-36 所示，设置【共同参数】如图 4-4-37 所示，完成参数的修改。重新计算程序刀轨路径，结果如图 4-4-38 所示。

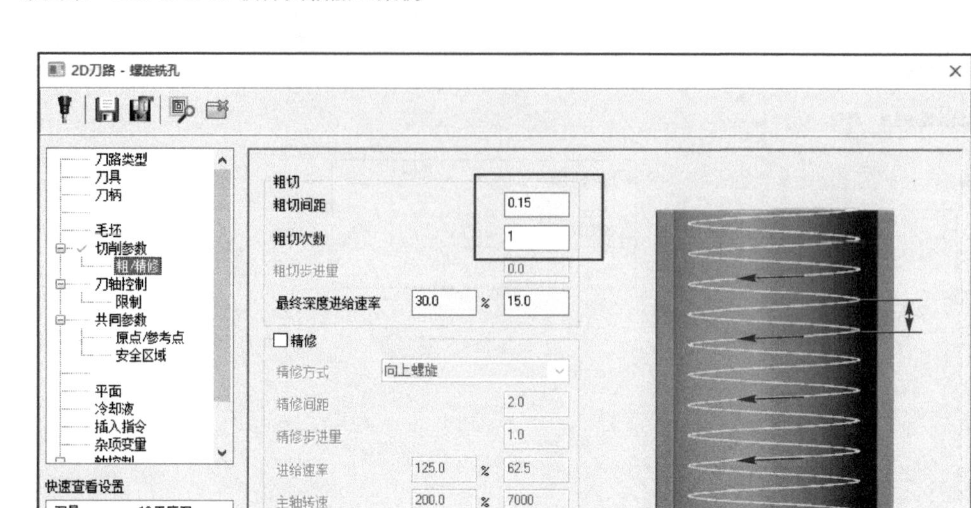

图 4-4-35 修改粗切参数

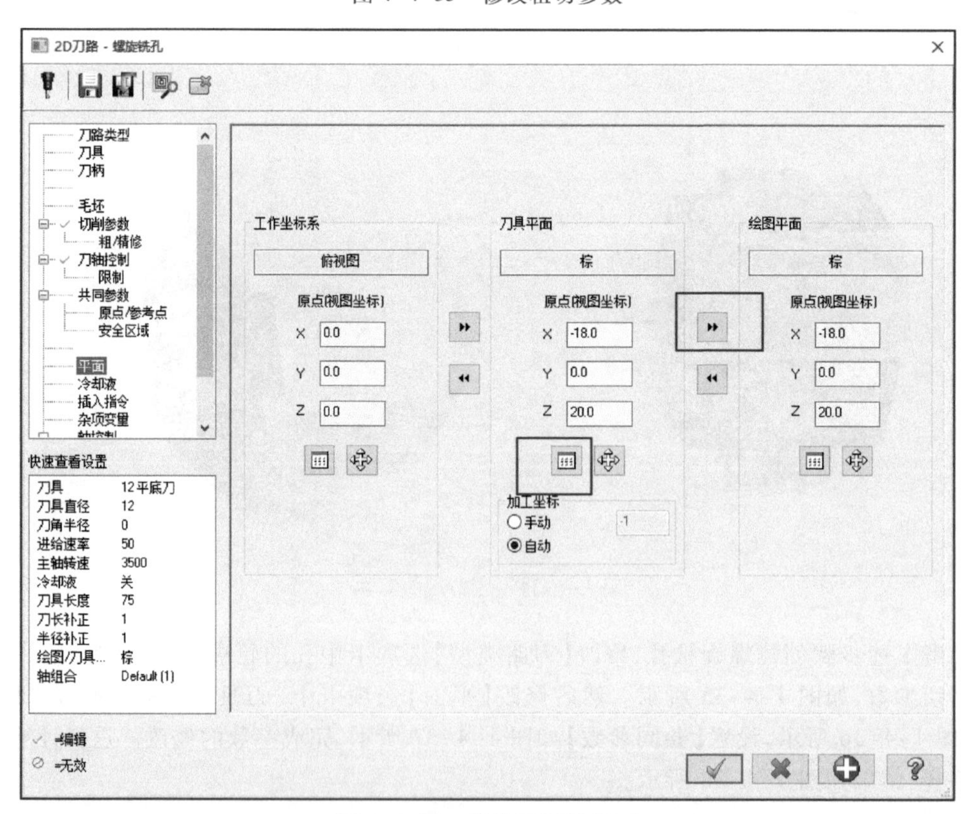

图 4-4-36 修改至“棕”平面

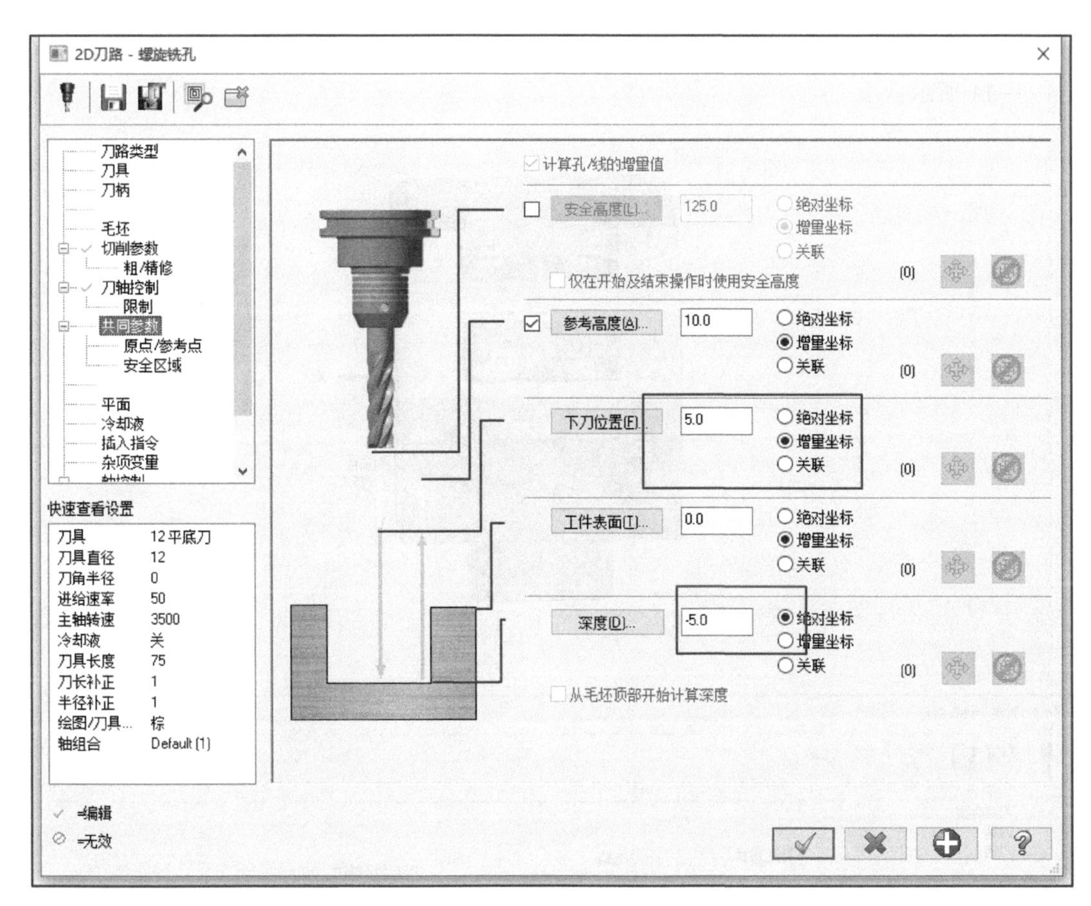

图 4-4-37　共同参数设置

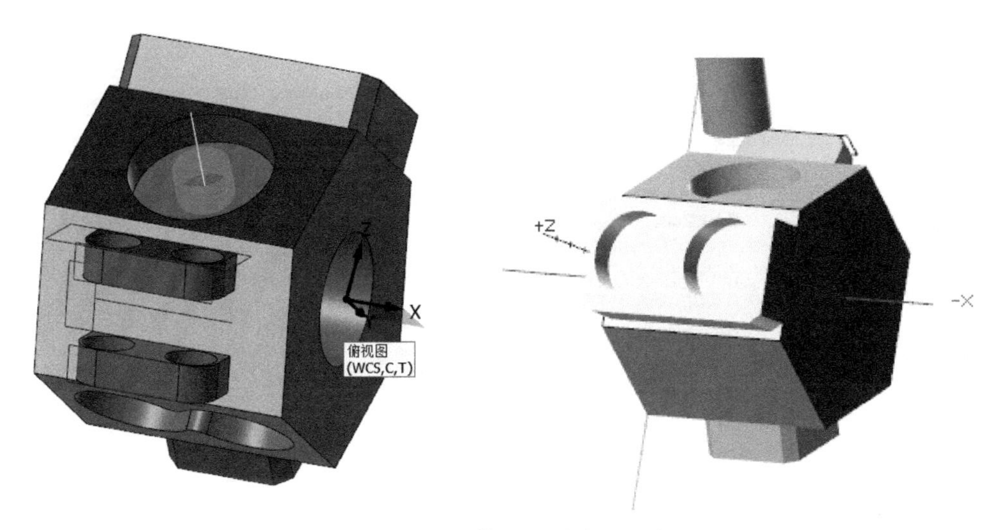

图 4-4-38　"棕"平面粗加工刀轨

加工"黄"平面的残料区域，使用 D8 铣刀，选择 2D 区域中的【外形命令】，选择开放的轮廓线，如图 4-4-39 所示，创建 D8 的刀具，【切削参数】设置如图 4-4-40 所示。【Z 分层切削】参数设置如图 4-4-41 所示，【进/退刀设置】如图 4-4-42 所示。刀具、绘图平面选择

“黄”平面,【共同参数】设置如图 4-4-43 所示,完成设置。重新计算程序刀轨路径,结果如图 4-4-44 所示。

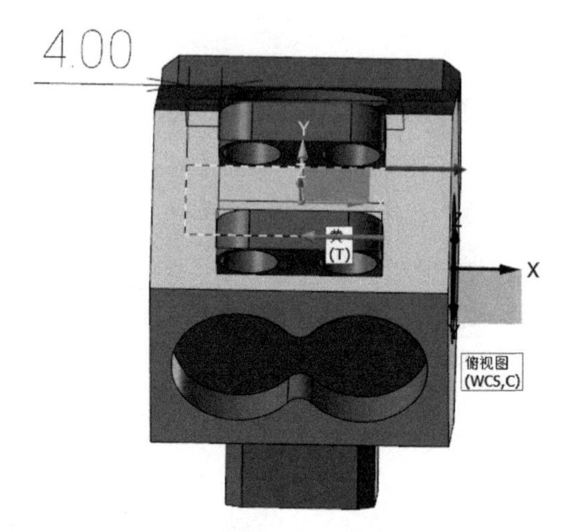

图 4-4-39　选择轮廓线

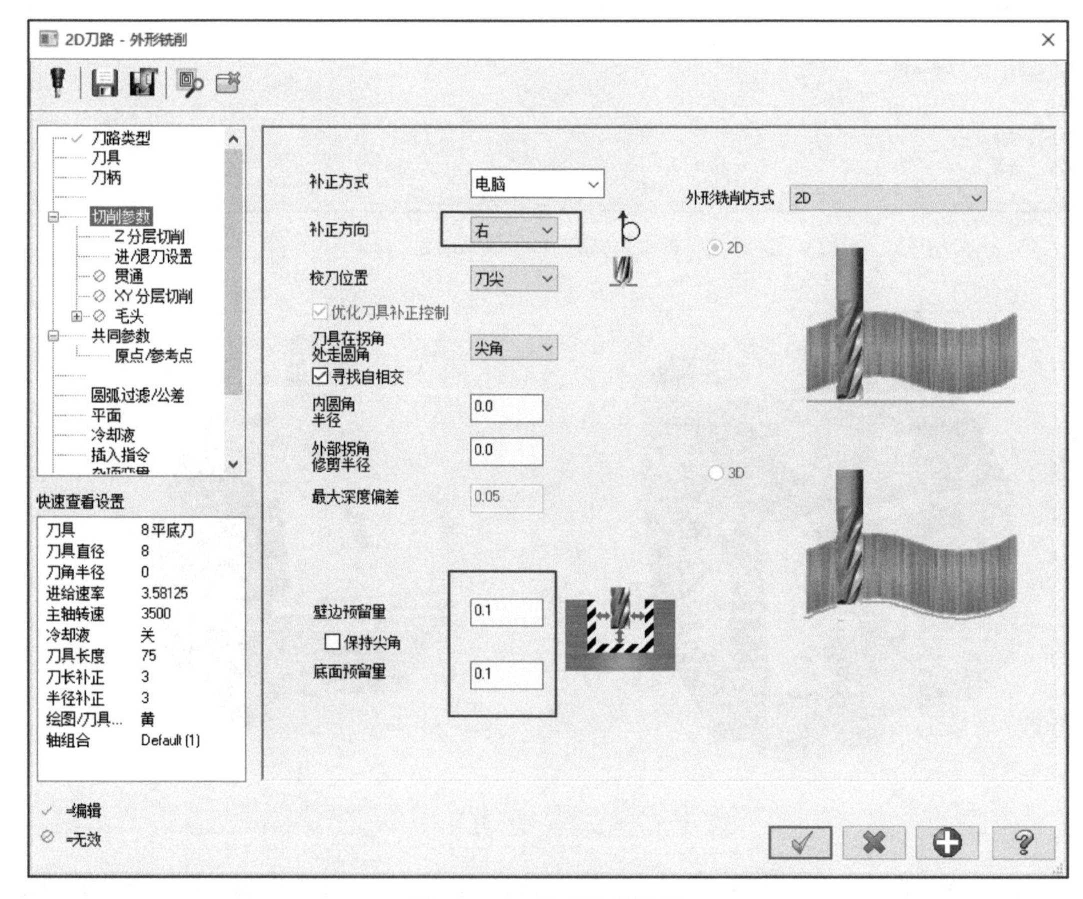

图 4-4-40　切削参数设置

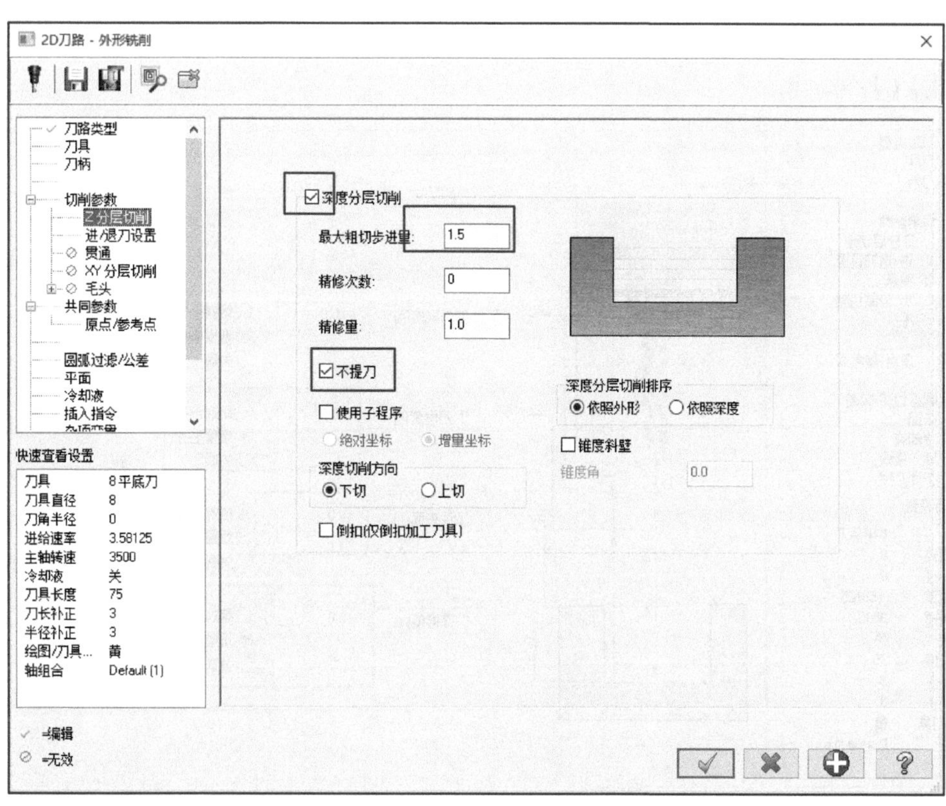

图 4-4-41 Z 分层切削参数设置

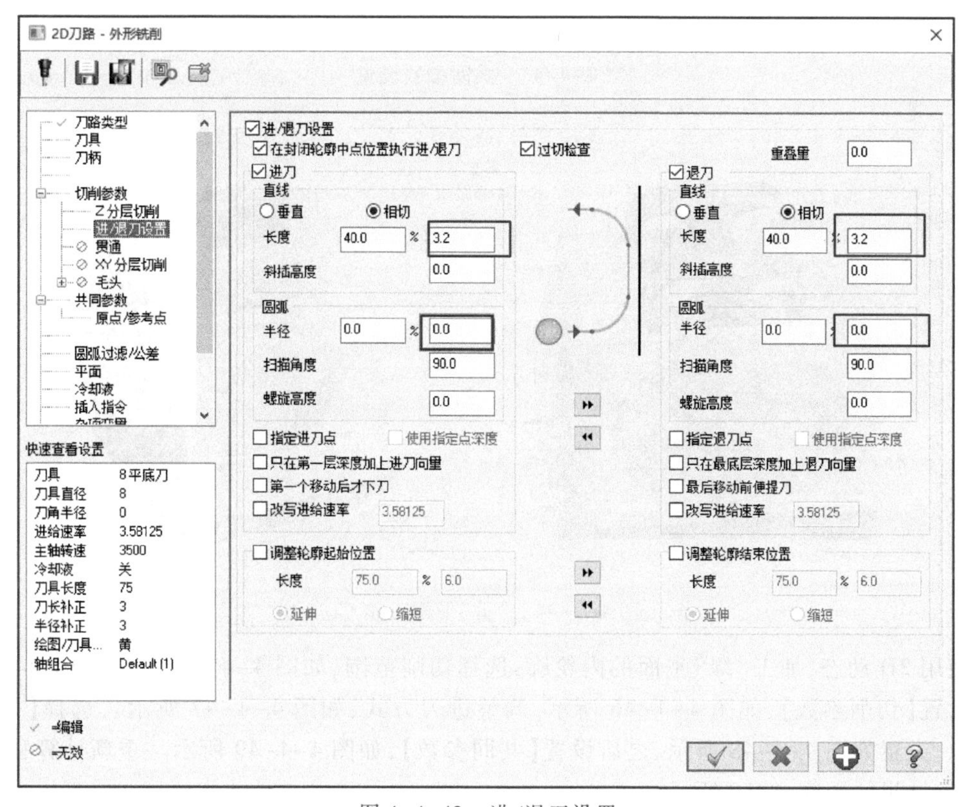

图 4-4-42 进/退刀设置

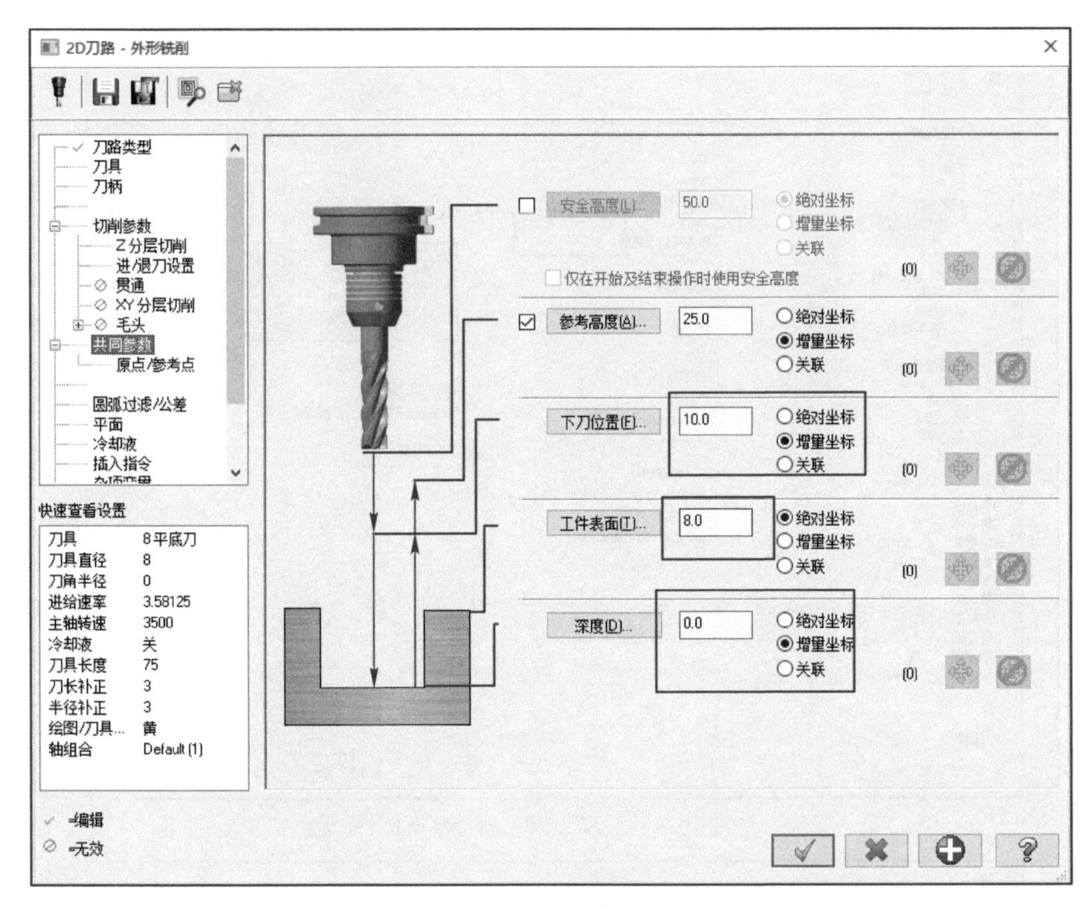

图 4-4-43　共同参数设置

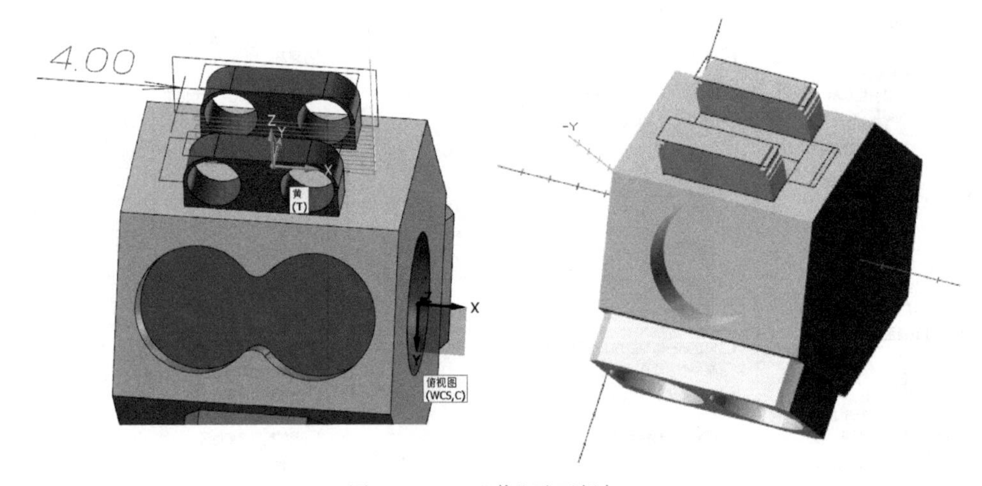

图 4-4-44　“黄”平面粗加工

使用 2D 动态，加工“绿”平面的内轮廓，选择切削范围，如图 4-4-45 所示。选择 D8 铣刀后设置【切削参数】，如图 4-4-46 所示，调整进刀方式，如图 4-4-47 所示。选择【平面】选择卡，设置如图 4-4-48 所示，之后设置【共同参数】，如图 4-4-49 所示。重新计算程序刀轨路径，结果如图 4-4-50 所示。

图 4-4-45　切削范围

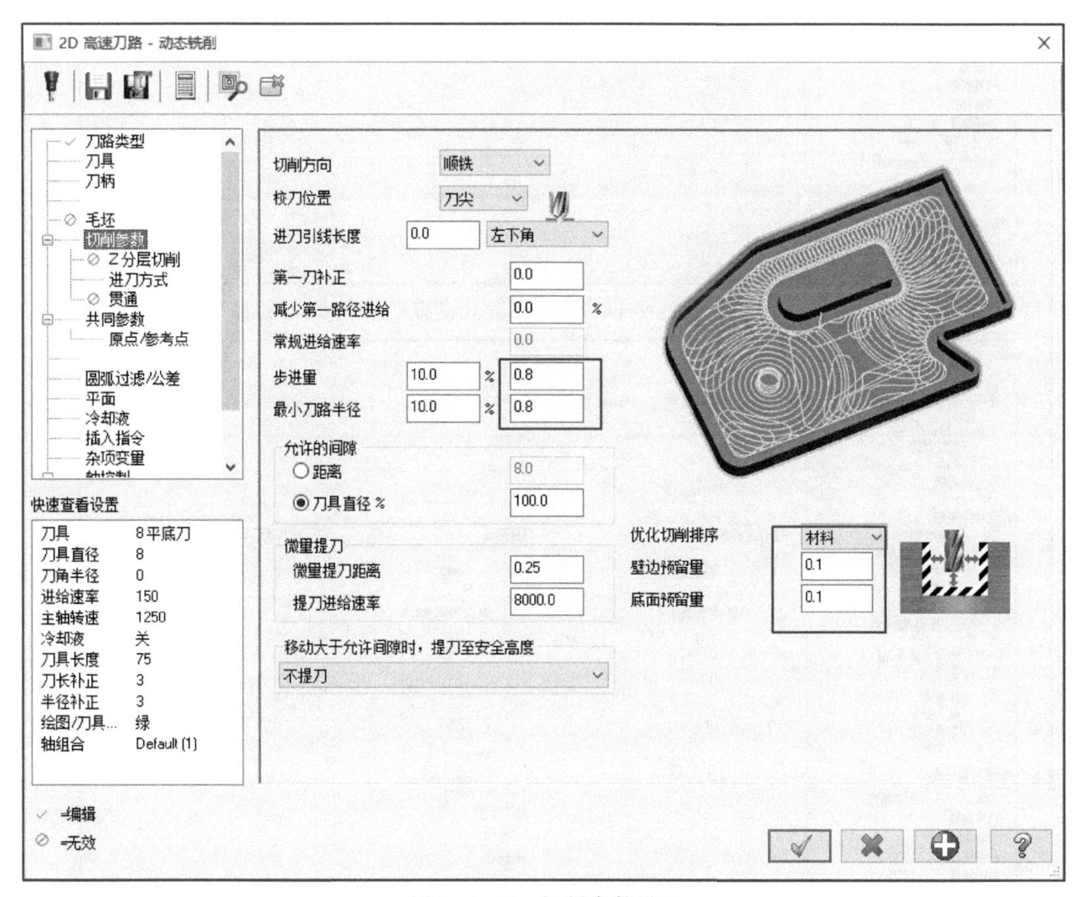

图 4-4-46　切削参数设置

在“紫”平面加工 $\phi7$ mm 的两个孔，要使用【钻孔】命令，首先在【平面】操作管理器切换“G”“WCS”“C”“T”为“紫”平面视图。点击【命令】选择孔的圆心点（鼠标放在圆弧处自动识别），如图 4-4-51 所示，之后创建一把中心钻，【切削参数】设置如图 4-4-52 所示，【共同参数】设置如图 4-4-53 所示。点击【确定】完成钻中心孔参数修改，重新计算程序刀轨路径，结果如图 4-4-54 所示。

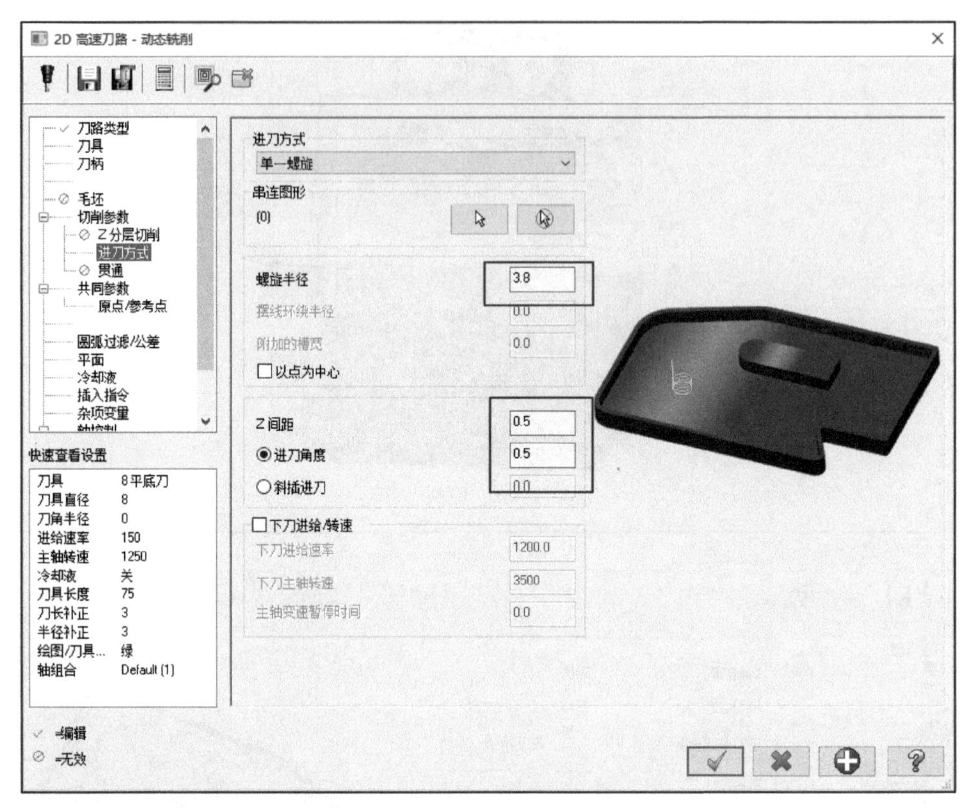

图 4-4-47　进刀方式设置

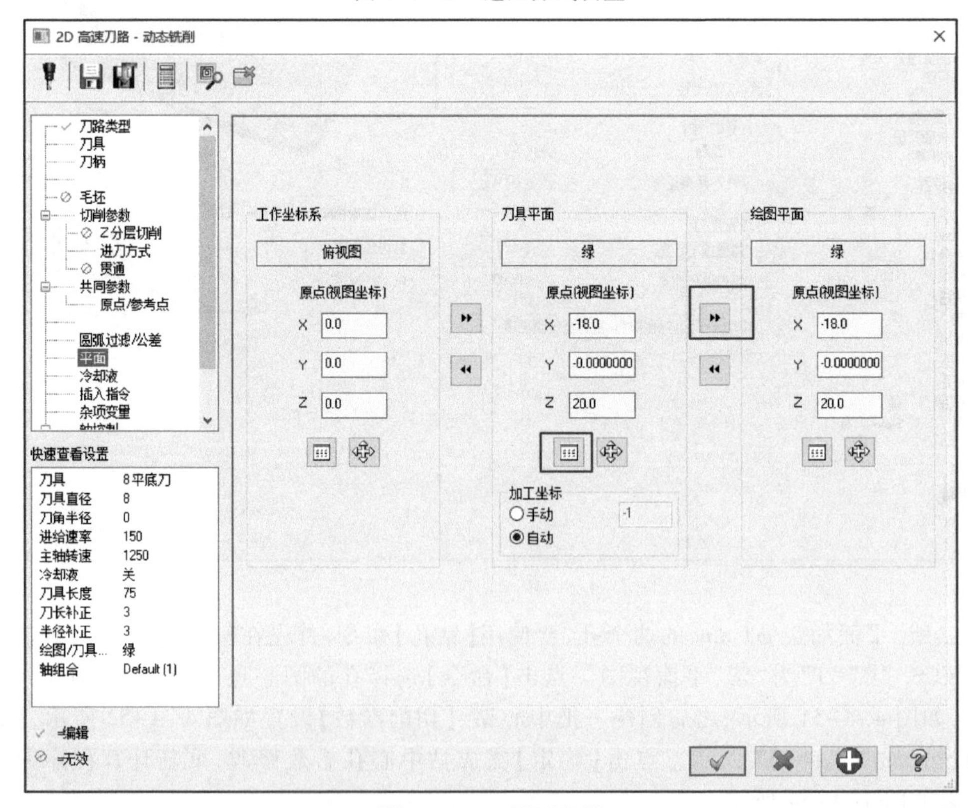

图 4-4-48　平面设置

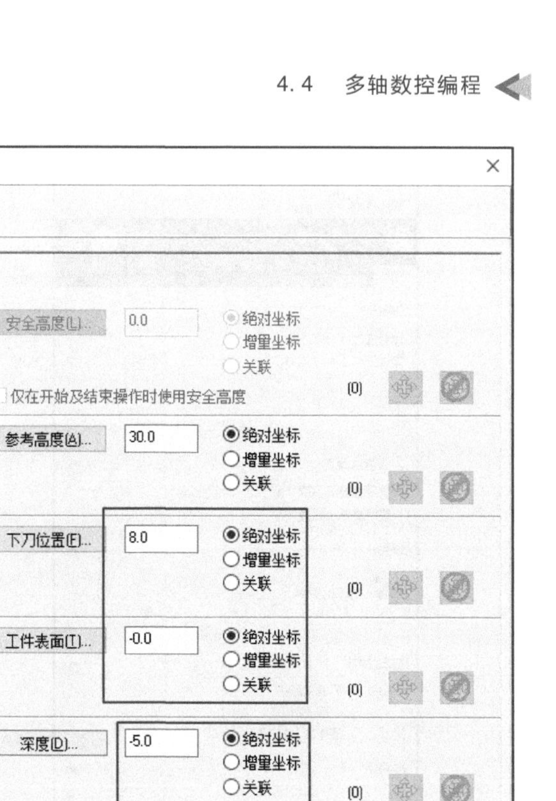

图 4-4-49 共同参数设置

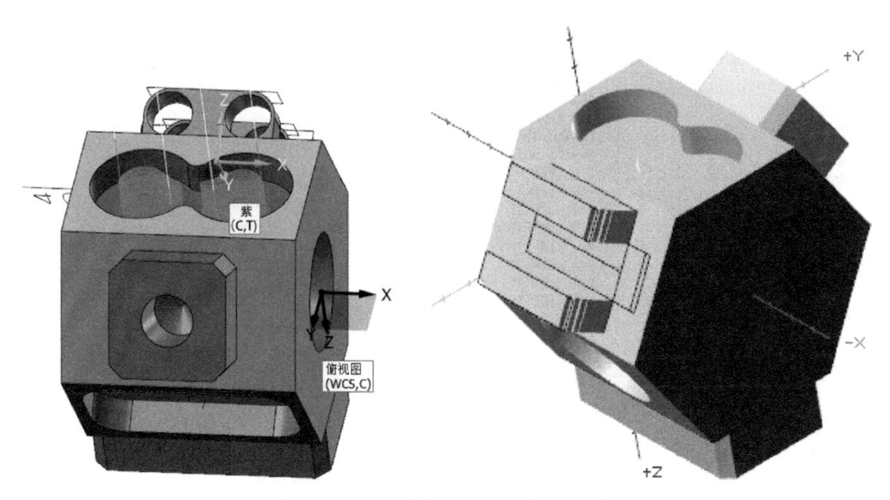

图 4-4-50 "绿"平面粗加工刀轨

复制中心孔程序,创建 D7 的钻头,之后修改【循环方式】为"深孔啄钻(G83)",如图 4-4-55 所示。【共同参数】设置如图 4-4-56 所示,打开刀尖补正,保证孔的钻削完整,设置如图 4-4-57 所示。点击【确定】完成参数修改。重新计算程序刀轨路径,结果如图 4-4-58 所示。

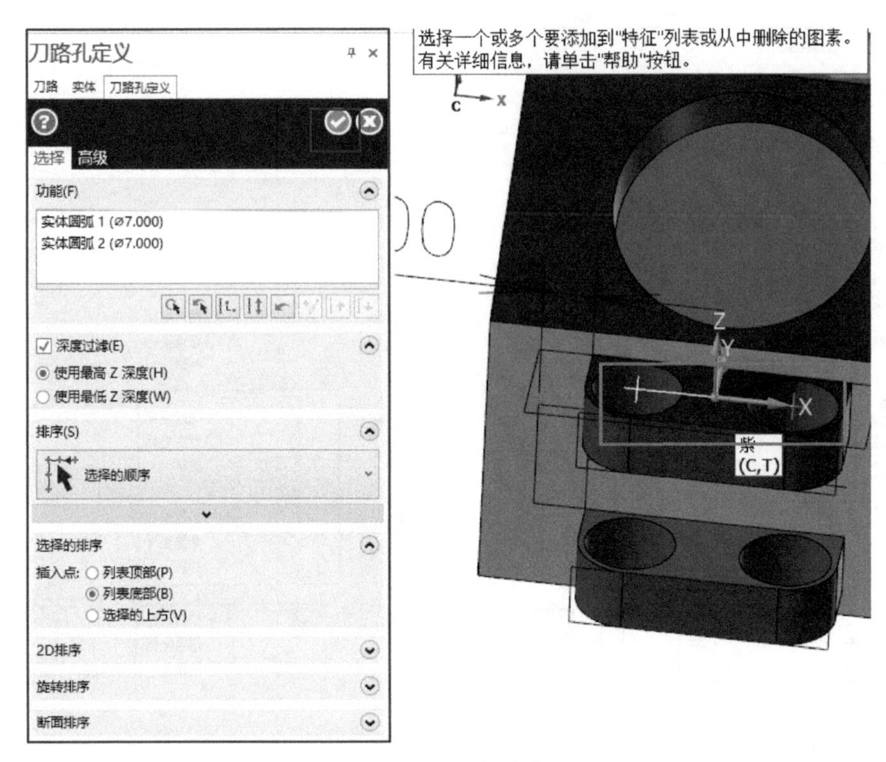

图 4-4-51　选择孔位置

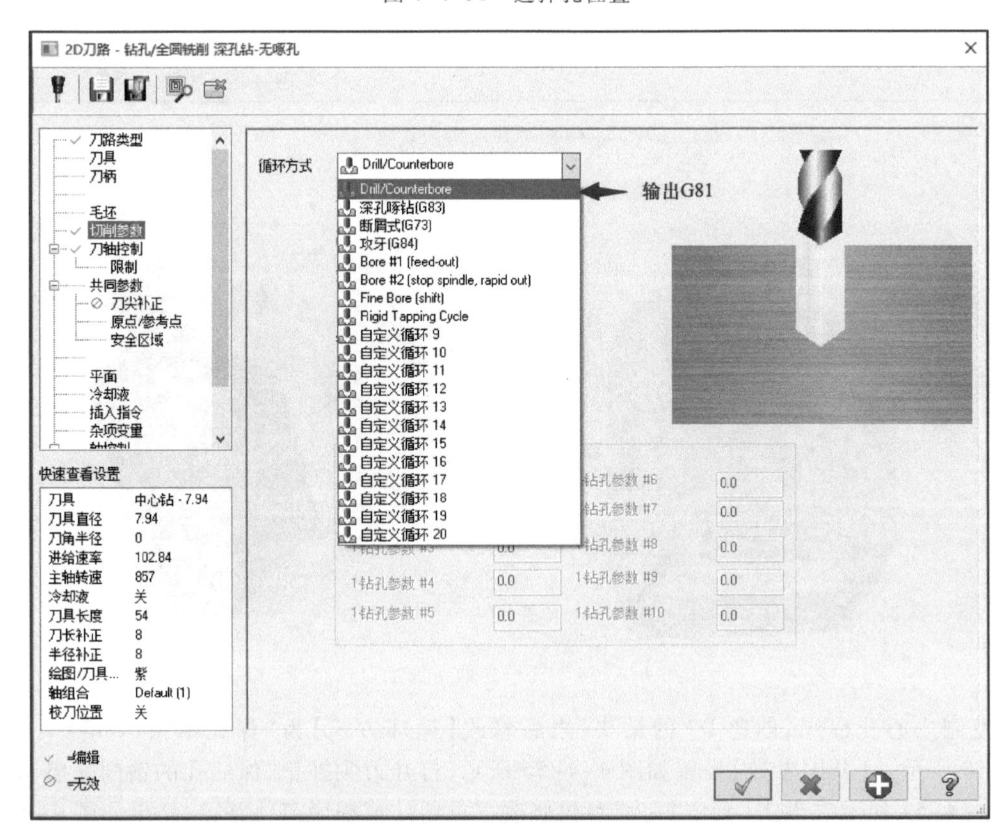

图 4-4-52　中心钻切削参数设置

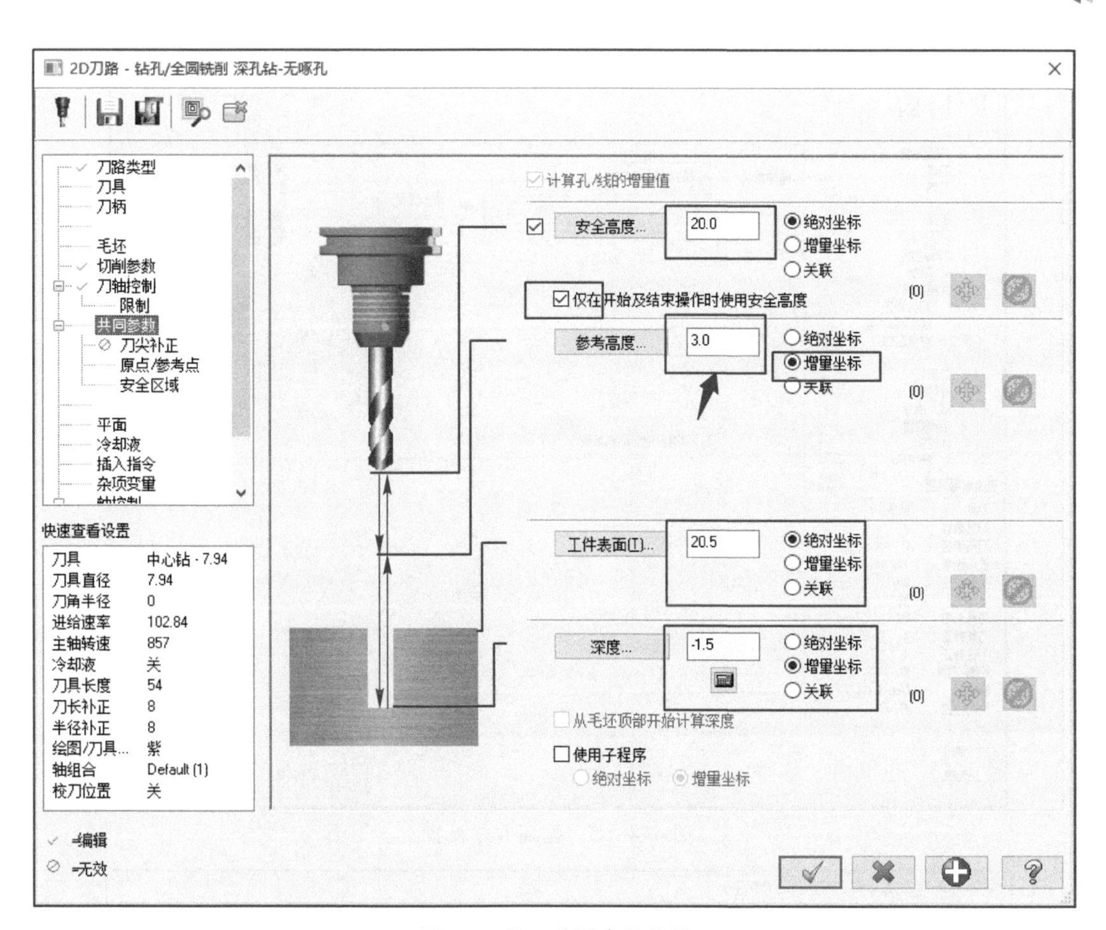

图 4-4-53　共同参数设置

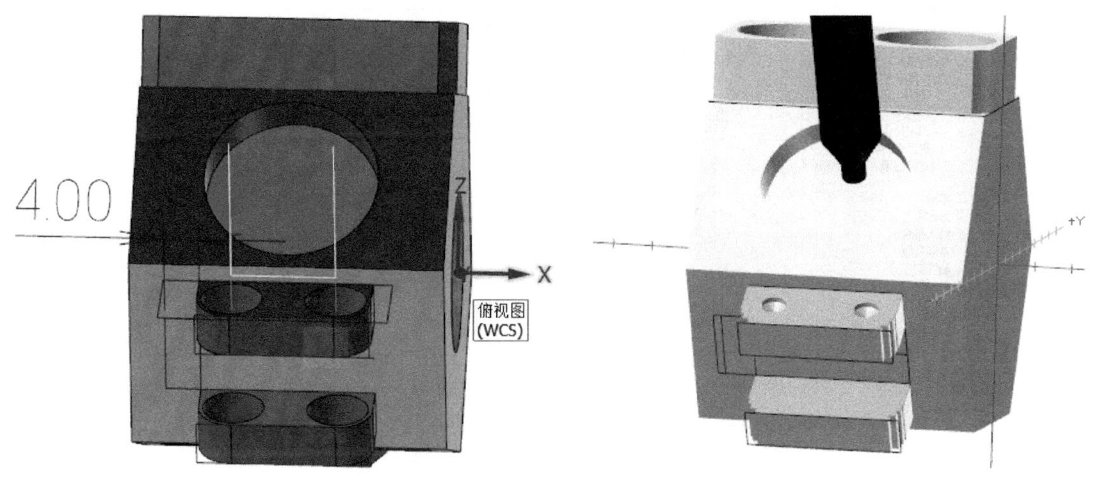

图 4-4-54　钻中心孔刀轨

复制两个 $\phi 7$ mm 孔的创建程序，将内部参数的“刀具、绘图平面”修改为“青”平面，如图 4-4-59 所示。重新选择孔位置，如图 4-4-60 所示，即可生成钻中心孔刀路，如图 4-4-61 所示。

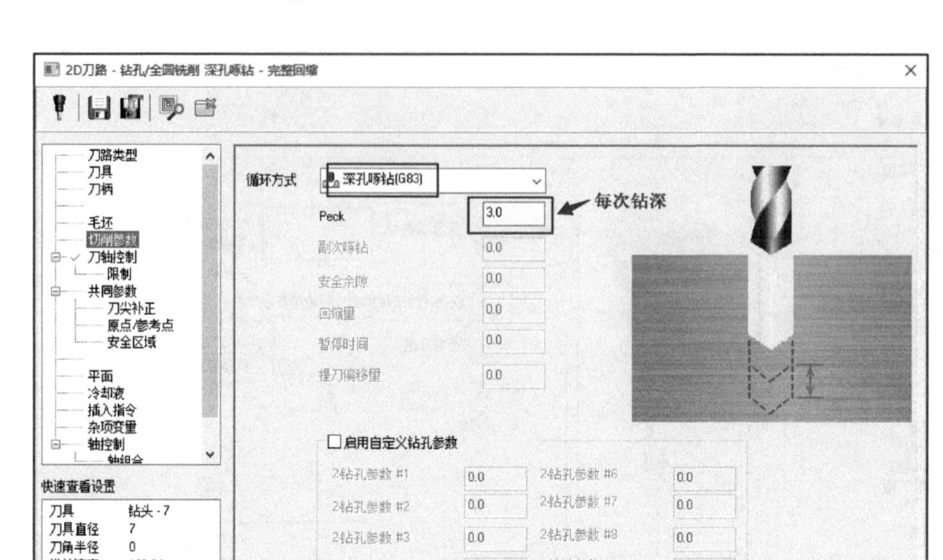

图 4-4-55　循环方式设置

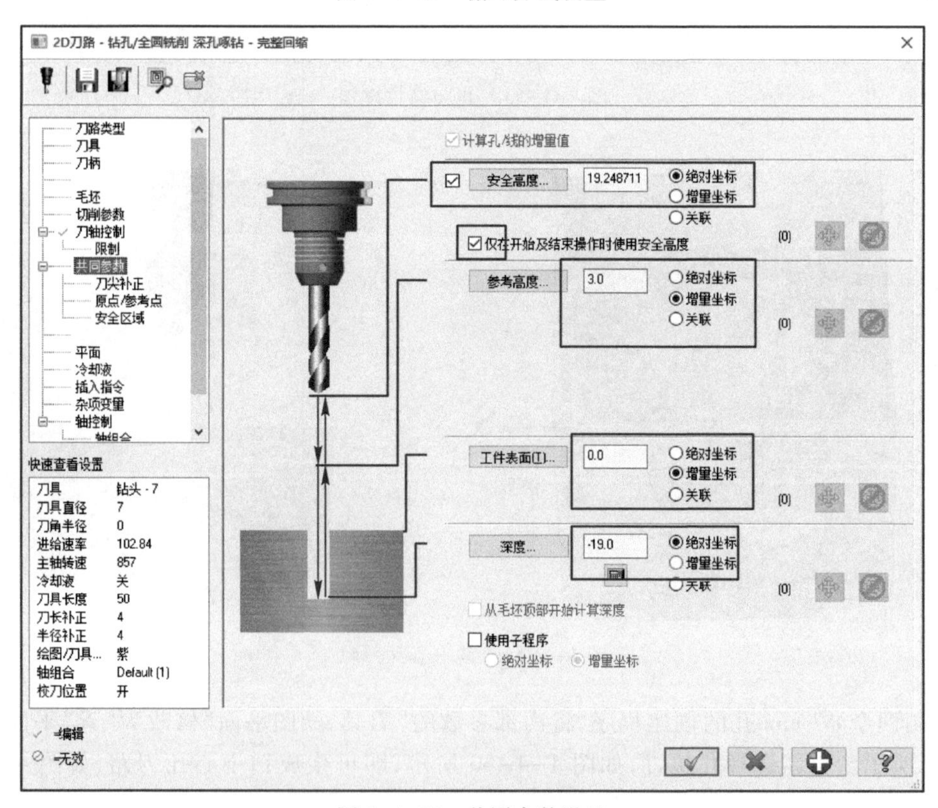

图 4-4-56　共同参数设置

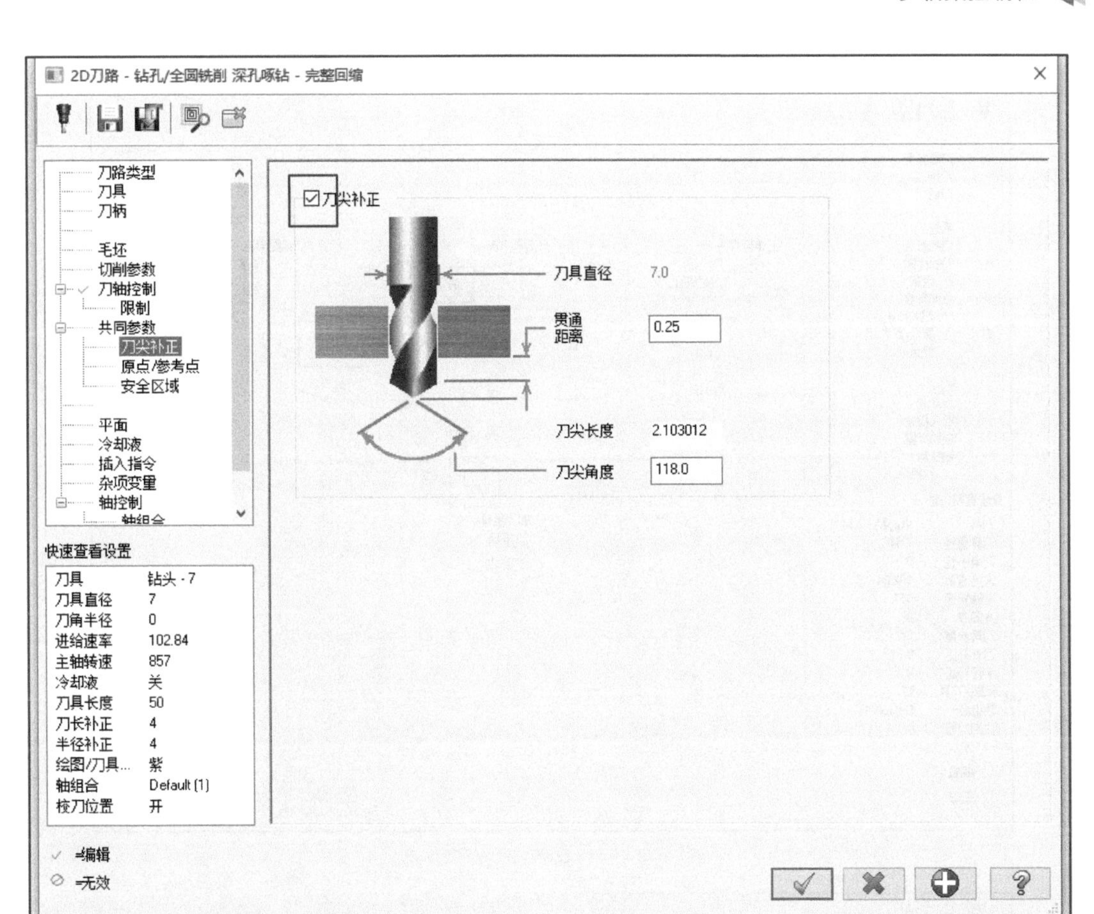

图 4-4-57 刀尖补正设置

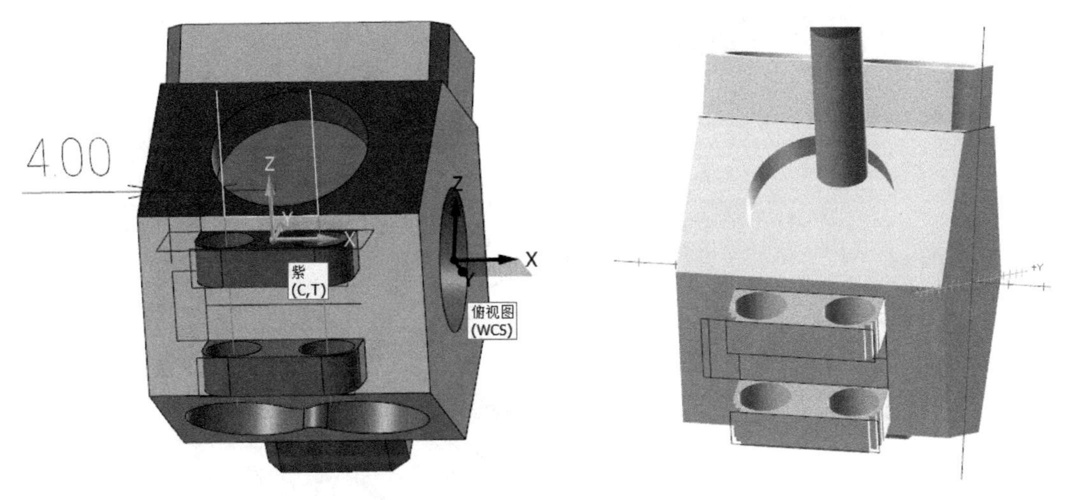

图 4-4-58 钻 $\phi7$ mm 通孔刀轨

复制上一步的程序，创建 D8 的钻头，之后修改【循环方式】为“深孔啄钻（G83）”，设置【共同参数】，如图 4-4-62 所示点击【确定】完成参数修改。重新计算程序刀轨路径，结果如图 4-4-63 所示。

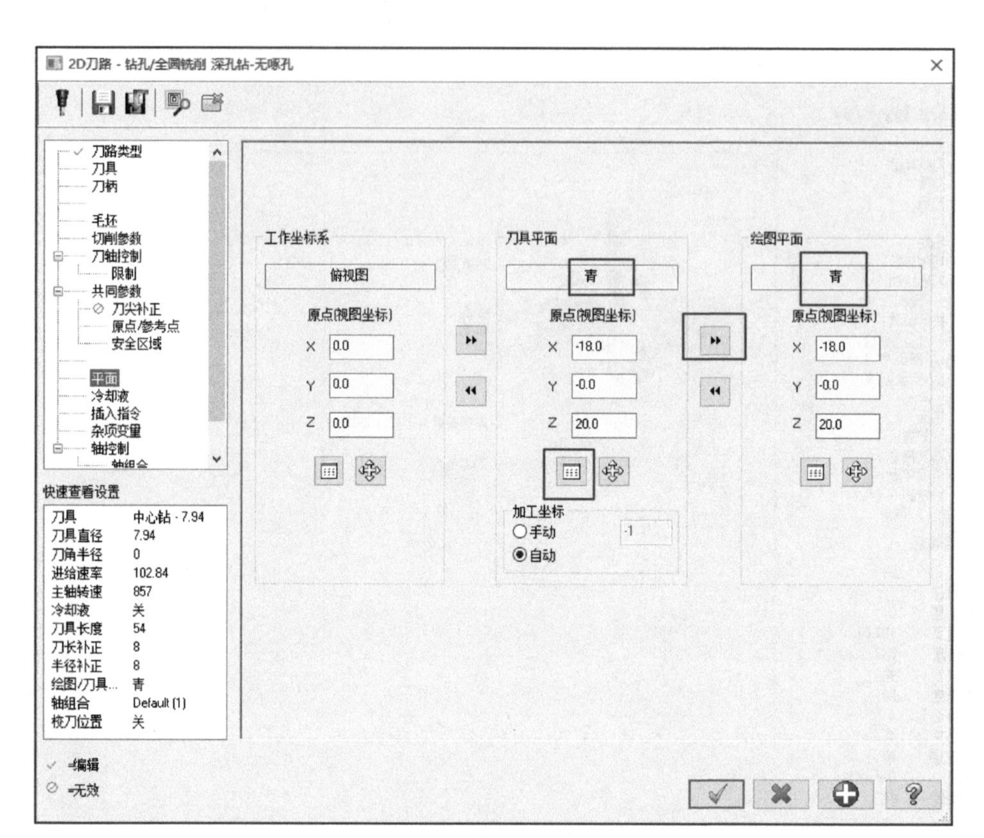

图 4-4-59　修改至“青”平面

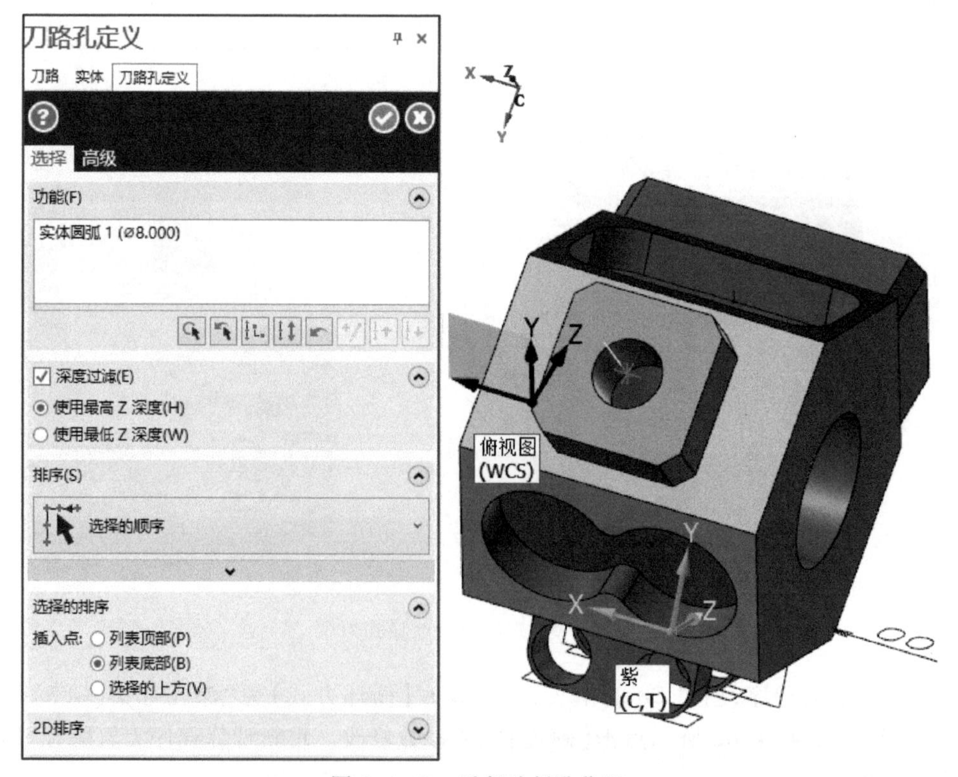

图 4-4-60　重新选择孔位置

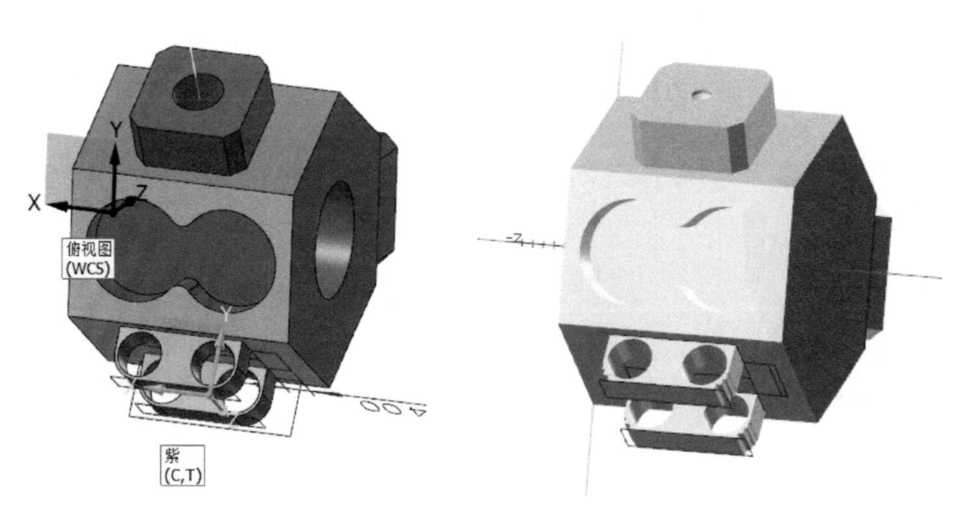

图 4-4-61 钻中心孔刀轨

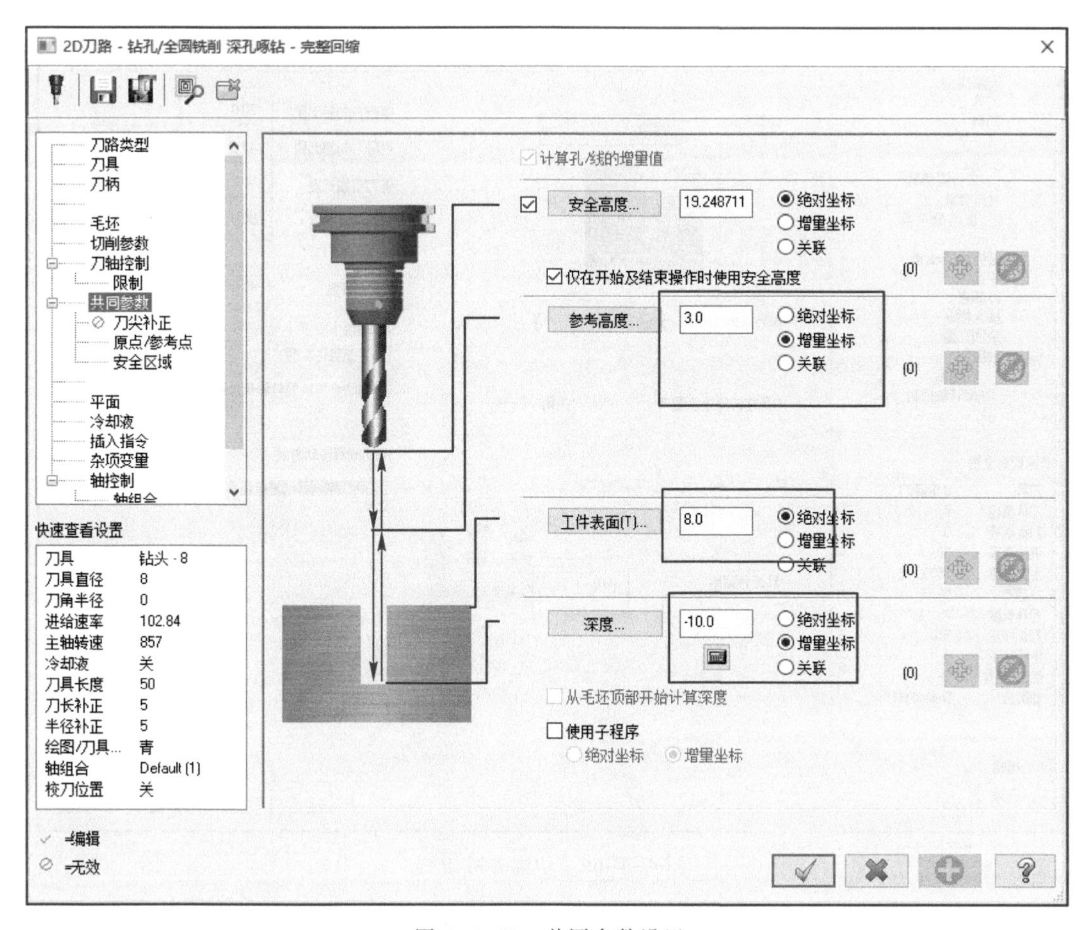

图 4-4-62 共同参数设置

4.4.3 精加工程序编制

下面讲解精加工程序编制,修改“刀具、绘图平面”为“青”平面,使用 2D 区域的【面铣】

命令，选择切削范围，如图 4-4-64 所示。使用 D8 铣刀，设置【切削参数】，如图 4-4-65 所示。完成的“青”平面精加工刀轨如图 4-4-66 所示。

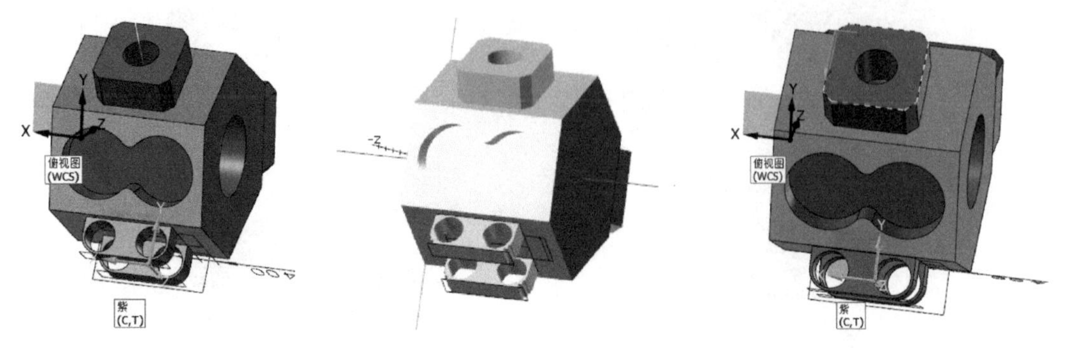

图 4-4-63 钻 $\phi8$ mm 孔刀轨　　　　图 4-4-64 选择切削范围

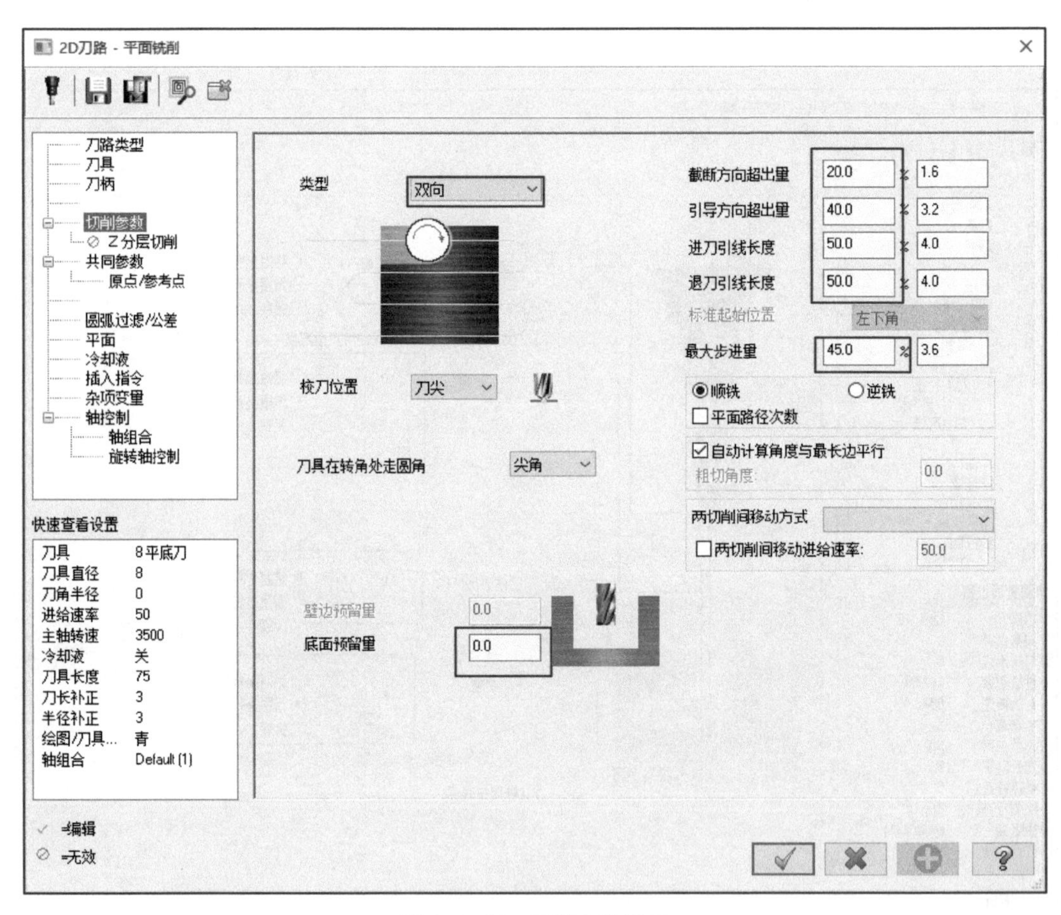

图 4-4-65 切削参数设置

使用 2D 区域，选择加工范围为“青”色面，如图 4-4-67 所示。选择避让区域，如图 4-4-68 所示，加工区域为开放的轮廓线，使用 D8 铣刀，设置【切削参数】如图 4-4-69 所示，生成的第二台阶面精加工刀轨，如图 4-4-70 所示。

使用【外形铣削】命令，选择凸台底面轮廓线，如图 4-4-71 所示。使用 D8 铣刀，设置

【切削参数】,如图 4-4-72 所示,【进退刀设置】如图 4-4-73 所示,生成的凸舌侧面精加工刀轨,如图 4-4-74 所示。

图 4-4-66 “青”平面精加工刀轨

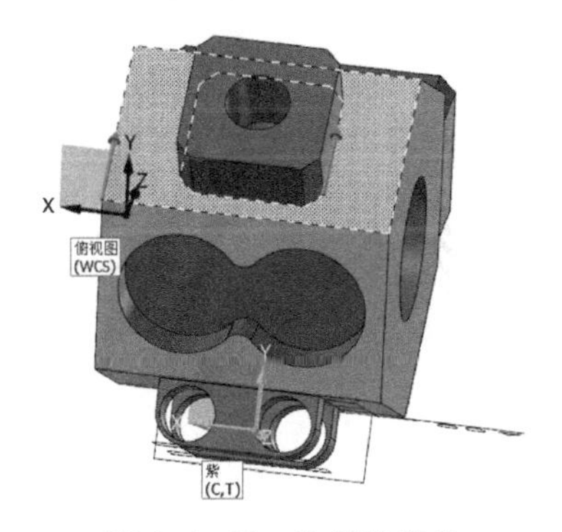

图 4-4-67 选择轮廓线

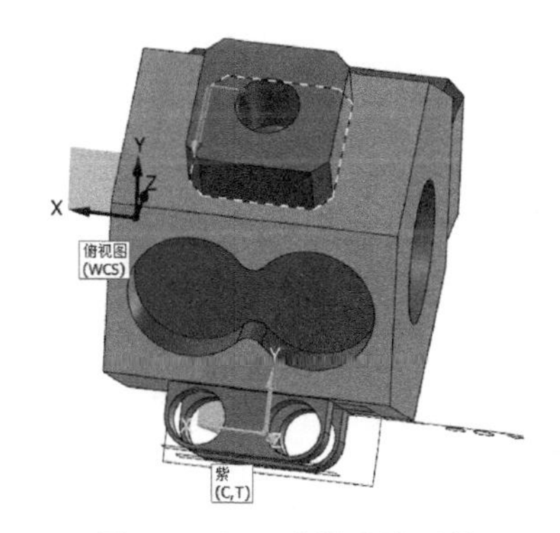

图 4-4-68 选择避让区域

修改“刀具、绘图平面”为“蓝”平面,使用【外形铣削】命令,选择轮廓线,如图 4-4-75 所示。使用 D8 铣刀,设置【切削参数】,如图 4-4-76 所示。【进/退刀设置】,如图 4-4-77 所示,其中输入重叠量“4.0”,生成的“蓝”平面精加工刀轨,如图 4-4-78 所示。

使用 2D 区域,选择加工区域,为封闭区域的轮廓线,如图 4-4-79 所示。使用 D8 铣刀,设置【切削参数】,如图 4-4-80 所示,【进刀方式】中的参数为“0”。设置【共同参数】,如图 4-4-81 所示。生成的内轮廓精加工刀轨,如图 4-4-82 所示。

使用【外形铣削】命令,选择加工边界,其轮廓线如图 4-4-83 所示,使用 D8 铣刀,设置【切削参数】,如图 4-4-84 所示。【进/退刀设置】如图 4-4-85 所示。生成侧壁精加工刀轨,如图 4-4-86 所示。

修改“刀具、绘图平面”为“俯视图”平面,使用【平面铣削】命令加工最高表面,选择轮廓线,如图 4-4-87 所示,使用 D8 铣刀,设置【切削参数】如图 4-4-88 所示,设置【共同参数】如图 4-4-89 所示。生成的“俯视图”平面精加工刀轨,如图 4-4-90 所示。

使用 2D 区域,进行 ϕ16 mm 的平底孔底面加工。选择加工范围为封闭区域轮廓线,如图 4-4-91 所示设置【切削参数】如图 4-4-92 所示。【进刀方式】内的参数值均为“0”。设置【共同参数】,如图 4-4-93 所示。生成的 ϕ16 mm 平底孔底面精加工刀轨,如图 4-4-94 所示。

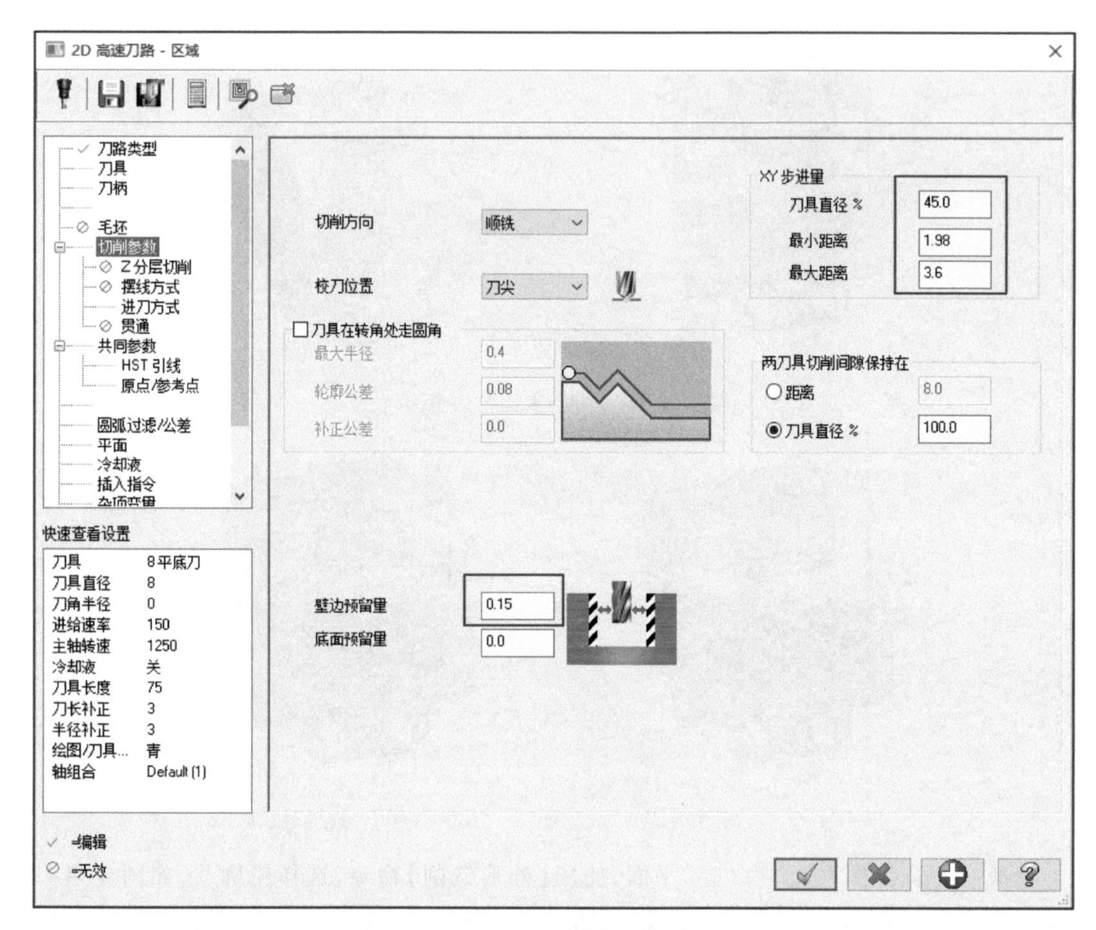

图 4-4-69　切削参数设置

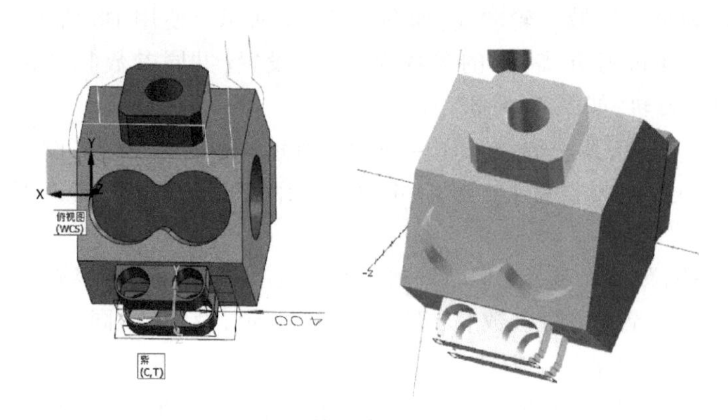

图 4-4-70　第二台阶面精加工刀轨

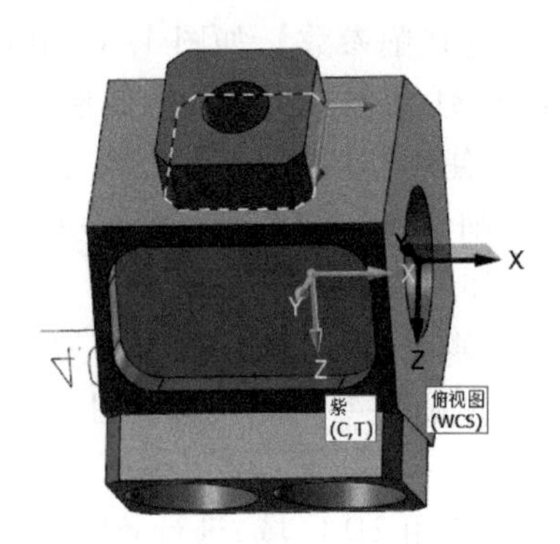

图 4-4-71　选择凸台底面轮廓线

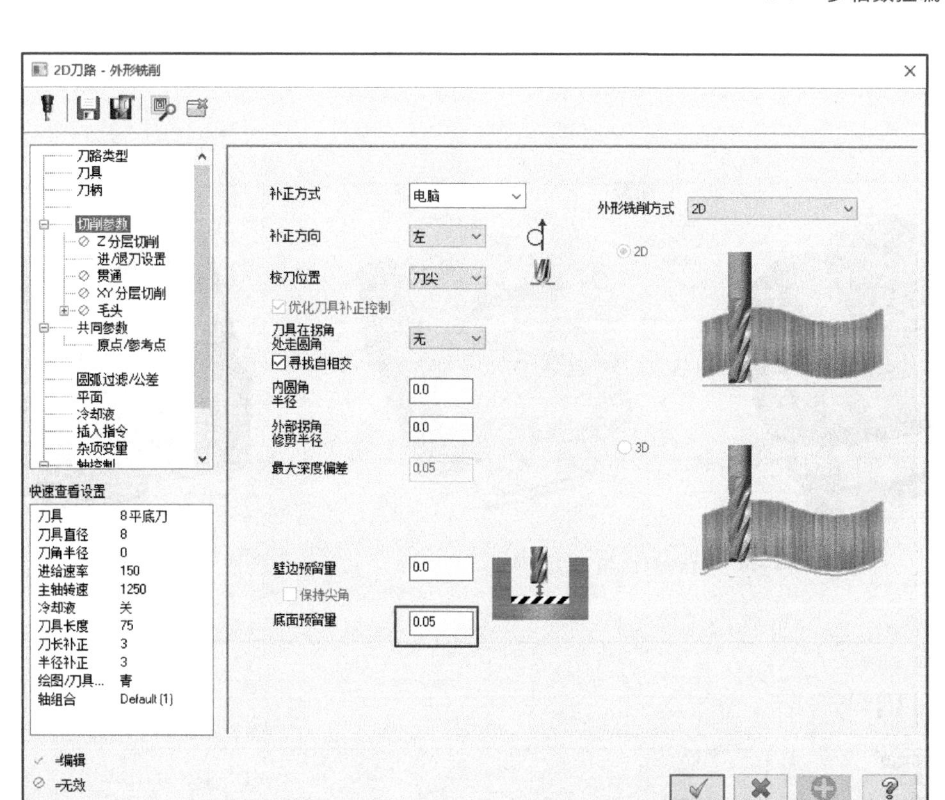

图 4-4-72　切削参数设置

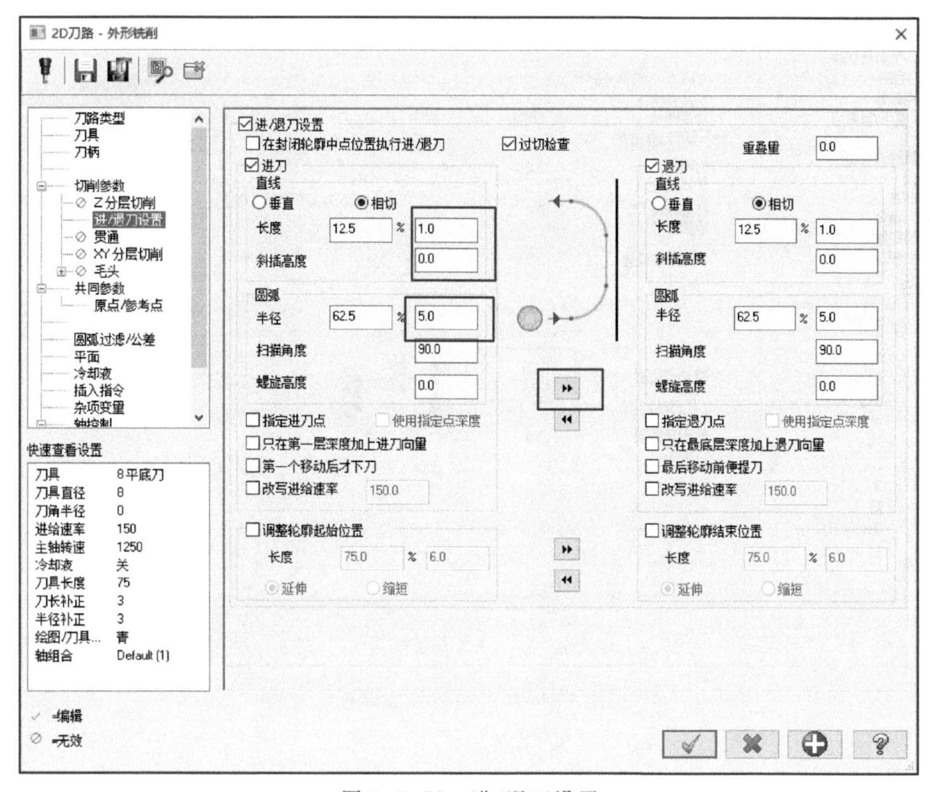

图 4-4-73　进/退刀设置

图 4-4-74　凸台侧面精加工刀轨　　　　图 4-4-75　选择轮廓线

2D刀路 - 外形铣削

刀路类型
刀具
刀柄
切削参数
Z 分层切削
进/退刀设置
贯通
XY 分层切削
毛头
共同参数
原点/参考点
圆弧过滤/公差
平面
冷却液
插入指令
杂项变量
轴控制

快速查看设置

刀具	8 平底刀
刀具直径	8
刀角半径	0
进给速率	99.96
主轴转速	833
冷却液	关
刀具长度	75
刀长补正	3
半径补正	3
绘图/刀具...	蓝
轴组合	Default (1)

✓ =编辑
⊘ =无效

补正方式　电脑
补正方向　右
校刀位置　刀尖
优化刀具补正控制
刀具在拐角处走圆角　无
寻找自相交
内圆角半径　0.0
外部拐角修剪半径　0.0
最大深度偏差　0.05
壁边预留量　-2.5
保持尖角
底面预留量　0.0
外形铣削方式　2D
2D
3D

图 4-4-76　切削参数设置

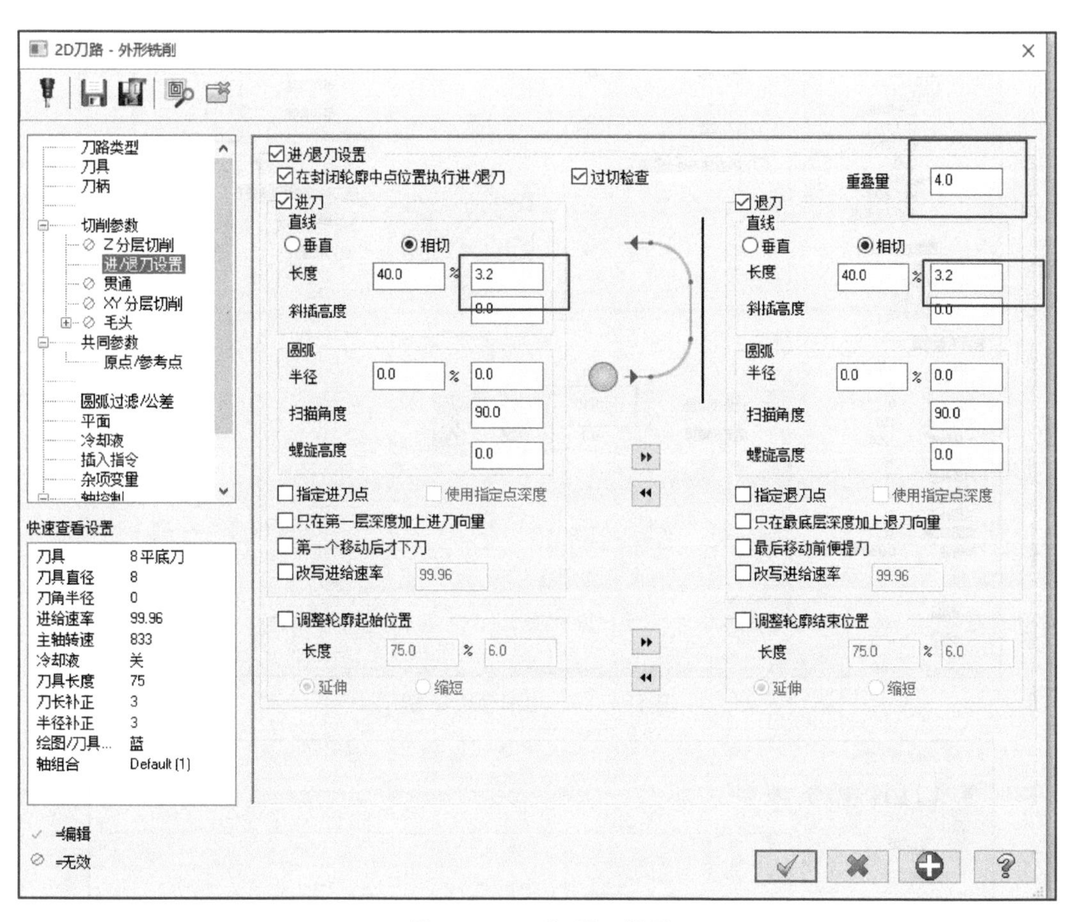

图 4-4-77 进/退刀设置

图 4-4-78 “蓝”平面精加工

图 4-4-79 选择轮廓线

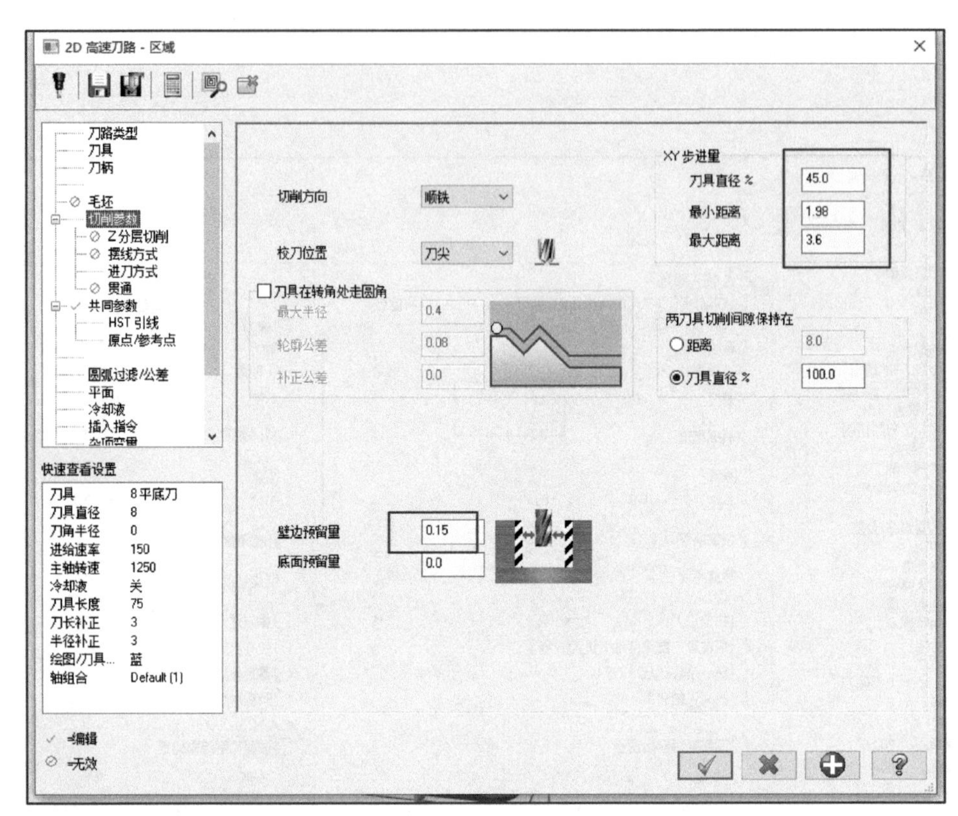

图 4-4-80　切削参数设置

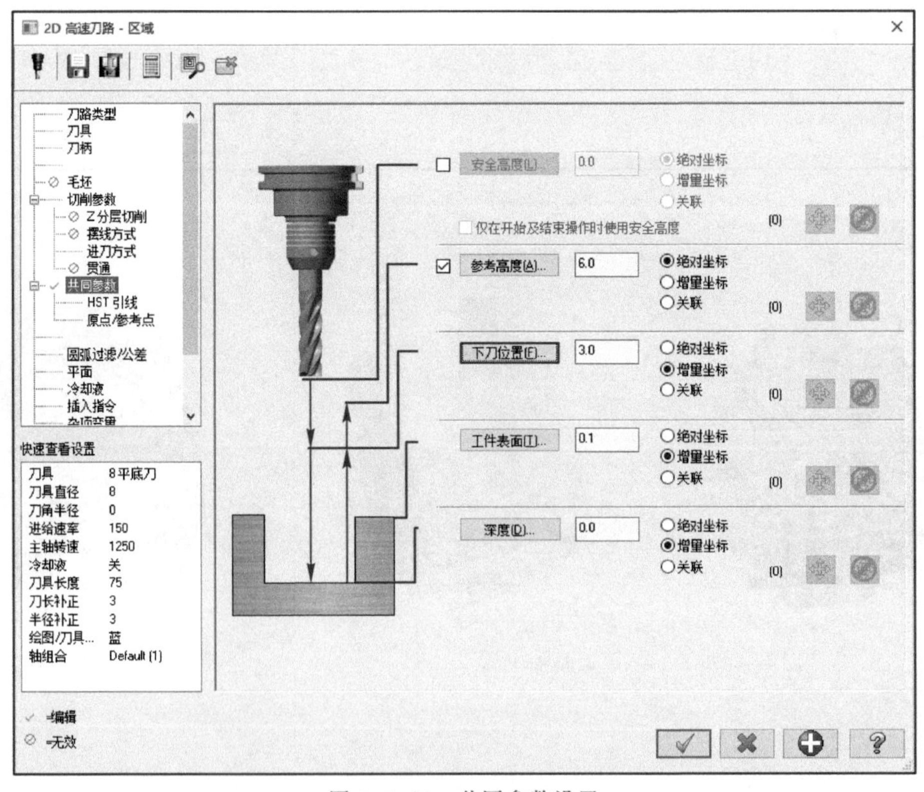

图 4-4-81　共同参数设置

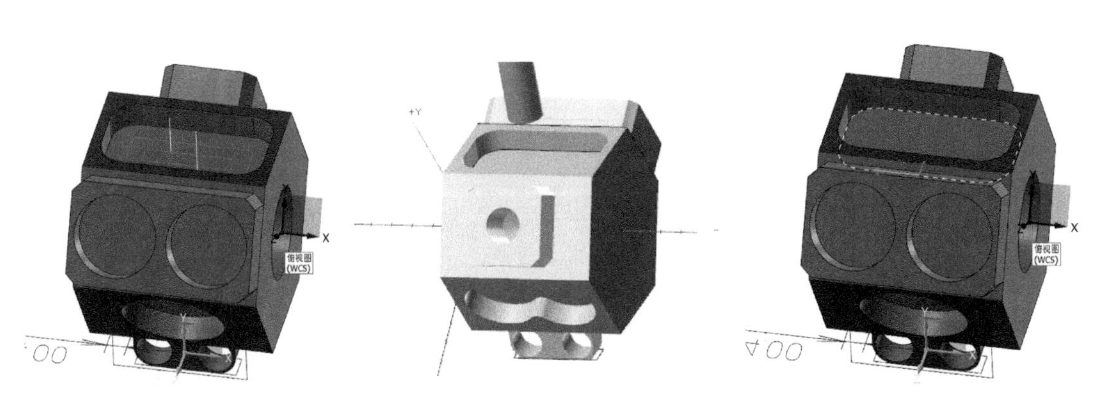

图 4-4-82 内轮廓精加工刀轨　　　　图 4-4-83 选择轮廓线

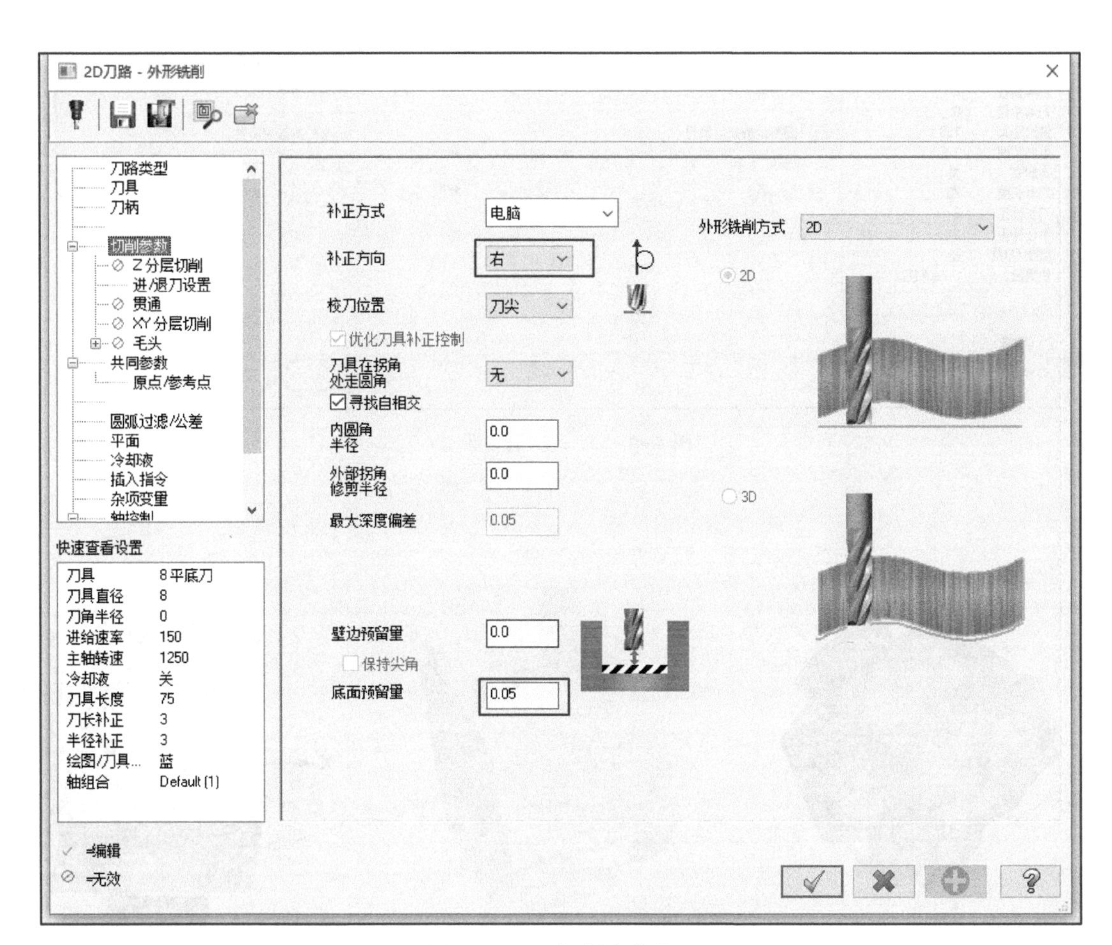

图 4-4-84 切削参数设置

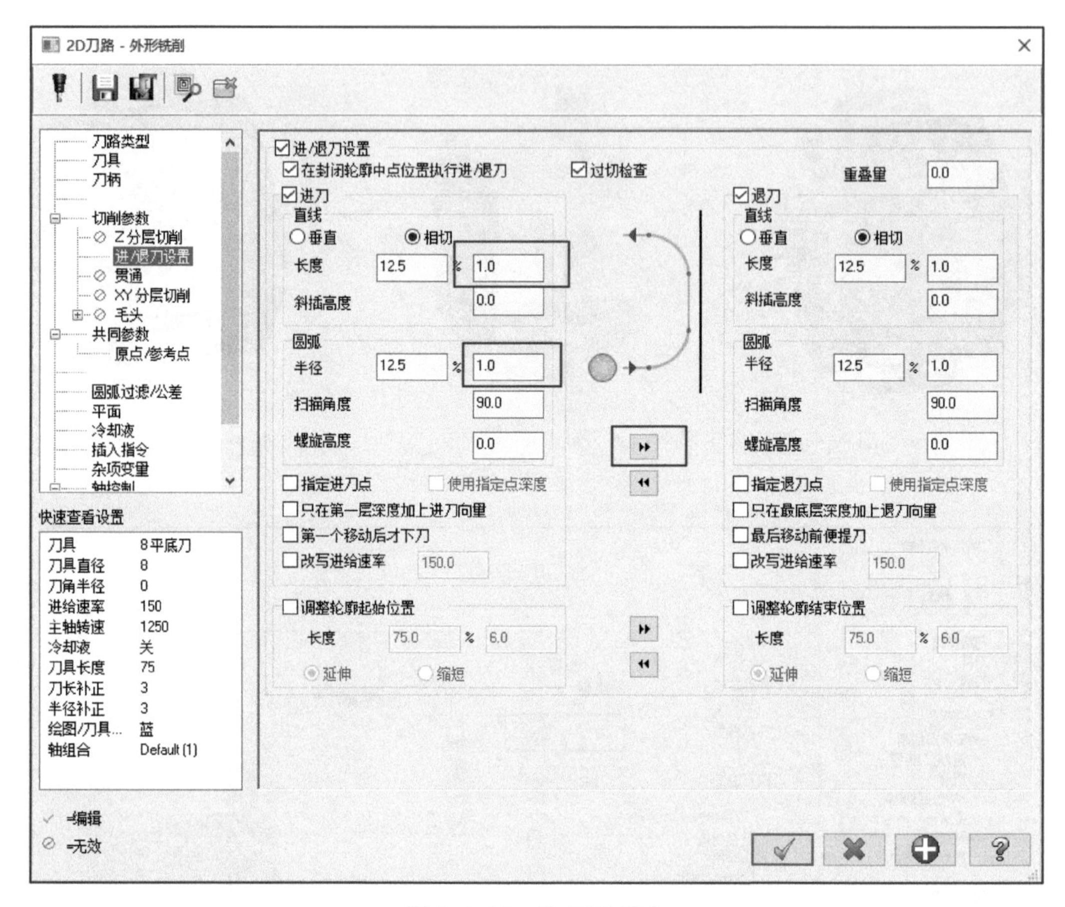

图 4-4-85　进/退刀设置

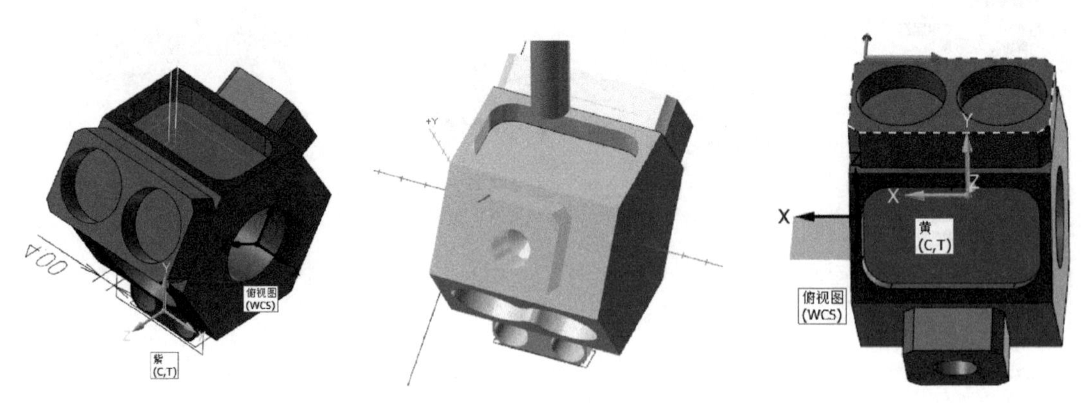

图 4-4-86　侧壁精加工刀轨

图 4-4-87　选择轮廓线

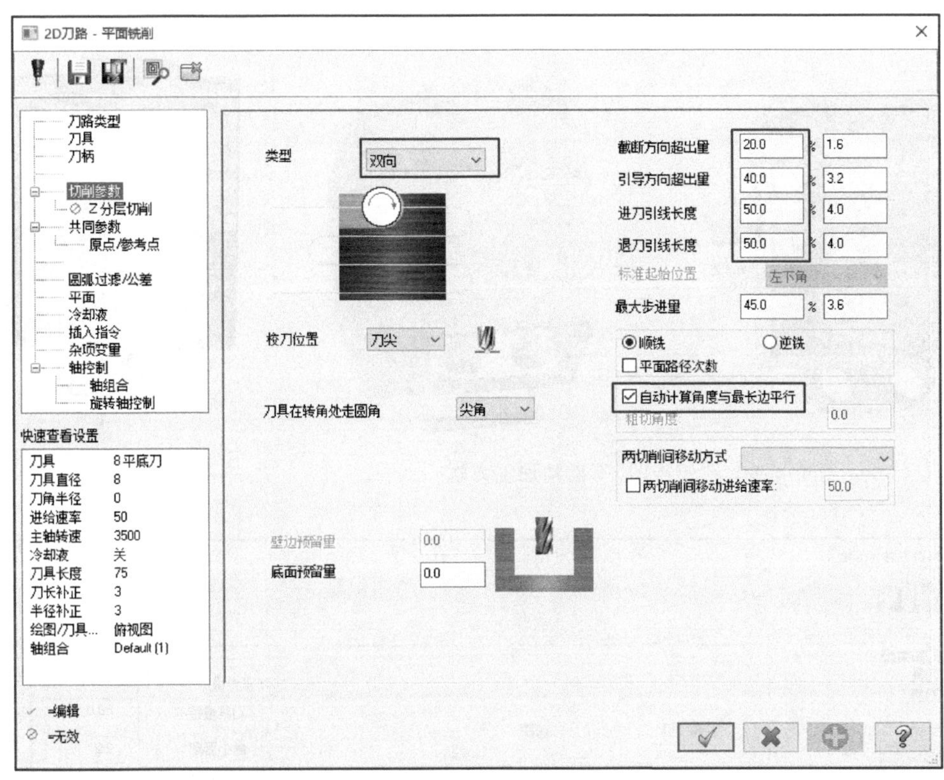

图 4-4-88　切削参数设置

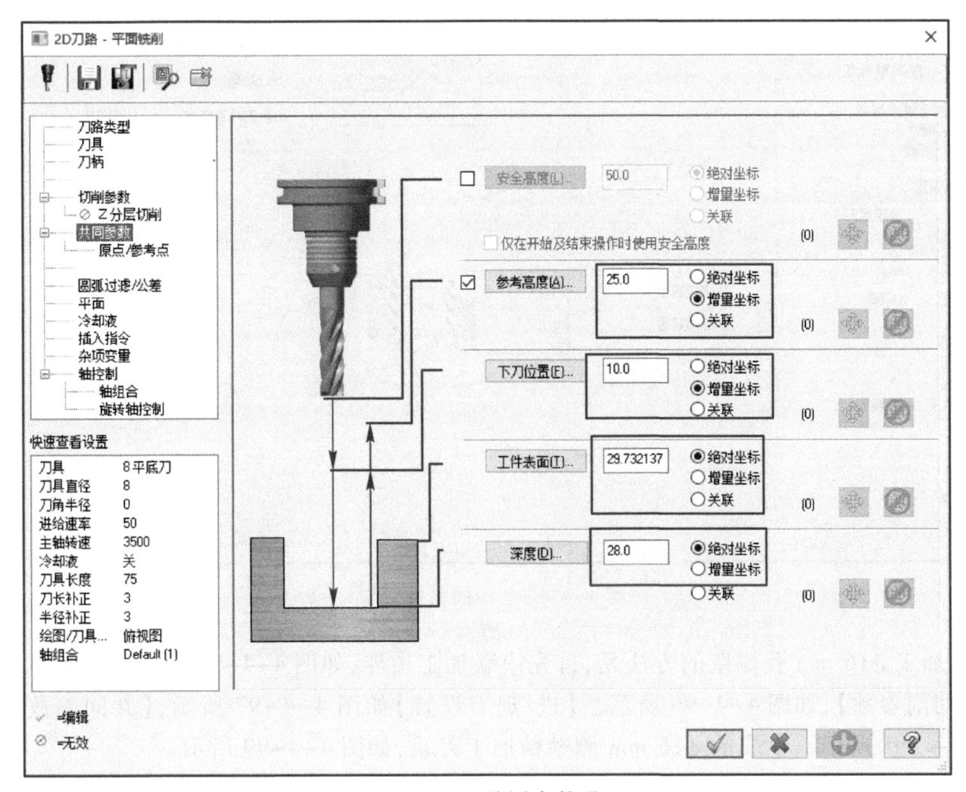

图 4-4-89　共同参数设置

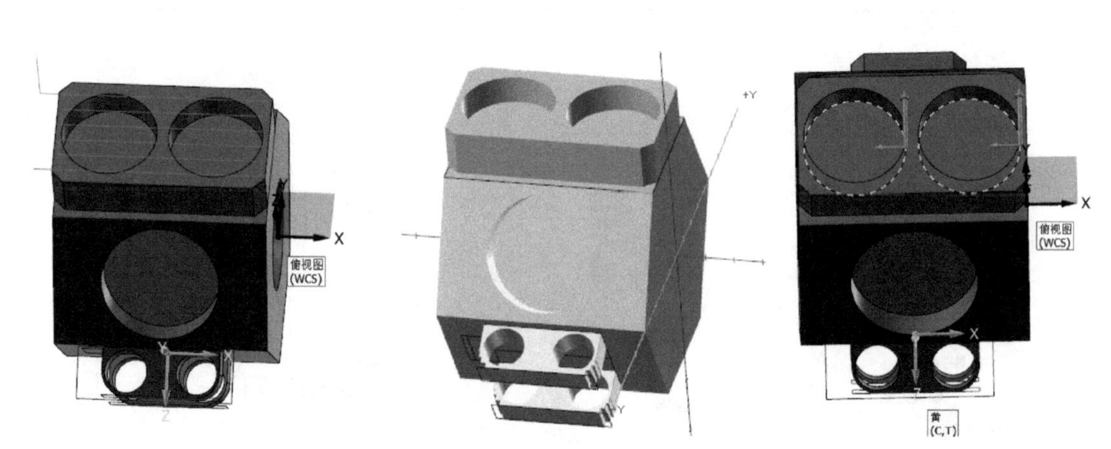

图 4-4-90　“俯视图”平面精加工刀轨　　　　图 4-4-91　选择轮廓线

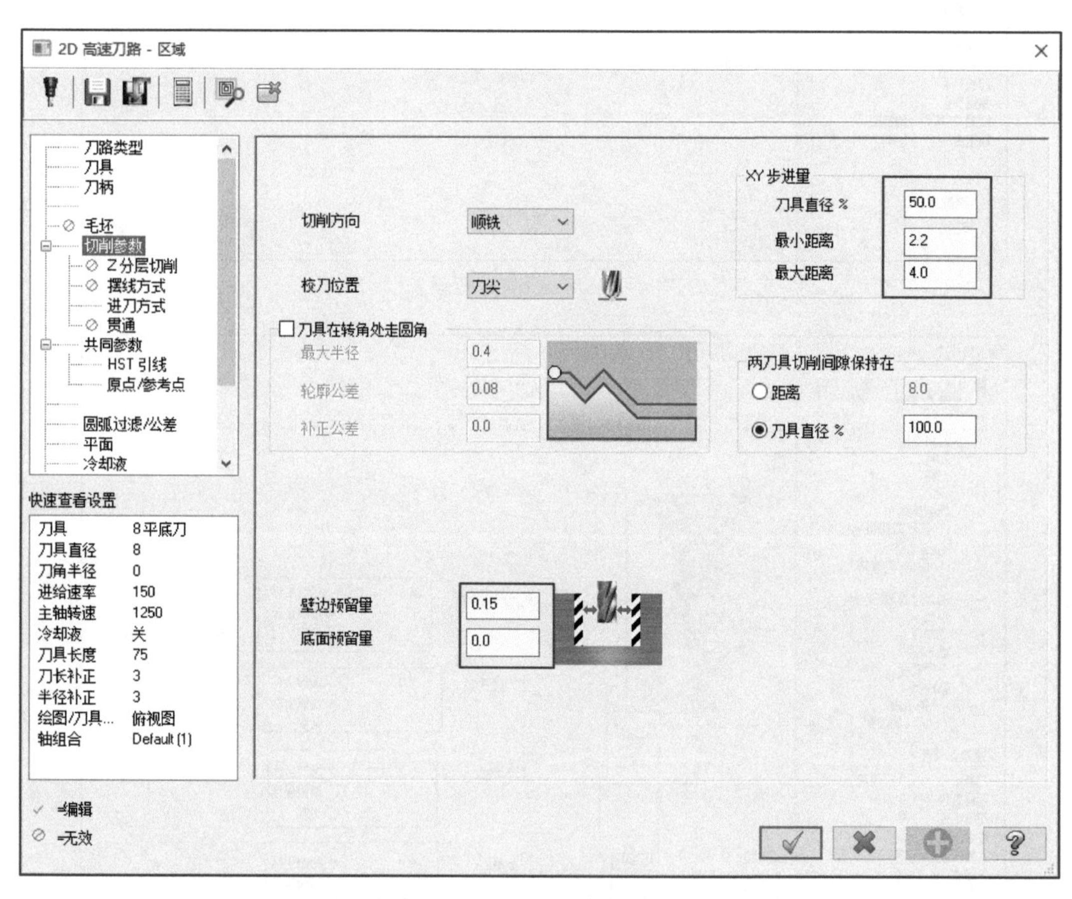

图 4-4-92　切削参数设置

精加工 $\phi16$ mm 孔侧壁的方法是，首先串联加工边界，如图 4-4-95 所示，使用 D8 铣刀，设置【切削参数】，如图 4-4-96 所示。【进/退刀设置】如图 4-4-97 所示，【共同参数】设置如图 4-4-98 所示。生成的 $\phi16$ mm 侧壁精加工刀轨，如图 4-4-99 所示。

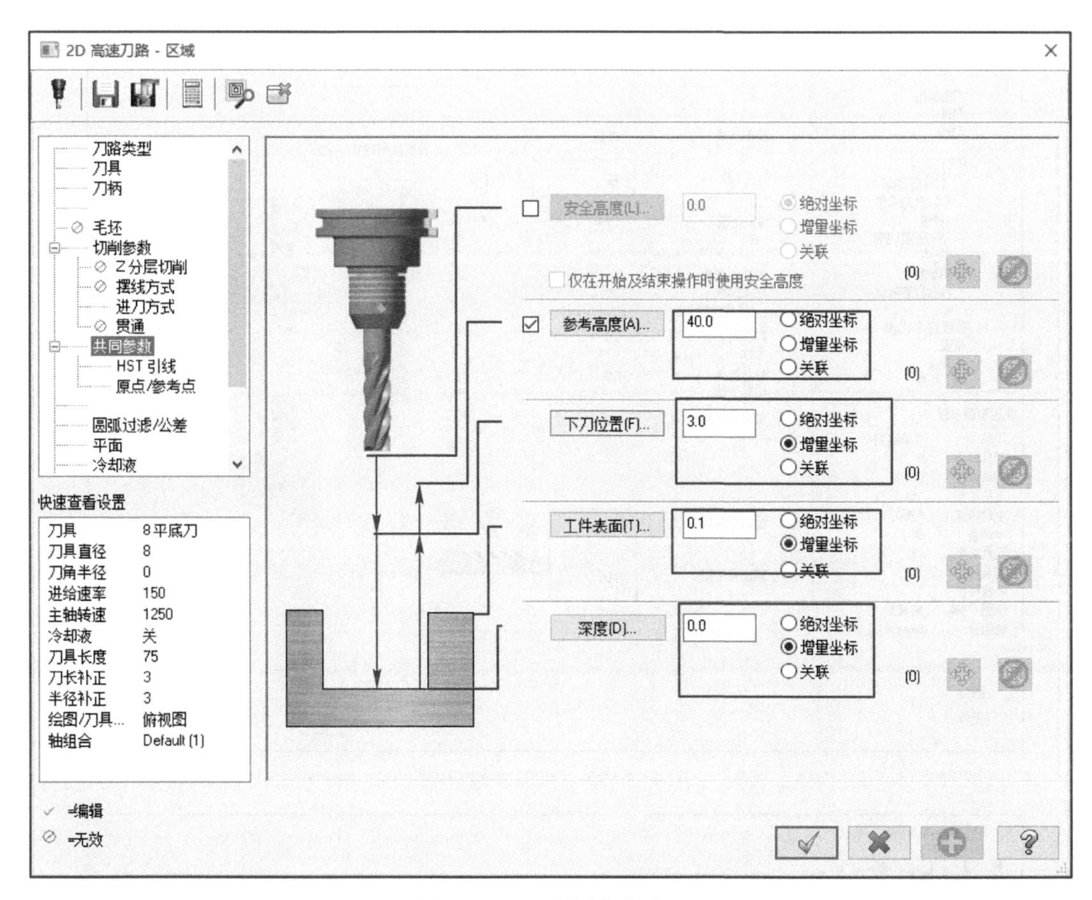

图 4-4-93　共同参数设置

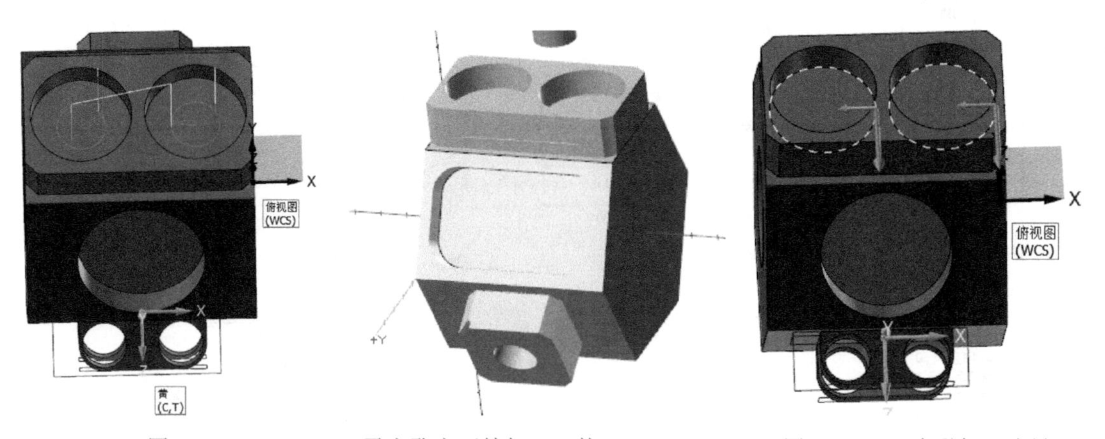

图 4-4-94　ϕ16 mm 平底孔底面精加工刀轨　　　　图 4-4-95　串联加工边界

使用【外形铣削】命令，串联加工边界，如图 4-4-100 所示。选择 D8 铣刀，设置【切削参数】，如图 4-4-101 所示。【进/退刀设置】如图 4-4-102 所示。设置【共同参数】如图 4-4-103 所示。生成的外形精加工刀轨，如图 4-4-104 所示。

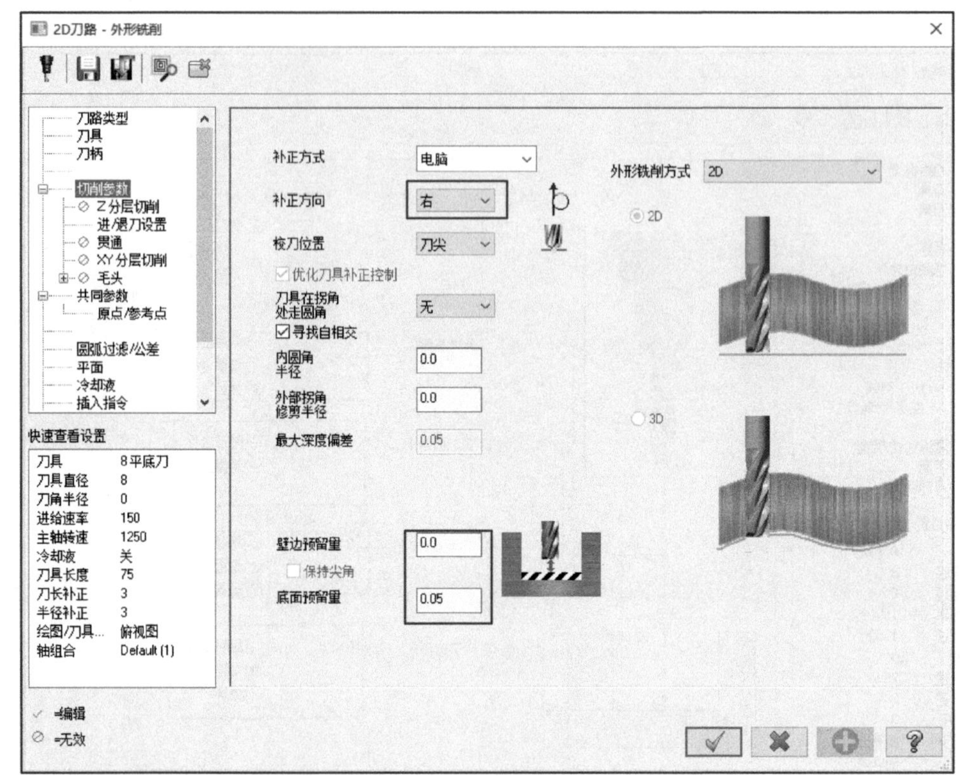

图 4-4-96　切削参数设置

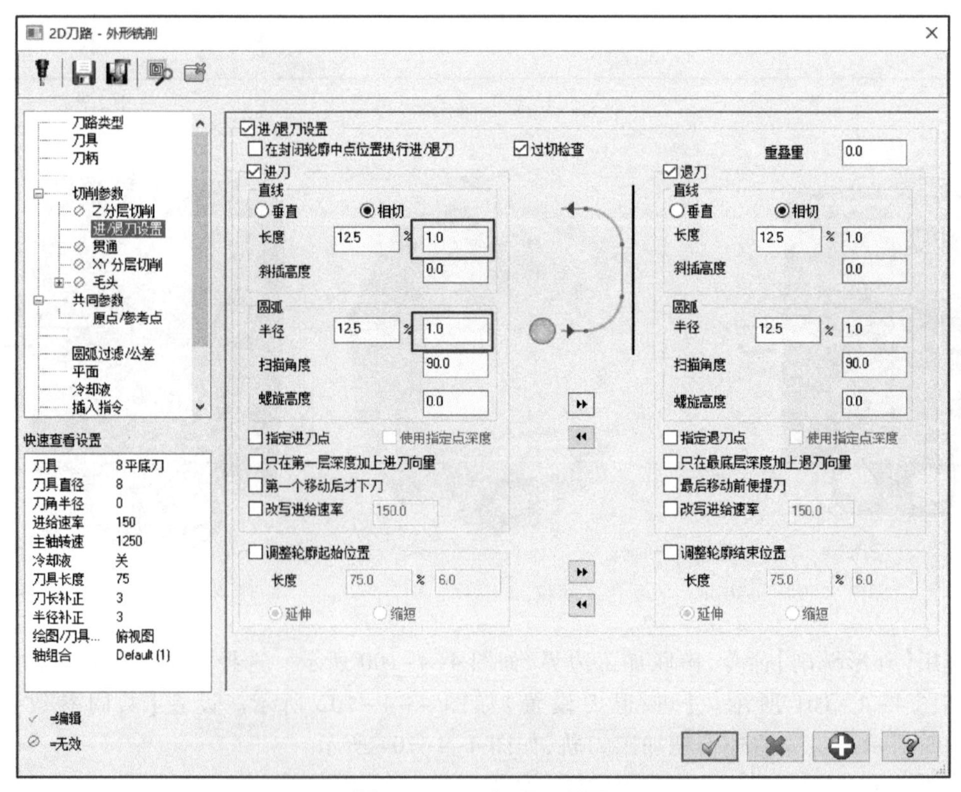

图 4-4-97　进/退刀设置

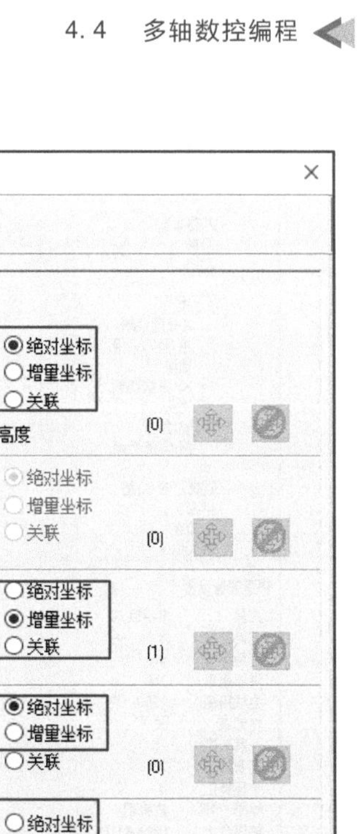

图 4-4-98　共同参数设置

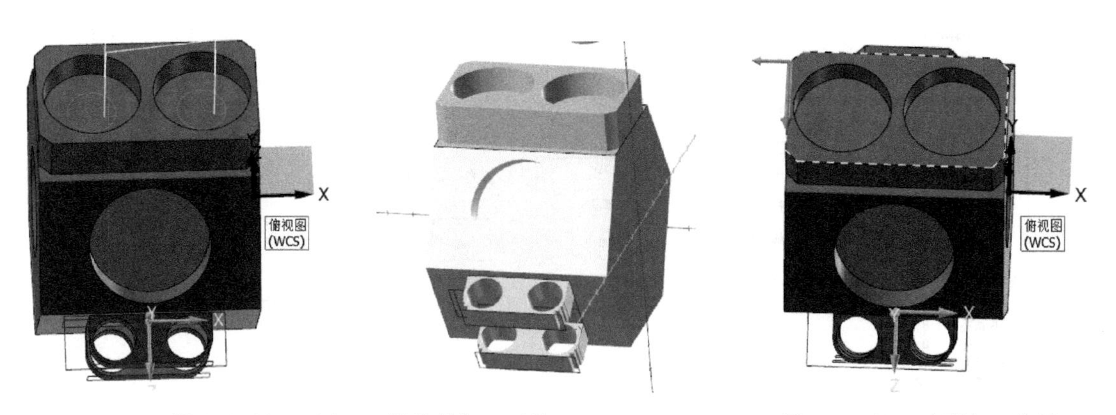

图 4-4-99　ϕ16 mm 侧壁精加工刀轨　　　　图 4-4-100　串联加工边界

修改“刀具、绘图平面”为“棕”平面，使用【平面铣削】命令，串联加工边界，如图 4-4-105 所示。选择 D8 铣刀，设置【切削参数】如图 4-4-106 所示。设置【共同参数】如图 4-4-107 所示。生成的“棕”平面精加工刀轨，如图 4-4-108 所示。

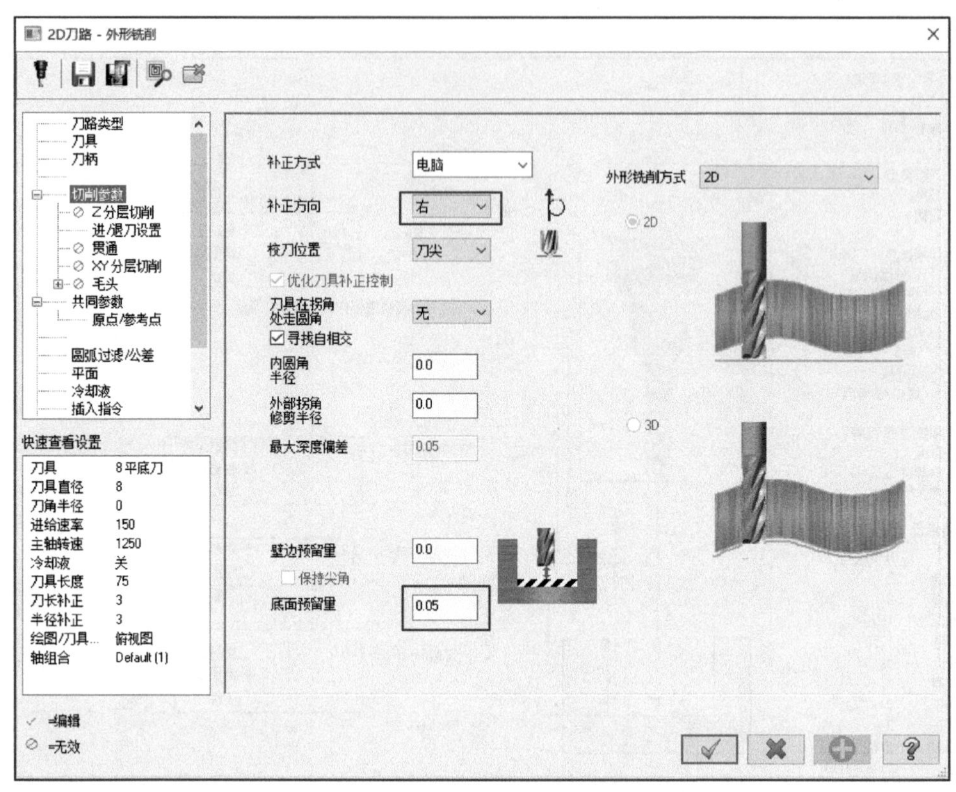

图 4-4-101　切削参数设置

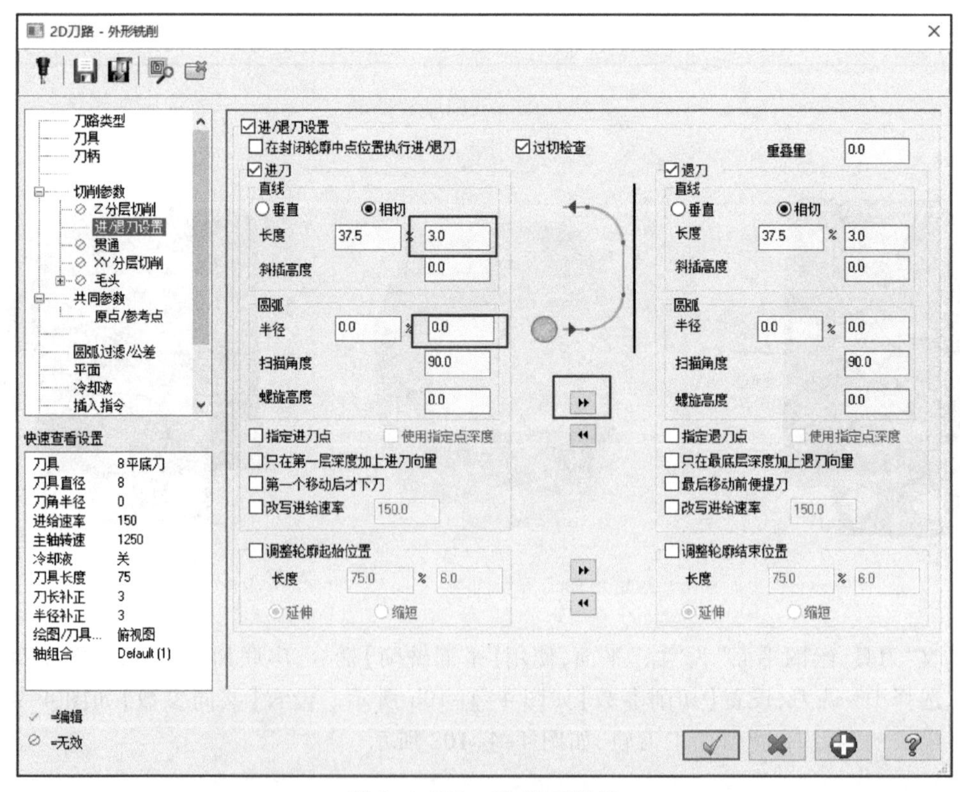

图 4-4-102　进/退刀设置

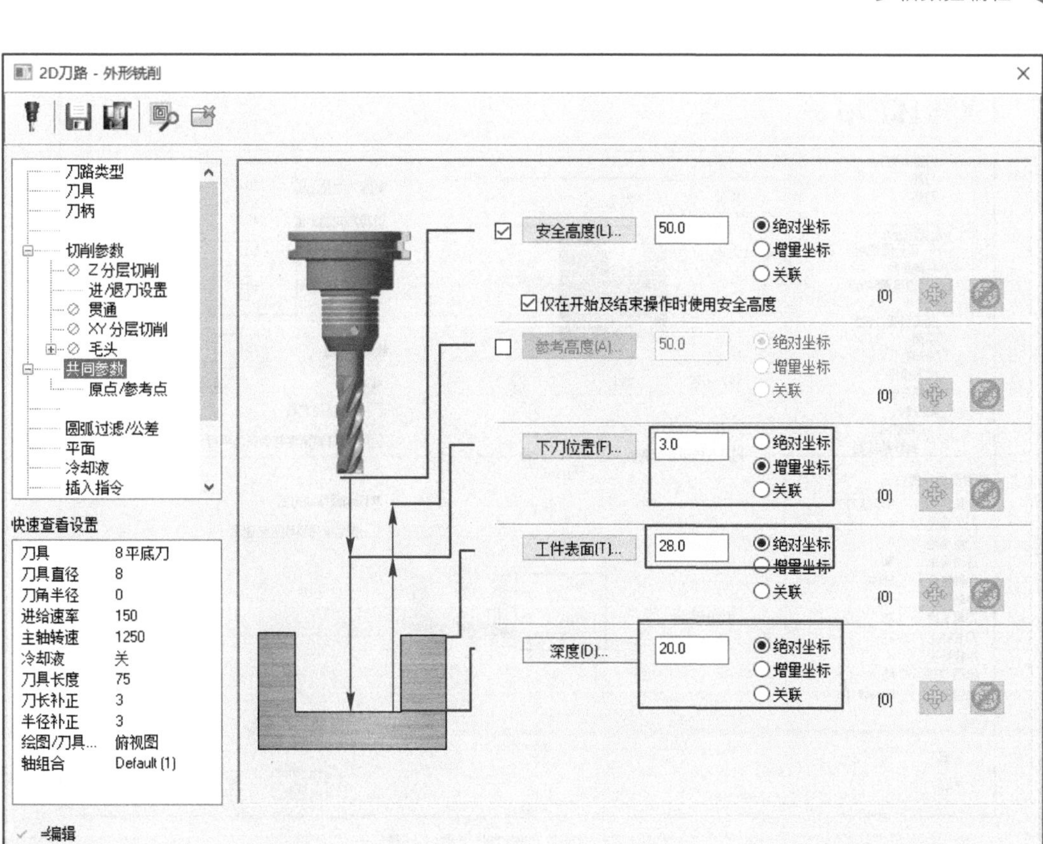

图 4-4-103 共同参数设置

精加工 $\phi20$ mm 的平底孔，使用 2D 区域，选择加工边界为封闭区域的轮廓线，如图 4-4-109所示。使用 D8 铣刀，设置【切削参数】如图 4-4-110 所示。设置【进刀方式】如图 4-4-111所示。设置【共同参数】如图 4-4-112 所示。生成的 $\phi20$ mm 平底孔精加工刀轨，如图 4-4-113 所示。

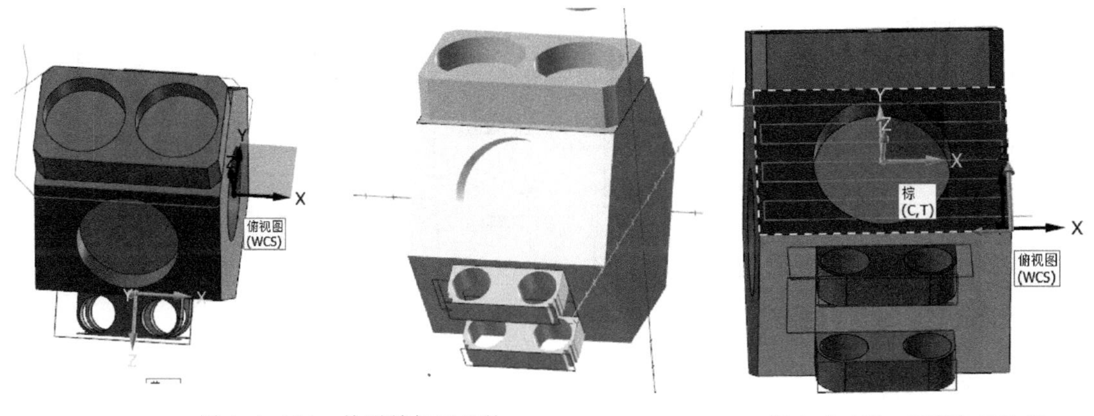

图 4-4-104 外形精加工刀轨

图 4-4-105 串联加工边界

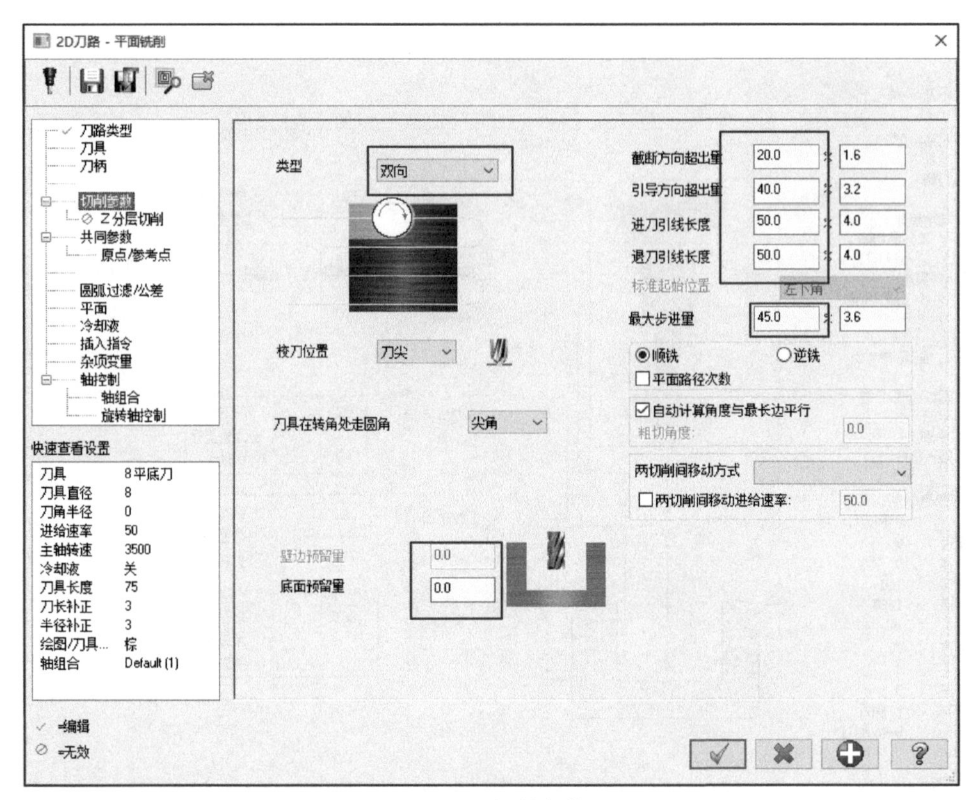

图 4-4-106　切削参数设置

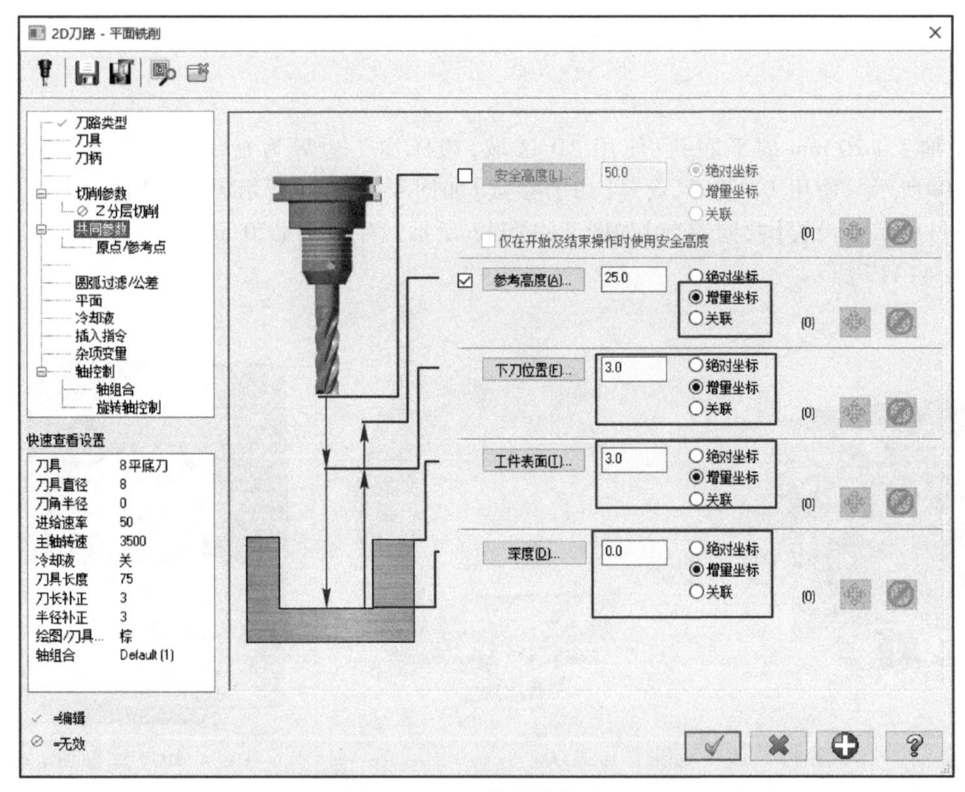

图 4-4-107　共同参数设置

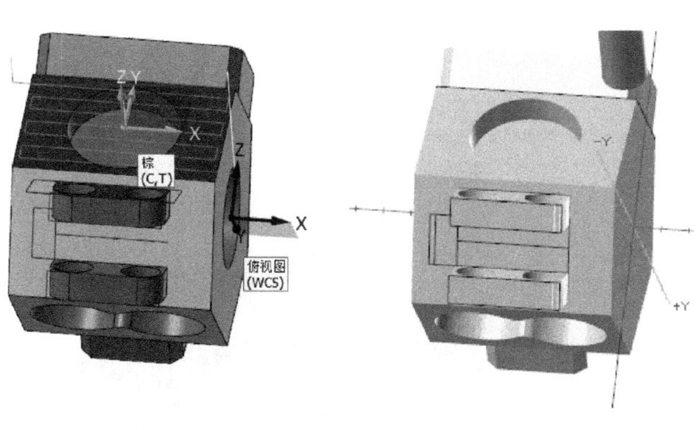

图 4-4-108 “棕”平面精加工刀轨

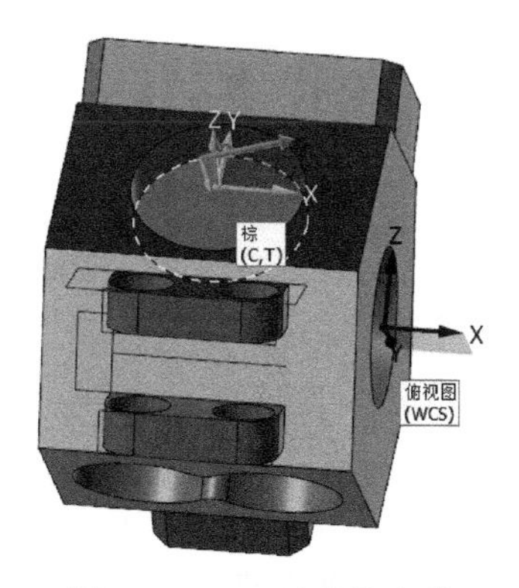

图 4-4-109 选择轮廓线

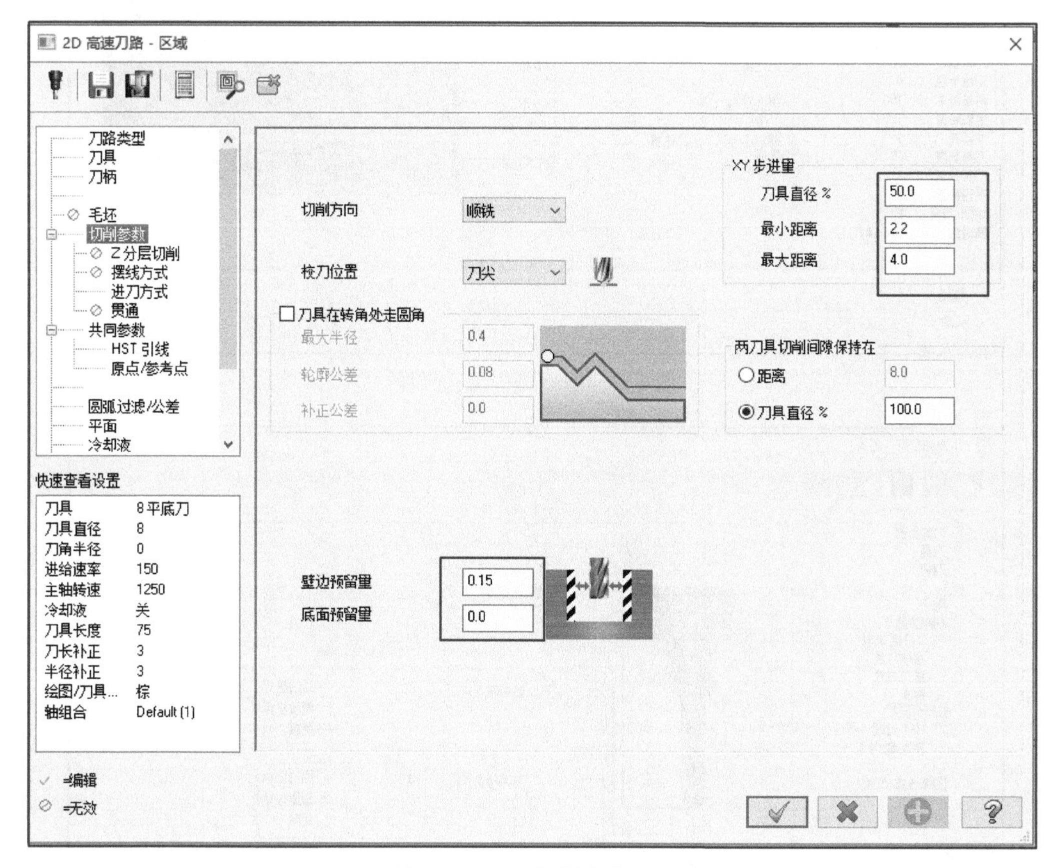

图 4-4-110 切削参数设置

精加工 ϕ20 mm 平底孔侧壁，使用【外形铣削】命令，串联加工边界，如图 4-4-114 所示。使用 D8 铣刀，设置【切削参数】如图 4-4-115 所示，【进/退刀设置】如图 4-4-116 所示，设置【共同参数】如图 4-4-117 所示。生成的 ϕ20 mm 平底孔侧壁精加工刀轨，如图 4-4-118 所示。

切换“刀具、绘图平面”为“黄”平面，使用【平面铣削】加工最高面，选择轮廓线如图 4-4-119所示。使用 D8 铣刀，设置【切削参数】如图 4-4-120 所示。设置【共同参数】如图 4-4-121 所示，生成的“黄”平面最高面精加工刀轨，如图 4-4-122 所示。

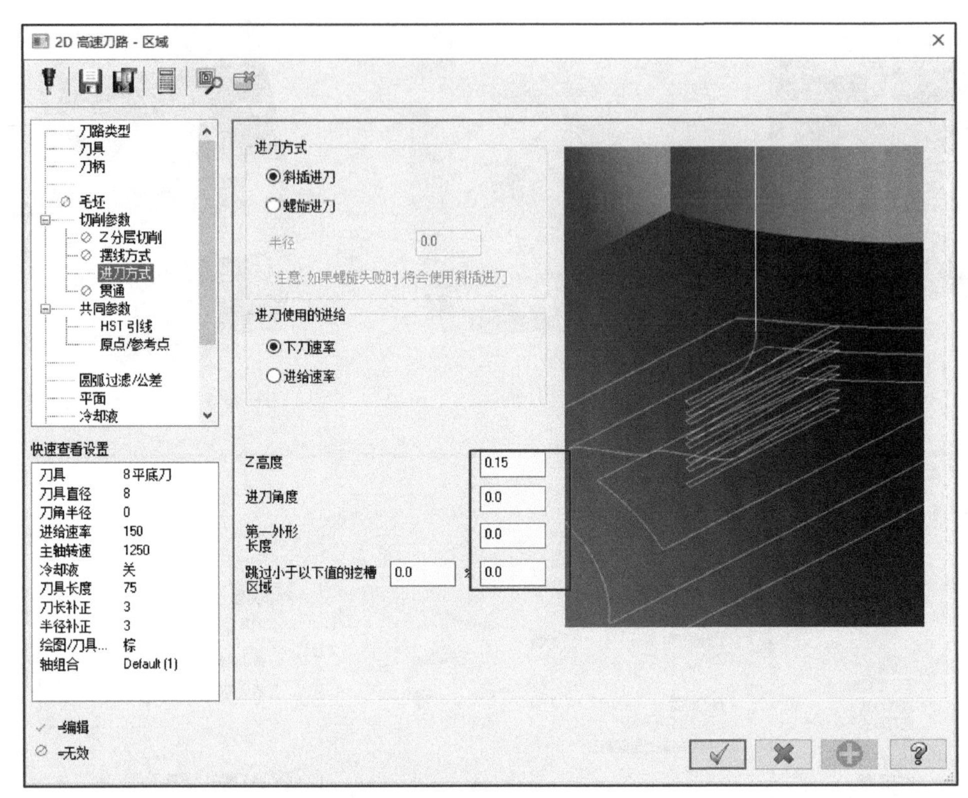

图 4-4-111　进刀方式设置

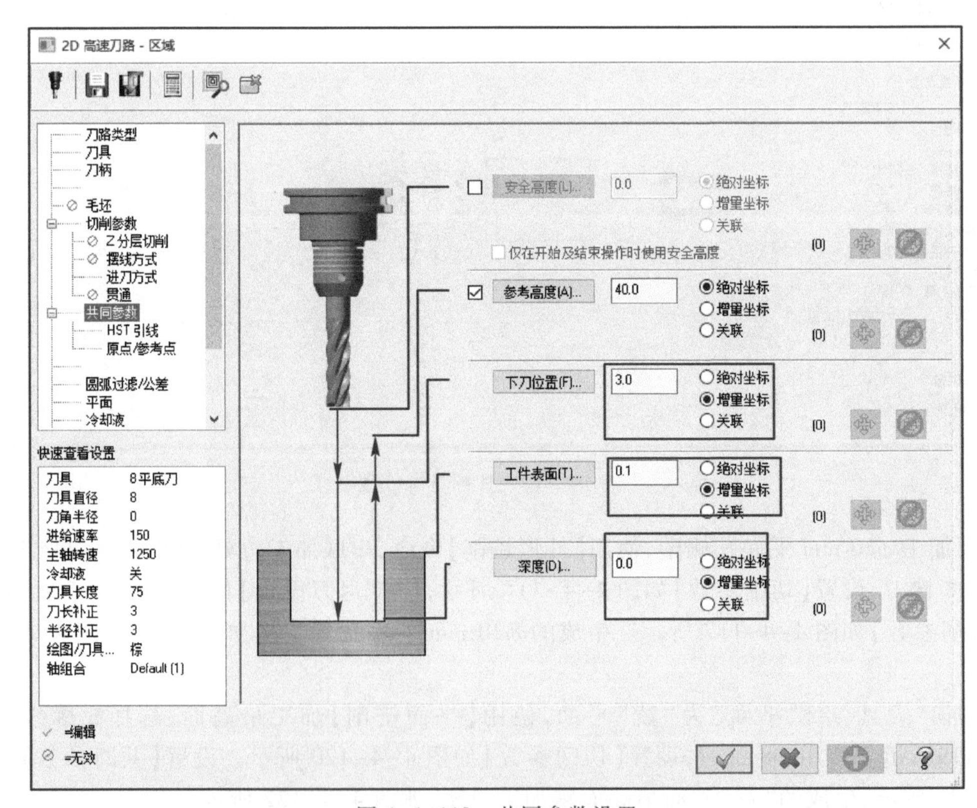

图 4-4-112　共同参数设置

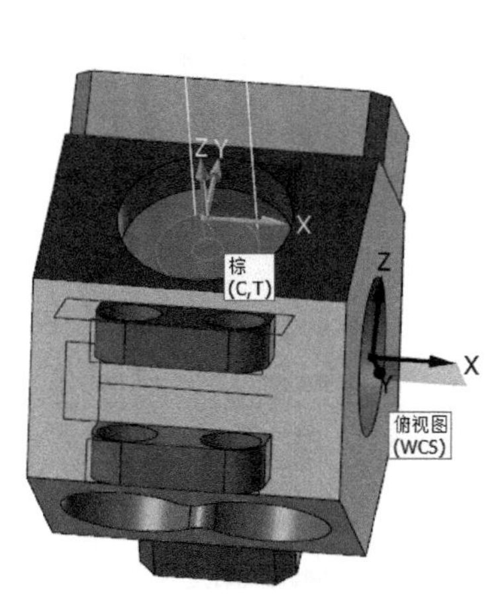

图 4-4-113 ϕ20 mm 平底孔精加工刀轨

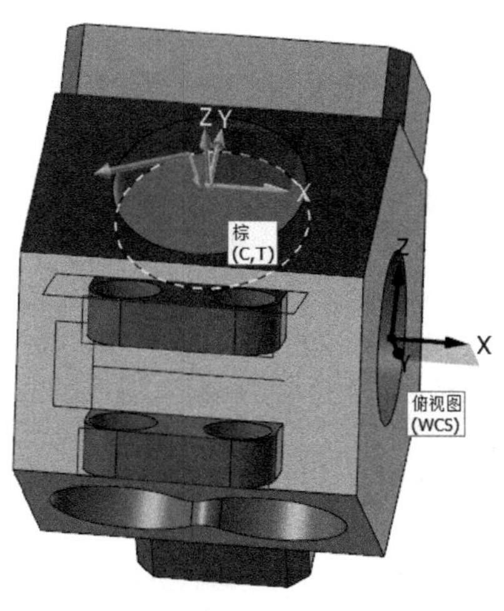

图 4-4-114 串联加工边界

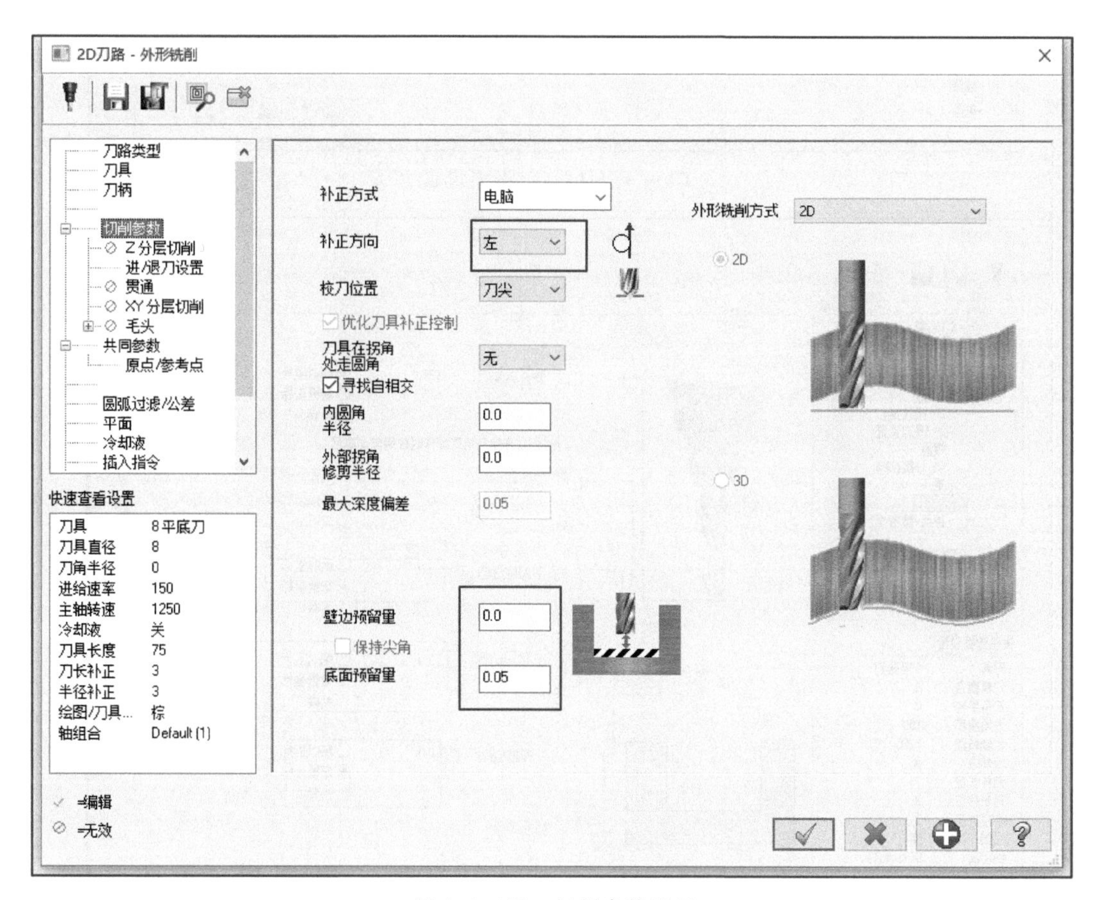

图 4-4-115 切削参数设置

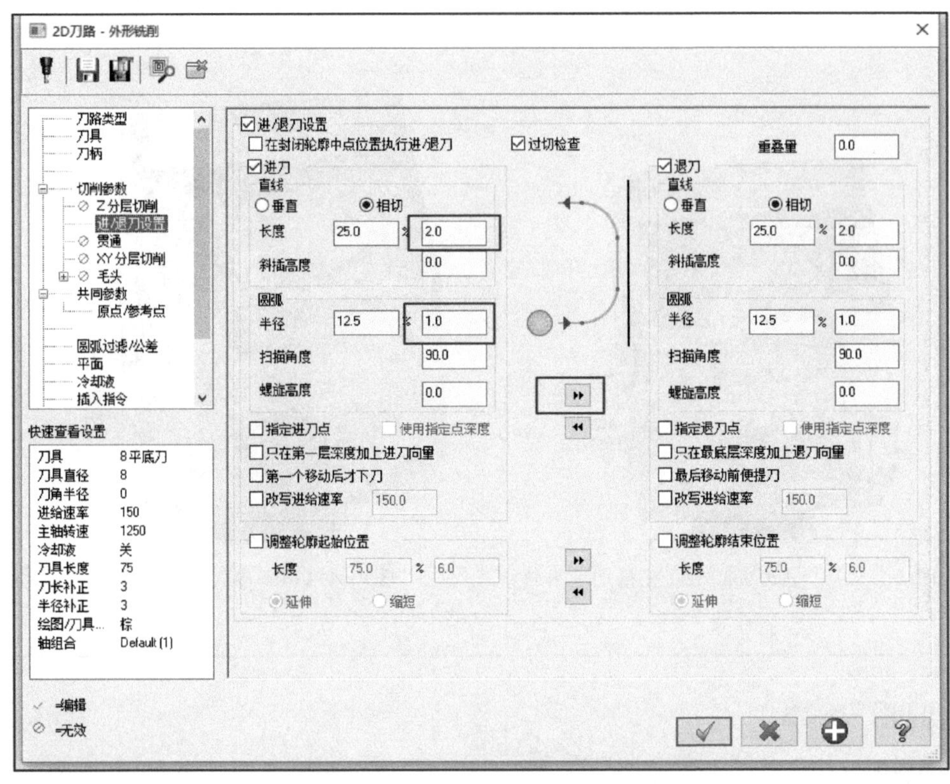

图 4-4-116　进/退刀设置

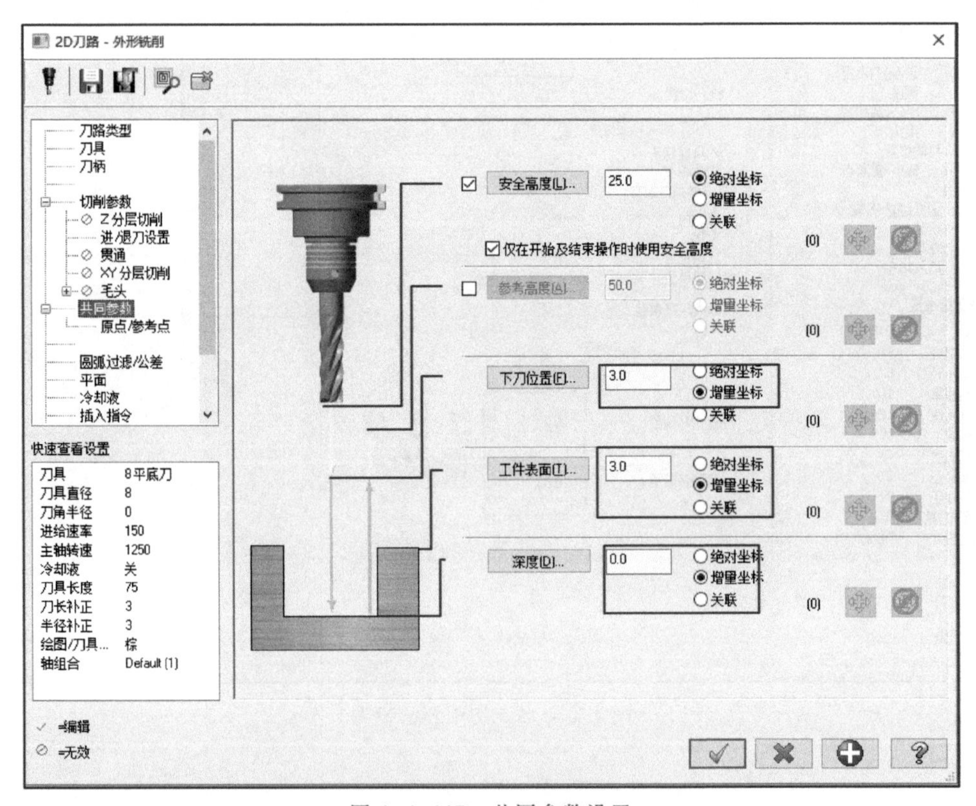

图 4-4-117　共同参数设置

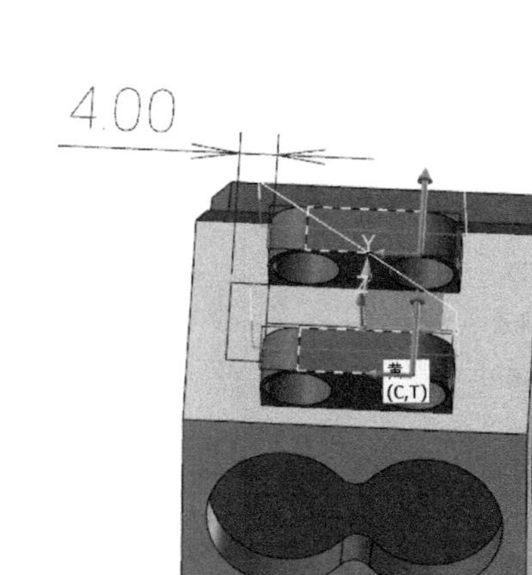

图 4-4-118 ϕ20 mm 平底孔侧壁精加工刀轨

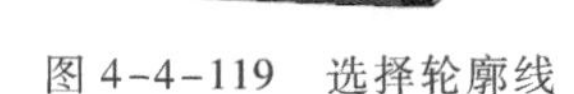

图 4-4-119 选择轮廓线

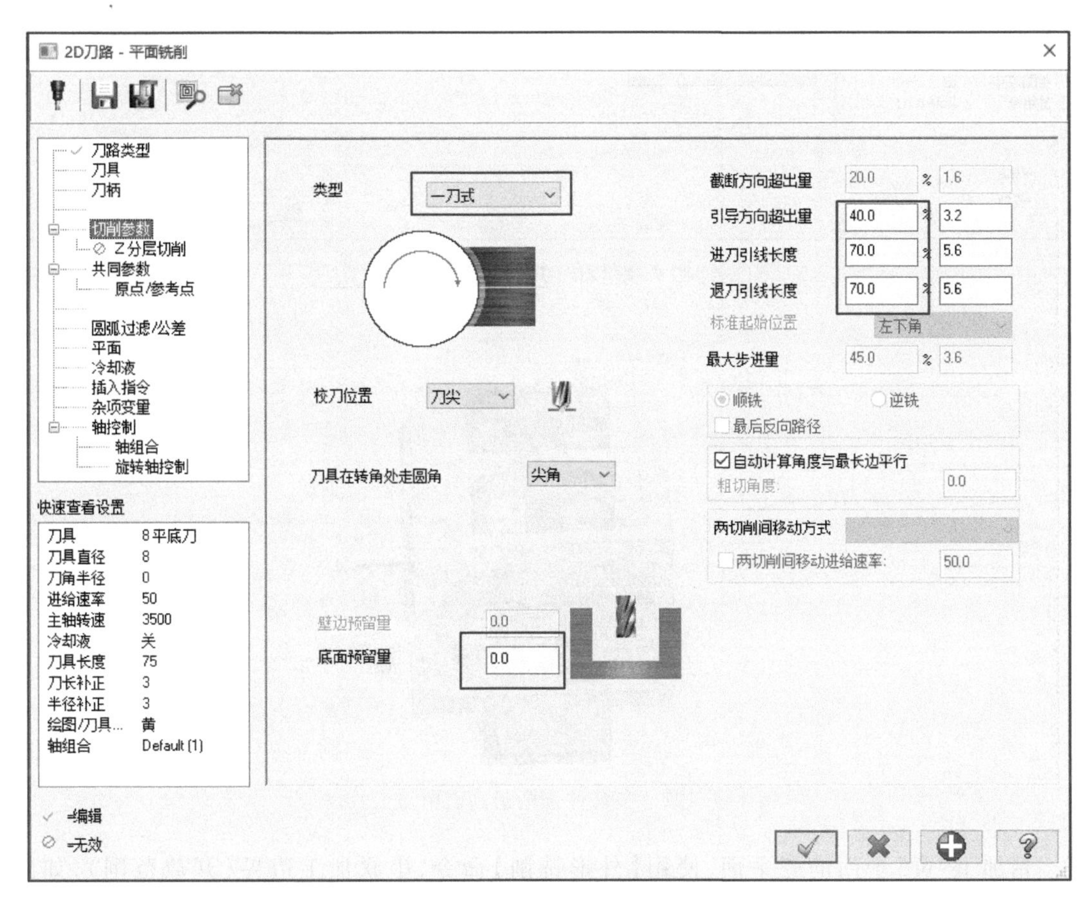

图 4-4-120 切削参数设置

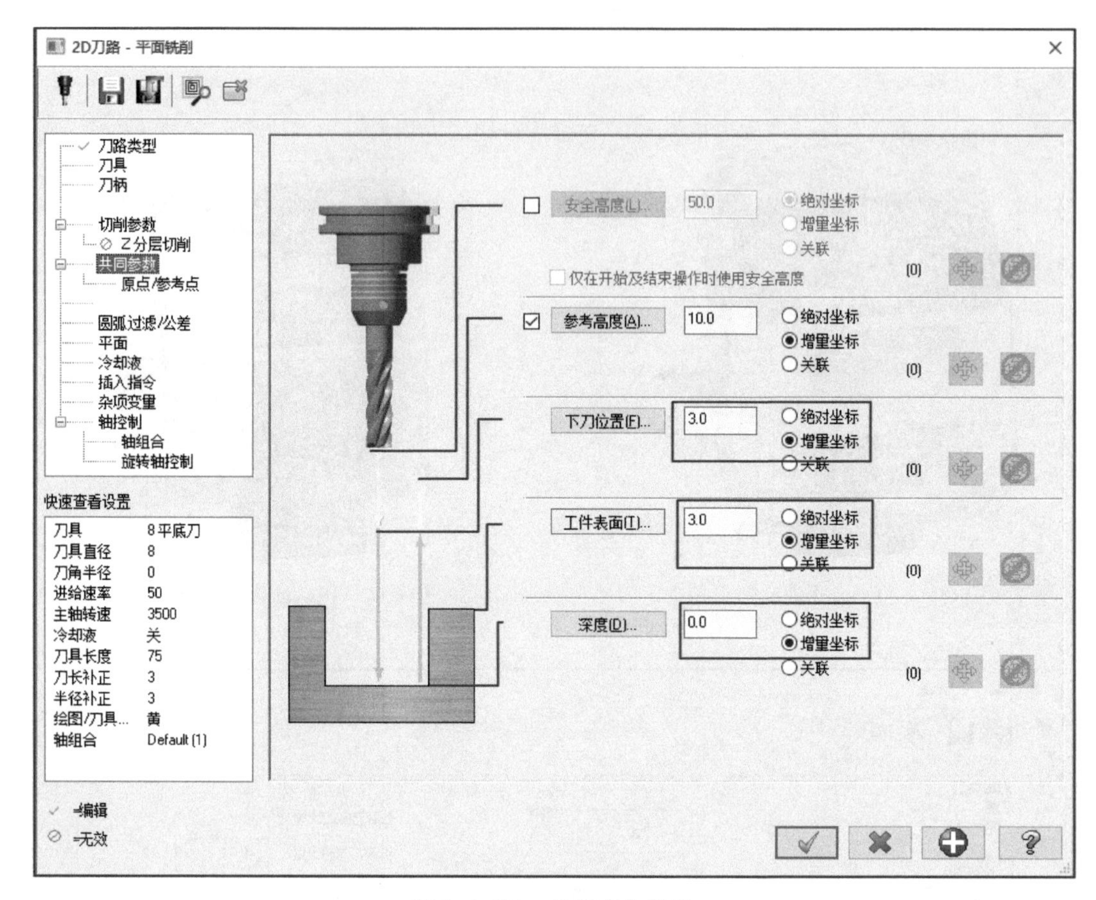

图 4-4-121　共同参数设置

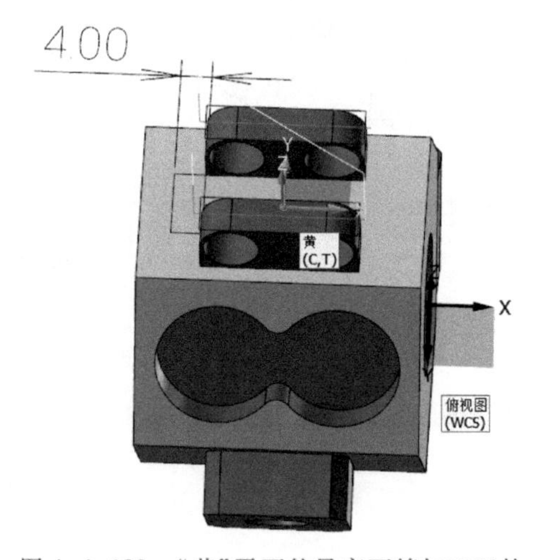

图 4-4-122　“黄”平面的最高面精加工刀轨

精加工“黄”平面的底平面，使用【外形铣削】命令，串联加工边界（开放范围），如图 4-4-123所示，串联避让范围，如图 4-4-124 所示。使用 D8 铣刀，设置【切削参数】如图 4-4-125所示，设置【进刀方式】如图 4-4-126 所示，设置【共同参数】如图 4-4-127 所示。生成的“黄”平面底平面精加工刀轨，如图 4-4-128 所示。

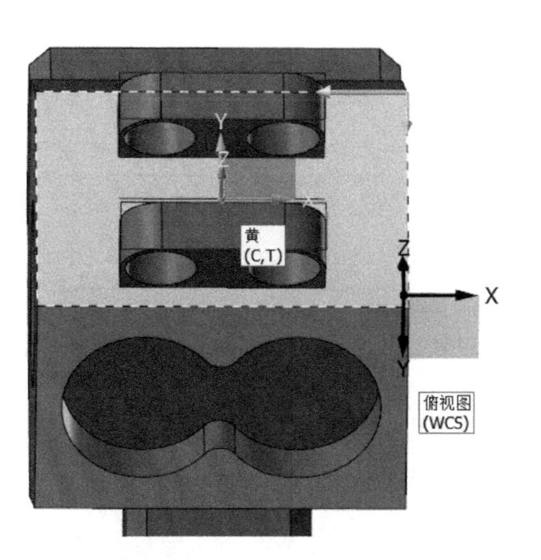

图 4-4-123 串联加工边界

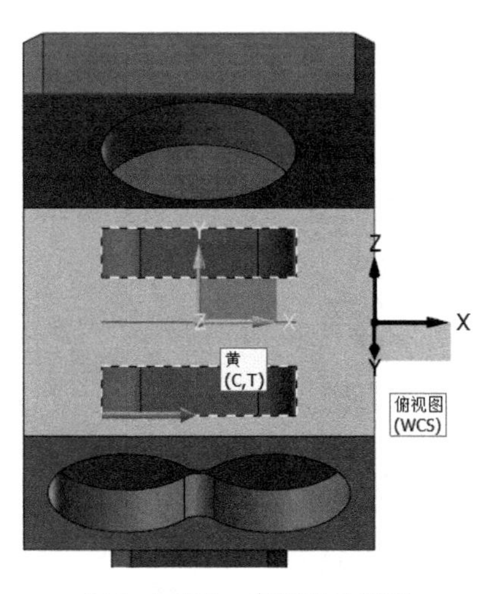

图 4-4-124 串联避让范围

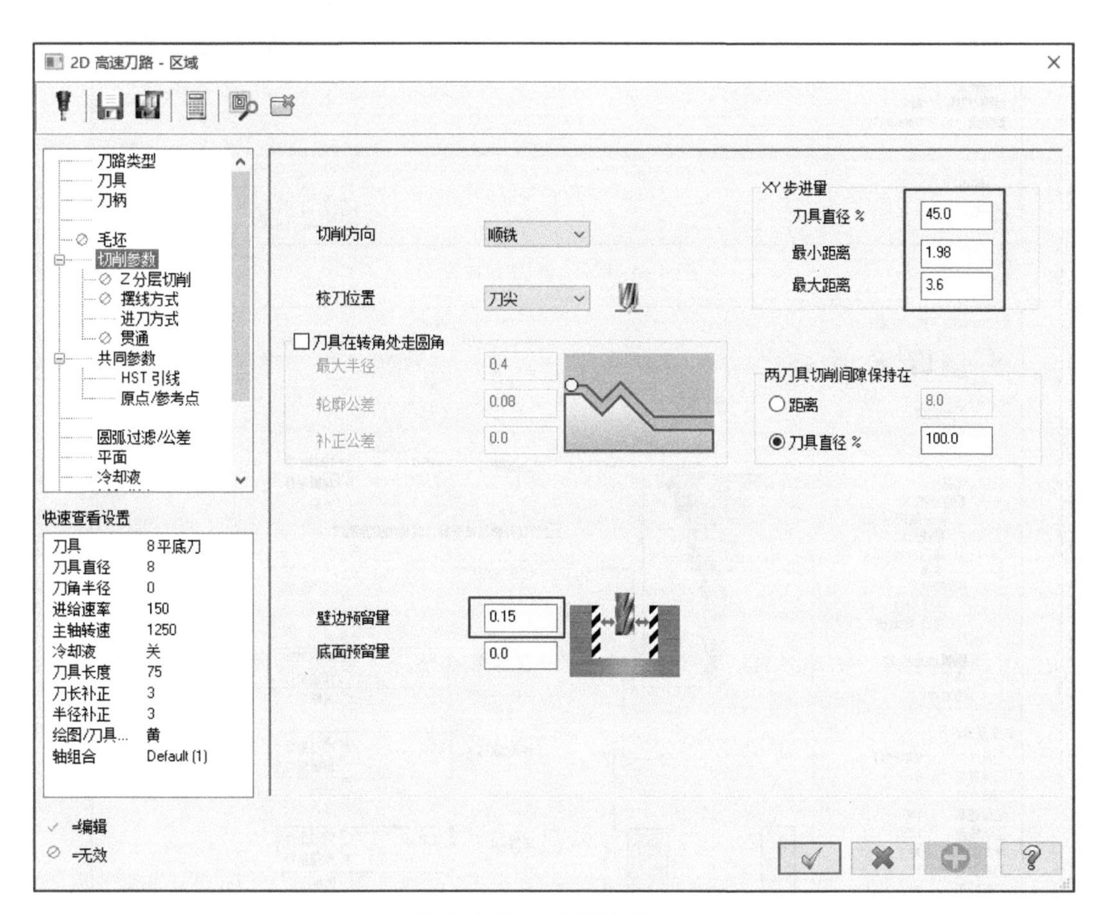

图 4-4-125 切削参数设置

精加工“黄”平面侧壁，使用【外形铣削】命令，串联加工边界，如图 4-4-129 所示，使用 D8 铣刀，设置【切削参数】如图 4-4-130 所示，【进/退刀设置】如图 4-4-131 所示，设置【共同参数】如图 4-4-132 所示。生成的“黄”平面侧壁精加工刀轨，如图 4-4-133 所示。

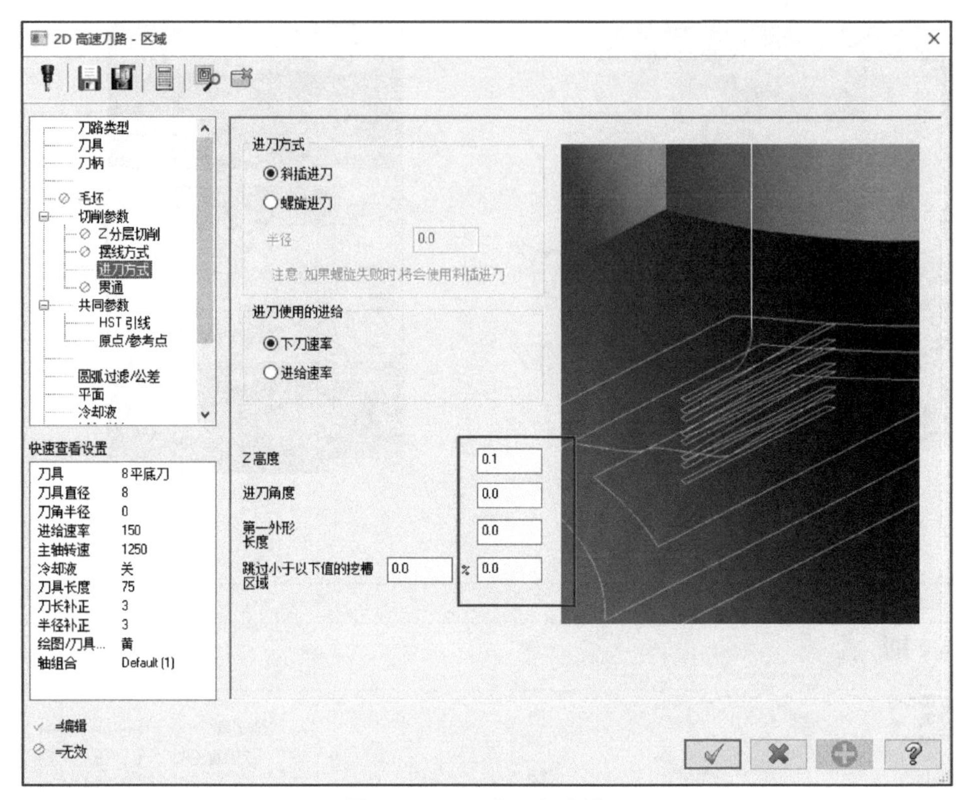

图 4-4-126　进刀方式设置

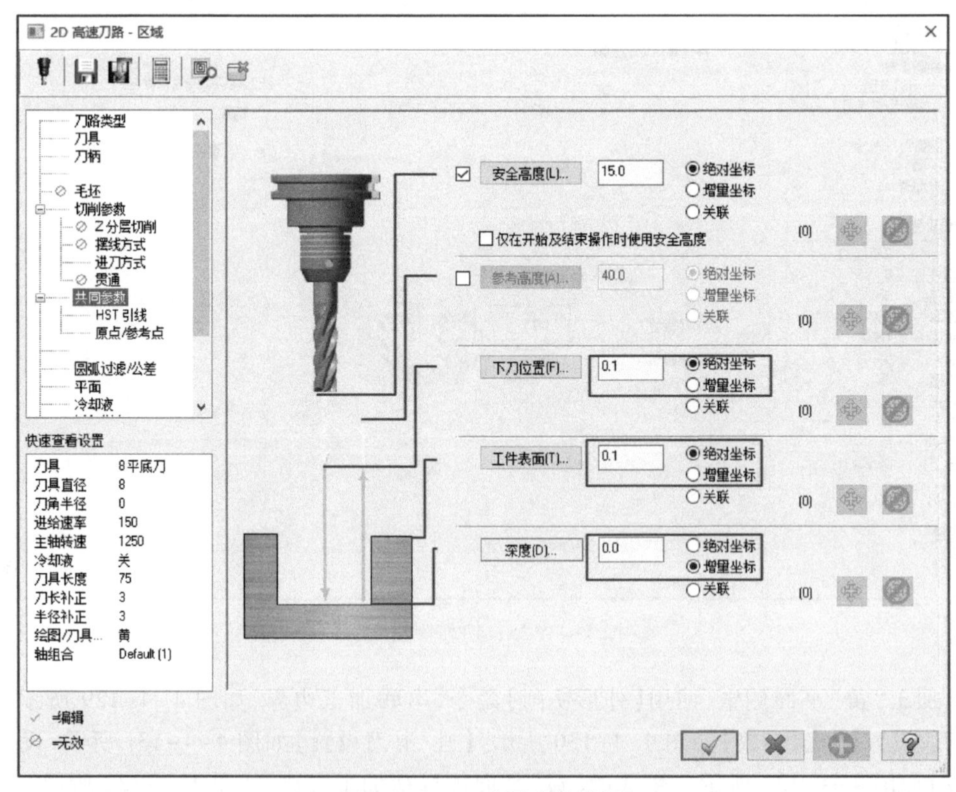

图 4-4-127　共同参数设置

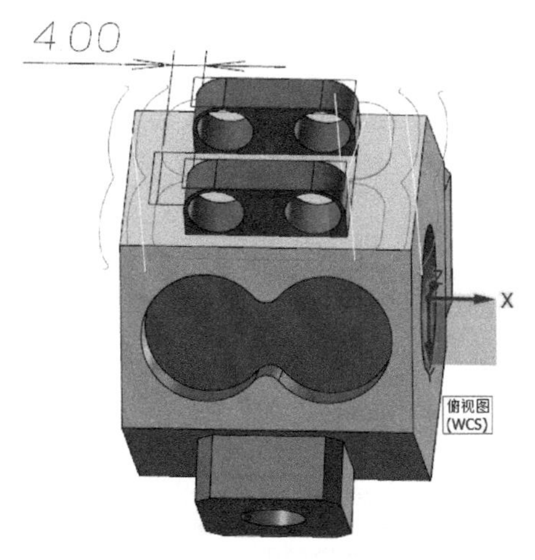

图 4-4-128 “黄”平面底平面精加工刀轨

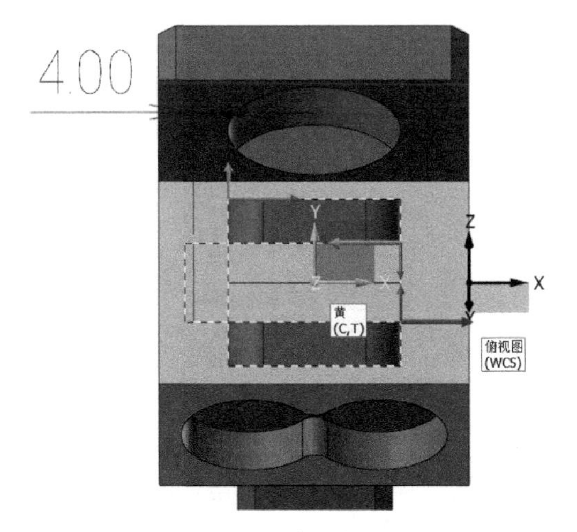

图 4-4-129 串联加工边界

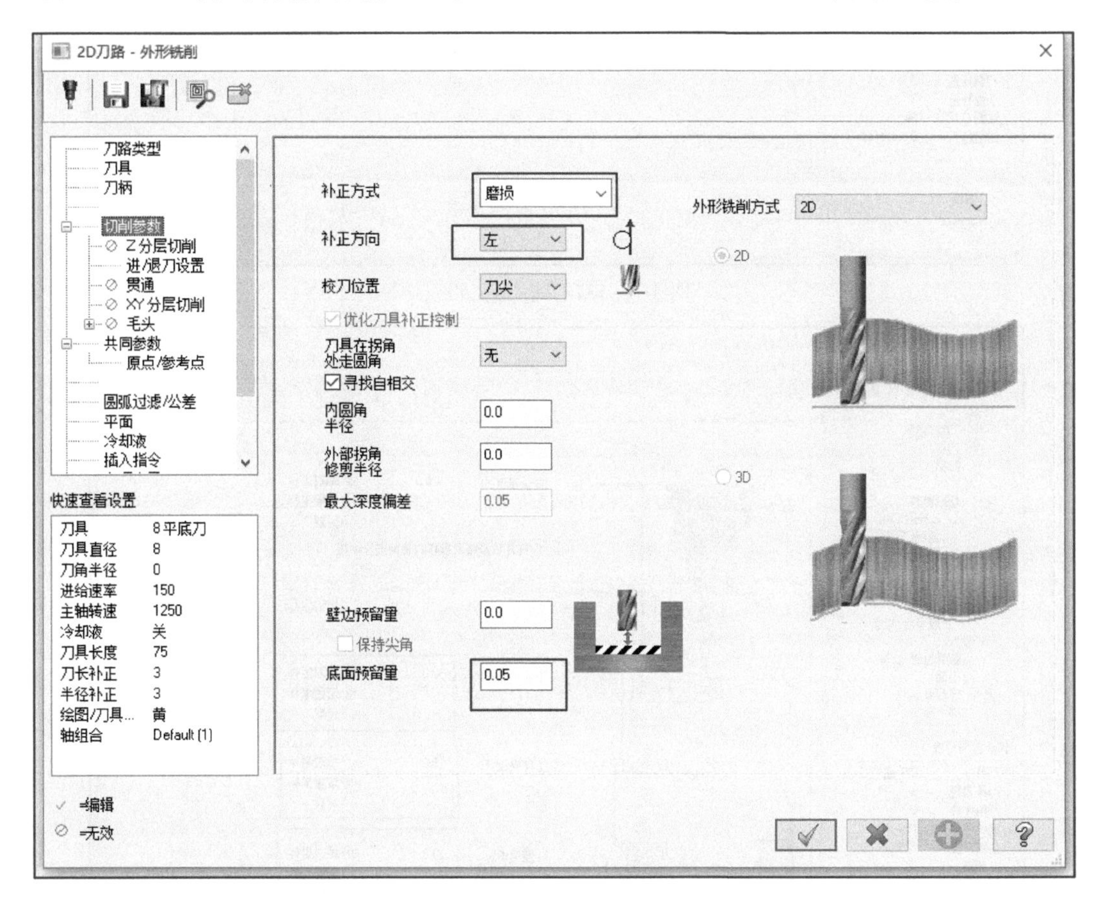

图 4-4-130 切削参数设置

修改“刀具、绘图平面”为“绿”平面，将“棕”平面精加工程序旋转 120°到“绿”平面，点击【刀路转换】，选择“棕”平面的【平面铣削】，设置【刀路转换类型与方式】如图 4-4-134 所示。【旋转】选项卡设置，如图 4-4-135 所示。生成的“绿”平面精加工刀轨，如图 4-4-136 所示。

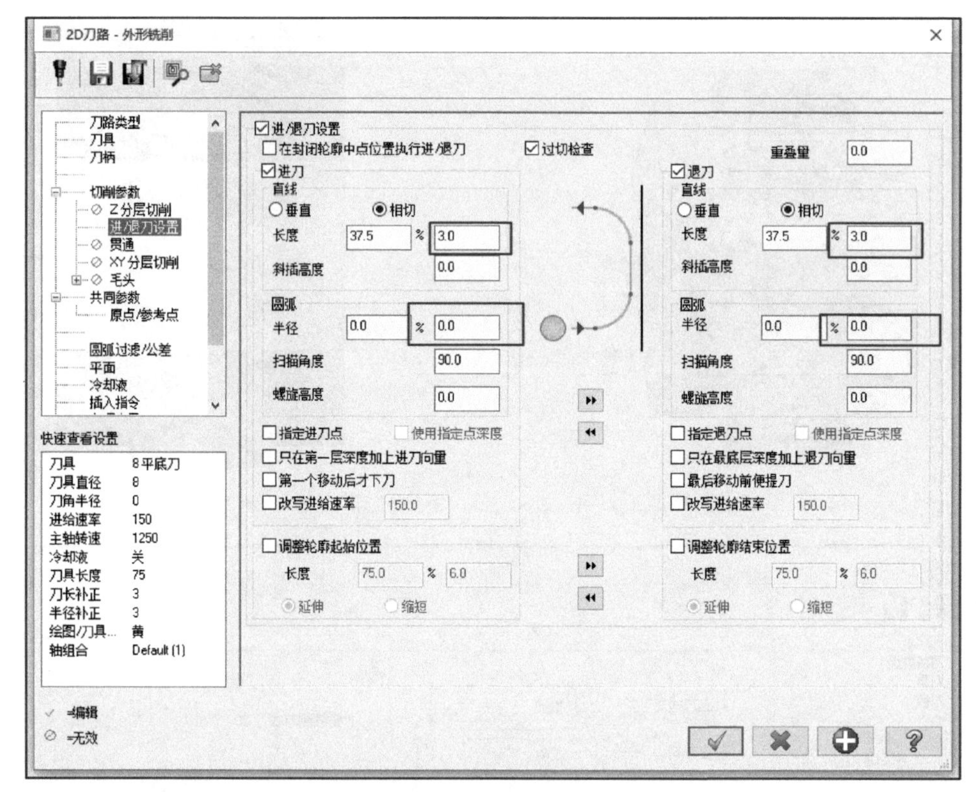

图 4-4-131　进/退刀设置

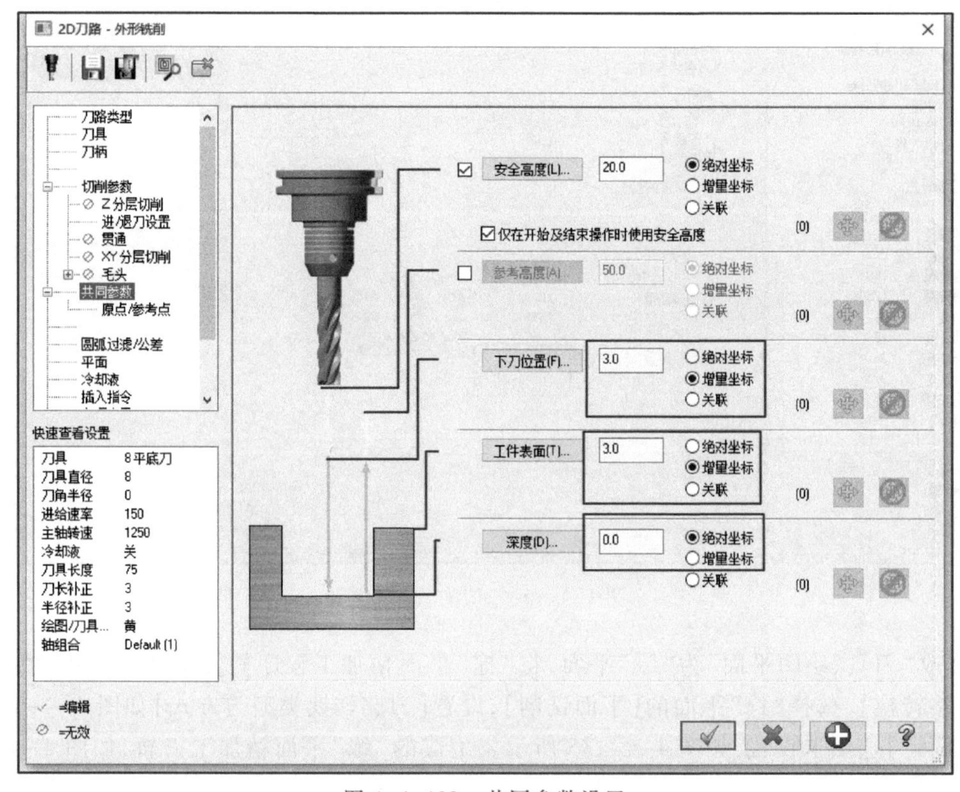

图 4-4-132　共同参数设置

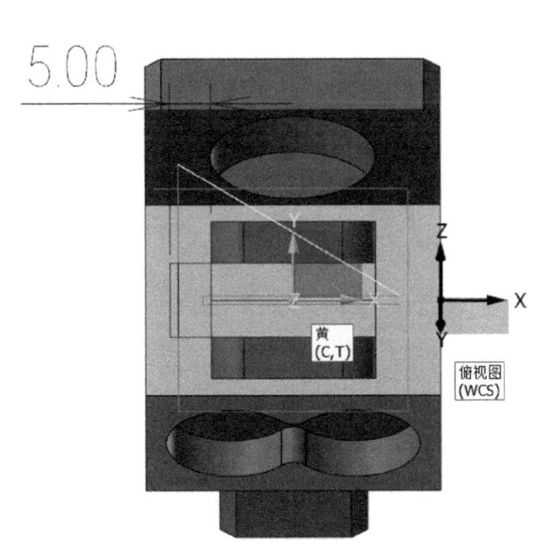

图 4-4-133　“黄”平面侧壁精加工刀轨

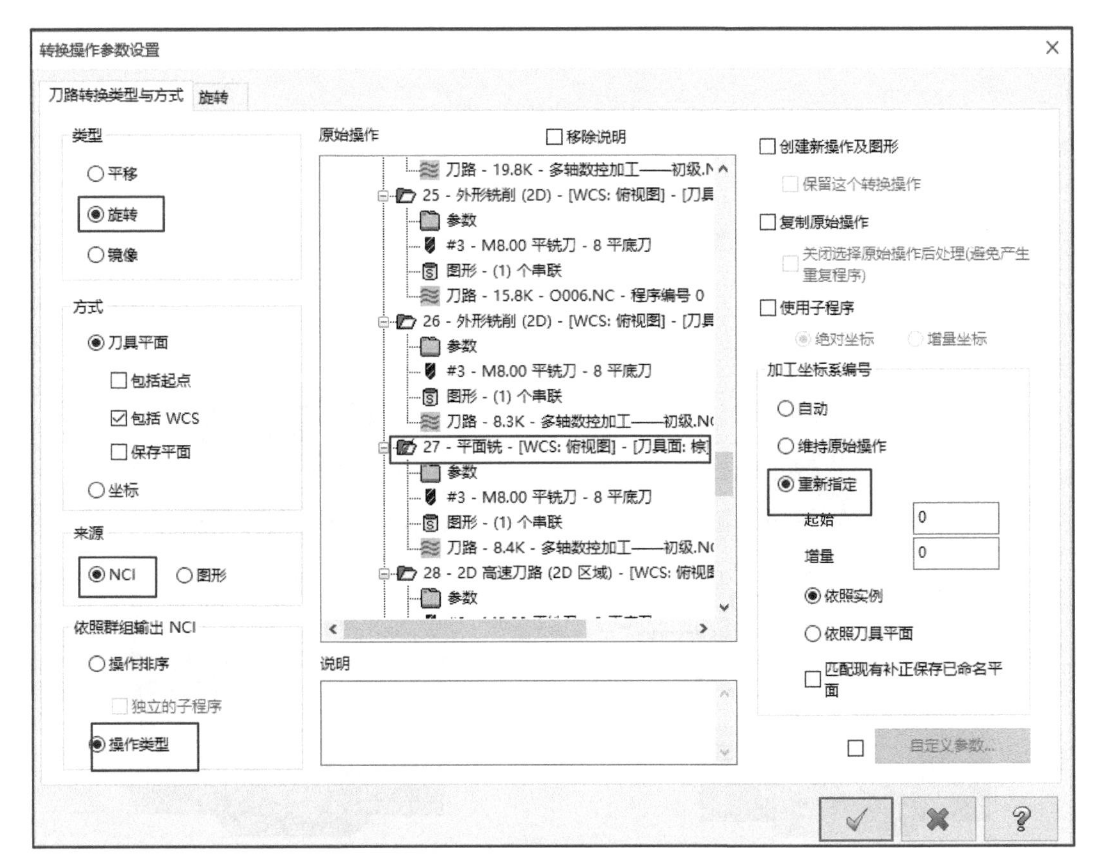

图 4-4-134　刀路转换类型与方式设置

精加工“绿”平面内轮廓侧壁，使用【外形铣削】命令，串联加工边界如图 4-4-137 所示。选择 D8 铣刀，设置【切削参数】如图 4-4-138 所示，【进/退刀设置】如图 4-4-139 所示，设置【共同参数】如图 4-4-140 所示。生成的“绿”平面内轮廓侧壁精加工刀轨，如图 4-4-141 所示。

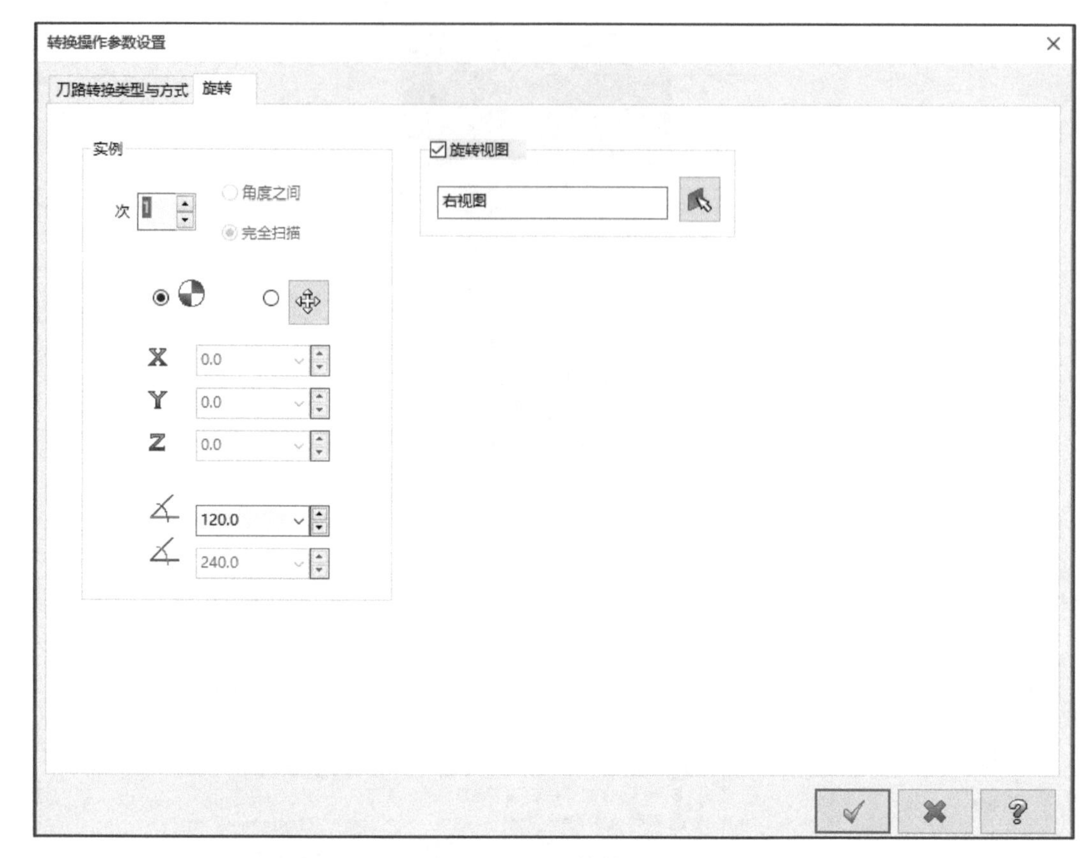

图 4-4-135 旋转设置

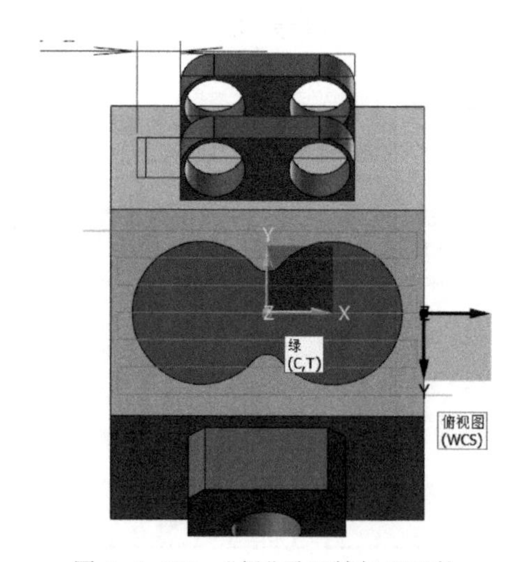

图 4-4-136 “绿”平面精加工刀轨

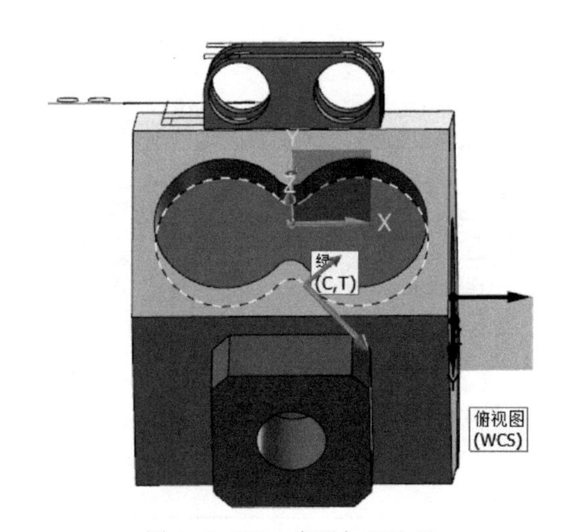

图 4-4-137 串联加工边界

修改“刀具、绘图平面”为“紫”视图平面，使用【外形铣削】命令加工侧壁。串联开放边界，如图 4-4-142 所示。使用 D6 铣刀，设置【切削参数】如图 4-4-143 所示，设置【Z 分层】如图 4-4-144 所示，【进/退刀设置】如图 4-4-145 所示，设置【共同参数】，如图 4-4-146 所示。生成的“紫”平面侧面精加工刀轨，如图 4-4-147 所示。

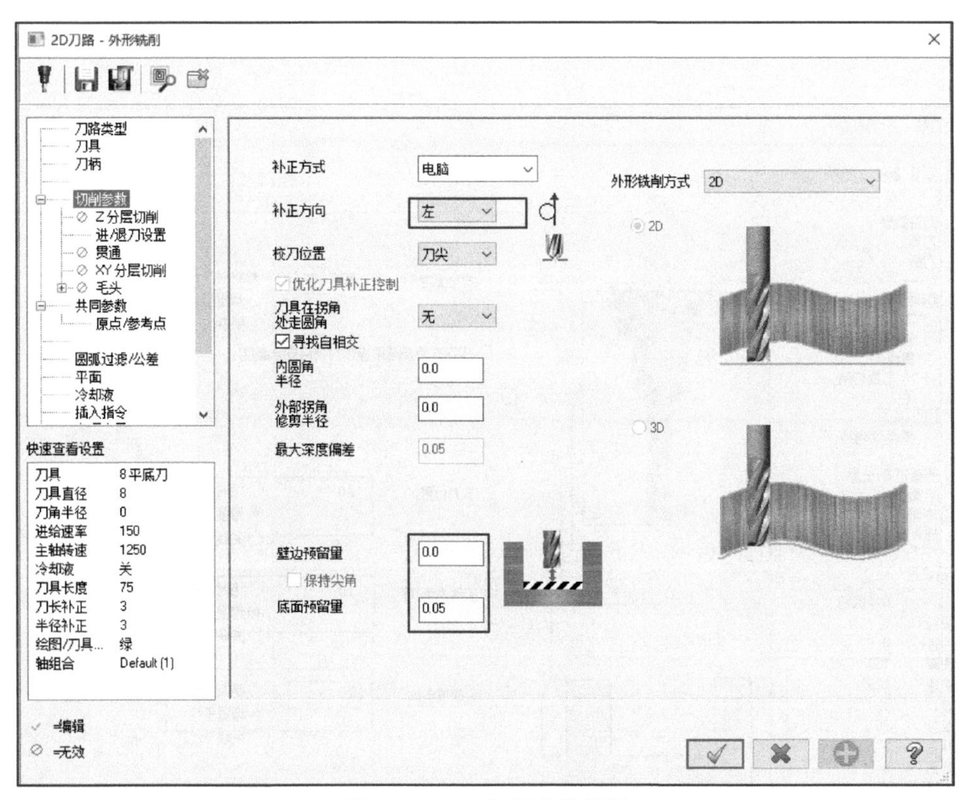

图 4-4-138 切削参数设置

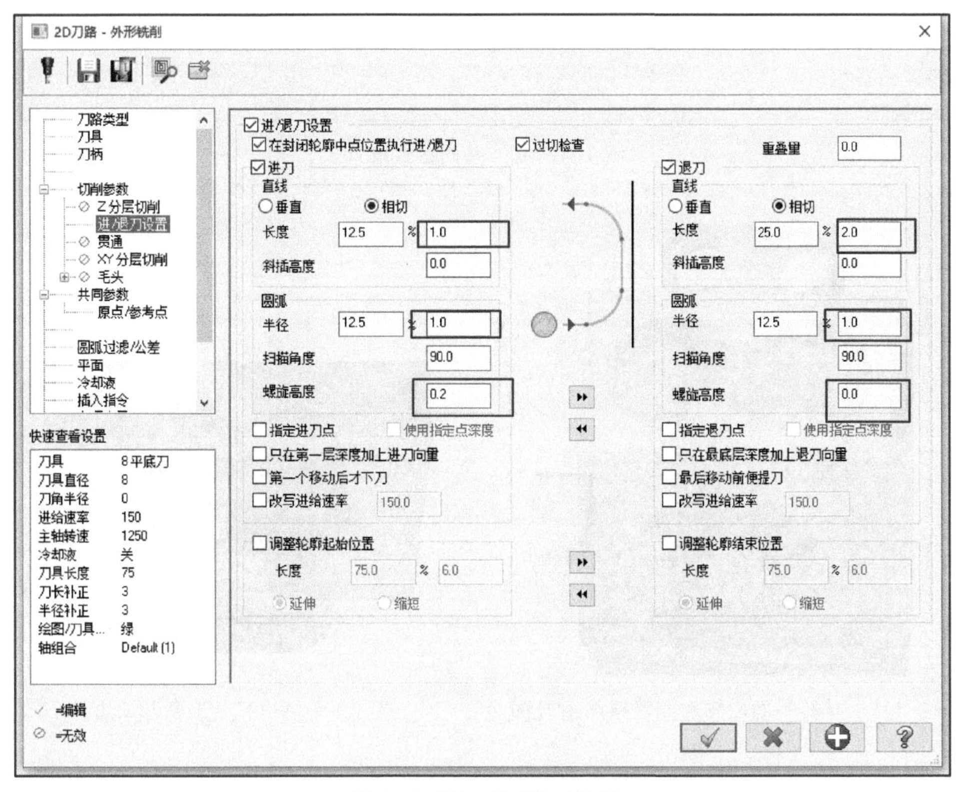

图 4-4-139 进/退刀设置

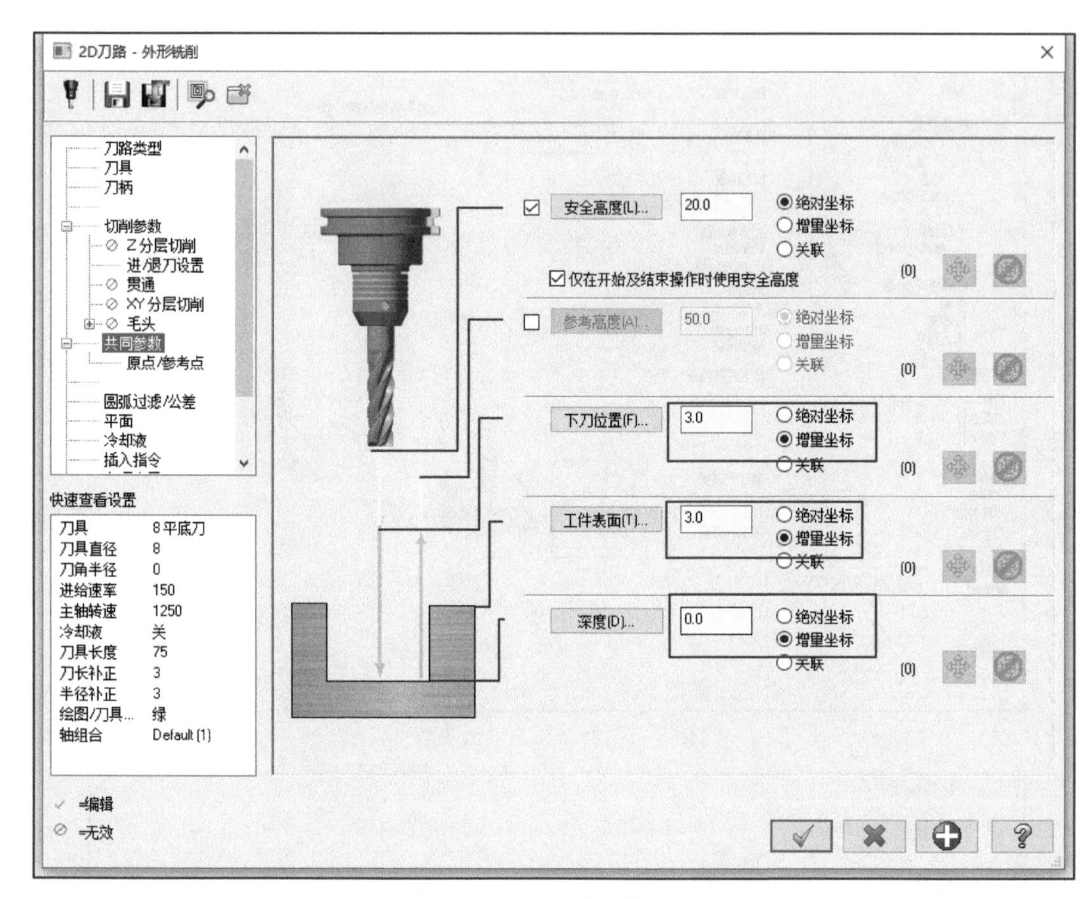

图 4-4-140　共同参数设置

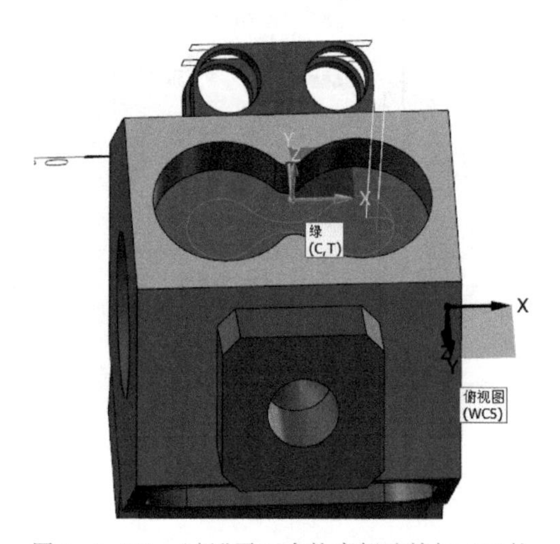

图 4-4-141　“绿”平面内轮廓侧壁精加工刀轨

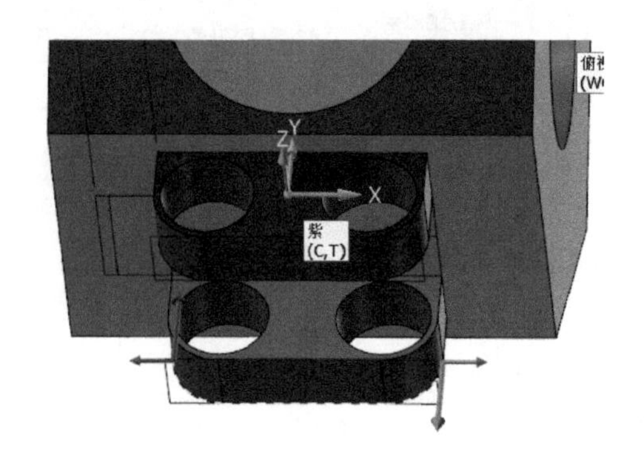

图 4-4-142　串联开放边界

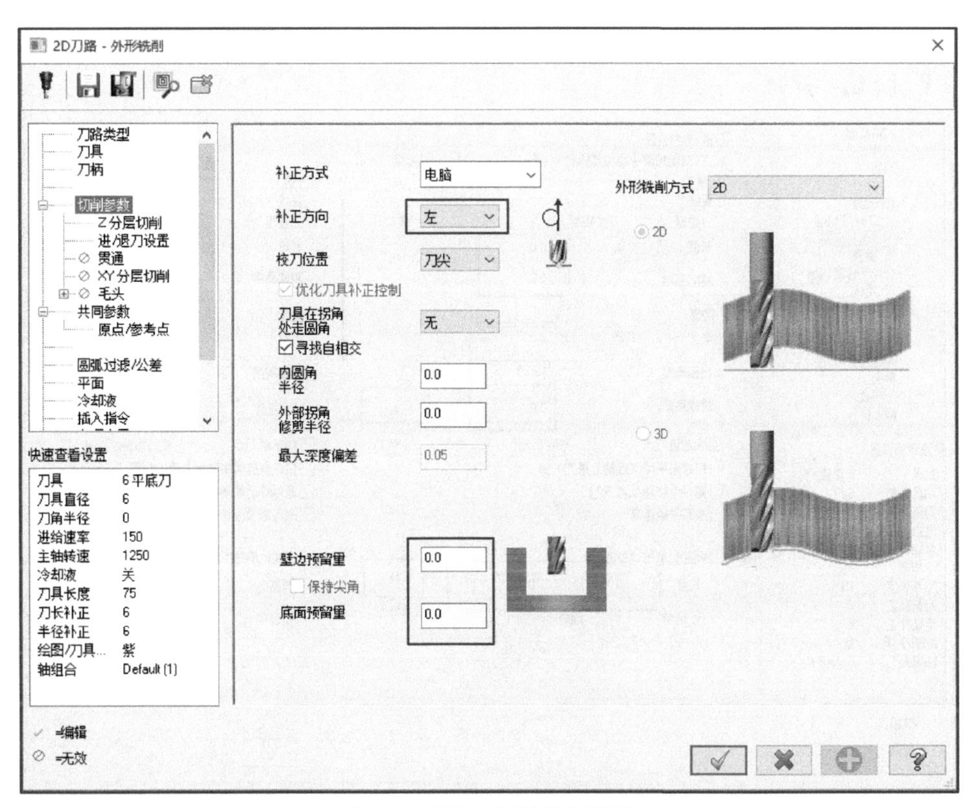

图 4-4-143　切削参数设置

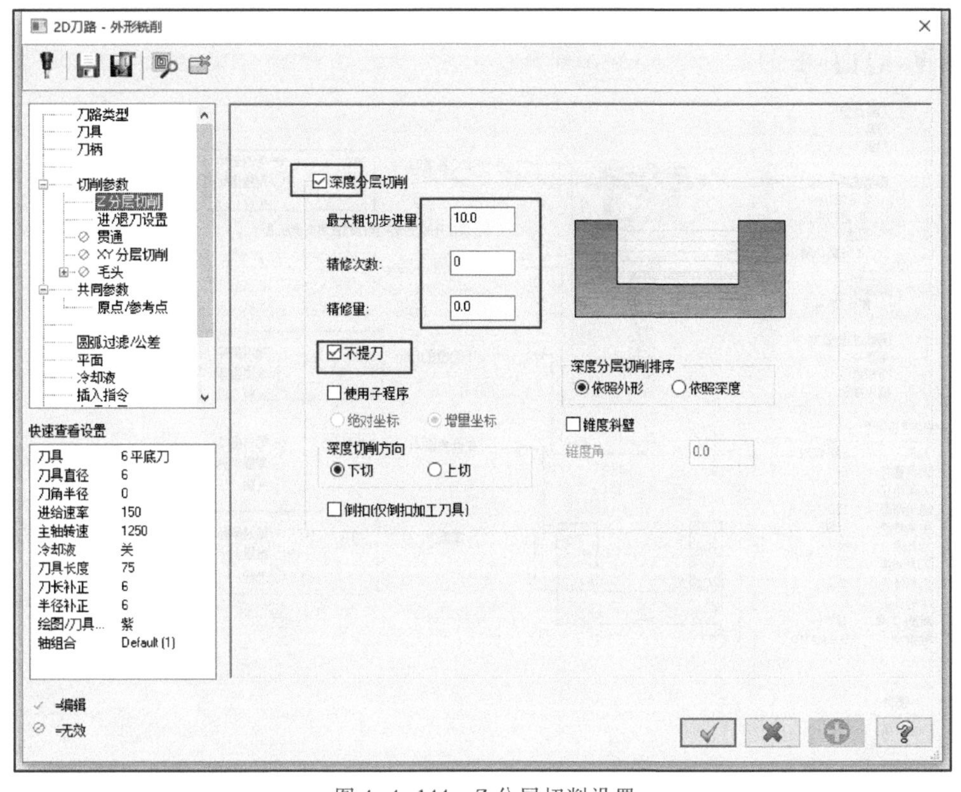

图 4-4-144　Z 分层切削设置

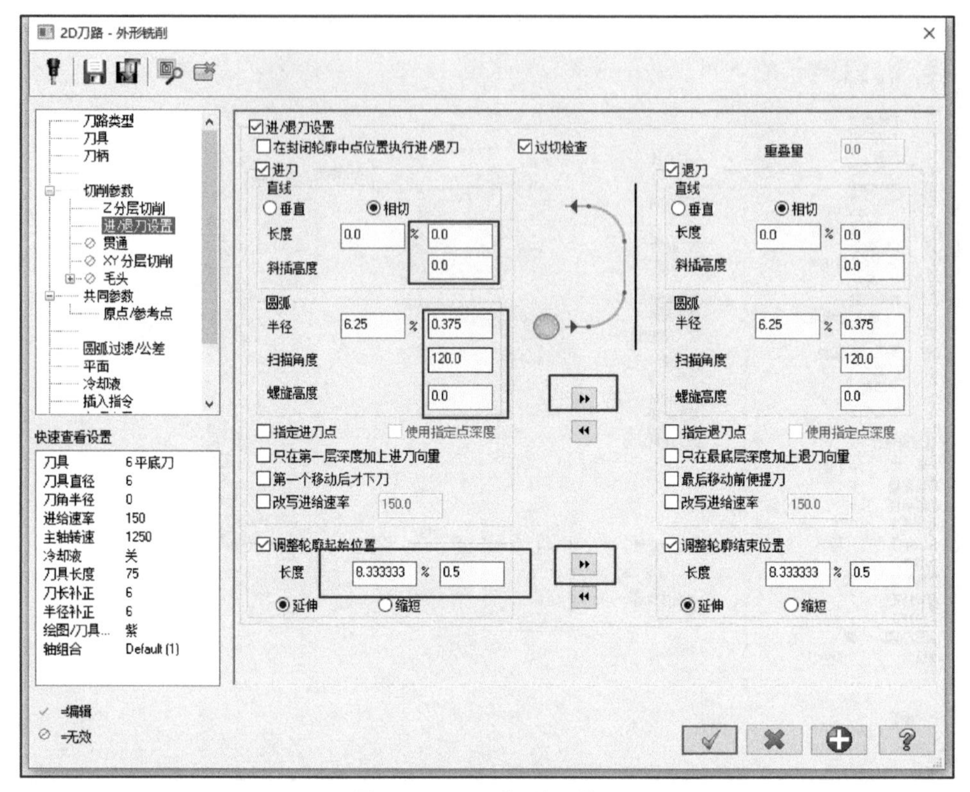

图 4-4-145　进/退刀设置

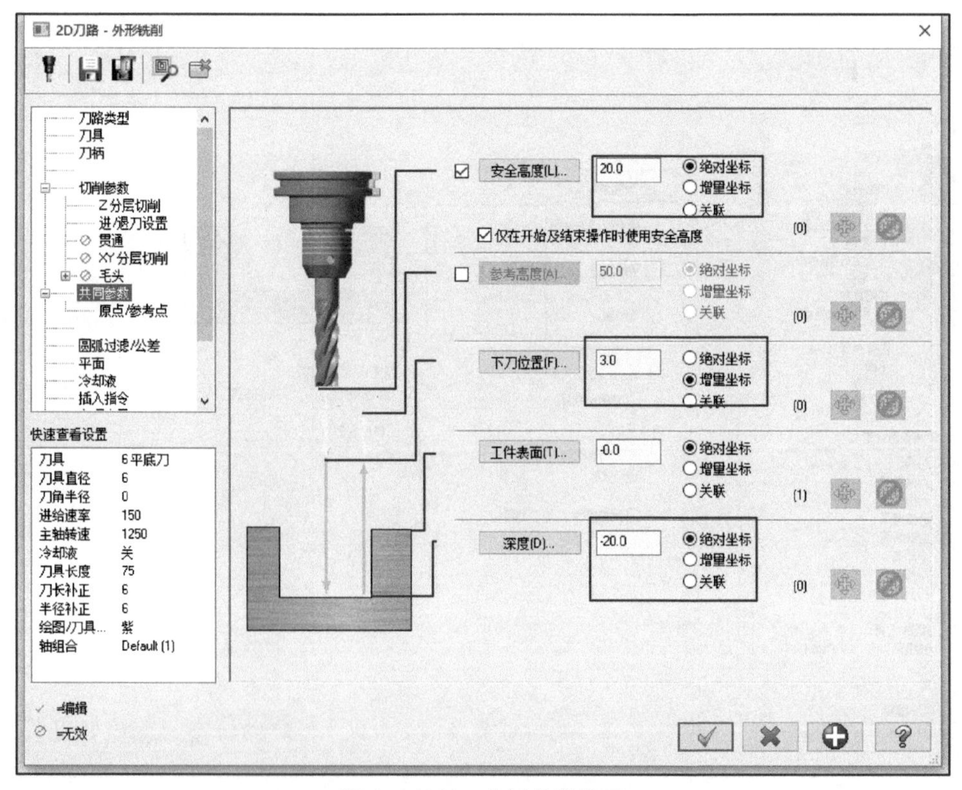

图 4-4-146　共同参数设置

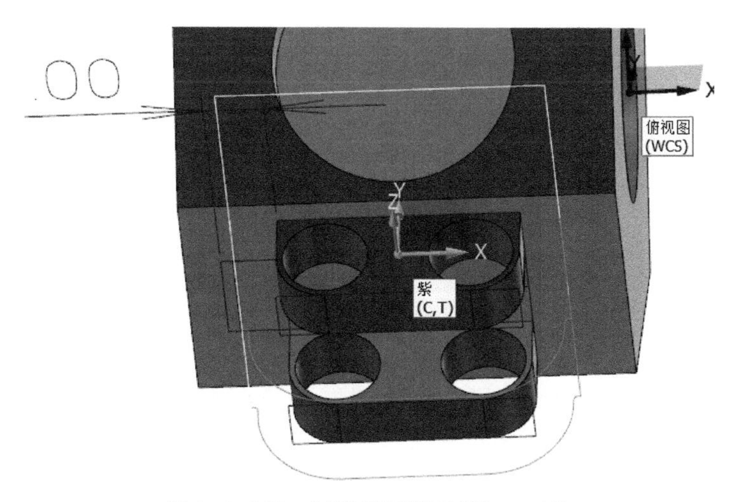

图 4-4-147　“紫”平面侧面精加工刀轨

第五章　CAXA软件四轴加工案例

5.1　零件工程图（图 5-1-1）

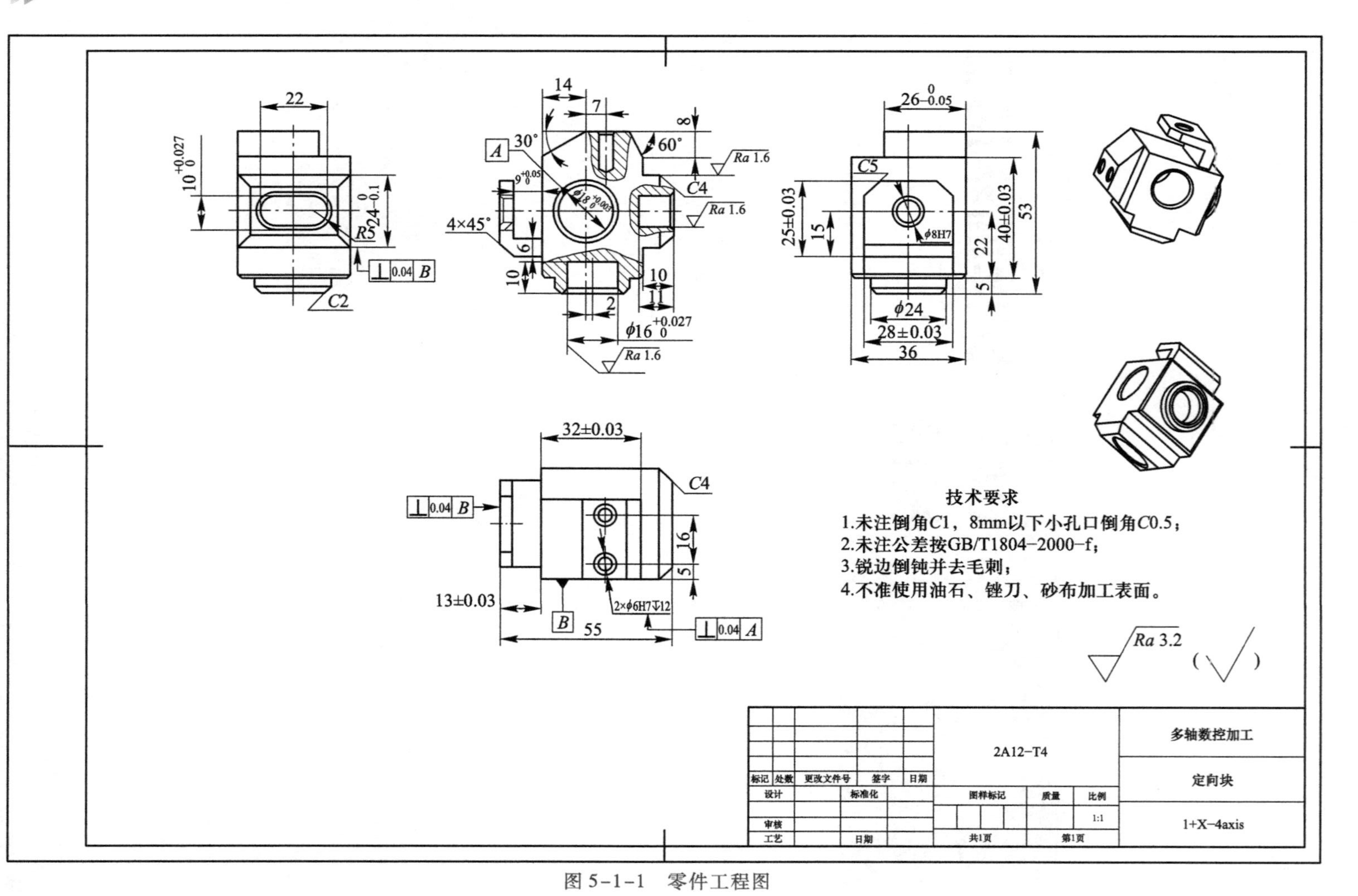

图 5-1-1　零件工程图

5.2　案例结构分析

案例结构分析

如图 5-1-1 所示的零件图可知，在四棱柱的各个面上分布着不同的特征，为保证各个面上结构的相对位置并减少装夹次数，选择了四轴加工中心，采用 3+1 定向加工方法保证零件的尺寸精度和加工效率。零件标注公差的等级为 9 级，尺寸精度要求一般，有两个 ϕ6H7 的孔，并有垂直度要求，另外还有两处垂直度要求需要注意，其次有两处要求较高的表面粗糙度值为 *Ra*1.6，其余加工表面的表面粗糙度值为 *Ra*3.2，整体表面质量要求较高，精加工时要注意切削参数的选用；未注倒角为 *C*1，8 mm 以下孔口倒角为 *C*0.5，最后对所有的锐角边倒钝去毛刺。

毛坯材料、工装夹具及工艺路线规划与第三章案例相同，详细内容参见第三章 3.2 节和 3.3 节。机床加工与检测请参见第三章 3.6 节和 3.7 节。

5.3　三维建模

打开 CAXA CAM 软件，点击界面右下角选择【创新模式零件】，如图 5-3-1 所示。

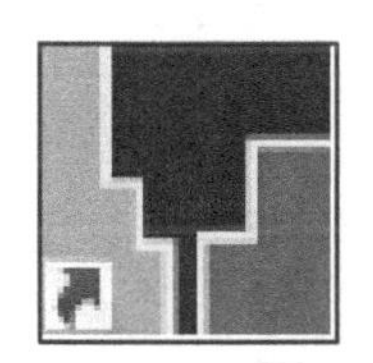

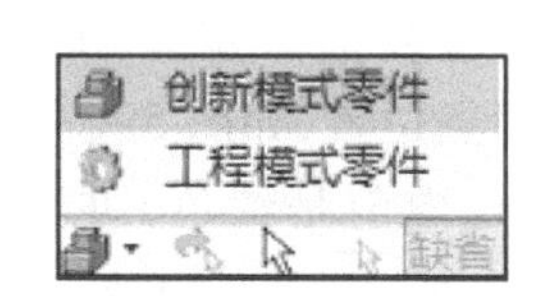

图 5-3-1　选择创新模式零件

创新模式将可视化的自由设计与精确化设计结合在一起，使产品设计跨越了传统参数化造型 CAD 软件的复杂性限制，不论是经验丰富的专业人员，还是刚进入设计领域的初学者，都能轻松开展产品创新工作。

工程模式是传统 3D 软件普遍采用的全参数化设计模式，符合大多数 3D 软件的操作习惯和设计思想，可以在数据之间建立严格的逻辑关系，便于设计修改。

鼠标左键选中【设计元素库】里【图素】内的【长方体】并拖放到绘图区域任意位置，如图 5-3-2 所示。左键点击绘制的长方体，右键点击任意小红点，选择【编辑包围盒】，如图 5-3-3 所示。分别输入“长度:32”“宽度:36”“高度:40”，如图 5-3-4 所示，并输入“回车”或鼠标点击【确定】。

快捷操作视图有：鼠标中键双击显示全部，“Shift+鼠标中键”拖动平移，“Ctrl+鼠标中键”上下拖动缩放，鼠标中键拖动旋转。快捷键“F5”可转到 *XY* 平面视图，“F6”可转到 *YZ* 平面视图，“F7”可转到 *XZ* 平面视图，“F8”可转到轴测视图。

操作过程中，随时注意保存。点击选择【菜单】→【文件】→【保存】，也可点击保存图标，或输入快捷键“Ctrl+S”。

拖放修改包围盒的尺寸：

（1）双击零件出现包围盒及尺寸手柄。

（2）鼠标移向红色手柄，箭头变成一个手形和双箭头时，左击并拖动手柄即可改变尺寸。

修改截面形状：

(1) 双击零件进入智能图素编辑状态。

(2) 点击手柄开关切换到截面形状修改状态。

(3) 拾取并拖动红色三角形手柄，修改拉伸方向的尺寸。

(4) 拾取并拖动红色菱形手柄修改截面的尺寸。

绘制中间结构

图 5-3-2　图素长方体

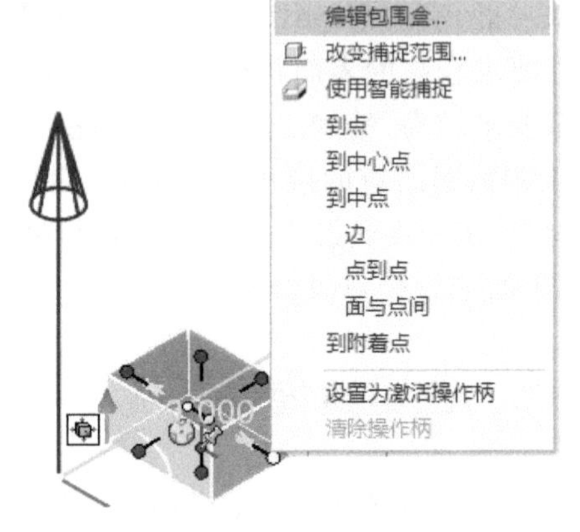

图 5-3-3　选择编辑包围盒

绘制主视图右面结构。重复前一步骤创建长方体，放置在右下角棱边中点位置，如图 5-3-5 所示。选择黄色小圆点（未选中前是红色）并点击邻近的黄色小圆点，输入厚度“10.000”并输入“回车键”确认，如图 5-3-6 所示。上下尺寸（可按“Ctrl+鼠标左键”点选上下两红点或选择上下其中一红点后点邻近的小黄点），即输入高度“24.000”如图 5-3-7 所示。左右尺寸即输入长度“36.000”，如图 5-3-8 所示。按“F10”打开三维球，如图 5-3-9 所示，选中上方小红点向上拖动，即输入上移“22.000”，如图 5-3-10 所示。再次按“F10”关闭三维球，如图 5-3-11所示。

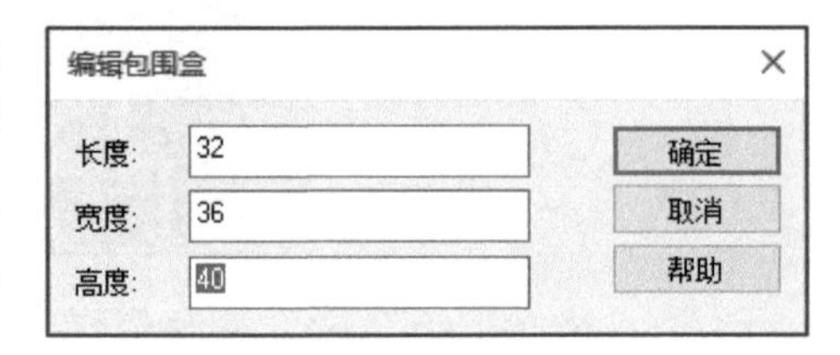

图 5-3-4　编辑包围盒尺寸

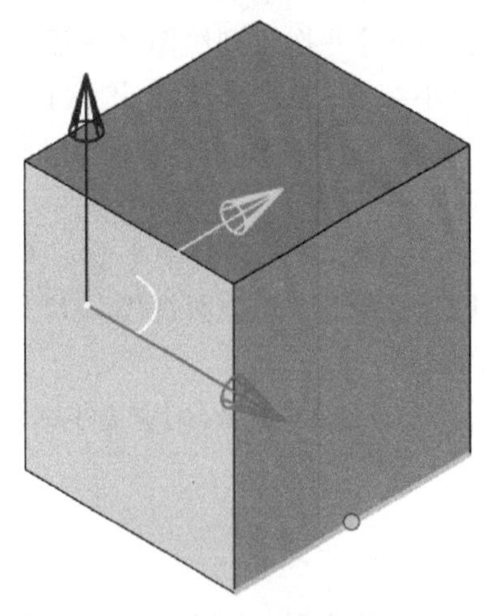

图 5-3-5　长方体放置点 1

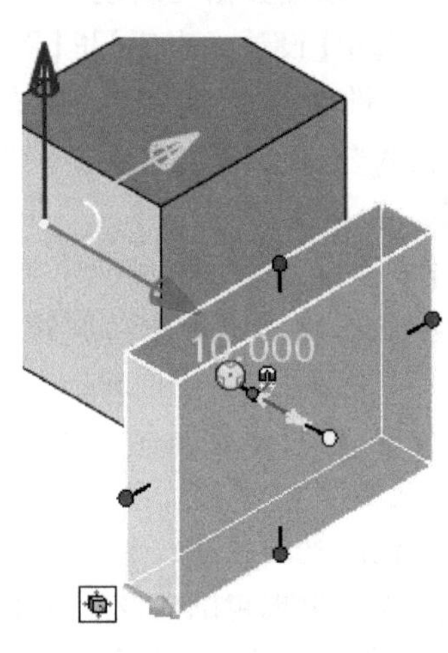

图 5-3-6　厚度为 10 mm

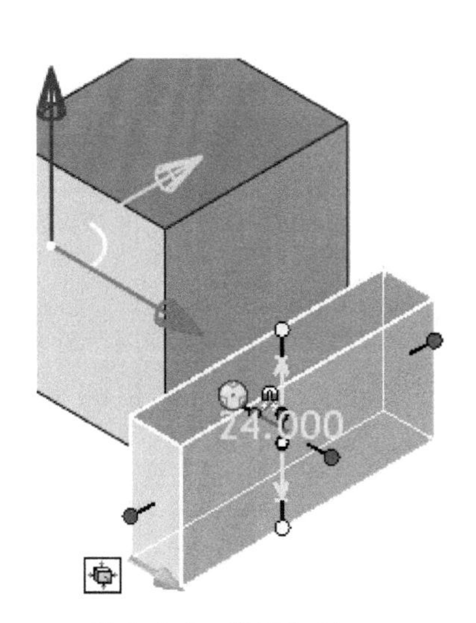

图 5-3-7　高度为 24 mm

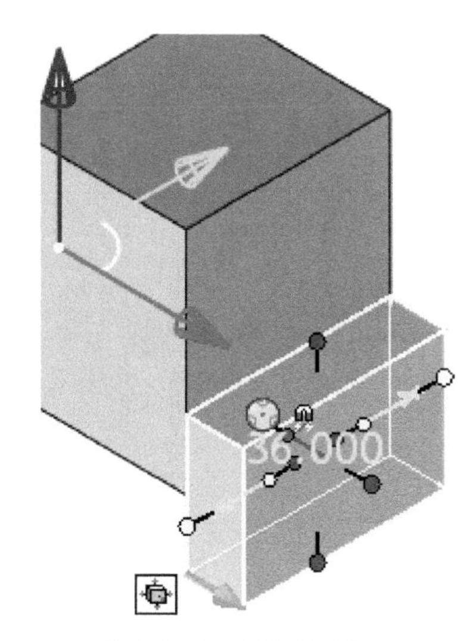

图 5-3-8　长度为 36 mm

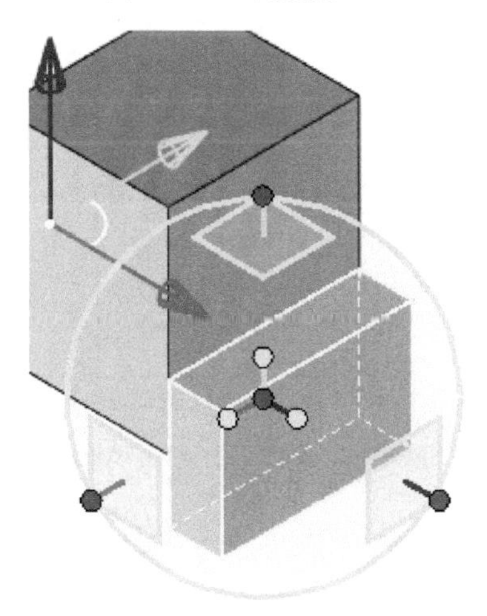

图 5-3-9　打开三维球

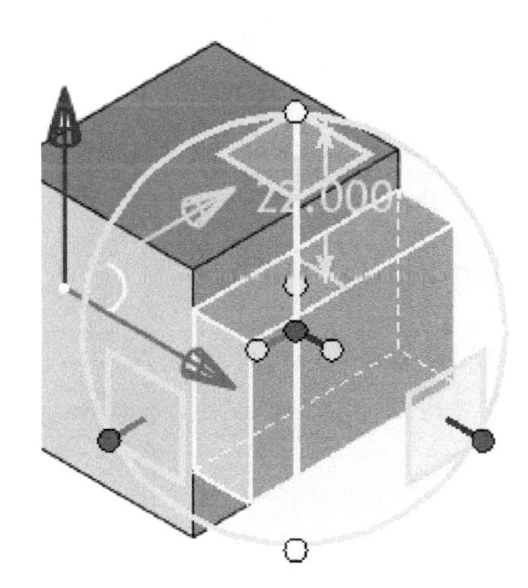

图 5-3-10　上移 22 mm

绘制左面结构。在左侧面中心创建长方体，如图 5-3-12 所示。前后尺寸即输入厚度“28.000”，如图 5-3-13 所示。“Shift+鼠标左键”点选上红点拖动至第一个长方体的上平面（或边），则两形体上面平齐（以被选中的元素为基准），如图 5-3-14 所示。点选下红点输入下移“33.000”（40-7），如图 5-3-15 所示。点选上红点输入高度“6.000”，如图 5-3-16 所示。点选左红点输入长度“9.000”，如图 5-3-17 所示。

绘制最左面结构。在前一结构左侧面中心创建长方体，如图 5-3-18 所示。前后尺寸，即输入厚度“28.000”（可选点输入尺二，也可用“Shift+鼠标左键”拖动对齐），如图 5-3-19 所示。“Shift+鼠标左键”拖动底面点对齐到前一形体底面，如图 5-3-20 所示。点选左红点，即输入长度“4.000”，如图 5-3-21 所示。点选上红点，即输入高度“25.000”，如图 5-3-22所示。

绘制前后通孔。鼠标左键选中【设计元素库】里图素内的【孔类圆柱体】，并拖放到第一个形体前面下方中点处，如图 5-3-23 所示。选择该孔径向任一点，即输入孔径“18.000”，如图 5-3-24 所示。可采用输入尺寸“36.000”或“Shift+鼠标左键”拖选后侧轴向点对齐后

绘制右面结构

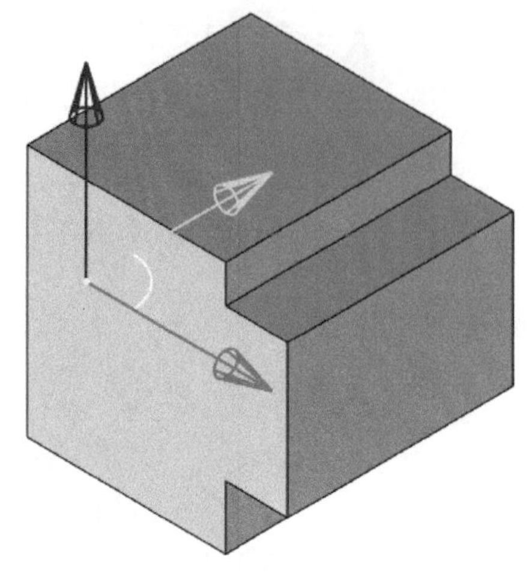

图 5-3-11　关闭三维球

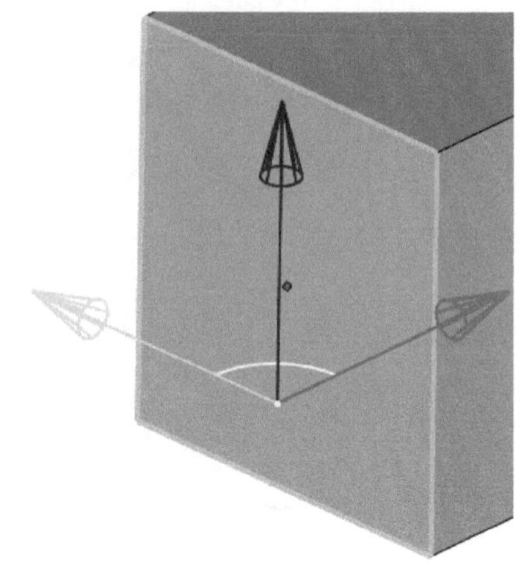

图 5-3-12　长方体放置点 2

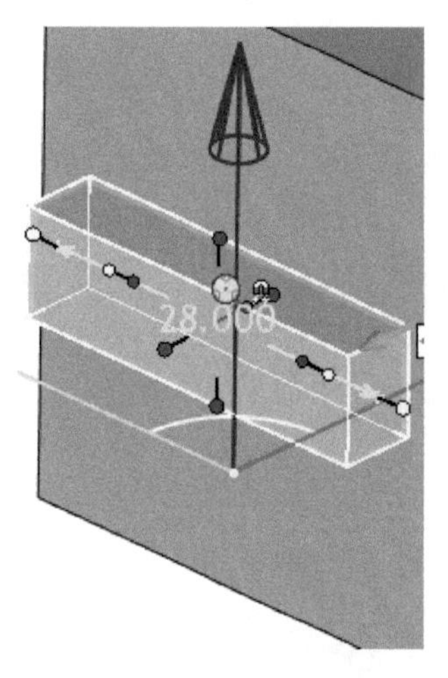

图 5-3-13　厚度为 28mm

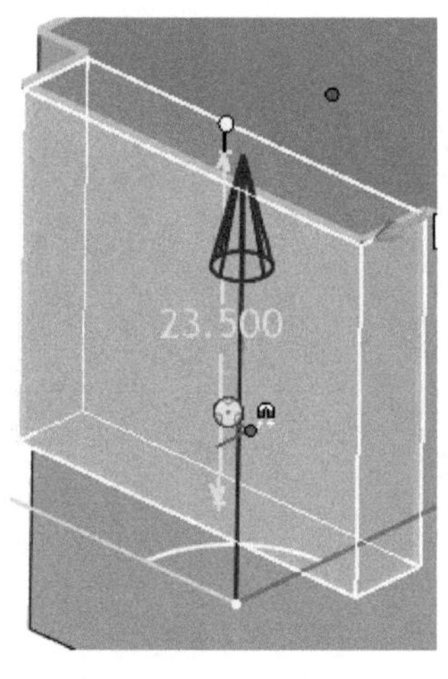

图 5-3-14　上面平齐

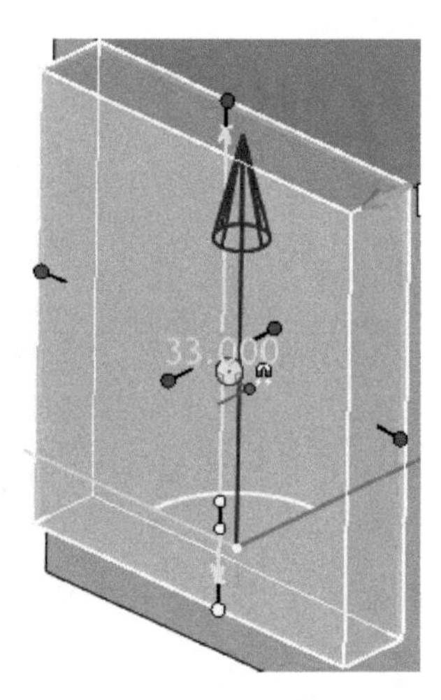

图 5-3-15　下移 33mm

绘制左面结构

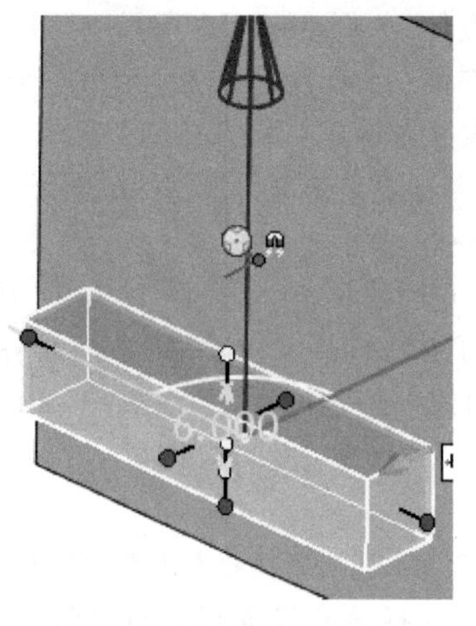

图 5-3-16　高度为 6mm

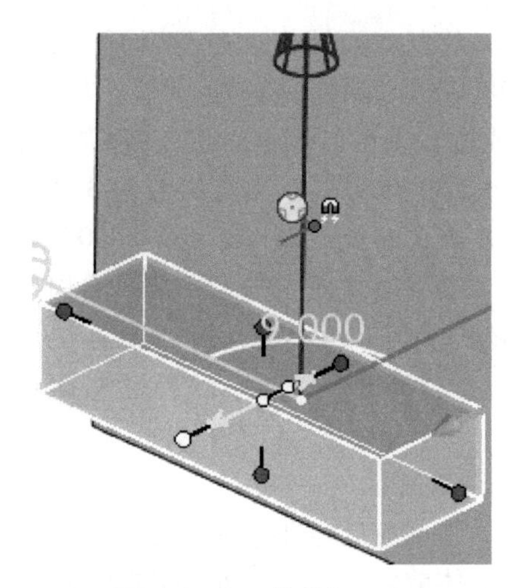

图 5-3-17　长度为 9mm

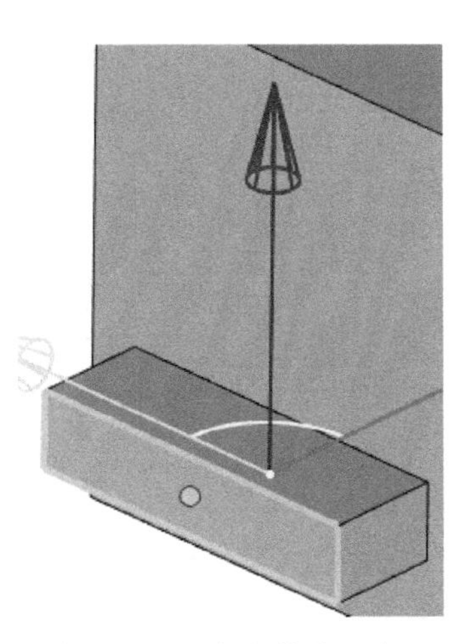

图 5-3-18　长方体放置点 3

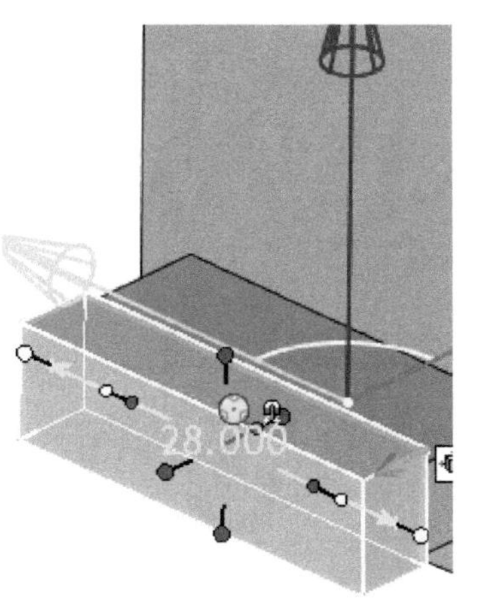

图 5-3-19　厚度为 28mm

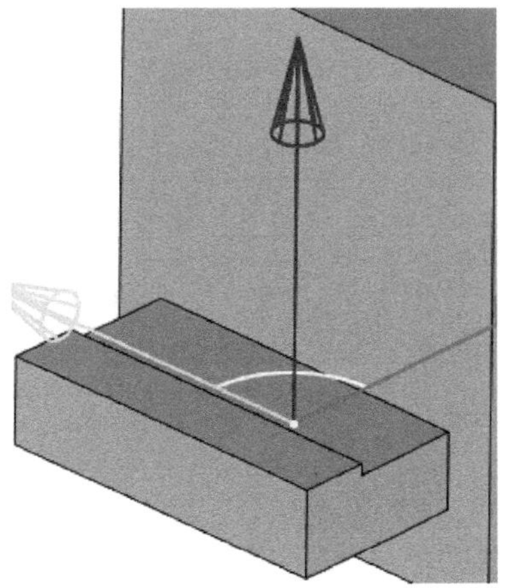
图 5-3-20　底面平齐

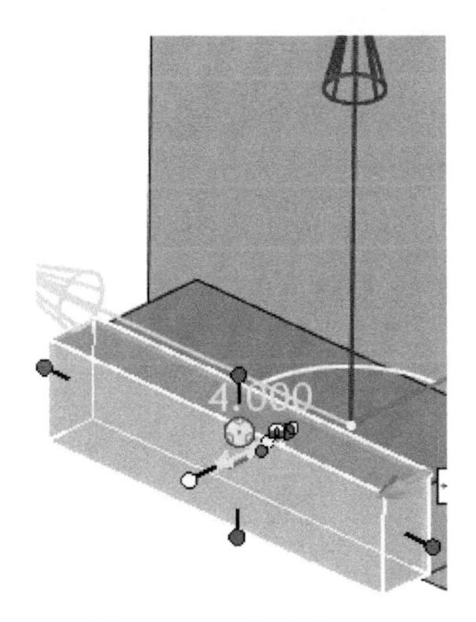

图 5-3-21　长度为 4mm

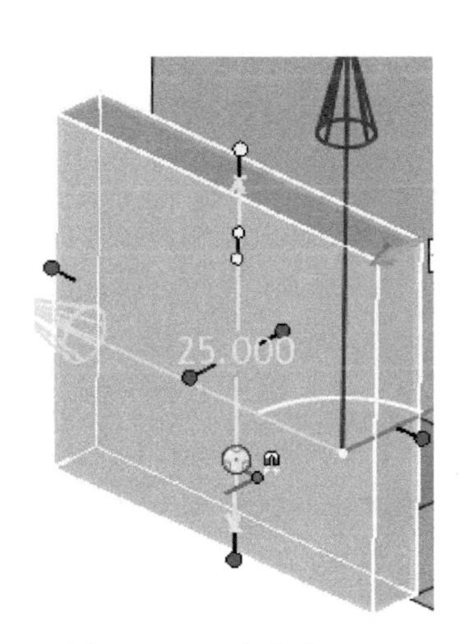

图 5-3-22　高度为 25mm

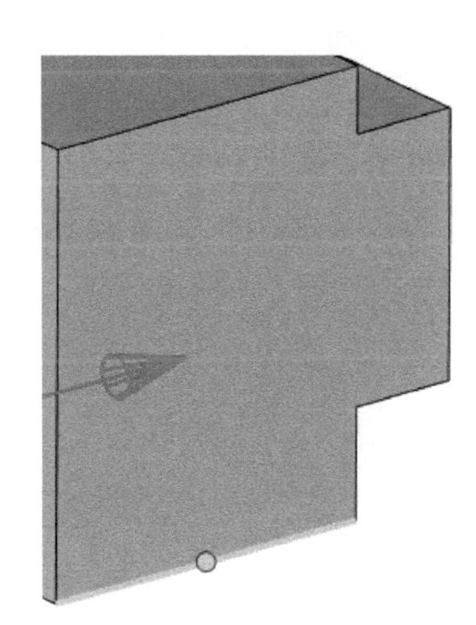
图 5-3-23　孔放置点 1

侧面的方式完成通孔，如图 5-3-25 所示。按“F10”打开三维球，选中左方小红点向左拖动，输入尺寸“2.000”，如图 5-3-26 所示，选中上方小红点向上拖动，输入尺寸“22”，如图5-3-27所示，再次按“F10”关闭三维球。

绘制最左面结构

绘制左侧小通孔。鼠标左键选中【设计元素库】里图素内的【孔类圆柱体】，并拖放到最左形体下棱边中点处，如图 5-3-28 所示。选择该孔径向任一点，即输入孔径“8.000”，如图 5-3-29 所示。可采用输入尺寸“4.000”或“Shift+鼠标左键”拖选右侧轴向点对齐该形体右侧面的方式完成通孔，如图 5-3-30 所示。按“F10”打开三维球，选中上方小红点向上拖动，输入尺寸“15”完成该孔定位，如图 5-3-31 所示，再次按“F10”关闭三维球。

绘制 45°边倒角。为了直接选面而不选单个边，在此先进行底面和右面的倒角。从菜单栏【特征】里选择【边倒角】，如图 5-3-32 所示。在【倒角类型】中的【距离】，选择底面，如图 5-3-33 所示，输入距离“1”，如图 5-3-34 所示；选择右面，如图 5-3-35 所示，输入距离“2”并点击【确定】，如图 5-3-36 所示。

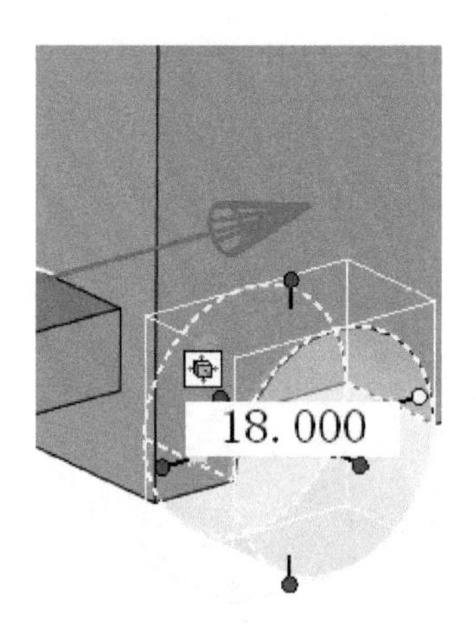

图 5-3-24　孔径为 18mm

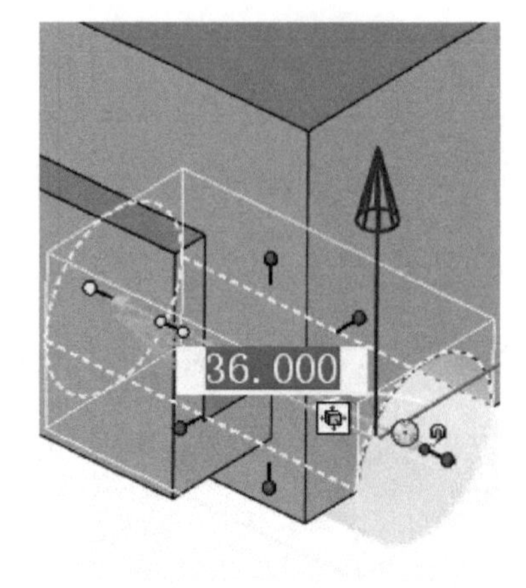

图 5-3-25　孔深为 36mm(通孔)

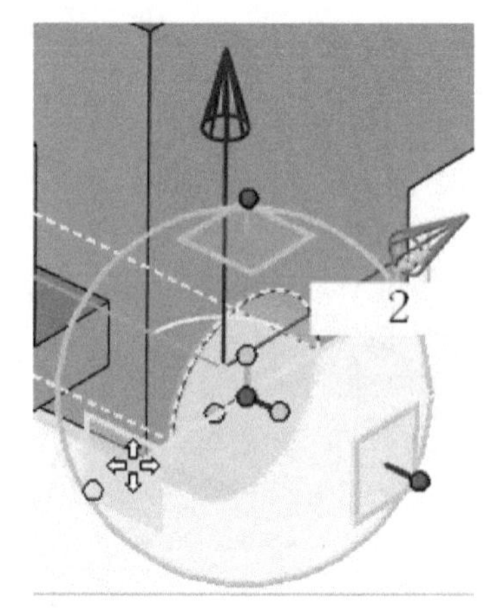

图 5-3-26　左移 2mm

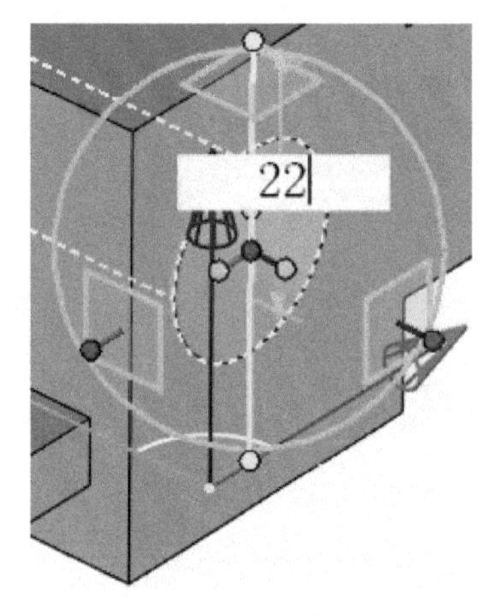

图 5-3-27　上移 22mm

图 5-3-28　孔放置点 2

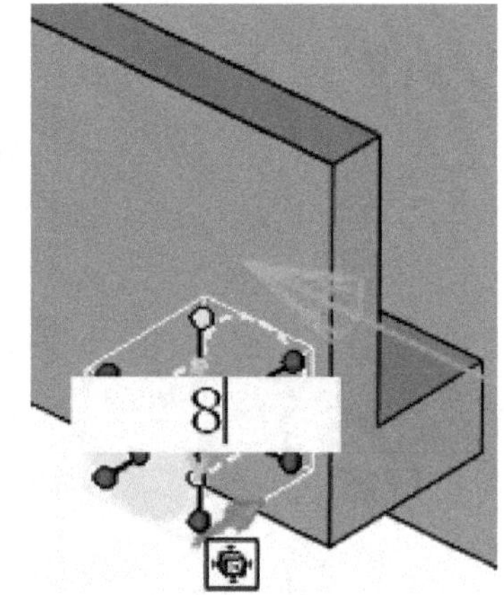

图 5-3-29　孔径为 8mm

绘制前后通孔

绘制左侧小通孔

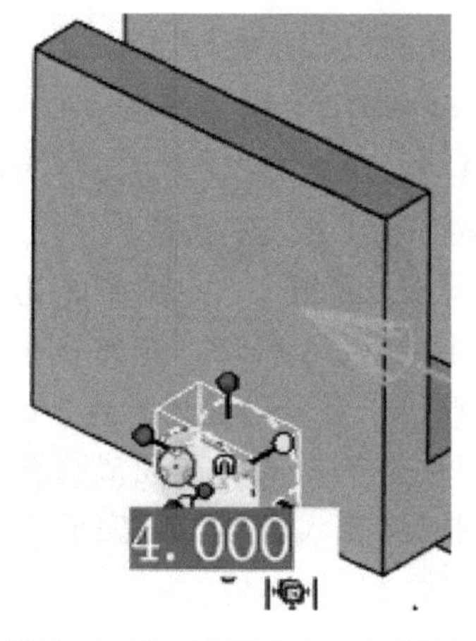

图 5-3-30　孔深为 4mm(通孔)

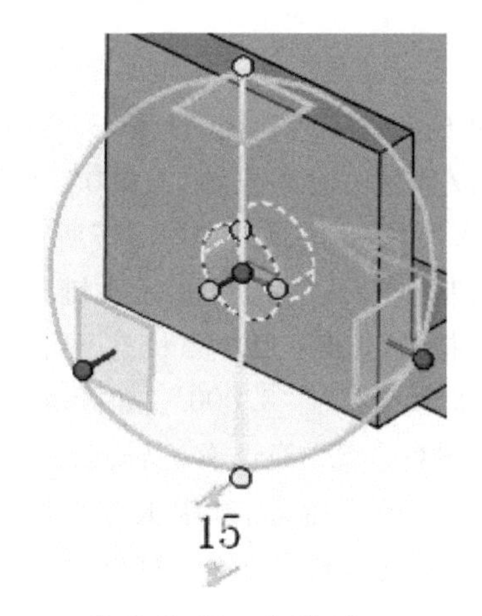

图 5-3-31　上移 15mm

绘制底面圆柱体。鼠标左键选中【设计元素库】里图素内的【圆柱体】,并拖放到底面中点处,如图 5-3-37 所示。选择该圆柱径向任一点,即输入直径“24.000”,如图 5-3-38 所示。选择轴向下方点,即输入高度“5.000”,如图 5-3-39 所示。

绘制底面圆孔。鼠标左键选中【设计元素库】里图素内的【孔类圆柱体】,并拖放到圆柱下平面中点处,如图 5-3-40 所示。选择该孔径向任一点,即输入直径“16.000”,如图5-3-41所示。选择该孔轴向上方点,即输入深度“10.000”,如图 5-3-42 所示。

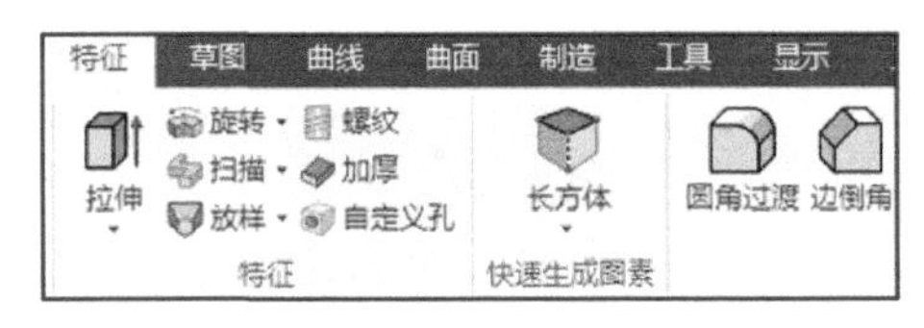

图 5-3-32 边倒角

绘制右侧键槽。鼠标左键选中【设计元素库】里图素内的【孔类键】,并拖放到右侧面中点处,如图 5-3-43 所示。选择键槽长度方向任一点,即输入长度“22.000”,如图 5-3-44 所示。选择键槽宽度方向任一点,即输入宽度“10.000”,如图 5-3-45 所示。选择键槽底面点,即输入深度“11.000”,如图 5-3-46 所示。

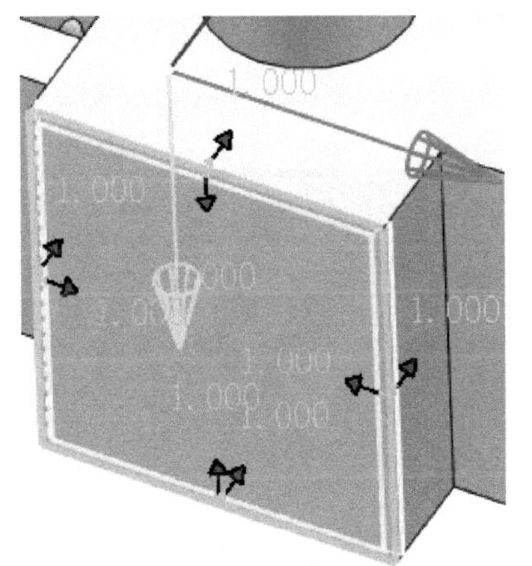
图 5-3-33 选择底面

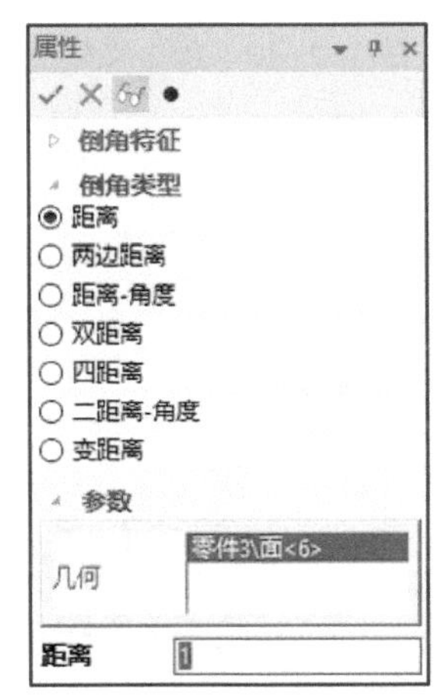

图 5-3-34 距离为 1mm

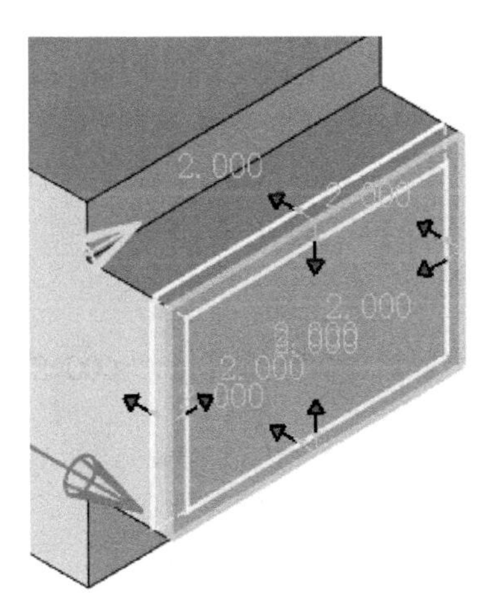
图 5-3-35 选择右面

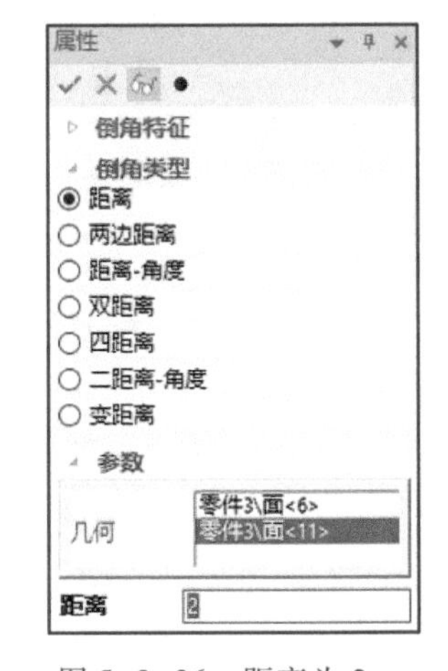

图 5-3-36 距离为 2mm

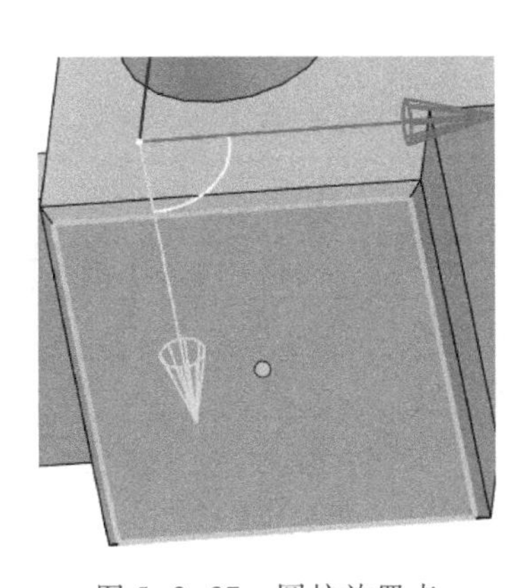
图 5-3-37 圆柱放置点

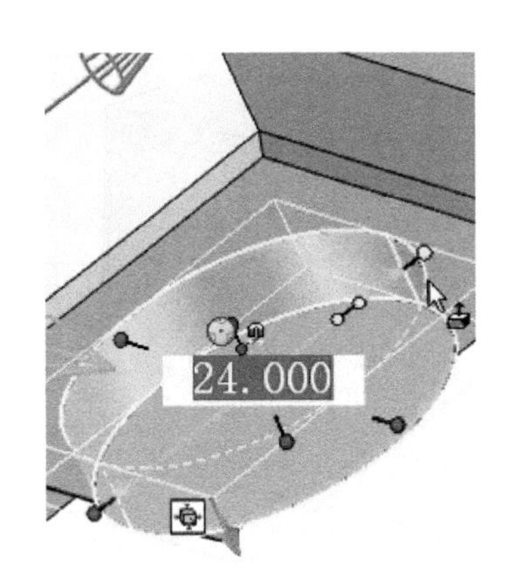

图 5-3-38 直径为 24mm

绘制顶面长方体。在顶面中心创建长方体,如图 5-3-47 所示,前面和左右方向借助“Shift+鼠标左键”拖动参照第一形体对齐,如图 5-3-48 所示。点选后红点,即输入宽度“26.000”,如图 5-3-49 所示。点选上红点,即输入高度“8.000”,如图 5-3-50 所示。

绘制 45°边倒角

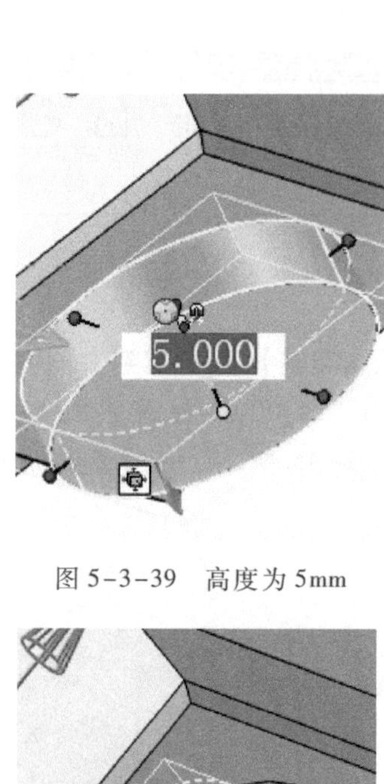

图 5-3-39　高度为 5mm

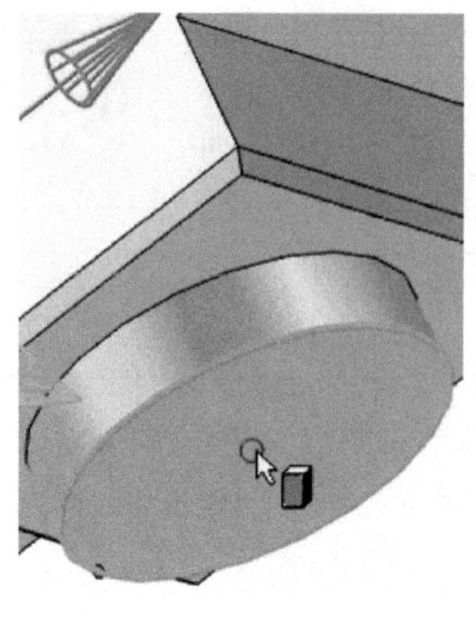

图 5-3-40　圆孔放置点

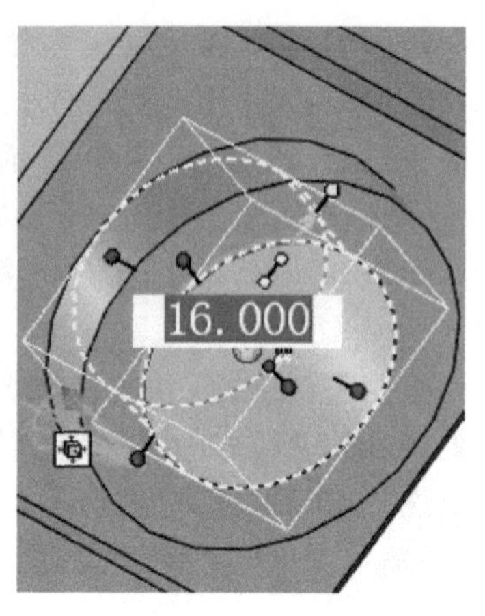

图 5-3-41　直径为 16mm

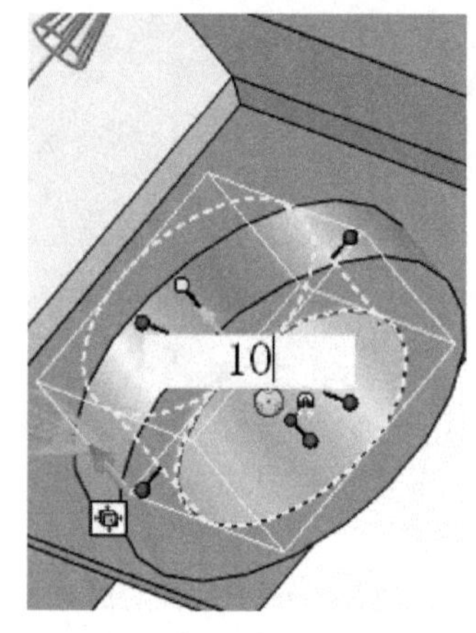

图 5-3-42　深度为 10mm

图 5-3-43　键槽放置点

图 5-3-44　长度为 22mm

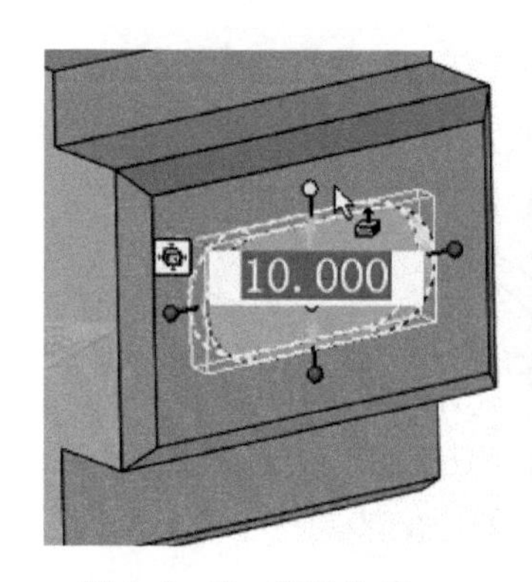

图 5-3-45　宽度为 10mm

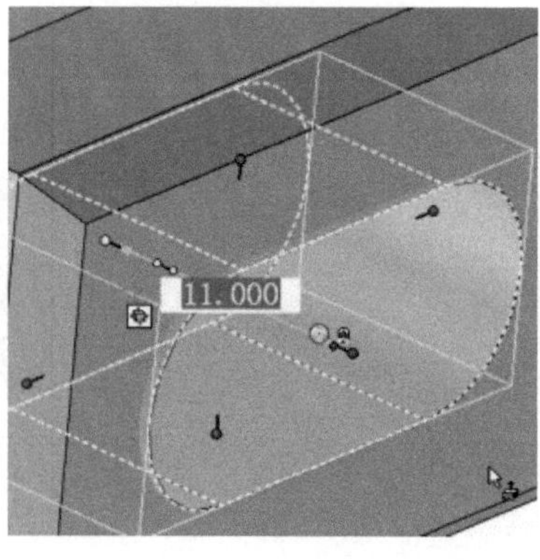

图 5-3-46　深度为 11mm

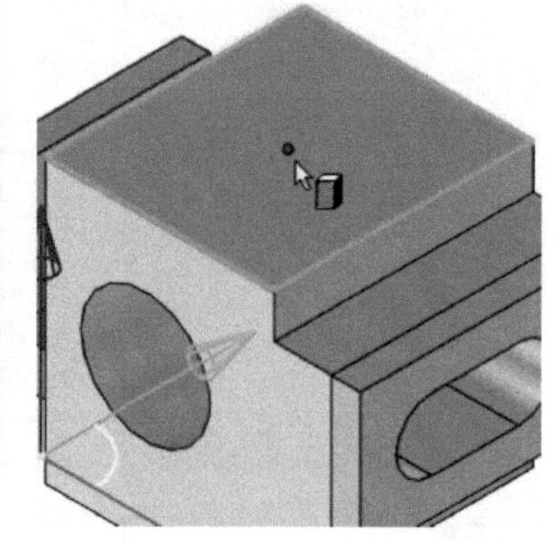

图 5-3-47　长方体放置点 4

绘制底面圆柱及圆孔

定位顶面不通孔草图。选择菜单栏中【草图】内的【二维草图】命令，如图 5-3-51 所示，弹出的对话框中点击【确定】，如图 5-3-52 所示。【属性】对话框中的“2D 草图放置类型”选择“点”，如图 5-3-53 所示。选择上平面前棱边中点（注意 *XY* 平面为上平面），选择点出现坐标如图 5-3-54 所示。【菜单栏】→【草图】→【点】，如图 5-3-55 所示。在上平面竖直对齐绘制两点，如图

5-3-56 所示。选择菜单栏【草图】内的【智能标注】，如图 5-3-57 所示。【尺寸驱动】中设置上下两点间的距离为“16.000”，下方点到 *Y* 轴和 *X* 轴之间的距离分别为“5.000”，如图 5-3-58 所示。

绘制右侧键槽

创建顶面不通孔。选择菜单栏中【特征】→【自定义孔】，如图 5-3-59 所示。选择零件（任意位置），输入孔参数如下：“类型”为“简单孔”，“孔深度”为“12.000（mm）”，“孔直径”为“6.000（mm）”，勾选“V 型孔底”，默认角度，如图 5-3-60 所示，点击【确定】。

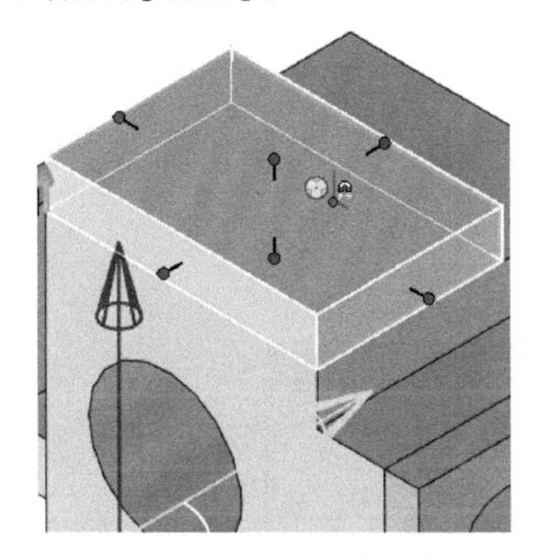

图 5-3-48　长方体对齐

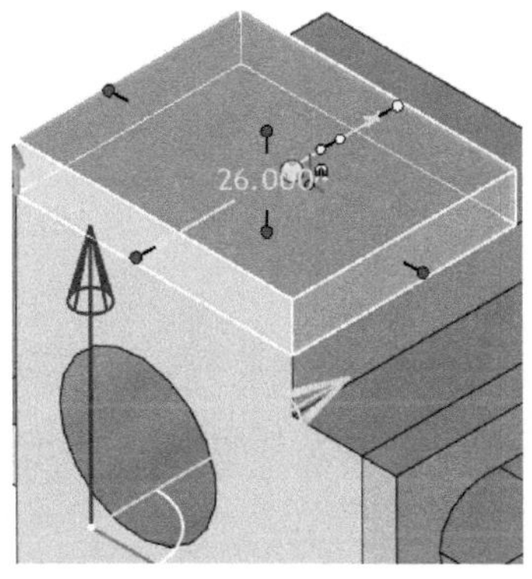

图 5-3-49　宽度为 26mm

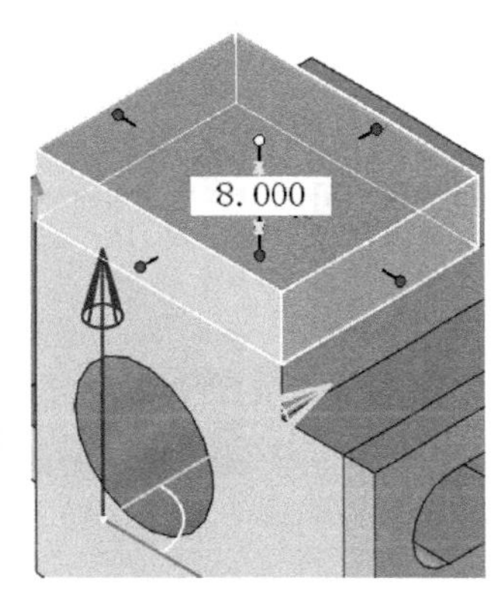

图 5-3-50　高度为 8mm

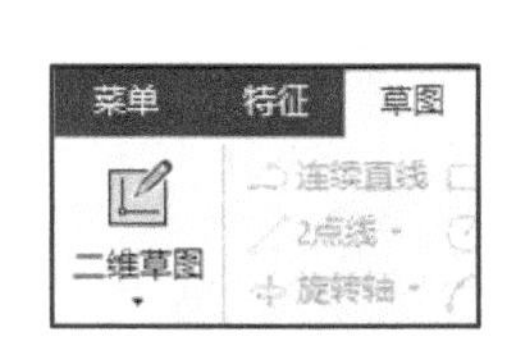

图 5-3-51　二维草图命令

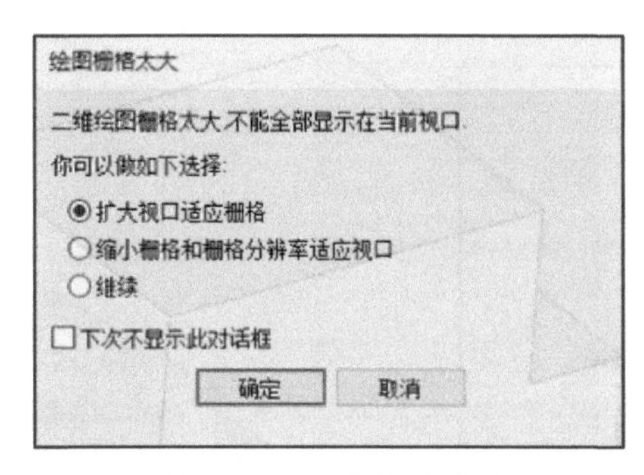

图 5-3-52　草图对话框

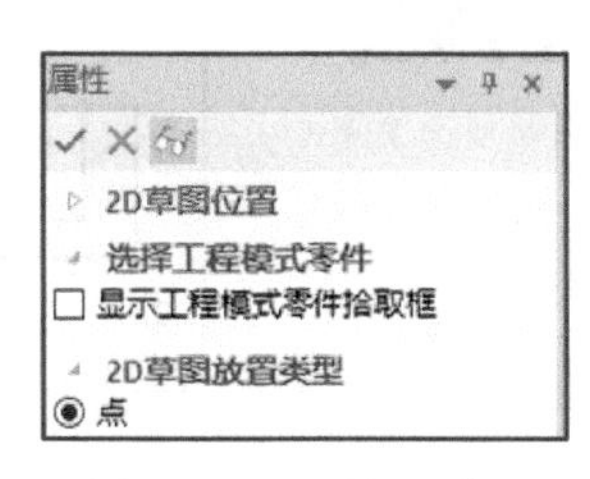

图 5-3-53　放置类型

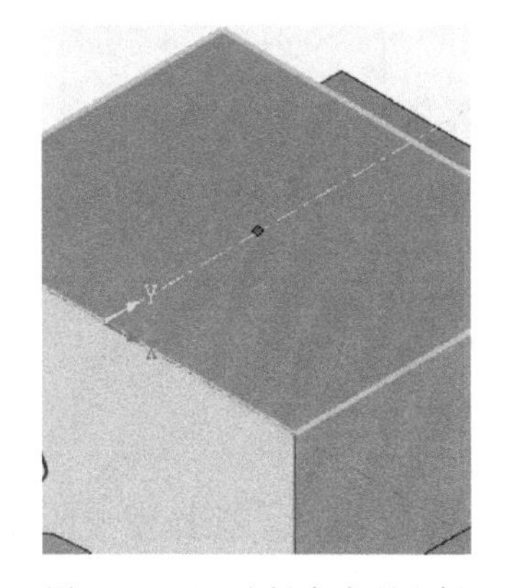

图 5-3-54　选择点出现坐标

图 5-3-55　点命令

图 5-3-56　绘制两点

绘制 45°边倒角。选择菜单栏中【特征】→【边倒角】，“倒角类型”为“距离”，选择相应的棱边，输入对应尺寸后输入“回车”，距离倒角位置及尺寸如图 5-3-61 所示。

图 5-3-57　智能标注命令

绘制顶面长方体

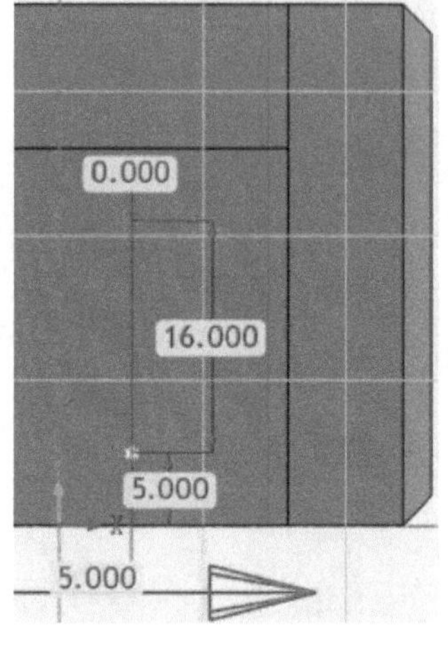

图 5-3-58　尺寸驱动结果

图 5-3-59　自定义孔命令

绘制顶面盲孔

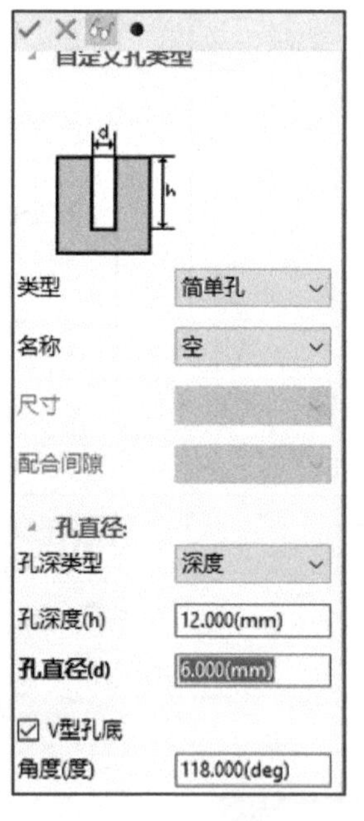

图 5-3-60　孔参数设置

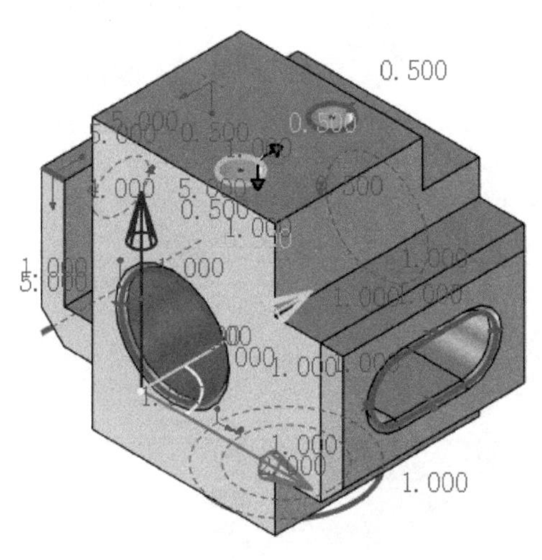

图 5-3-61　距离倒角位置及尺寸

绘制非 45°边倒角。“倒角类型”为“距离-角度”，如图 5-3-62 所示。选择左上的棱边，如图 5-3-63、图 5-3-64 所示，输入距离“8”、角度“60”，如果预览显示不正确，勾选“切换值”，如图 5-3-63 所示。选择右上的棱边，如图 5-3-66 所示，输入距离“8”、角度“30”，如图 5-3-65 所示，完成两处非 45°边倒角。效果预览如图 5-3-66 所示。

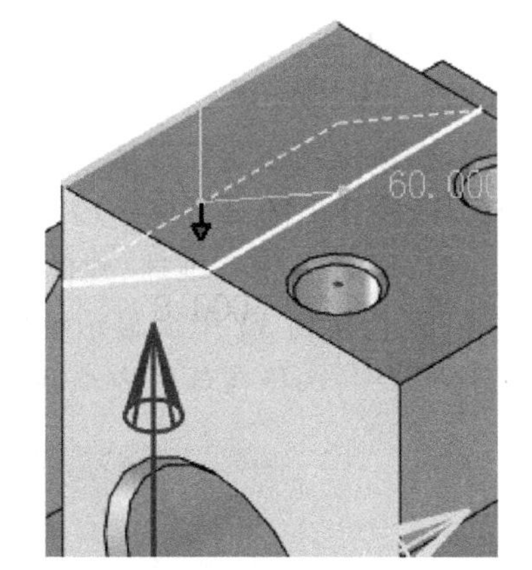

图 5-3-62 倒角类型　图 5-3-63 距离-角度参数　图 5-3-64 距离 8-角度 60 效果预览

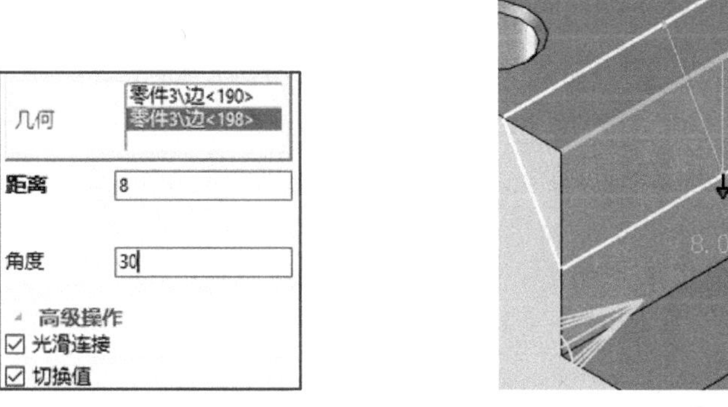

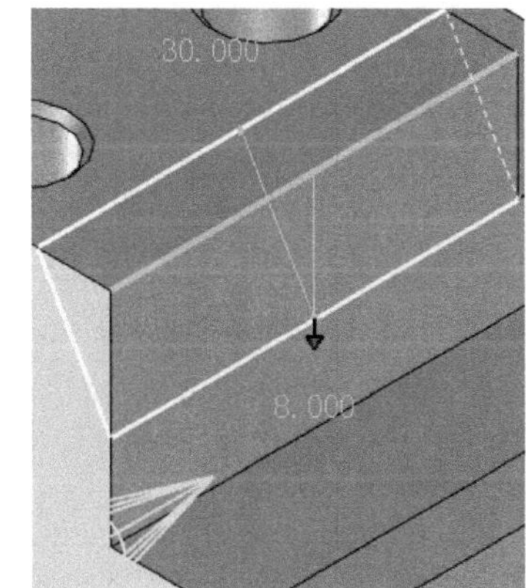

绘制边倒角

图 5-3-65 距离-角度参数　图 5-3-66 效果预览

更改坐标。选中零件任意位置,按“F10”打开三维球,输入“空格”,三维球变为灰色显示,选中三维球中间点后点击鼠标右键,选择“到中心点”,移动三维球到中心如图 5-3-67 所示。点选大圆轮廓,如图 5-3-68 所示,输入“空格”,三维球恢复颜色显示,选中三维球中间点后点击鼠标右键,选择“编辑位置”,如图 5-3-69 所示。“长度”“宽度”“高度”都输入

图 5-3-67 移动三维球到中心

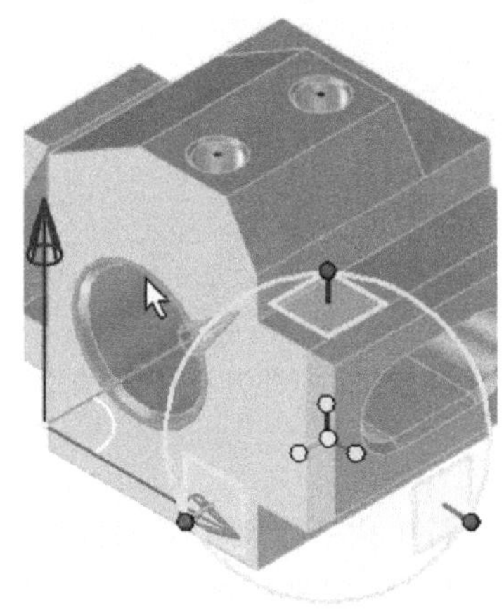

图 5-3-68 点选大圆轮廓

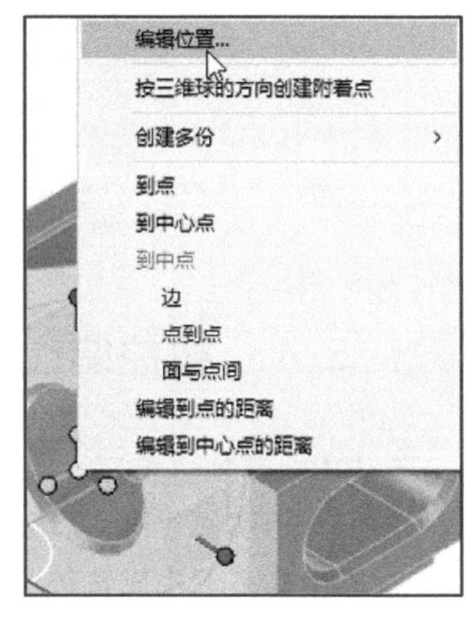

图 5-3-69 编辑三维球位置

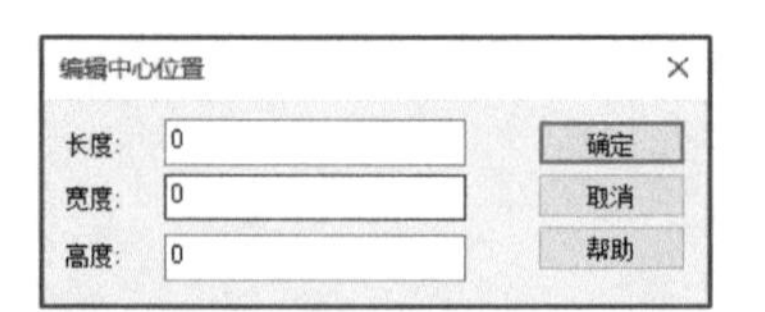

图 5-3-70　输入中心位置尺寸(坐标位置)

“0”,并点击【确定】,如图 5-3-70 所示,完成坐标位置移动,如图 5-3-71 所示。选中平行于 Z 坐标的三维球中间点上的轴,保持光标在三维球范围内,鼠标左键顺时针方向拖动旋转,在弹出的对话框中输入角度“90”,如图 5-3-72 所示。按“F10”关闭三维球,建模完成效果如图 5-3-73 所示,按“F5”切换到 XY 平面显示结果如图 5-3-74 所示。

删除草图,选择在草图内绘制的两个孔定位点,按下 delete 键完成删除。

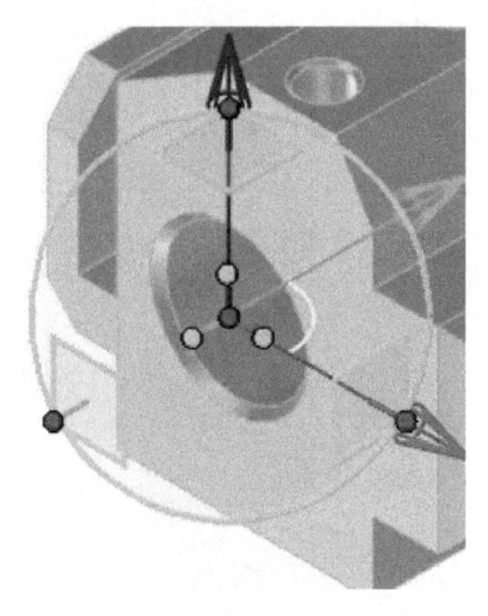
图 5-3-71　完成坐标位置移动

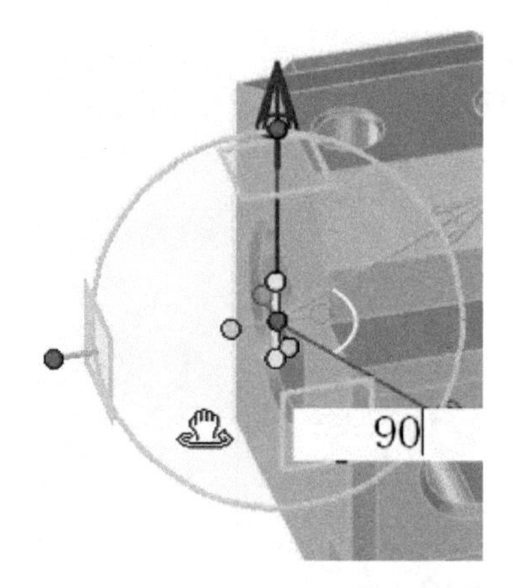

图 5-3-72　绕 Z 坐标旋转零件坐标

更改坐标

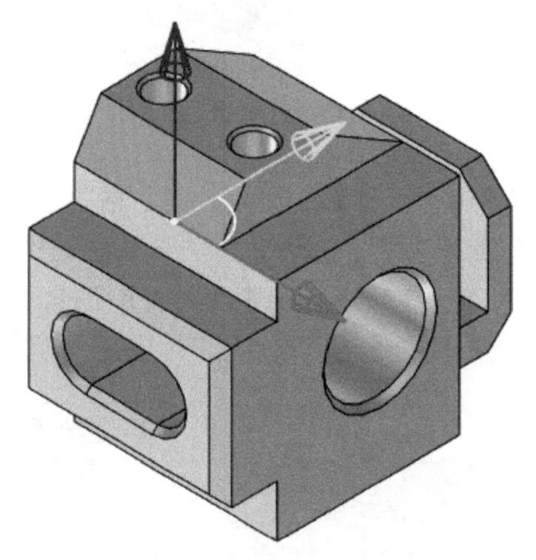
图 5-3-73　建模完成效果

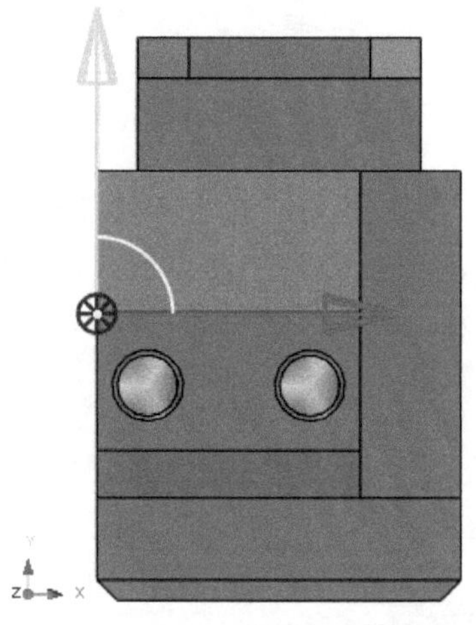
图 5-3-74　切换到 XY 平面显示结果

 5.4　数控编程

5.4.1　新建坐标系

加工文档被创建时,系统会自行生成一个被激活的世界坐标系,此时所有加工功能将默认在世界坐标系下生成轨迹。也可以使用坐标系功能自行创建新的坐标系,并在新坐标系下生成轨迹。世界坐标系在建模时已设置好,根据加工需求,本案例新增 6 个坐标系,可自

定义命名。

通过定义新坐标系的名称、原点坐标、*XYZ* 轴的矢量等参数，就可以生成用户自己的坐标系。新生成的坐标系将自动被激活，成为后续加工功能的默认坐标系。也可以在管理树的坐标系节点上点击右键，在弹出的右键菜单中，使用激活命令手动激活某个坐标系。

在【制造】页的创建栏中，点击【坐标系】，如图 5-4-1 所示，或在【管理树】→【加工】右键点击【标架:1】，选择【创建坐标系】进入命令，如图 5-4-2 所示。

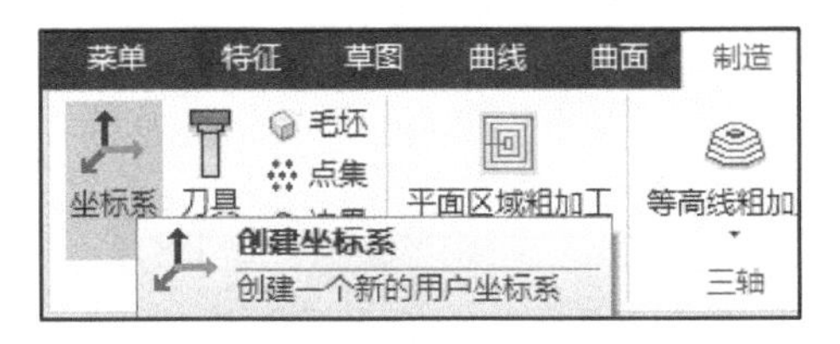

图 5-4-1 菜单栏创建坐标系

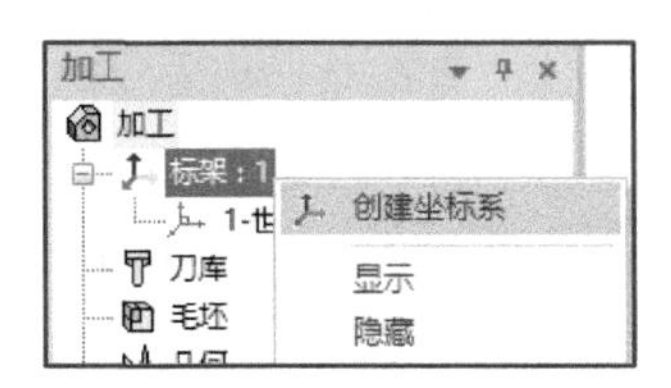

图 5-4-2 管理树创建坐标系

依次创建坐标系。在【创建坐标系】对话框里输入自定义名称，因已有世界坐标系 1，现以数字 2 起为坐标系名称累加创建，输入名称后点击【确定】，如图 5-4-3 所示。在管理树中右键点击世界坐标系，选择【隐藏】，如图 5-4-4 所示，世界坐标系关闭显示。选中新建的坐标系 2，如图 5-4-5 所示，按“F10”打开三维球，选择三维球 *X* 轴操作手柄，在三维球圆圈内按住左键逆时针拖动旋转，输入“90.000”，如图 5-4-6 所示。再次按“F10”关闭三维球，完成该坐标系创建，如图 5-4-7 所示。在【管理树】中右键点击“坐标系 2”，选择【激活】，按“F5”切换到 *XY* 平面显示结果如图 5-4-8 所示。在【管理树】中右键点击“坐标系 2”，选择【隐藏】。

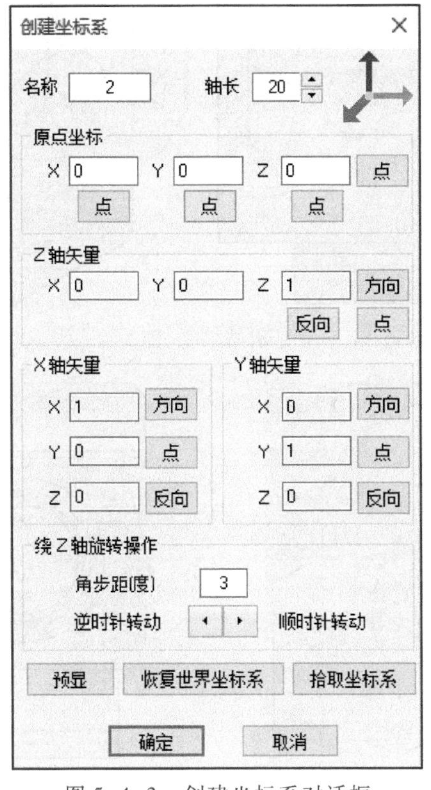

图 5-4-3 创建坐标系对话框

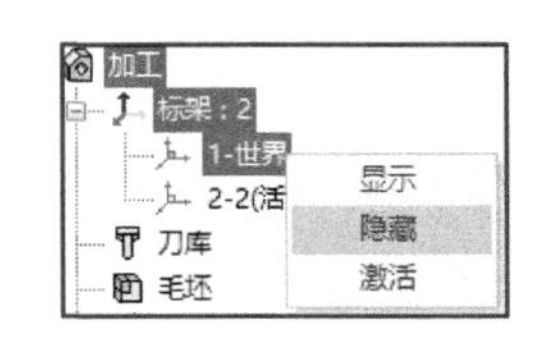

图 5-4-4 隐藏世界坐标系

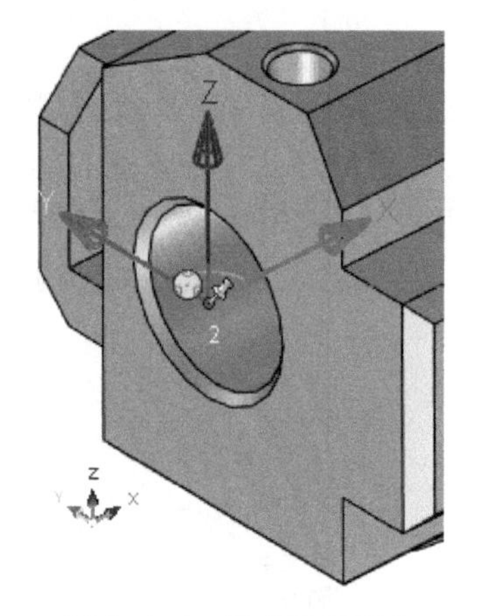

图 5-4-5　选中坐标系 2

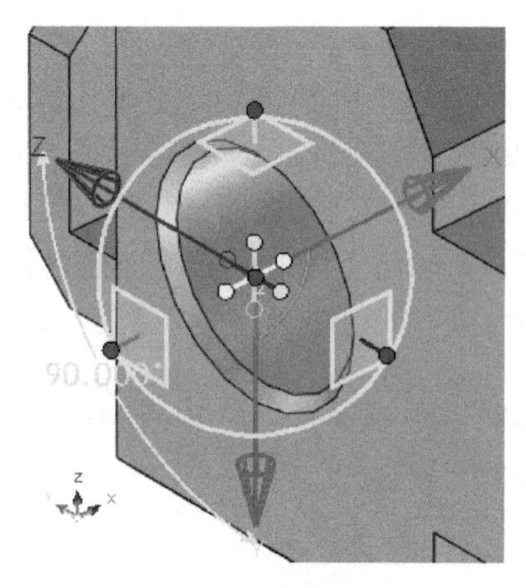

图 5-4-6　旋转坐标 2

新建坐标系 3，选中新建的坐标系 3，如图 5-4-9 所示，按“F10”打开三维球，选择三维球 *X* 轴操作手柄，在三维球圆圈内按住左键逆时针拖动旋转，输入“180.000”，如图 5-4-10 所示，按“F10”关闭三维球，完成该坐标系创建，如图 5-4-11 所示。在管理树中右键点击“坐标系 3”，选择【激活】，按“F5”切换到 *XY* 平面显示结果如图 5-4-12 所示。在管理树中右键点击“坐标系 3”，选择【隐藏】。

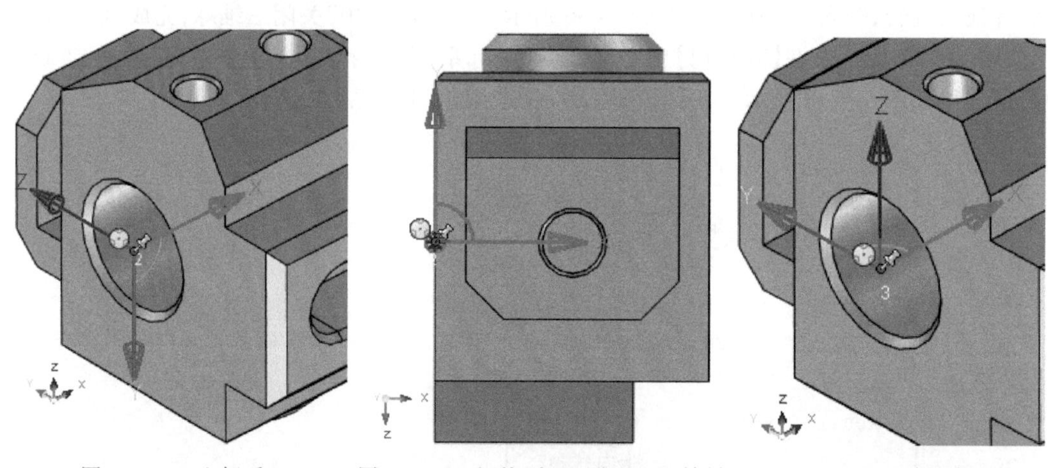

图 5-4-7　坐标系 2　　图 5-4-8　切换到 *XY* 平面显示结果　　图 5-4-9　选中坐标系 3

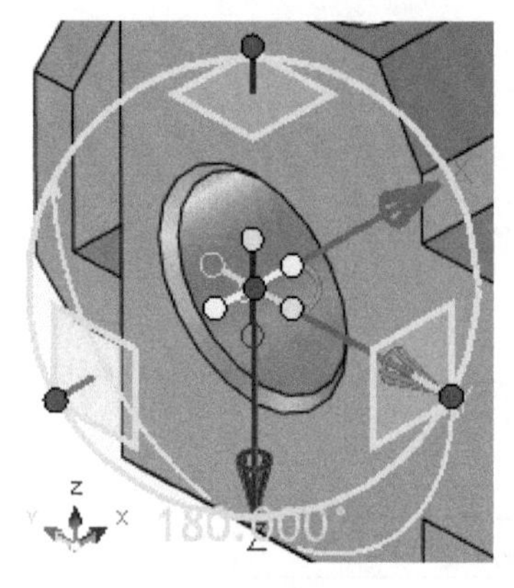

图 5-4-10　旋转坐标 3

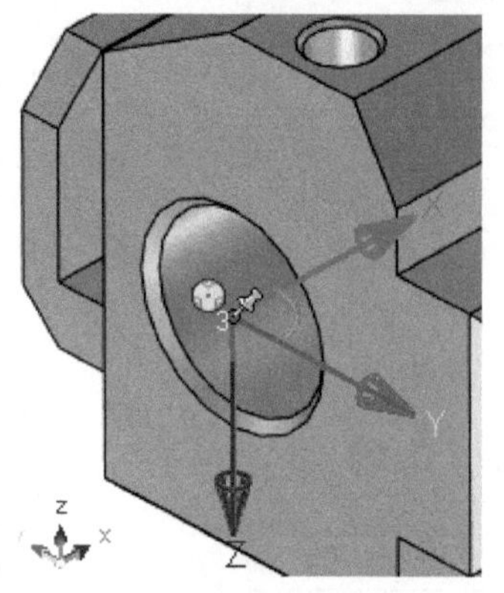

图 5-4-11　坐标系 3

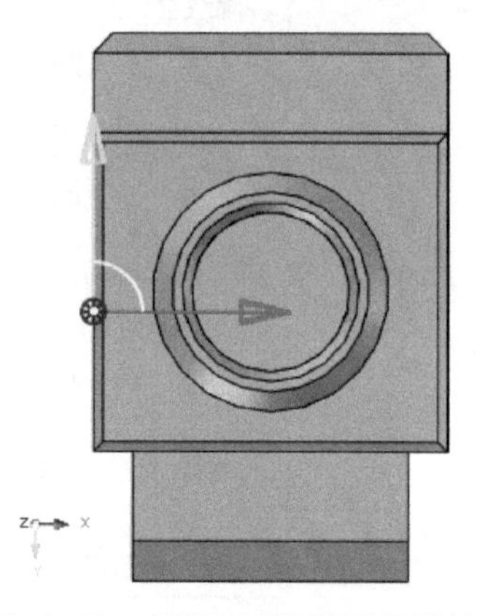

图 5-4-12　切换到 *XY* 平面显示结果

新建坐标系 4，选中新建的坐标系 4，如图 5-4-13 所示，按“F10”打开三维球，选择三维球 X 轴操作手柄，在三维球圆圈内按住左键逆时针拖动旋转，输入“270.000”，如图 5-4-14 所示，按“F10”关闭三维球，完成该坐标系创建，如图 5-4-15 所示。在管理树中右键点击“坐标系 4”，选择【激活】，按“F5”切换到 XY 平面显示结果如图 5-4-16 所示。在管理树中右键点击“坐标系 4”，选择【隐藏】。

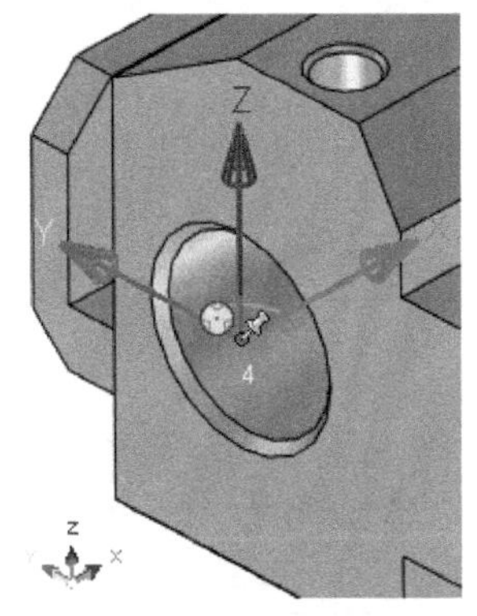

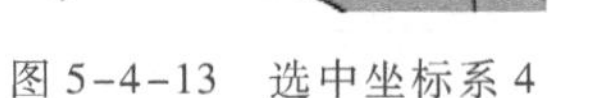
图 5-4-13 选中坐标系 4

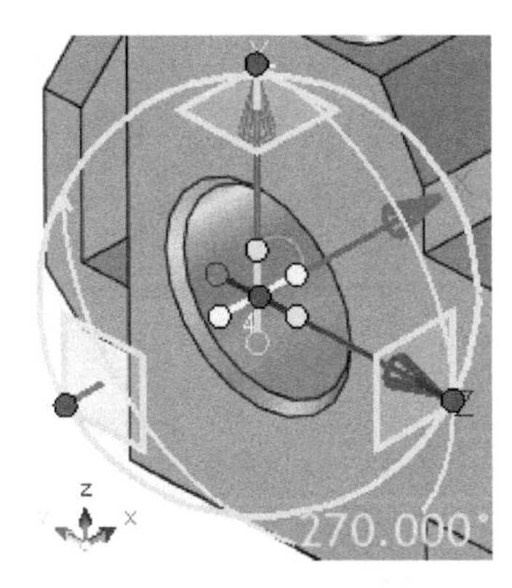

图 5-4-14 旋转坐标 4

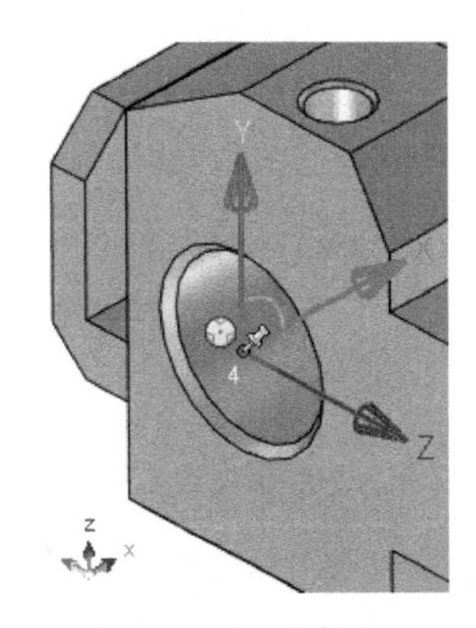

图 5-4-15 坐标系 4

新建坐标系 5，在创建坐标系对话框中，选择【Z 轴矢量方向】，选择如图 5-4-17 所示的棱边及方向，【X 轴矢量方向】选择如图 5-4-18 所示的棱边及方向，点击【确定】，坐标系 5 的 Z 轴与倒角 30°的棱线平行，如图 5-4-19 所示。在【管理树】中右键点击“坐标系 5”，选择【激活】，“F5”切换到 XY 平面显示结果如图 5-4-20 所示。在【管理树】中右键点击“坐标系 5”，选择【隐藏】。

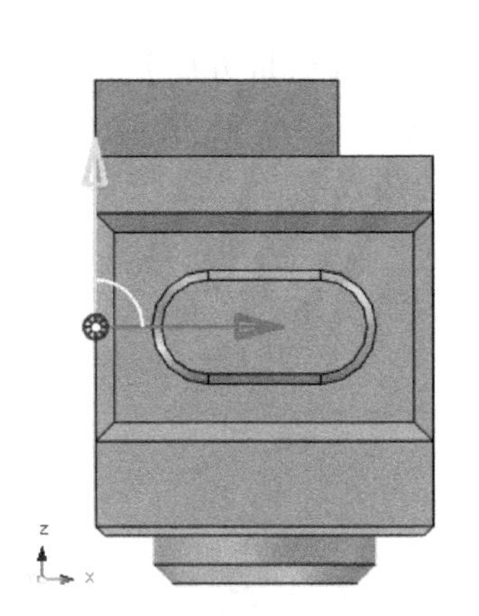

图 5-4-16 切换到 XY 平面显示结果

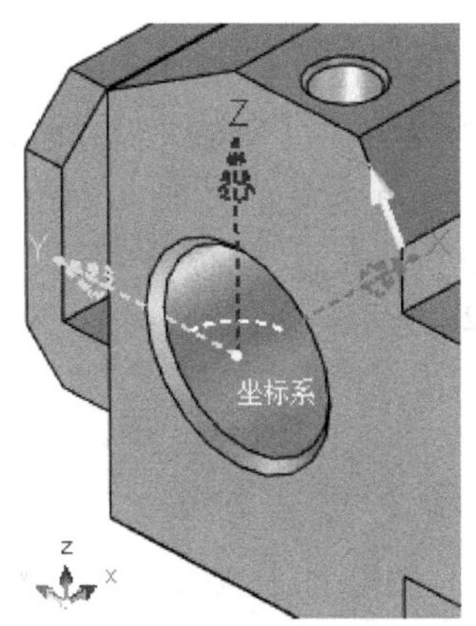

图 5-4-17 Z 轴方向

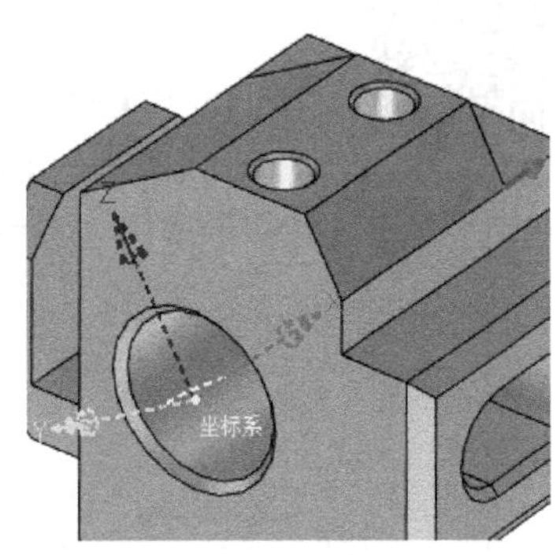

图 5-4-18 X 轴方向

新建坐标系 6，在创建坐标系对话框中，选择【Z 轴矢量方向】，选择如图 5-4-21 所示的棱边及方向，【X 轴矢量方向】选择如图 5-4-22 所示的棱边及方向，点击【确定】，坐标系 6 的 Z 轴与倒角 60°的棱线平行，如图 5-4-23 所示。在【管理树】中右键点击“坐标系 6”，选择【激活】，“F5”切换到 XY 平面显示结果如图 5-4-24 所示。在【管理树】中右键点击坐标系 6，选择【隐藏】。

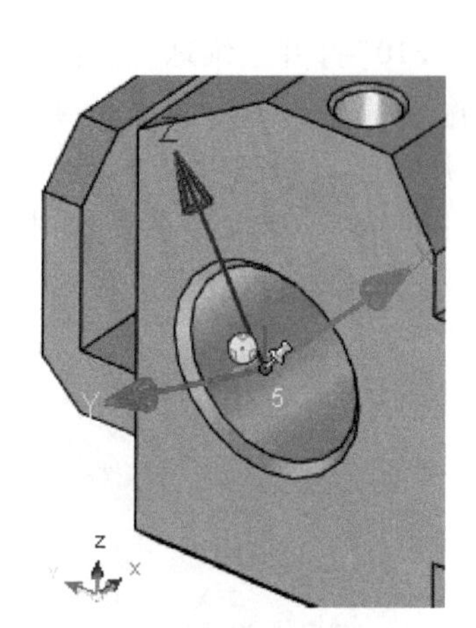

图 5-4-19　坐标系 5

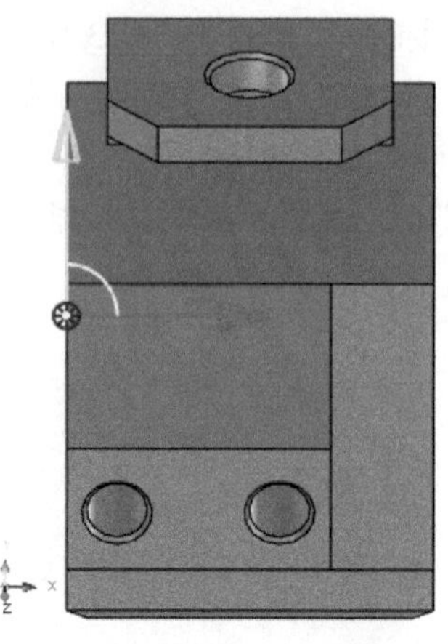
图 5-4-20　切换到 *XY* 平面显示结果

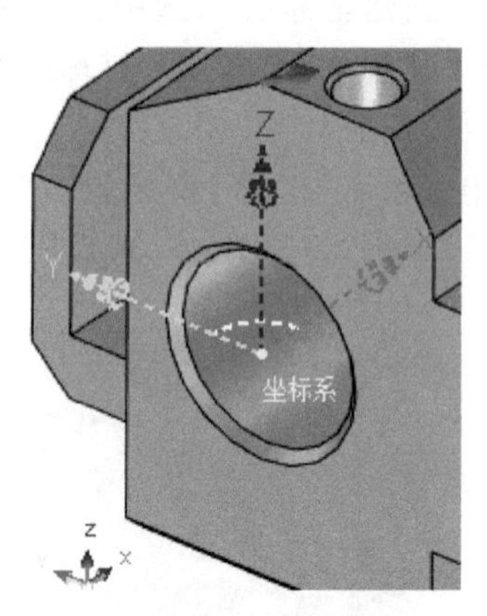

图 5-4-21　*Z* 轴方向

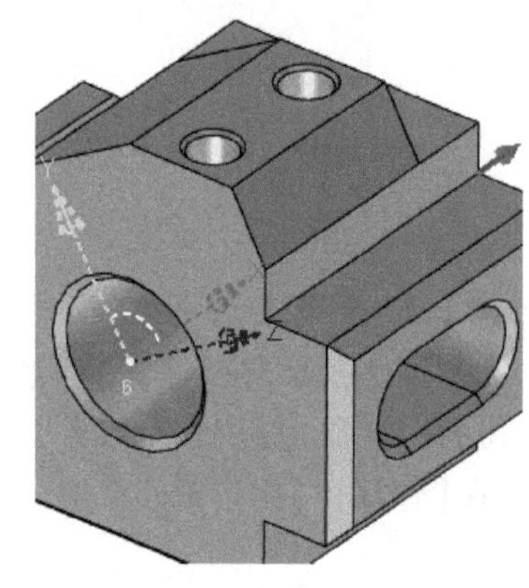

图 5-4-22　*X* 轴方向

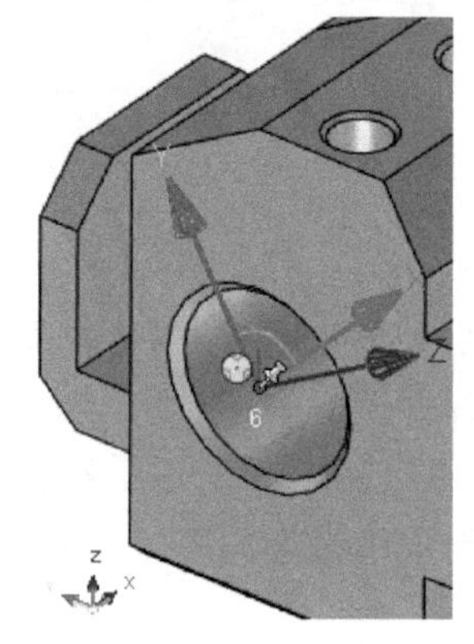

图 5-4-23　坐标系 6

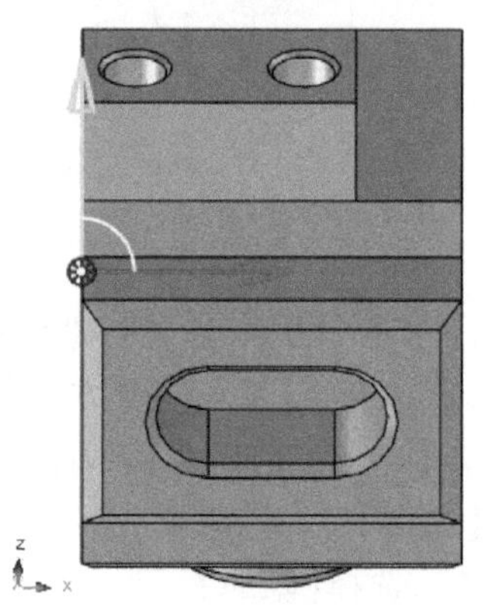
图 5-4-24　切换到 *XY* 平面显示结果

创建坐标系

新建坐标系 7，在创建坐标系对话框中，选择【Z 轴矢量方向】，选择如图 5-4-25 所示的棱边及方向，【X 轴矢量方向】选择如图 5-4-26 所示的棱边及方向，点击【确定】，坐标系 7 的 *Z* 轴与倒角 *C*4 的棱线平行，如图 5-4-27 所示。在【管理树】中右键点击“坐标系 7”，选择【激活】，“F5”切换到 *XY* 平面显示结果如图 5-4-28 所示。在【管理树】中右键点击“坐标系 7”，选择【隐藏】。

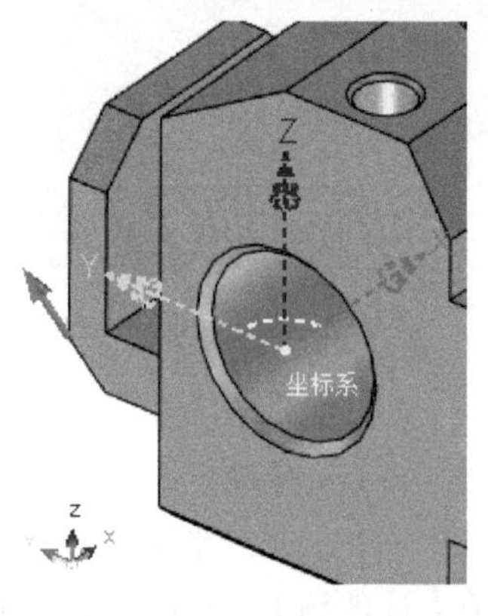

图 5-4-25　*Z* 轴方向

图 5-4-26　*X* 轴方向

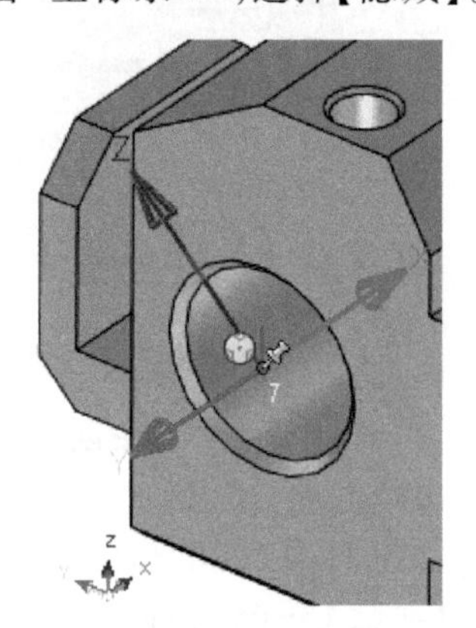

图 5-4-27　坐标系 7

5.4.2 刀库

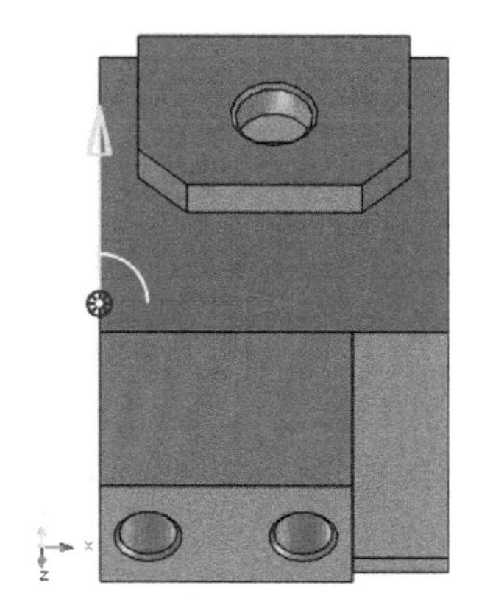
图 5-4-28 切换到 *XY* 平面显示结果

在【制造】页的创建栏中，点击【刀具】，如图 5-4-29 所示，或在【管理树】→【加工】右键点击【刀库】选择【创建刀具】进入创建刀具命令，如图 5-4-30 所示，参照表 5-1 在对话框中选择【刀具类型】(铰刀用钻头或立铣刀代替)，输入【刀具号】，点选【DH 同值】(半径补偿号、长度补偿号)，【速度参数】根据实际情况自定，最后点击【入库】，如图 5-4-31 所示，完成所有刀具创建后关闭对话框，刀具创建结果如图 5-4-32 所示。

5.4.3 毛坯

在【制造】页的创建栏中，点击【毛坯】，如图 5-4-33 所示，或在【管理树】→【加工】右键点击【毛坯】，选择【创建毛坯】，如图 5-4-34 所示，进入创建毛坯命令。根据毛坯尺寸，选择【圆柱环】，如图 5-4-35 所示，轴向"VX"为"1"，"VY""VZ"为"0"，"高度"为"36"，"半径"为"30"，"厚度"为"21"(外径 60 减去内径 18 后除以 2)，预显检查，如图 5-4-36 所示，无误后点击【确定】，完成毛坯创建。

表 5-1 刀　具

刀具号	刀具类型	刀具规格/mm	数量
1	平底立铣刀	$\phi14$	1
2	麻花钻	$\phi7.8$	1
3	铰刀	$\phi8$	1
4	平底立铣刀	$\phi8$	1
5	麻花钻	$\phi5.8$	1
6	铰刀	$\phi6$	1
7	倒角铣刀	$\phi10$	1

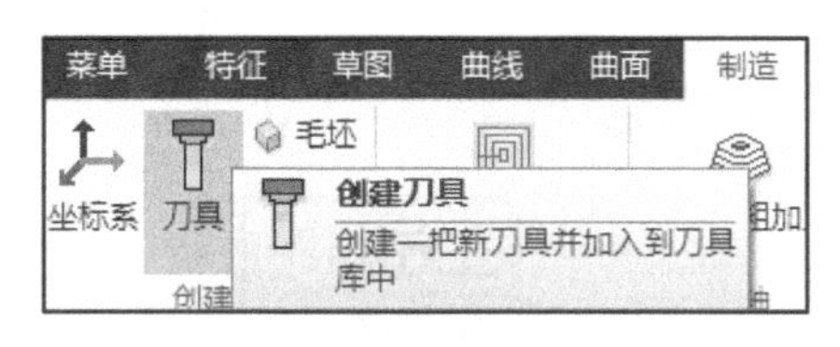

图 5-4-29 创建刀具命令 1

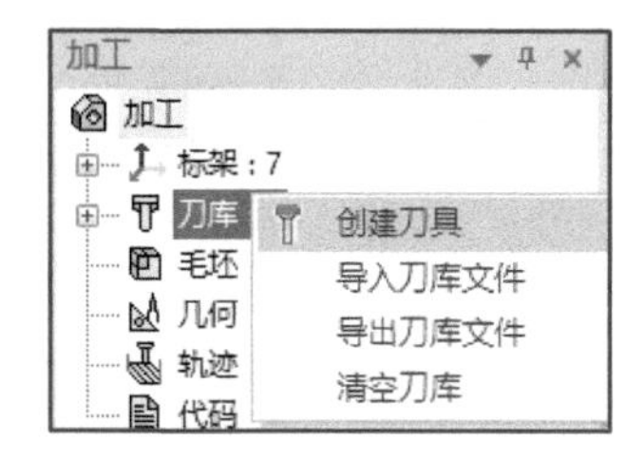

图 5-4-30 创建刀具命令 2

5.4.4 刀路

1. 以坐标系 2 创建刀路

激活坐标系 2，点击选择【管理树】→【加工】→【标架】，右键点击"2-坐标系 1"→【激活】，如图 5-4-37 所示。

粗加工去除材料。点击选择【制造】→【等高线粗加工】→【自适应粗加工】，如图 5-4-38 所示，或点击选择【管理树】→【加工】后，在空白区域点击鼠标右键→【三轴】→【自适应粗加工】,如图 5-4-39 所示,参照图 5-4-40 和图 5-4-41 进行加工参数、区域参数设置。

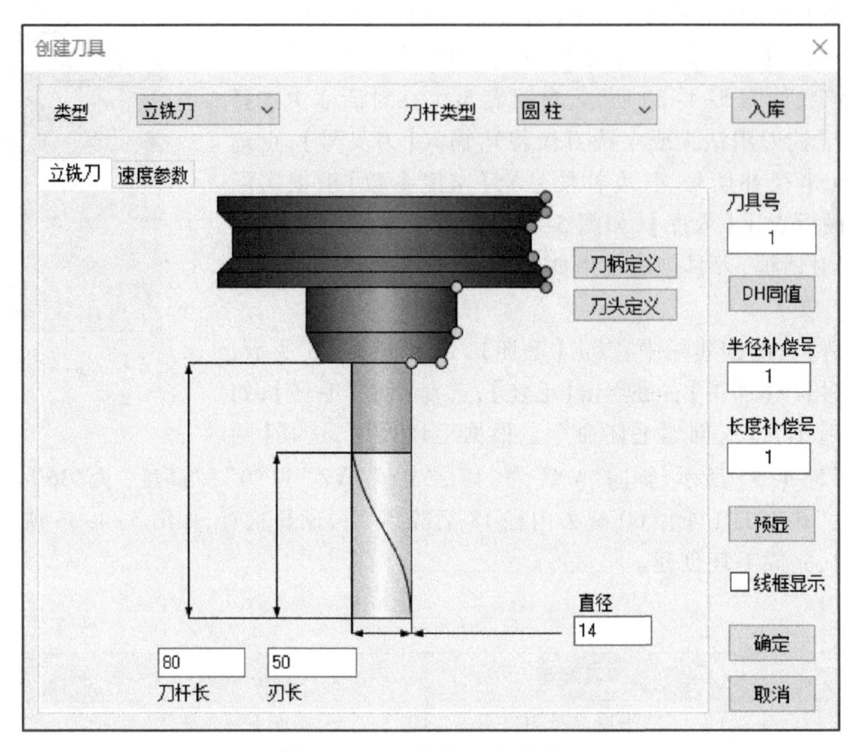

图 5-4-31　创建刀具对话框

创建刀具

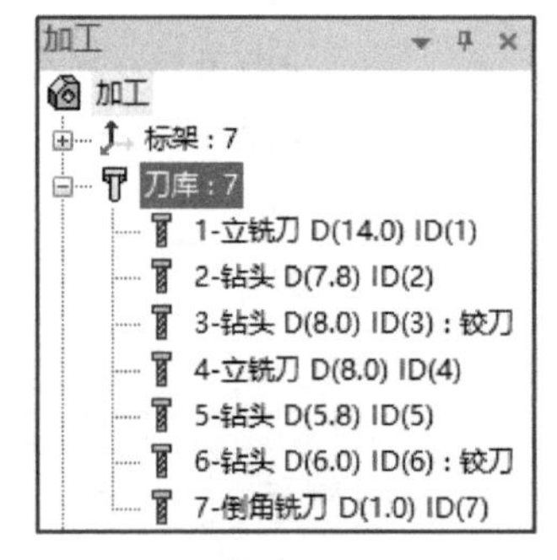

图 5-4-32　刀具创建结果

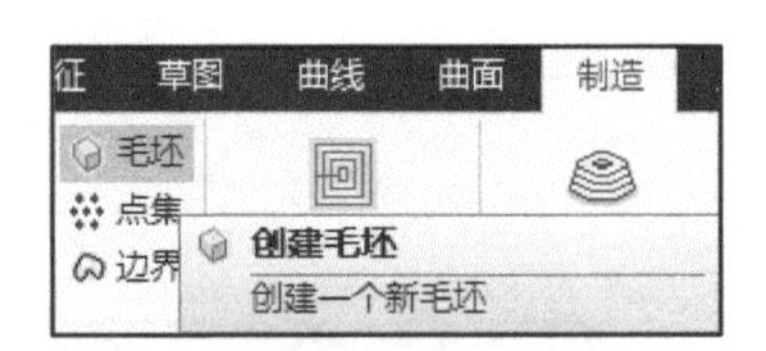

图 5-4-33　创建毛坯命令 1

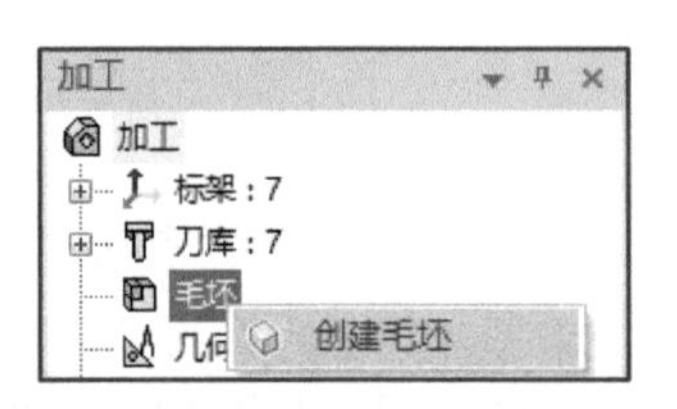

图 5-4-34　创建毛坯命令 2

图 5-4-35　毛坯类型

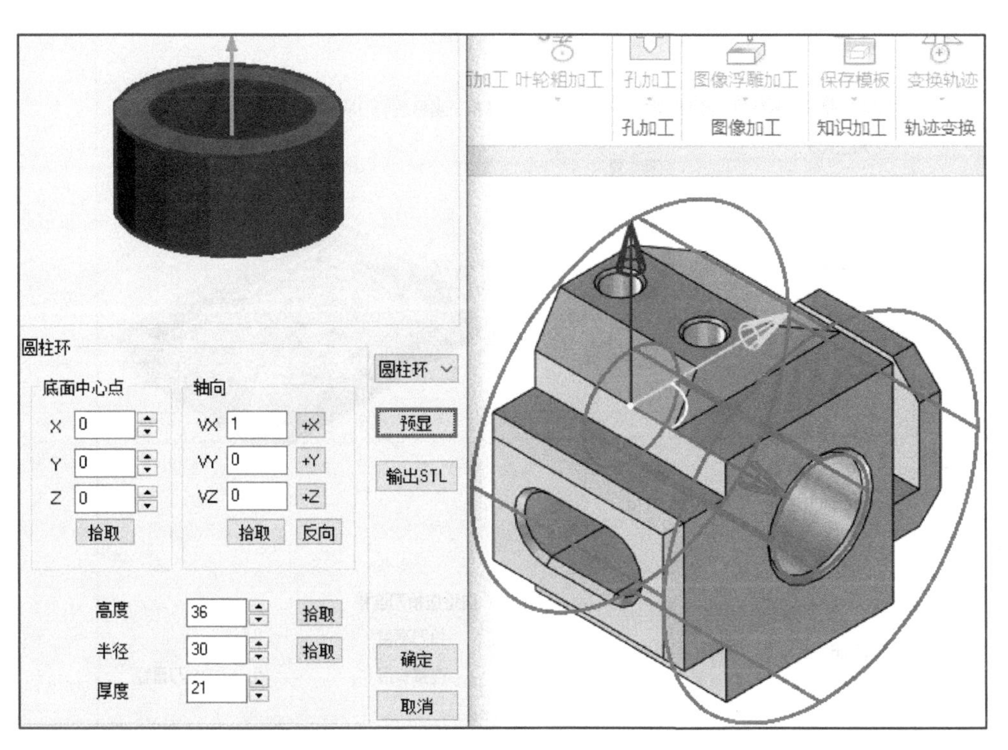

图 5-4-36　毛坯参数与预显检查

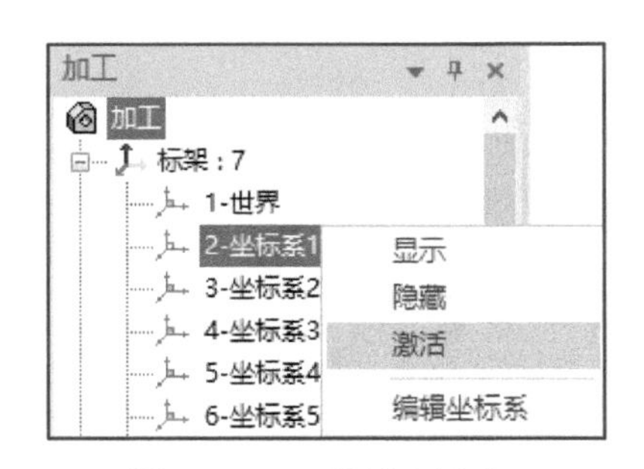

图 5-4-37　激活坐标系 2

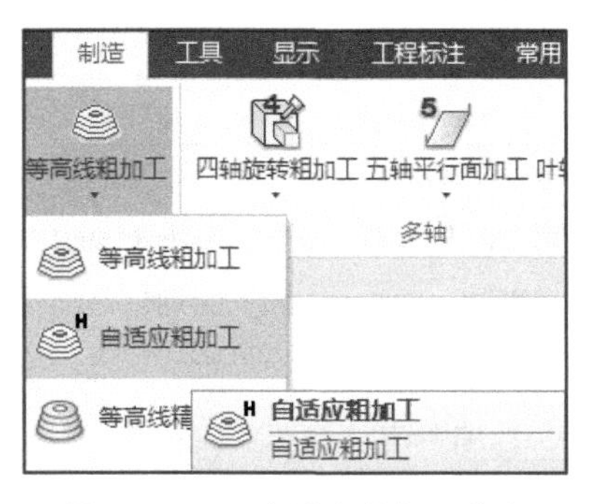

图 5-4-38　自适应粗加工命令

创建毛坯

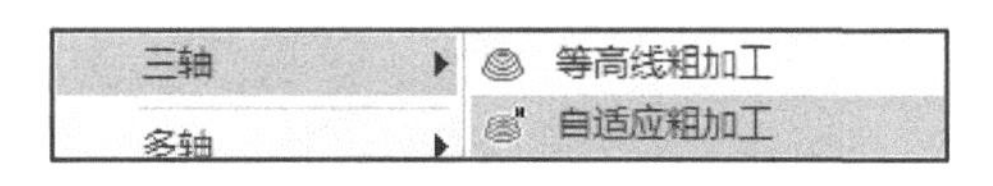

图 5-4-39　自适应粗加工命令

刀具采用刀库内 1 号刀具，如图 5-4-42 所示，点击选择【几何】→【加工曲面】拾取零件，如图 5-4-43 所示，点击选择【管理树】→【加工】→【毛坯：1】空白区域点击鼠标右键，如图 5-4-44 所示进行毛坯拾取，然后点击【确定】，计算出的刀路如图 5-4-45 所示。右键选择刀路，点击【隐藏】。

钻孔和铰孔。点击选择【制造】→【孔加工】→【G01 钻孔】，如图 5-4-46 所示，或在【管理树】→【加工】空白区域点击鼠标右键，选择【孔加工】→【G01 钻孔】，参照图 5-4-47 设置钻孔加工参数，选择刀库内 2 号刀，DH 同值，以圆弧中心方式选取孔点，几何元素拾取如图

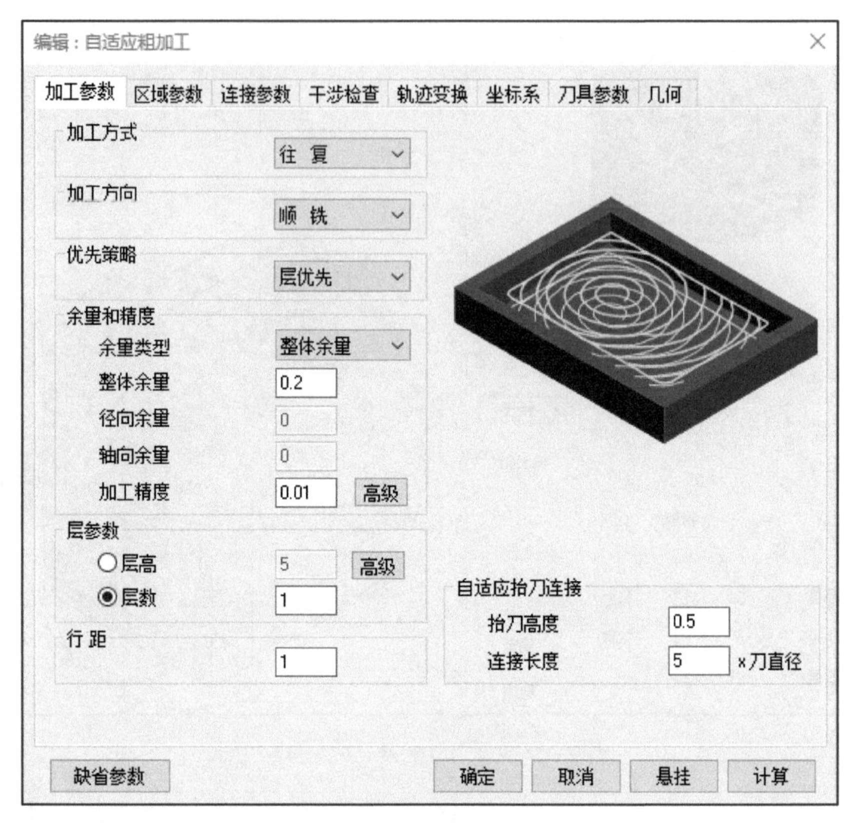

图 5-4-40 加工参数

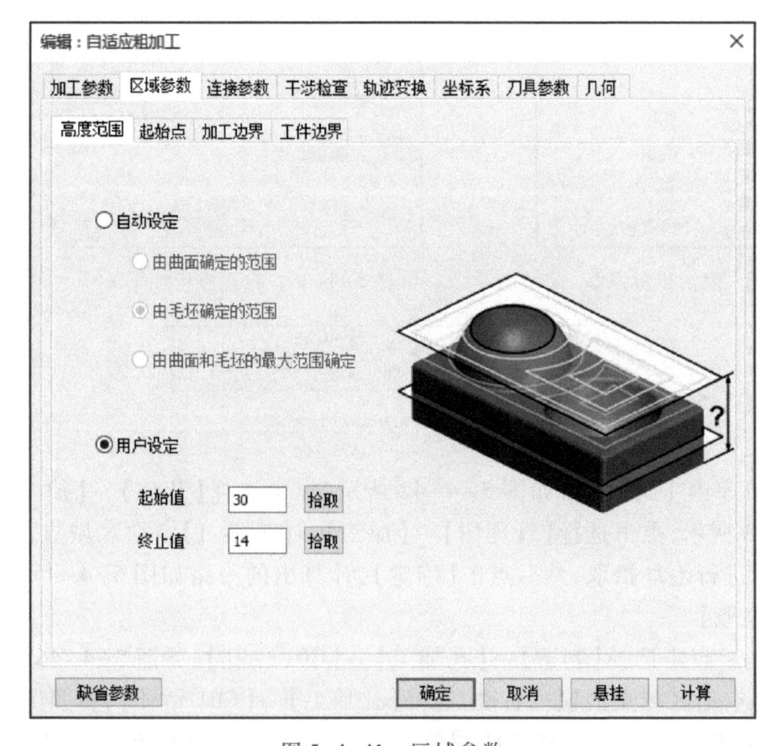

图 5-4-41 区域参数

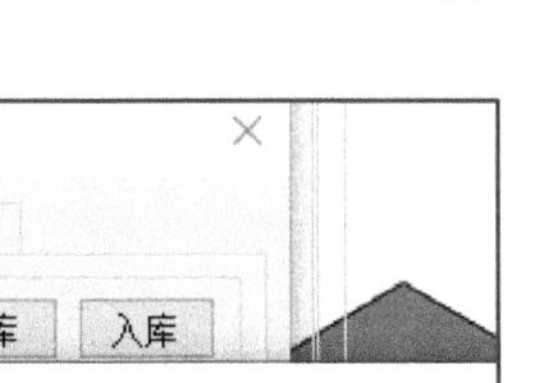

图 5-4-42 选择刀库内 1 号刀具

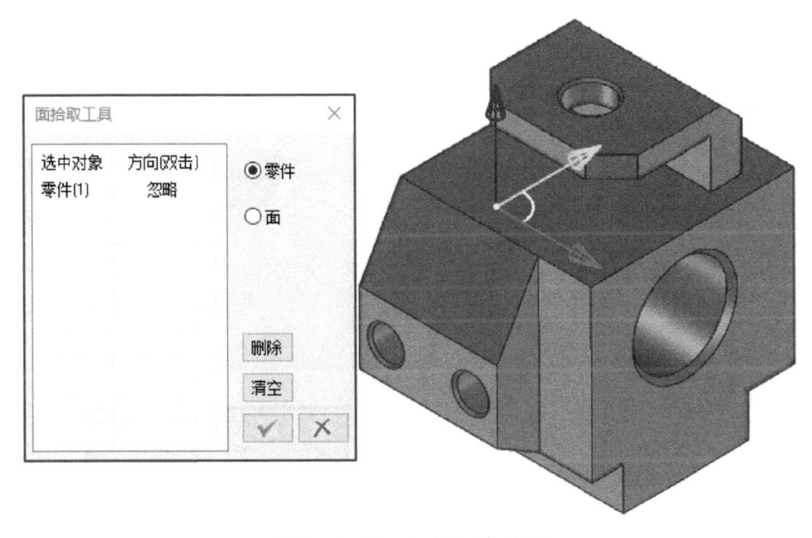

图 5-4-43 几何元素拾取

坐标 2 粗加工

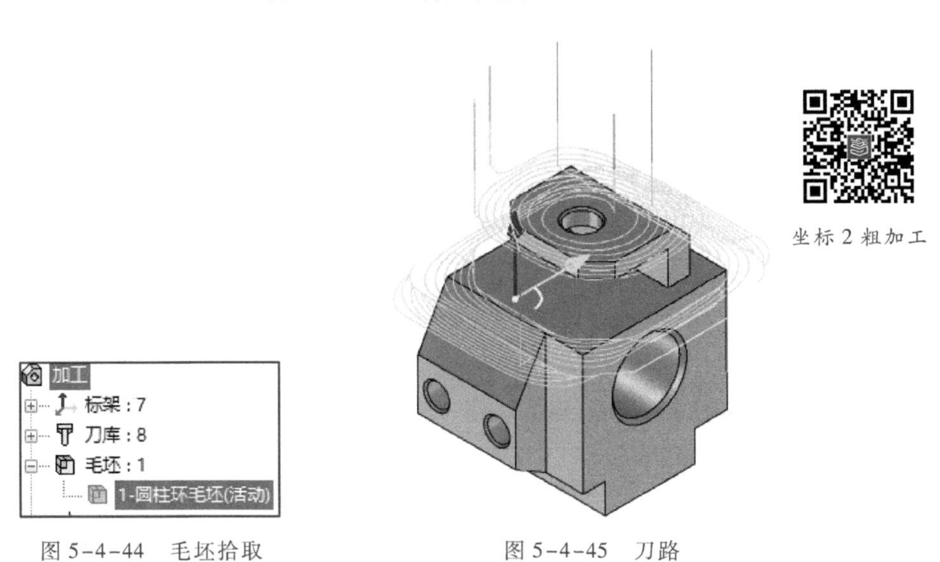

图 5-4-44 毛坯拾取

图 5-4-45 刀路

5-4-48 所示，点击【确定】，计算出的刀路如图 5-4-49 所示。右键选择刀路，点击【隐藏】。该孔铰孔的刀路和钻孔相同，可复制钻孔刀路，如图 5-4-50 所示，将刀具改为刀库内 3 号刀，刀具速度参数改小，点击【确定】，重新计算刀路即可。

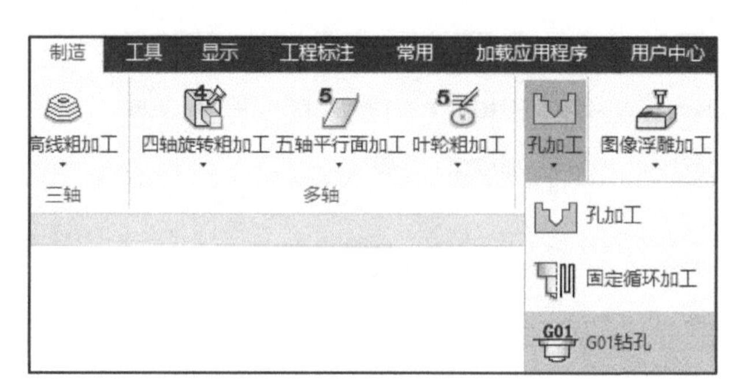

图 5-4-46　钻孔命令

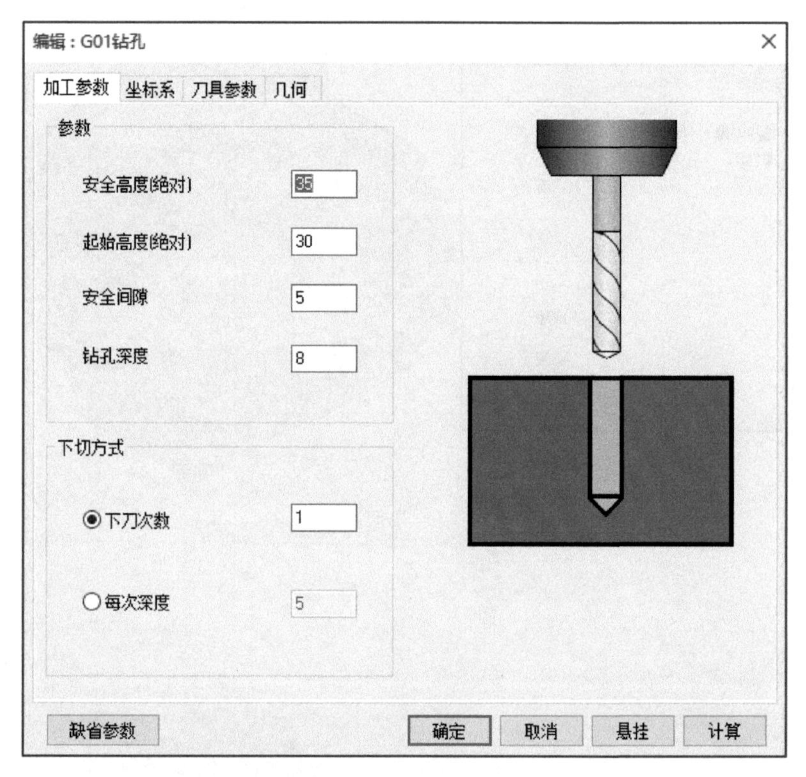

图 5-4-47　钻孔加工参数

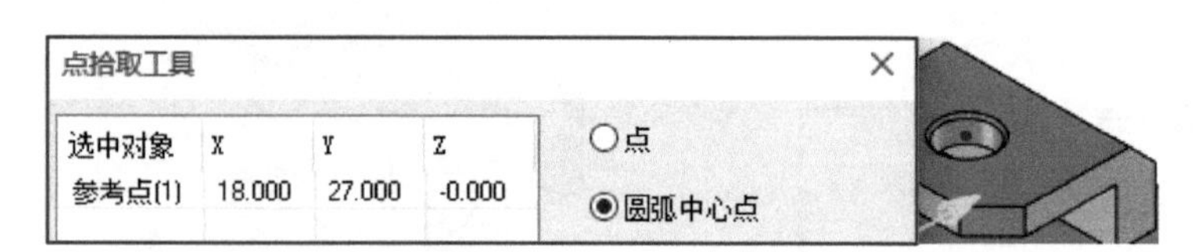

图 5-4-48　几何元素拾取

精加工上平面。点击【平面区域粗加工】，如图 5-4-51 所示，参照图 5-4-52 ~ 图 5-4-54所示，设置各种加工参数，选择刀库内 1 号刀，DH 同值，参照图 5-4-55 所示，设置几何元素拾取，选取轮廓线，点击【确定】，计算出的刀路如图 5-4-56 所示。右键选择刀路，点击【隐藏】。

坐标2钻孔和绞孔

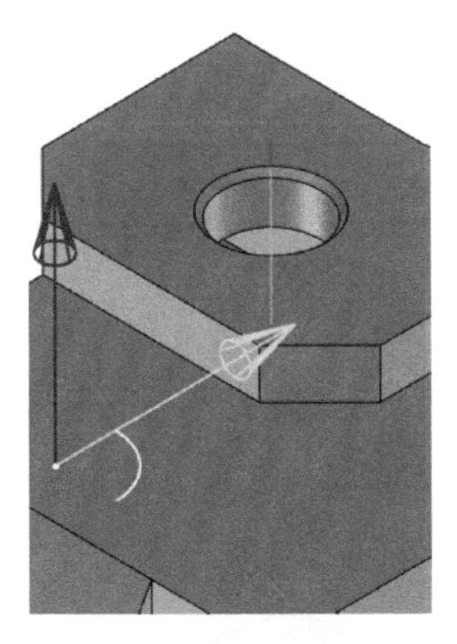

图 5-4-49 刀路

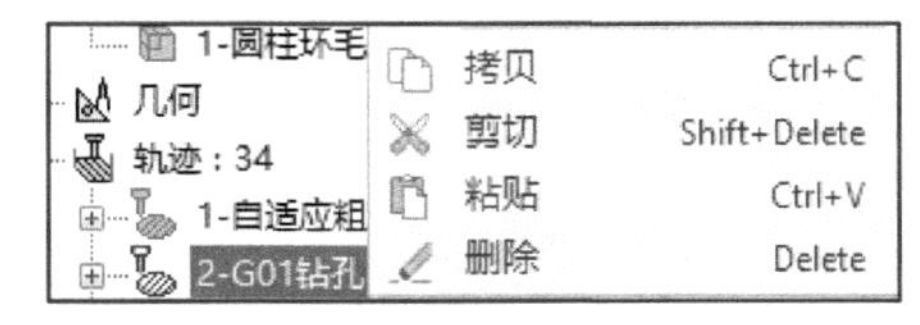

图 5-4-50 复制钻孔刀路

精加工带岛平面。重复【平面区域粗加工】(也可复制前一刀路修改参数),参照图5-4-57所示设置加工参数,选择刀库内1号刀,点击选择【清根参数】→【岛清根】→【清根】,岛清根余量为“0”,点击选择【几何】→【轮廓曲线】,参照图5-4-58所示,拾取轮廓曲线,【岛屿曲线】参照图5-4-59所示拾取,点击【确定】,计算出的刀路如图5-4-60所示。右键选择刀路,点击【隐藏】。

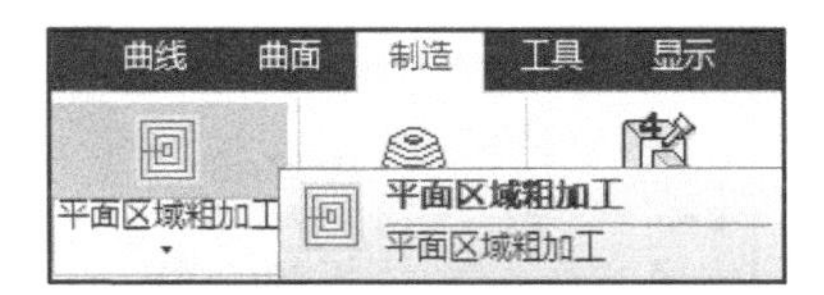

图 5-4-51 平面区域粗加工命令

编辑：平面区域粗加工

加工参数 | 起始点 | 清根参数 | 接近返回 | 下刀方式 | 坐标系 | 刀具参数 | 几何

走刀方式：○环切加工（◉从里向外 ○从外向里）；◉平行加工（○单向 ◉往复），角度 0

区域内抬刀：○否 ◉是

拐角过渡方式：○尖角 ◉圆弧

拔模基准：◉底层为基准 ○顶层为基准

轮廓参数：余量 0，斜度 0，补偿 ○ON ○TO ◉PAST

岛屿参数：余量 0，斜度 0，补偿 ○ON ◉TO ○PAST

加工参数：顶层高度 27 拾取；底层高度 27 拾取；每层下降高度 1；行距 10；加工精度 0.01

缺省参数　确定　取消　悬挂　计算

图 5-4-52 加工参数

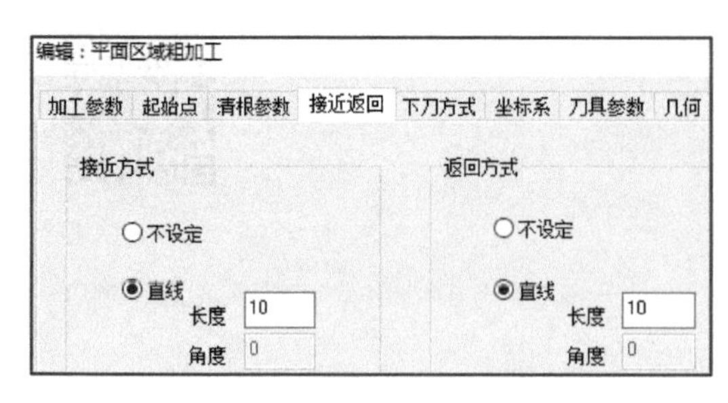

图 5-4-53　接近/返回方式设置

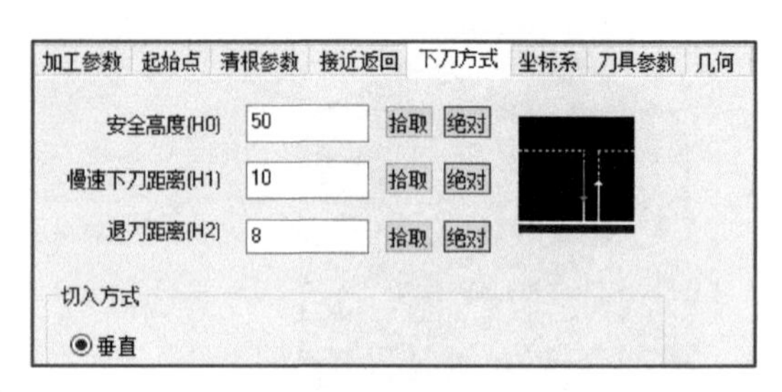

图 5-4-54　下刀方式设置

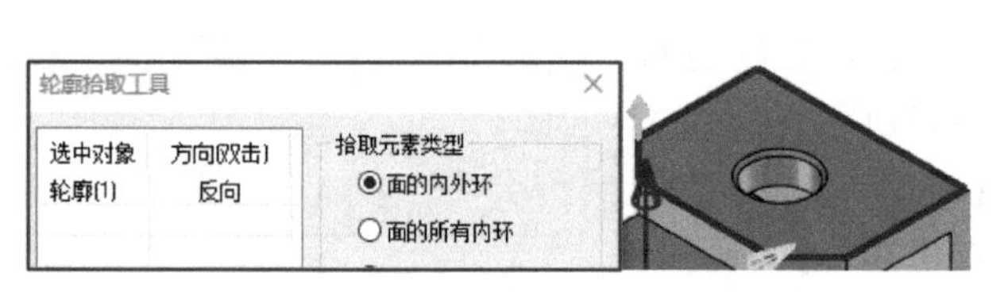

图 5-4-55　几何元素拾取

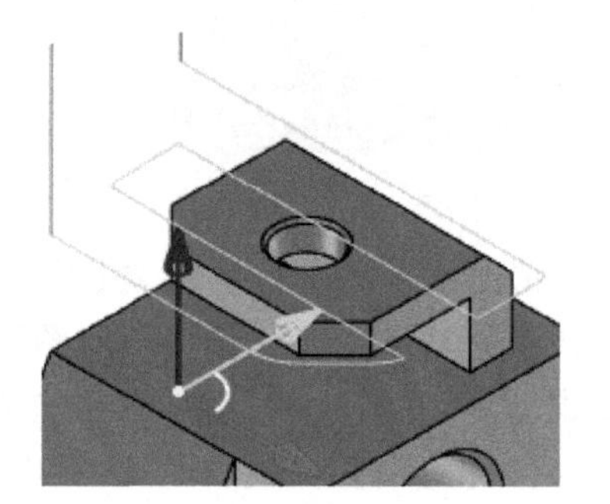

图 5-4-56　刀路

坐标 2 精加工上平面

编辑：平面区域粗加工

加工参数　起始点　清根参数　接近返回　下刀方式　坐标系　刀具参数　几何

走刀方式：◉环切加工（○从里向外　◉从外向里）；○平行加工（○单向　○往复）　角度 0

区域内抬刀：○否　○是

拐角过渡方式：○尖角　◉圆弧

拔模基准：◉底层为基准　○顶层为基准

轮廓参数：余量 0　斜度 0　补偿 ○ON　○TO　◉PAST

岛屿参数：余量 0　斜度 0　补偿 ○ON　◉TO　○PAST

加工参数：顶层高度 14 拾取　底层高度 14 拾取　每层下降高度 1　行距 10　加工精度 0.01

缺省参数　确定　取消　悬挂　计算

图 5-4-57　加工参数

2. 以坐标系 3 创建刀路

激活坐标系 3，右键点击“3-坐标系 2”→【激活】。

图 5-4-58　轮廓曲线拾取

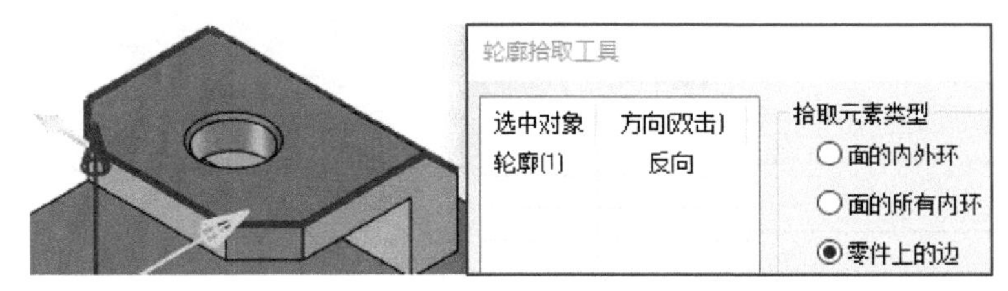

图 5-4-59　岛屿曲线拾取

粗加工去除材料。选择【自适应粗加工】,参照图 5-4-61 所示进行加工参数设置,点击选择【区域参数】→【高度范围】→【用户设定】,输入起始值“30”,终止值“22”,选择刀库内 1 号刀,DH 同值,点击选择【几何】→【加工曲面】拾取零件,几何元素拾取如图 5-4-62 所示,点击选择【管理树】→【加工】→【毛坯】后,在空白区域点击鼠标右键,点击【确定】,生成刀路如图 5-4-63 所示。右键选择刀路,点击【隐藏】。

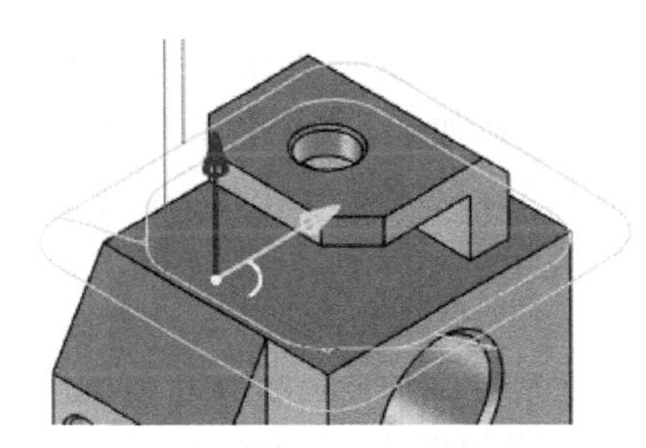

图 5-4-60　刀路

坐标 2 精加工带岛平面

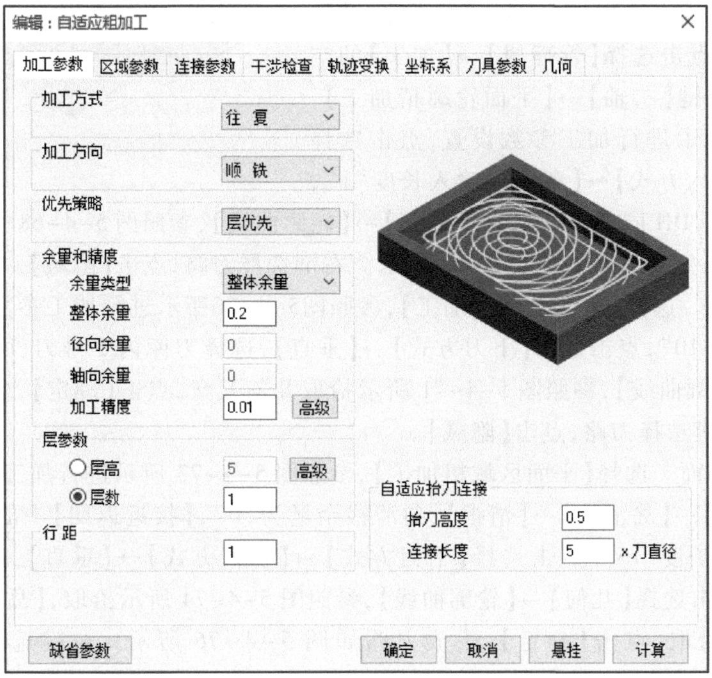

编辑:自适应粗加工

加工参数　区域参数　连接参数　干涉检查　轨迹变换　坐标系　刀具参数　几何

加工方式　往复
加工方向　顺铣
优先策略　层优先
余量和精度
余量类型　整体余量
整体余量　0.2
径向余量　0
轴向余量　0
加工精度　0.01　高级
层参数
层高　5　高级
层数　1
行距　1
自适应抬刀连接
抬刀高度　0.5
连接长度　5　×刀直径

缺省参数　确定　取消　悬挂　计算

图 5-4-61　加工参数

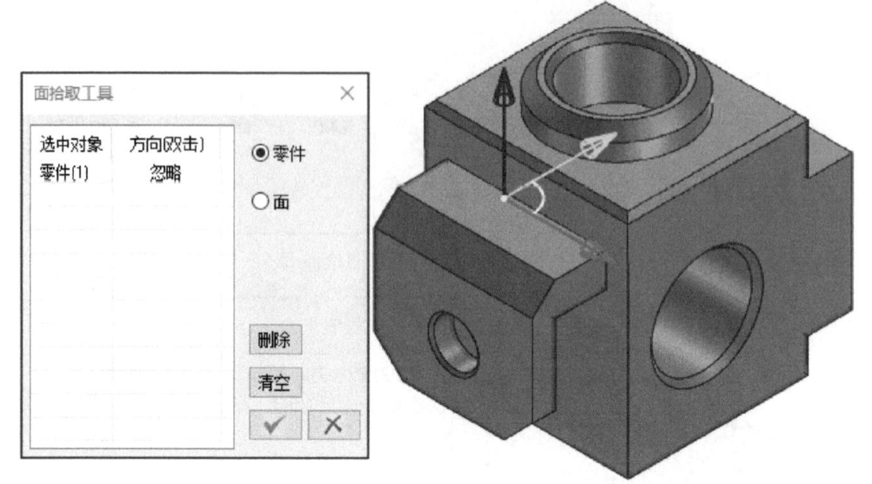

图 5-4-62　几何元素拾取

坐标 3 粗加工

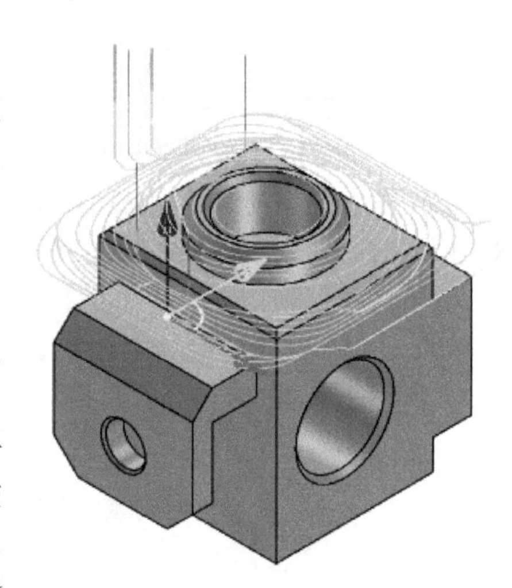

图 5-4-63　刀路

粗加工圆孔。点击选择【制造】→【孔加工】→【铣圆孔加工】或在【管理树】→【加工】空白区域点击鼠标右键选择【孔加工】→【铣圆孔加工】，参照图 5-4-64 所示进行加工参数设置，选择刀库内 1 号刀，DH 同值，点击选择【几何】→【圆】，参照图5-4-65所示拾取几何元素，点击【确定】，生成刀路如图 5-4-66 所示。右键选择刀路，点击【隐藏】。

精加工圆孔。点击选择【制造】→【二轴】→【平面轮廓精加工】或点击选择【管理树】→【加工】的空白区域点击鼠标右键【二轴】→【平面轮廓精加工】，参照图 5-4-67 所示进行加工参数设置，点击选择【下刀方式】→【切入方式】→【渐切】，输入长度“1”，选择刀库内 1 号刀，DH 同值，点击选择【几何】→【轮廓曲线】，参照图 5-4-68 所示拾取几何元素，点击【确定】，生成刀路如图 5-4-69 所示。右键选择刀路，点击【隐藏】。

精加工上平面。选择【平面轮廓精加工】，参照图5-4-70所示进行加工参数设置，【接近返回】中输入直线“10”，点击选择【下刀方式】→【垂直】，选择刀库内 1 号刀，DH 同值，点击选择【几何】→【轮廓曲线】，参照图 5-4-71 所示拾取几何元素，点击【确定】，生成刀路如图 5-4-72 所示。右键选择刀路，点击【隐藏】。

精加工带岛平面。选择【平面区域粗加工】，参照图 5-4-73 所示进行加工参数设置，点击选择【清根参数】→【岛清根】→【清根】，岛清根余量为“0”，【接近返回】中的“接近方式”选择“直线”，输入长度“15”，点击选择【下刀方式】→【切入方式】→【垂直】，选择刀库内 1 号刀，DH 同值，点击选择【几何】→【轮廓曲线】，参照图 5-4-74 所示拾取，【岛屿曲线】参照图 5-4-75 所示拾取，点击【确定】，生成刀路如图 5-4-76 所示。右键选择刀路，点击【隐藏】。

图 5-4-64　加工参数

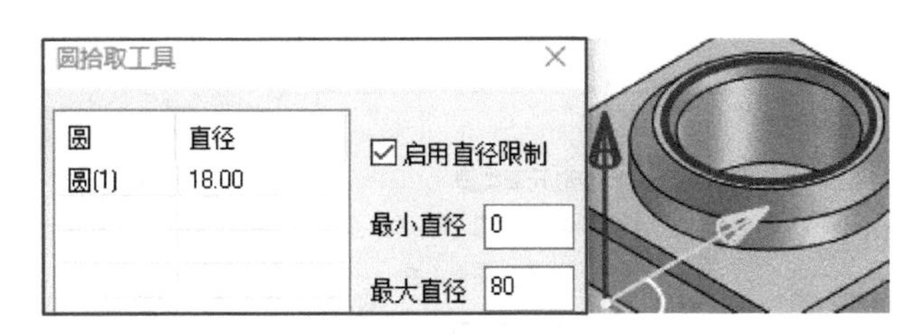

图 5-4-65　几何元素拾取

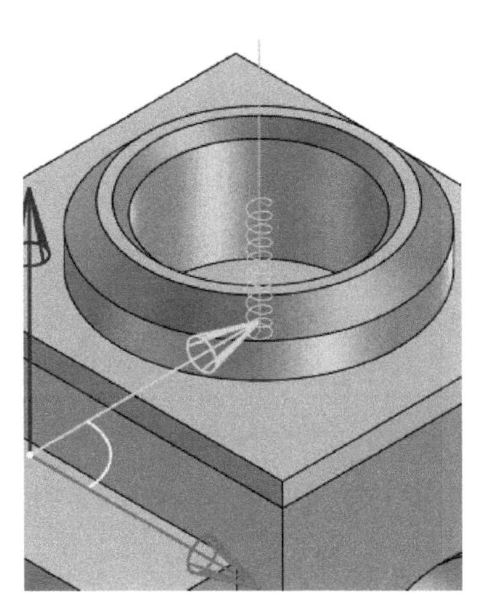

图 5-4-66　刀路

坐标 3 粗加工圆孔

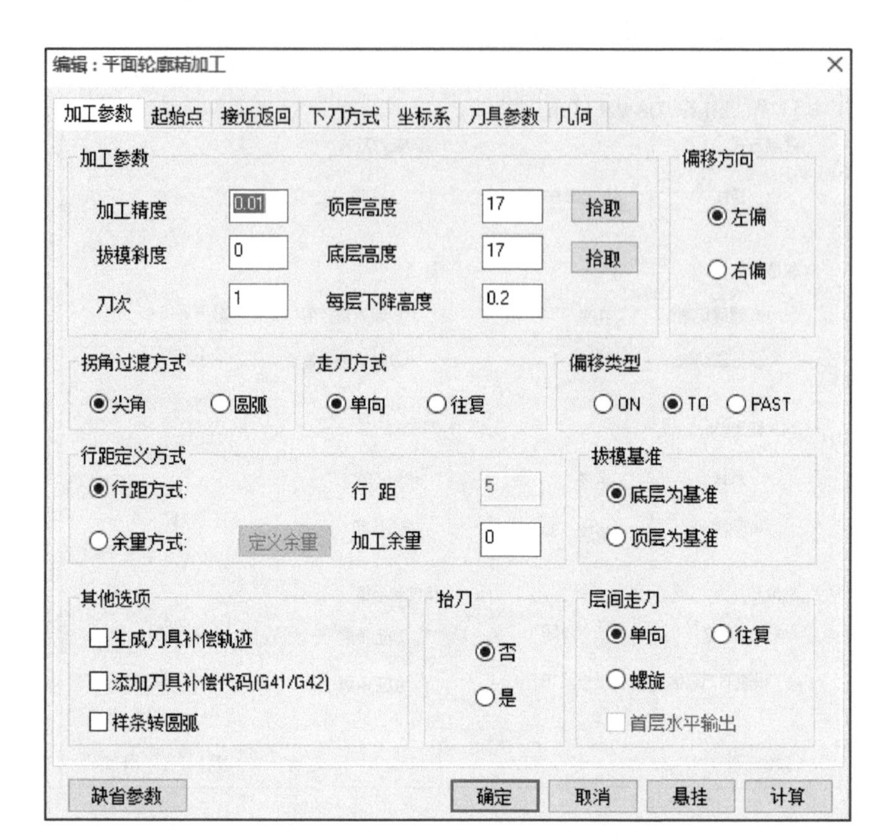

图 5-4-67 加工参数

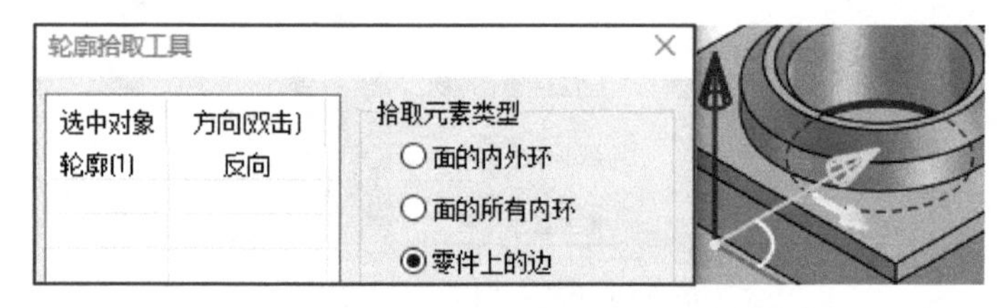

图 5-4-68 几何元素拾取

坐标 3 精加工圆孔

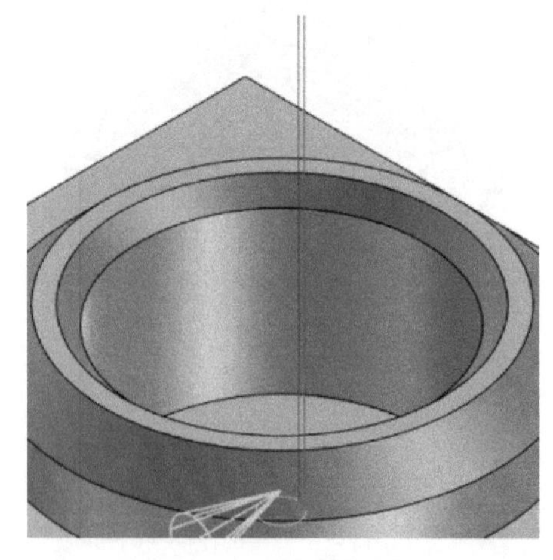

图 5-4-69 刀路

图 5-4-70 加工参数

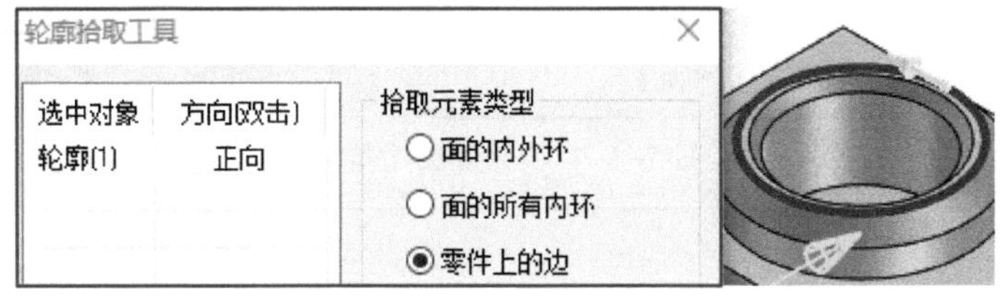

图 5-4-71 几何元素拾取

坐标 3 精加工上平面

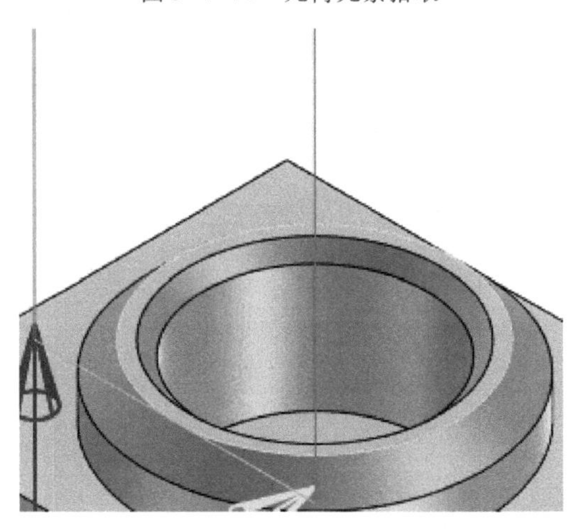

图 5-4-72 刀路

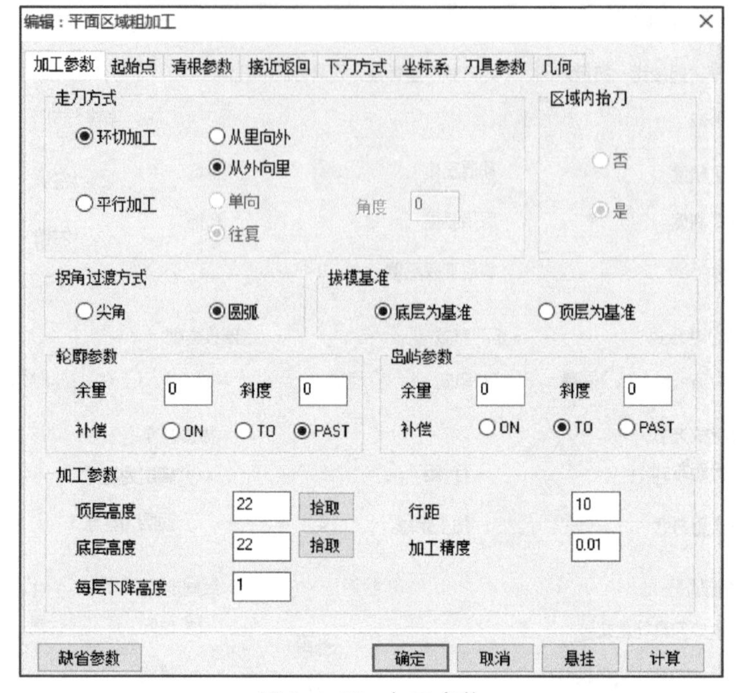

图 5-4-73　加工参数

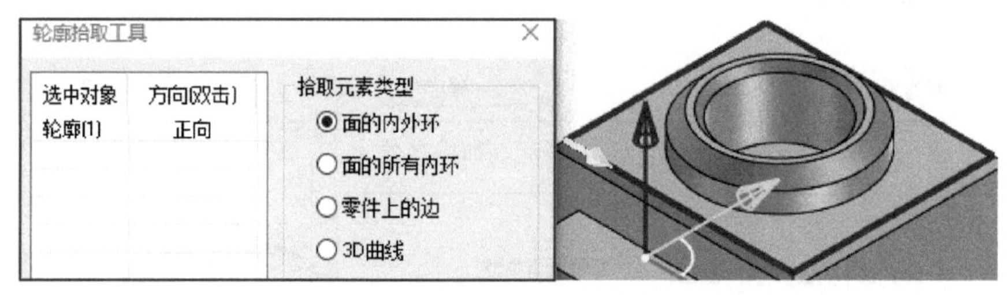

图 5-4-74　轮廓曲线拾取

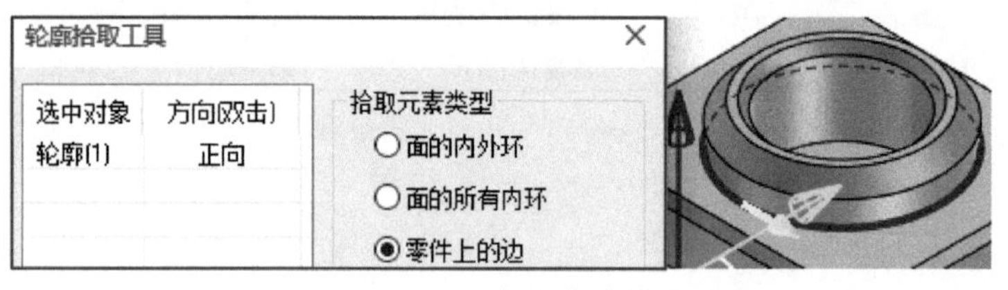

图 5-4-75　岛屿曲线拾取

坐标 3 精加工
带岛平面

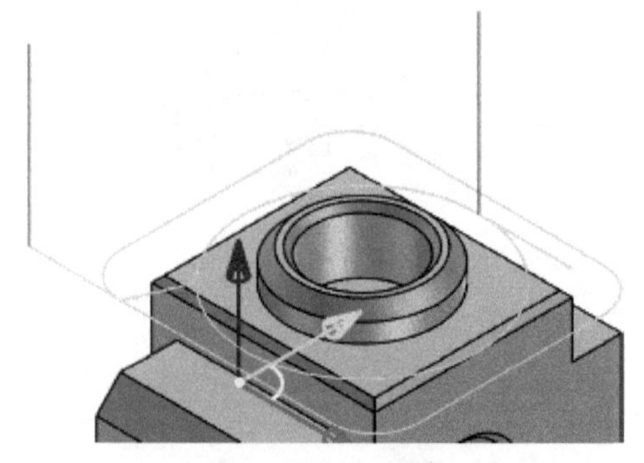

图 5-4-76　刀路

3. 以坐标系 4 创建刀路

激活坐标系 4，右键点击“4-坐标系 3”→【激活】。

粗加工去除材料。选择【自适应粗加工】，参照图 5-4-77 所示进行加工参数设置，点击选择【区域参数】→【高度范围】→【用户设定】，输入起始值“30”、终止值“18”，选择刀库内 1 号刀，DH 同值，点击选择【几何】→【加工曲面】拾取几何要素，如图 5-4-78 所示，点击选择【管理树】→【加工】→【毛坯】后，在空白区域点击鼠标右键，点击【确定】，生成刀路如图 5-4-79 所示。右键选择刀路，点击【隐藏】。

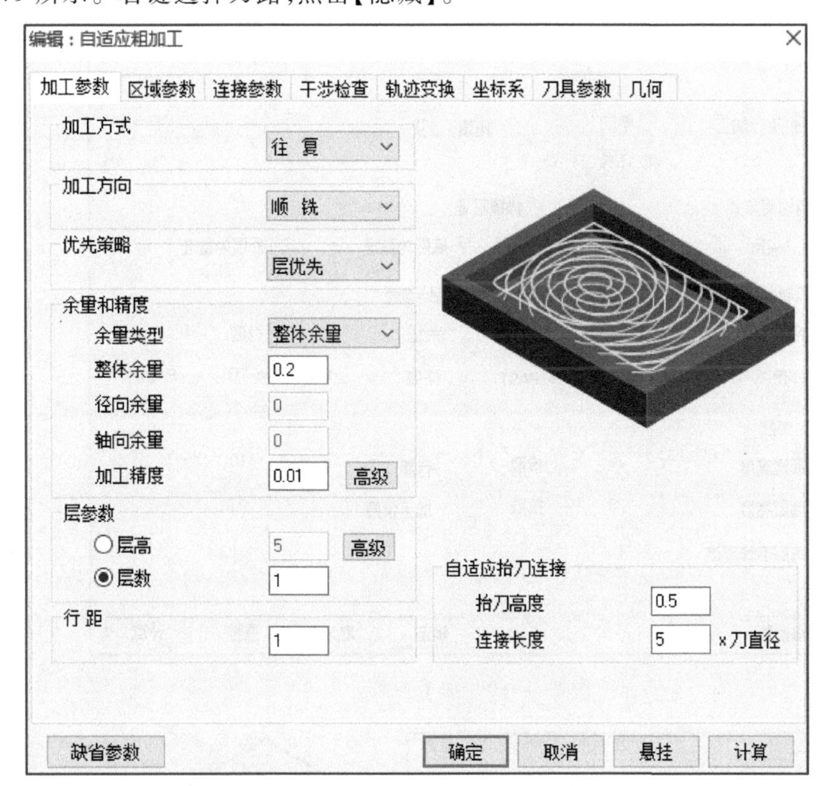

坐标 4 粗加工

图 5-4-77 加工参数

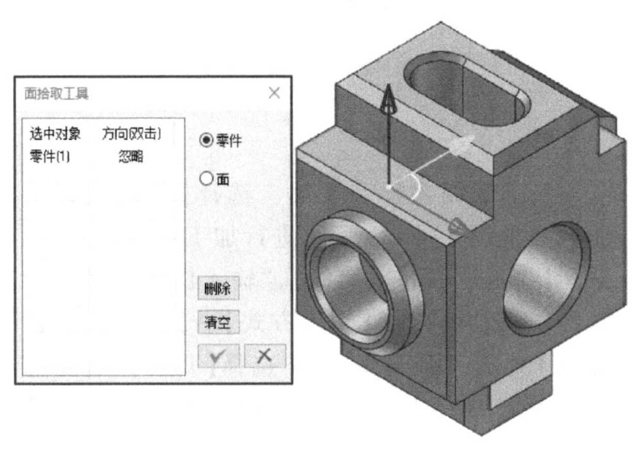

图 5-4-78 几何元素拾取

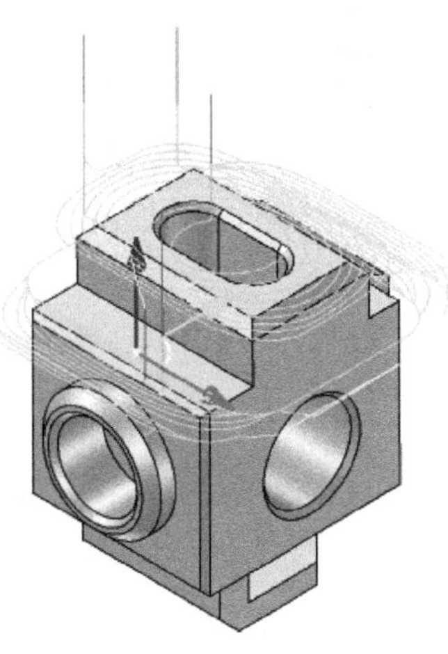

图 5-4-79 刀路

精加工上平面。选择【平面区域粗加工】,参照图 5-4-80 所示进行加工参数设置,点击选择【接近返回】中的接近方式为“直线”,输入长度“15”,点击选择【下刀方式】→【切入方式】→【垂直】,选择刀库内 1 号刀,DH 同值,点击选择【几何】→【轮廓曲线】,参照图 5-4-81 拾取几何元素,点击【确定】,生成刀路如图 5-4-82 所示。右键选择刀路,点击【隐藏】。

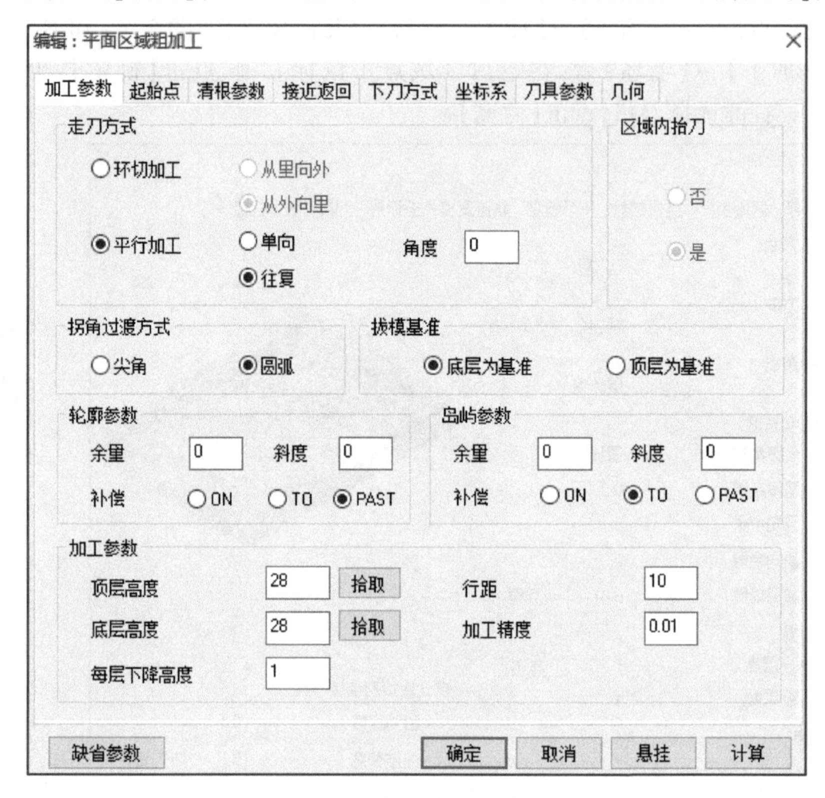

图 5-4-80 加工参数

坐标 4 精加工上平面

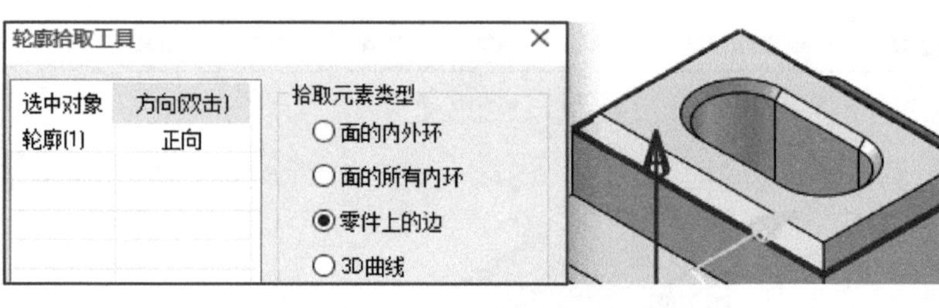

图 5-4-81 几何元素拾取

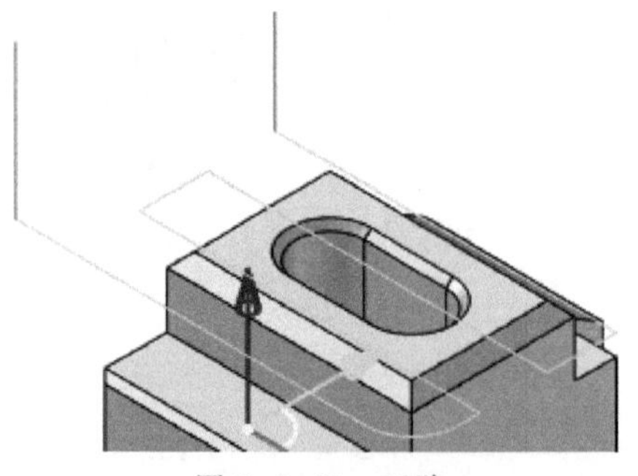

图 5-4-82 刀路

精加工两侧面和底面。选择【平面轮廓精加工】,参照图 5-4-83 所示进行加工参数设置,点击选择【接近返回】→【直线】,“输入长度”“15”,点击选择【下刀方式】→【切入方式】→【垂直】,选择刀库内 1 号刀,DH 同值,点击选择【几何】→【轮廓曲线】,参照图 5-4-84 所示拾取几何元素,点击【确定】,生成刀路如图 5-4-85 所示。右键选择刀路,点击【隐藏】。

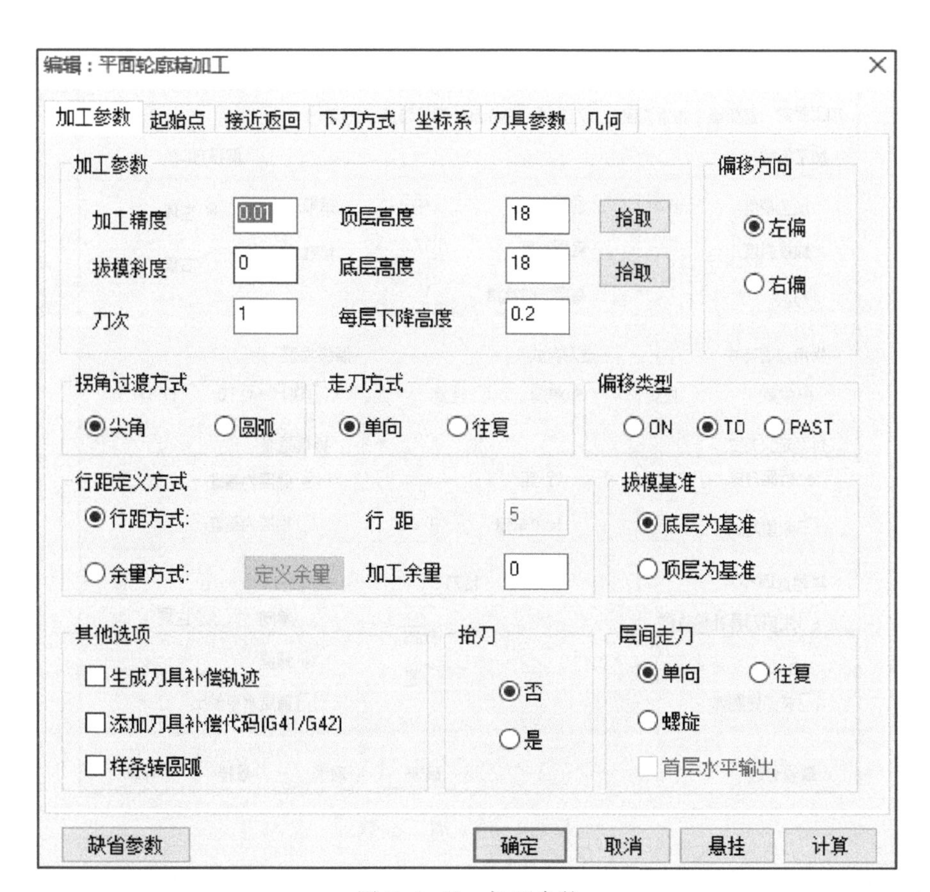

图 5-4-83 加工参数

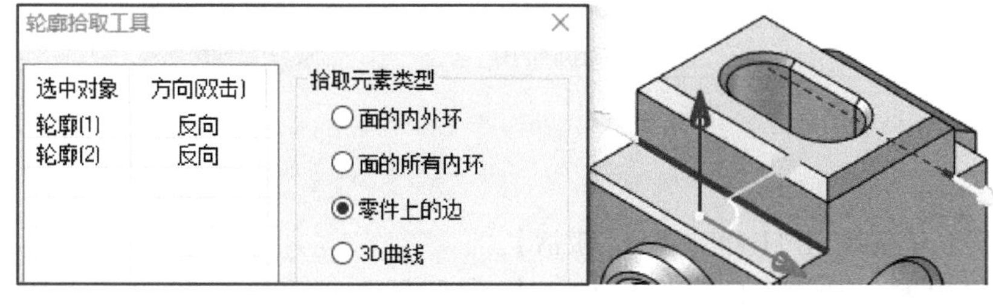

图 5-4-84 几何元素拾取

坐标 4 精加工两侧面和底面

粗加工键槽。选择【平面轮廓精加工】，参照图 5-4-86 所示加工参数设置，【接近返回】不设定，点击选择【下刀方式】→【切入方式】→【垂直】，选择刀库内 4 号刀，DH 同值，点击选择【几何】→【轮廓曲线】，参照图 5-4-87 所示，拾取几何元素，点击【确定】，生成刀路如图 5-4-88 所示。右键选择刀路，点击【隐藏】。

精加工键槽。复制前一刀路，参照图 5-4-89 所示进行加工参数设置，点击【确定】，生成刀路如图 5-4-90 所示。右键选择刀路，点击【隐藏】。

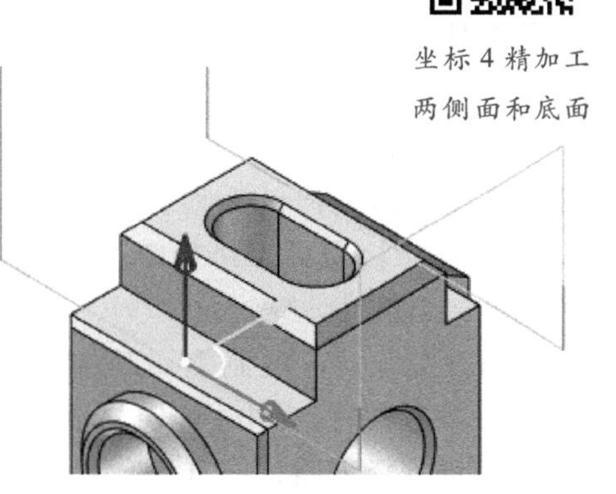
图 5-4-85 刀路

图 5-4-86　加工参数

坐标4粗加工键槽

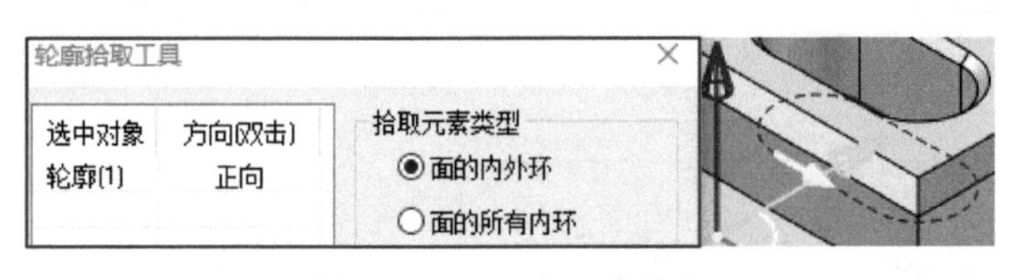

图 5-4-87　几何元素拾取

4. 以坐标系1创建刀路

激活坐标系1，右键点击“1-世界”→【激活】。

粗加工去除材料。选择【自适应粗加工】，参照图5-4-91所示进行加工参数设置，点击选择【区域参数】→【高度范围】→【用户设定】，输入起始值“30”、终止值“26”，选择刀库内1号刀，DH同值，点击选择【几何】→【加工曲面】，拾取几何元素，如图5-4-92所示，点击选择【管理树】→【加工】→【毛坯】后，在空白区域点击鼠标右键，点击【确定】，生成刀路如图5-4-93所示。右键选择刀路，点击【隐藏】。

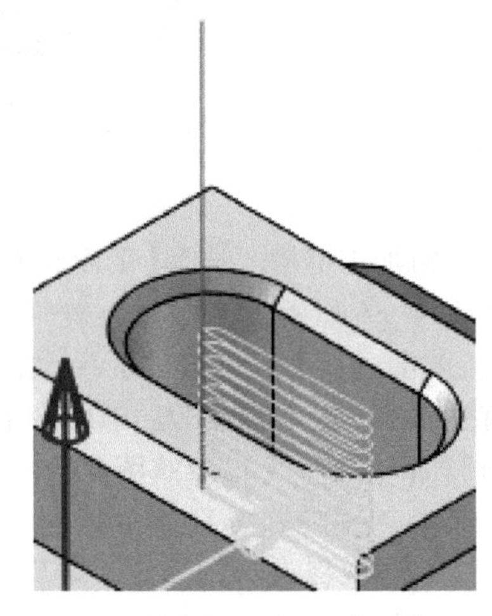

图 5-4-88　刀路

精加工上平面。复制上一刀路，参照图5-4-94所示进行加工参数设置，点击【确定】，生成刀路如图5-4-95所示。右键选择刀路，点击【隐藏】。

粗加工底面。点击选择【草图】→【二维草图】，选择如图5-4-96所示的点，点击【确定】,进入草图,按图 5-4-97 所示草图尺寸绘制直线,点击【完成】,退出草图。

编辑：平面轮廓精加工
加工参数 起始点 接近返回 下刀方式 坐标系 刀具参数 几何
加工参数
加工精度 0.01 顶层高度 17 拾取
拔模斜度 0 底层高度 17 拾取
刀次 1 每层下降高度 0.3
偏移方向
左偏
右偏
拐角过渡方式 尖角 圆弧
走刀方式 单向 往复
偏移类型 ON TO PAST
行距定义方式
行距方式: 行 距 5
余量方式: 定义余量 加工余量 0
拔模基准 底层为基准 顶层为基准
其他选项
生成刀具补偿轨迹
添加刀具补偿代码(G41/G42)
样条转圆弧
抬刀 否 是
层间走刀 单向 往复 螺旋 首层水平输出
缺省参数 确定 取消 悬挂 计算

图 5-4-89 加工参数

坐标 4 精加工键槽

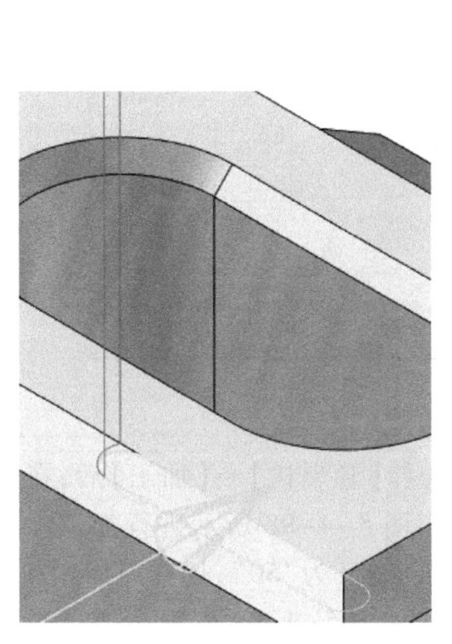

图 5-4-90 刀路

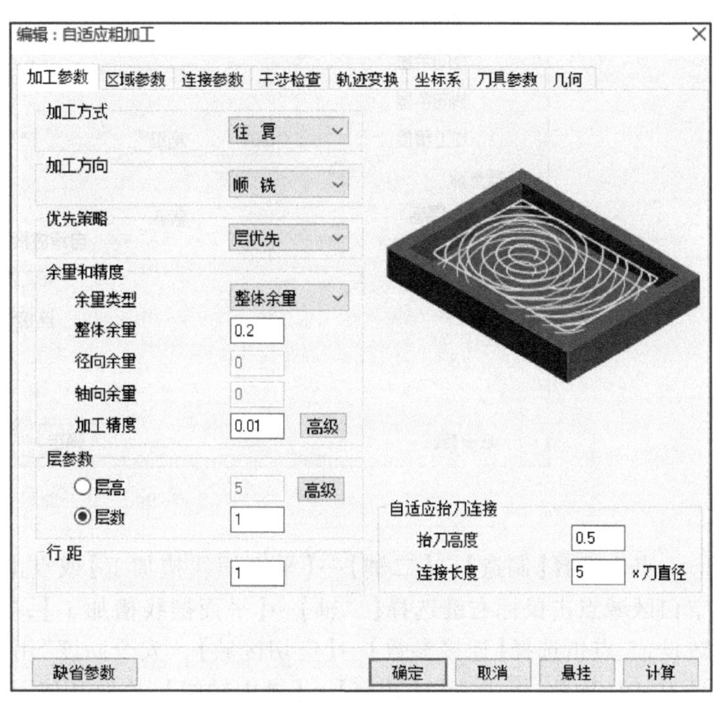

图 5-4-91 加工参数

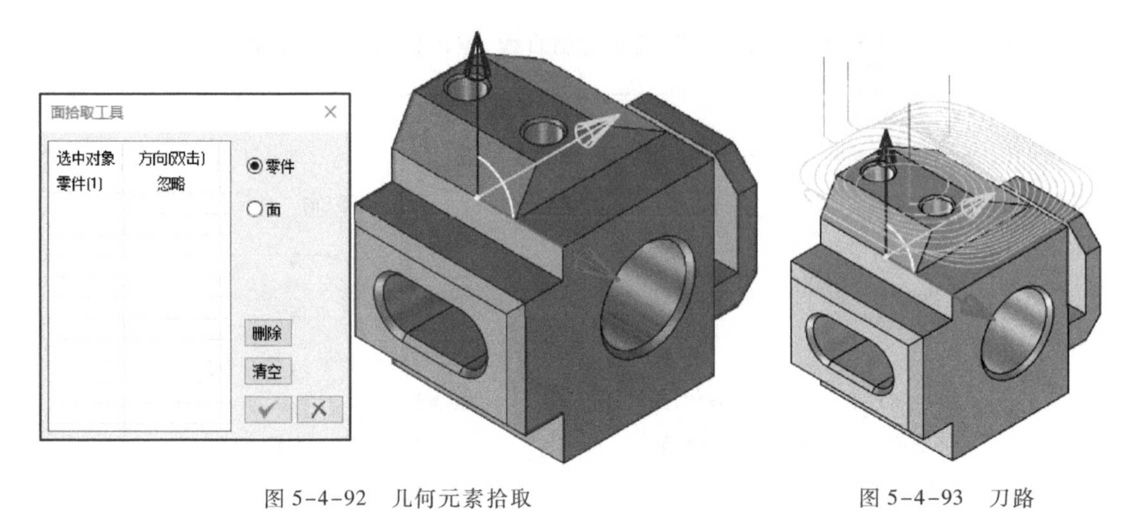

图 5-4-92　几何元素拾取　　　　图 5-4-93　刀路

坐标 1 粗加工

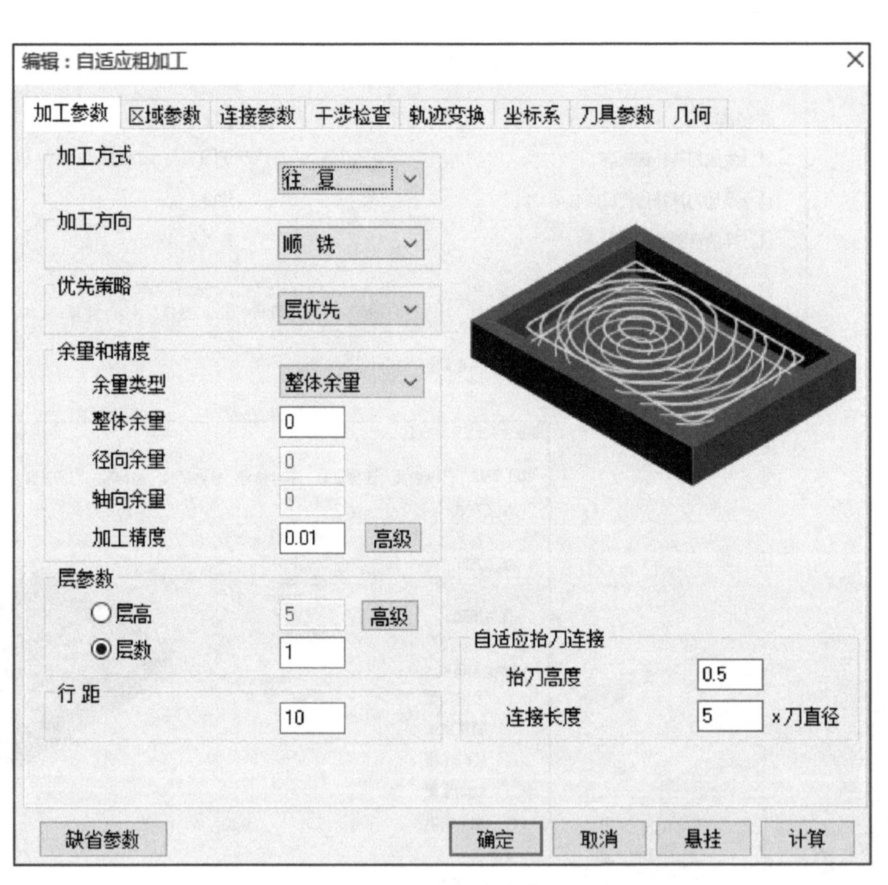

图 5-4-94　加工参数

点击选择【制造】→【二轴】→【平面摆线槽加工】或点击选择【管理树】→【加工】后，在空白区域点击鼠标右键选择【二轴】→【平面摆线槽加工】，参照图 5-4-98 所示进行加工参数设置，点击选择【连接参数】→【空切区域】，“安全高度”用户自定义为“50”，选择刀库内 4 号刀，DH 同值，点击选择【几何】→【槽中轴线】，拾取几何元素，如图 5-4-99 所示，点击【确定】，生成刀路如图 5-4-100 所示。右键选择刀路，点击【隐藏】。

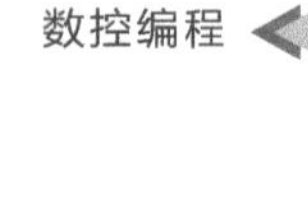

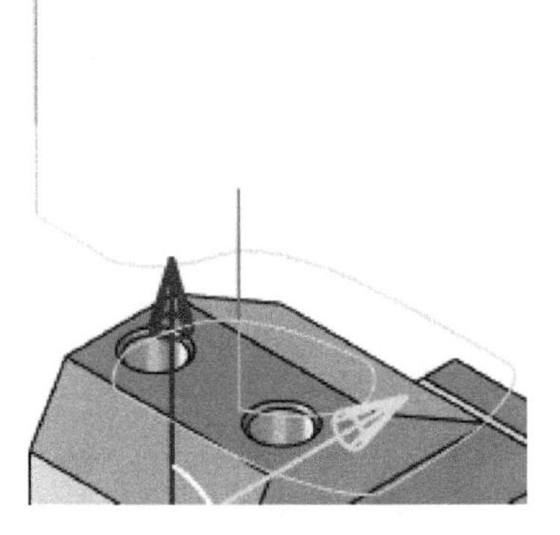

图 5-4-95 刀路

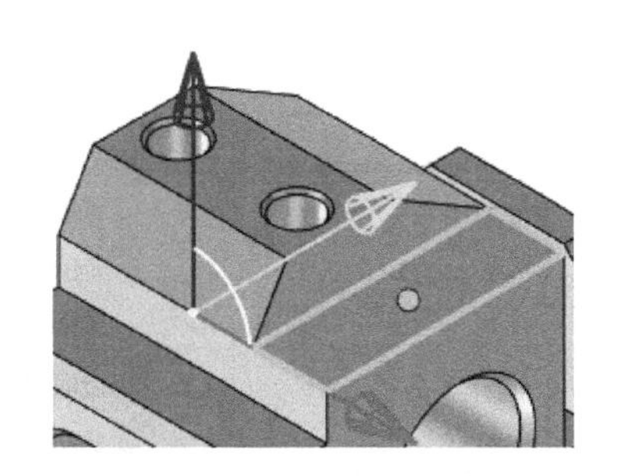

图 5-4-96 草图位置选择

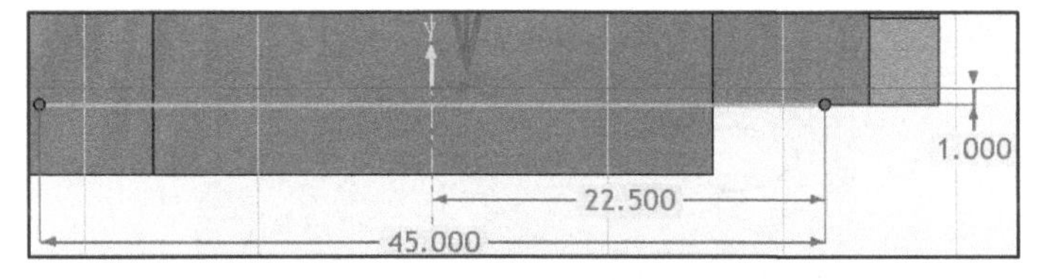

图 5-4-97 草图尺寸

坐标 1 精加工上平面

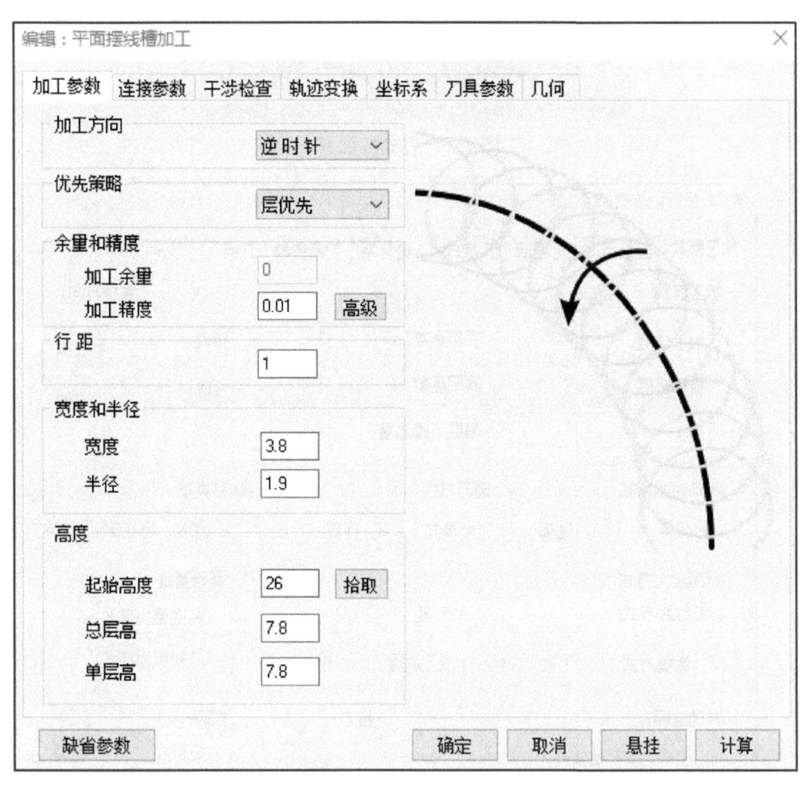

图 5-4-98 加工参数

精加工底面和侧面。选择【平面轮廓精加工】，参照图 5-4-101 所示进行加工参数设置，点击选择【接近返回】，输入直线“10”，点击选择【下刀方式】→【安全高度】，输入“50”，【切入方式】选择“垂直”，选择刀库内 1 号刀，DH 同值，点击选择【几何】→【轮廓曲线】，按

图 5-4-102 所示拾取几何元素，点击【确定】，生成刀路如图5-4-103所示。右键选择刀路，点击【隐藏】。

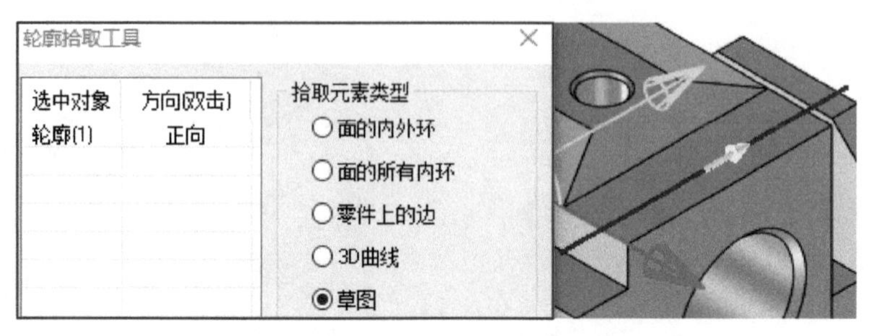

图 5-4-99　几何元素拾取

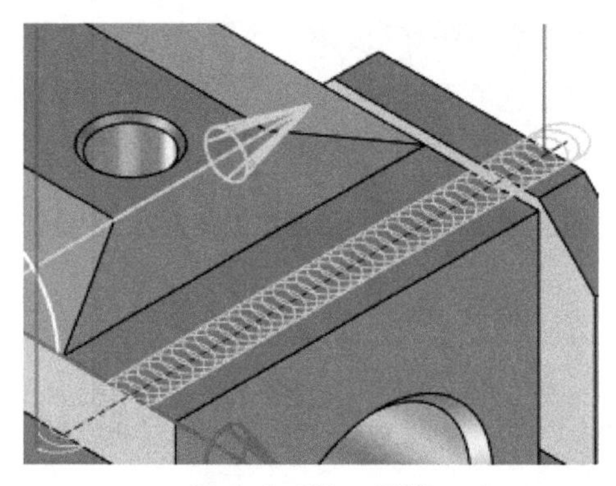

图 5-4-100　刀路

坐标 1 粗加工底面

编辑：平面轮廓精加工

加工参数 起始点 接近返回 下刀方式 坐标系 刀具参数 几何

加工参数
加工精度 0.01　顶层高度 18 拾取
拔模斜度 0　底层高度 18 拾取
刀次 1　每层下降高度 0.3

偏移方向
左偏
右偏

拐角过渡方式　尖角　圆弧
走刀方式　单向　往复
偏移类型　ON　TO　PAST

行距定义方式
行距方式:　行 距 5
余量方式:　定义余量　加工余量 0

拔模基准
底层为基准
顶层为基准

其他选项
生成刀具补偿轨迹
添加刀具补偿代码(G41/G42)
样条转圆弧

抬刀
否
是

层间走刀
单向　往复
螺旋
首层水平输出

缺省参数　确定　取消　悬挂　计算

图 5-4-101　加工参数

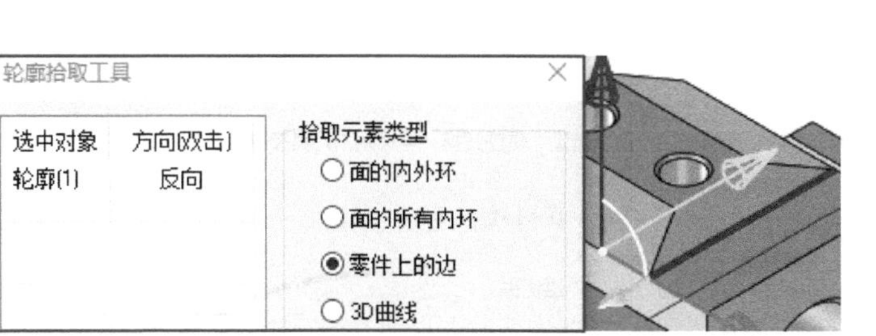

图 5-4-102 几何元素拾取

粗加工窄槽。点击选择【草图】→【二维草图】,选择如图 5-4-104 所示的点,点击【确定】,进入草图,按图 5-4-105 所示草图尺寸绘制直线,点击【完成】,退出草图。

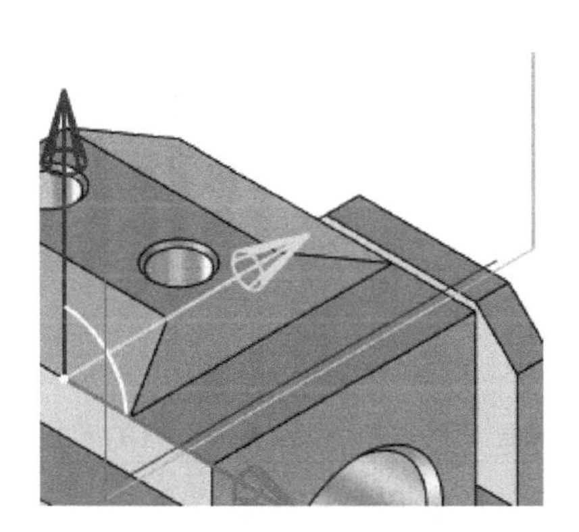

图 5-4-103 刀路

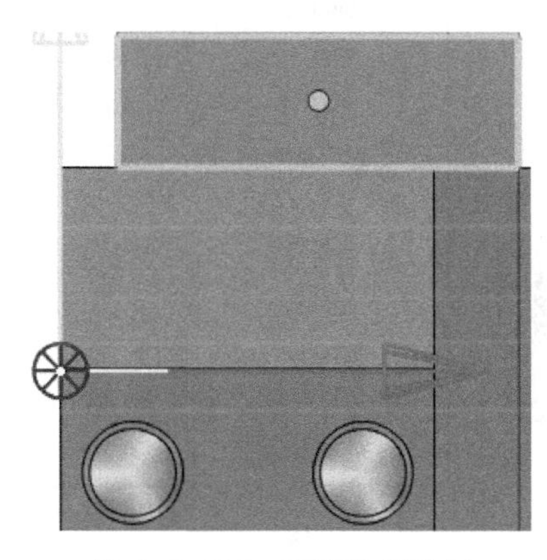

图 5-4-104 草图位置选择

选择【平面摆线槽加工】,参照图 5-4-106 所示进行加工参数设置,点击选择【连接参数】→【空切区域】,“安全高度”用户自定义为“30”,选择刀库内 4 号刀,DH 同值,点击选择【几何】→【槽中轴线】,拾取几何元素,如图 5-4-107 所示,点击【确定】,生成刀路如图 5-4-108 所示。右键选择刀路,点击【隐藏】。

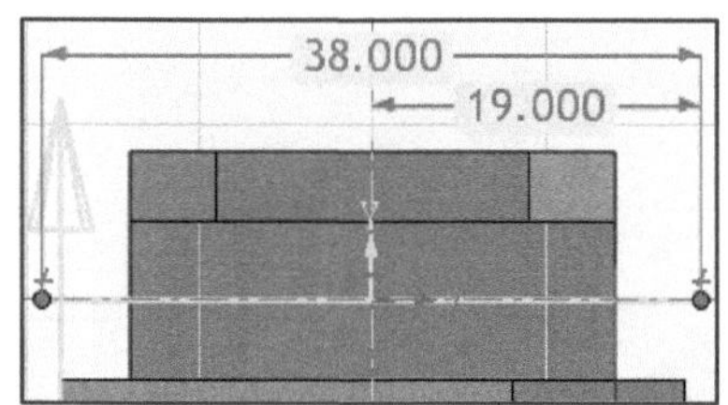

图 5-4-105 草图尺寸

坐标 1 精加工底面和侧面

精加工窄槽底面和侧面。选择【平面轮廓精加工】,参照图 5-4-109 所示进行加工参数设置,点击选择【接近返回】。输入直线“6”,点击选择【下刀方式】→【安全高度】,输入“30”,【切入方式】→【垂直】,选择刀库内 5 号刀,DH 同值,点击选择【几何】→【轮廓曲线】,按图 5-4-110 所示拾取几何元素,点击【确定】,生成刀路如图 5-4-111 所示。右键选择刀路,点击【隐藏】。

加工钻孔和铰孔。点击选择【G01 钻孔】,参照图 5-4-112 所示进行钻孔参数设置,选择刀库内 5 号刀,DH 同值,点击选择【几何】→【孔点】,以圆弧中心方式选取两个孔点,如图 5-4-113 所示,点击【确定】,计算出的刀路如图 5-4-114 所示。右键选择刀路,点击【隐藏】。该孔铰孔的刀路和钻孔相同,可复制钻孔刀路,将刀具改为刀库 6 号刀,刀具速度参数改小,点击【确定】,重新计算刀路即可。

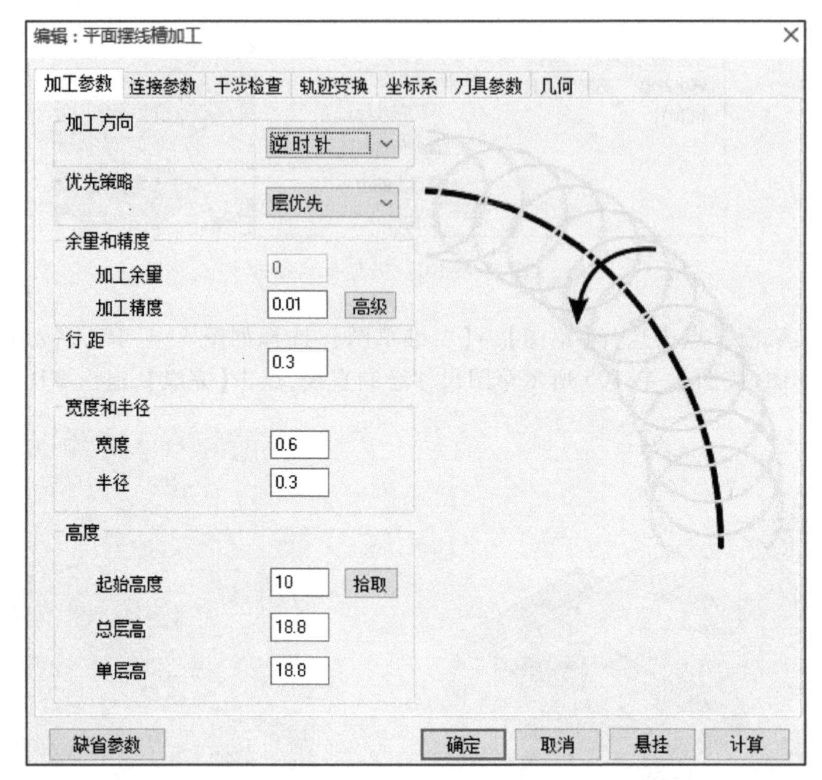

坐标1窄槽粗加工

图 5-4-106　加工参数

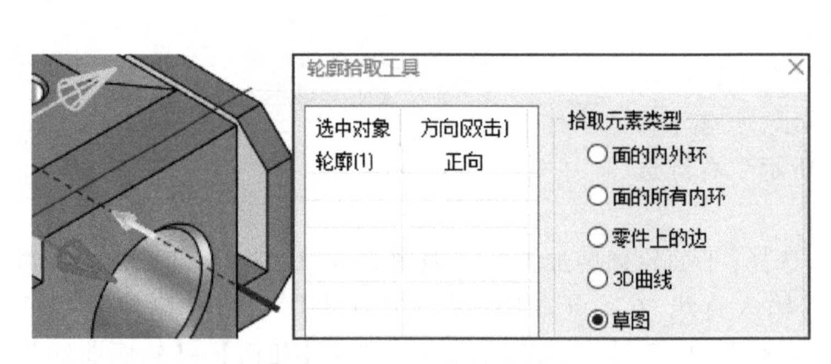

图 5-4-107　几何元素拾取

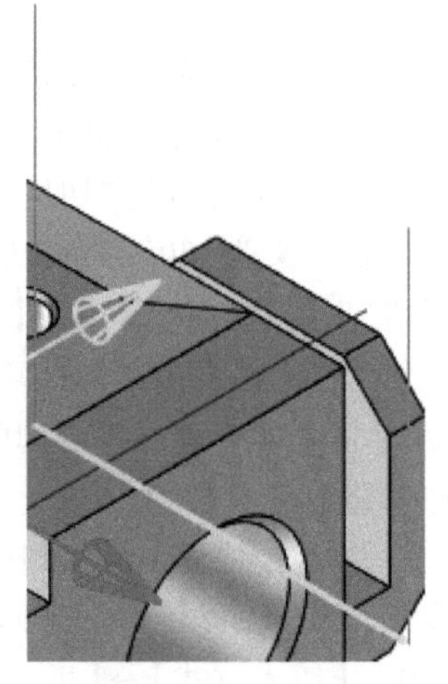

图 5-4-108　刀路

5. 以坐标系 5 创建刀路

激活坐标系 5，右键点击“5-坐标系 4”→【激活】。

加工 60 °倒角。点击选择【平面轮廓精加工】，参考图 5-4-115 所示进行加工参数设置，点击选择【接近返回】→【接近方式】→【圆弧】，输入圆弧半径“5”、终端延长量“5”，【返回方式】中输入直线“10”，点击选择【下刀方式】→【安全高度】，输入“30”，点击选择【切入方式】→【垂直】，选择刀库内 1 号刀，DH 同值，点击选择【几何】→【轮廓曲线】，如图 5-4-116 所示拾取几何元素，点击【确定】，生成刀路如图 5-4-117 所示。右键选择刀路，点击【隐藏】。

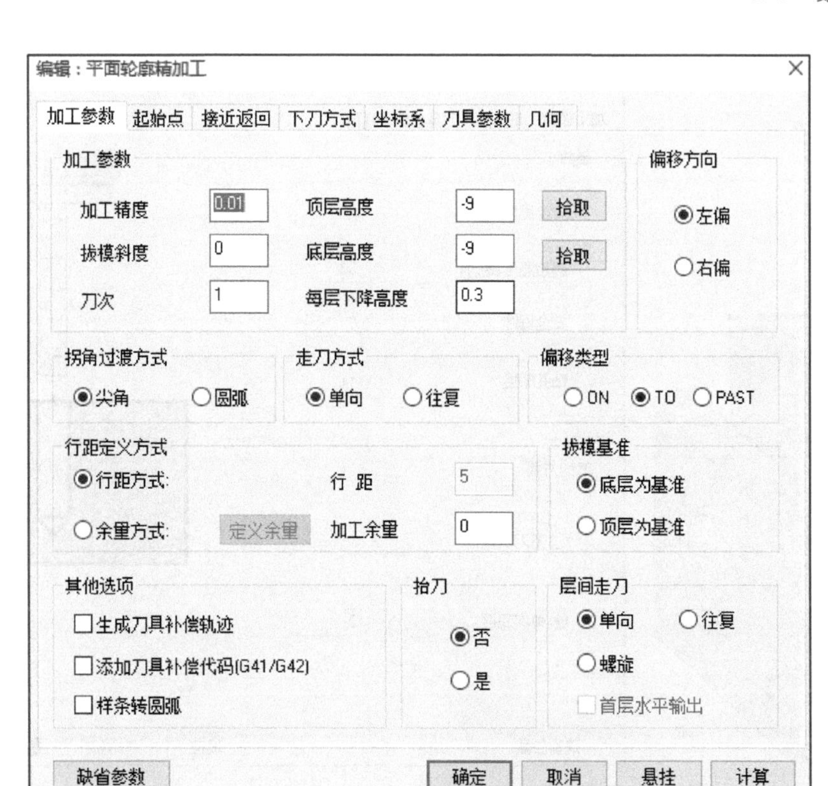

图 5-4-109 加工参数

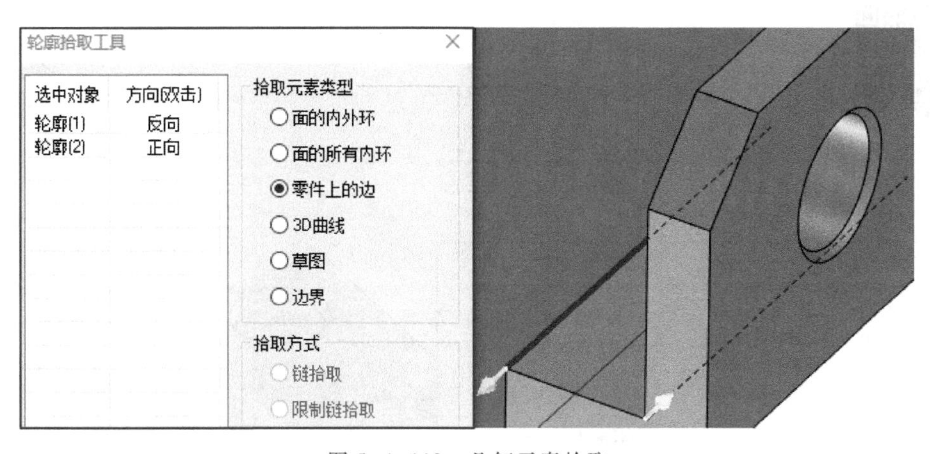

图 5-4-110 几何元素拾取

6. 以坐标系 6 创建刀路

激活坐标系 6，右键点击“6-坐标系 5”→【激活】。

加工 30 °倒角。点击选择【平面轮廓精加工】，参考图 5-4-118 所示进行加工参数设置，点击选择【接近返回】→【接近方式】中输入直线“10”，【返回方式】→【圆弧】，输入圆弧半径“5”、终端延长量“5”，点击选择【下刀方式】→【安全高度】，输入“30”，【切入方式】→【垂直】，选择刀库内 1 号刀，DH 同值，点击选择【几何】→【轮廓曲线】，如图 5-4-119 所示拾取几何元素，点击【确定】，生成刀路如图 5-4-120 所示。右键选择刀路，点击【隐藏】。

坐标 1 窄槽
精加工

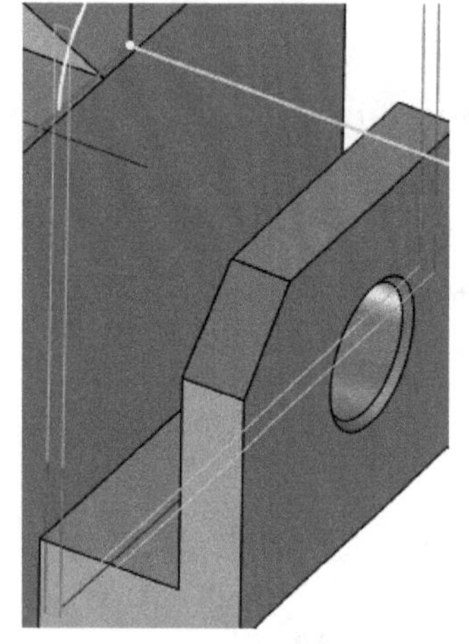

图 5-4-111　刀路

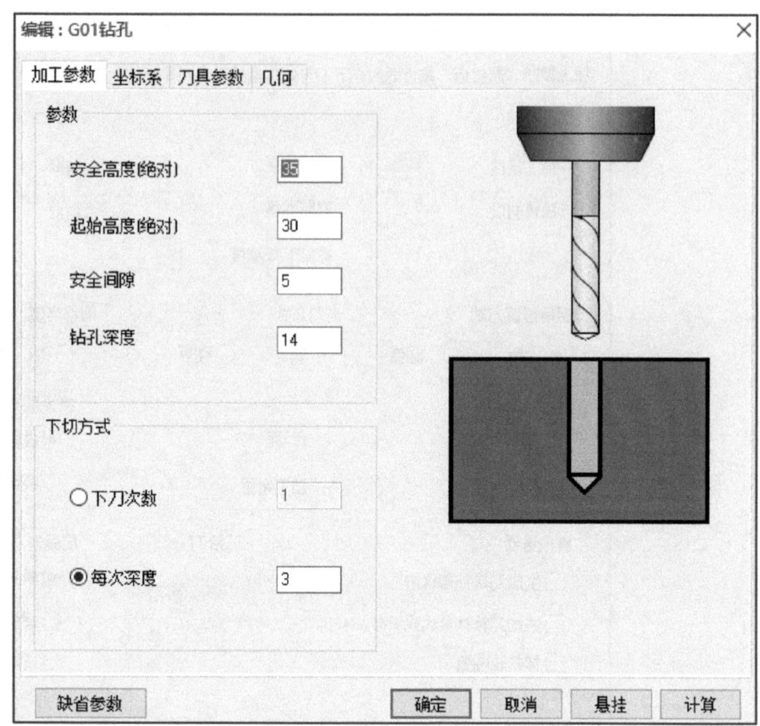

图 5-4-112　加工参数

坐标 1 钻孔和铰孔

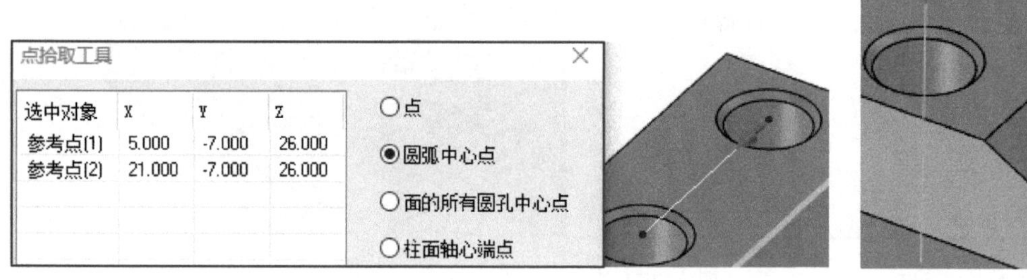

图 5-4-113　几何元素拾取

图 5-4-114　刀路

7. 以坐标系 7 创建刀路

激活坐标系 7，右键点击“7-坐标系 6”→【激活】。

加工倒角 $C4$。点击选择【平面轮廓精加工】，参考图 5-4-121 所示进行加工参数设置，【接近返回】中输入直线“10”，点击选择【下刀方式】→【安全高度】，输入“30”，【切入方式】→【垂直】，选择刀库内 1 号刀，DH 同值，点击选择【几何】→【轮廓曲线】，如图 5-4-122 所示拾取几何元素，点击【确定】，生成刀路如图 5-4-123 所示。右键选择刀路，点击【隐藏】。

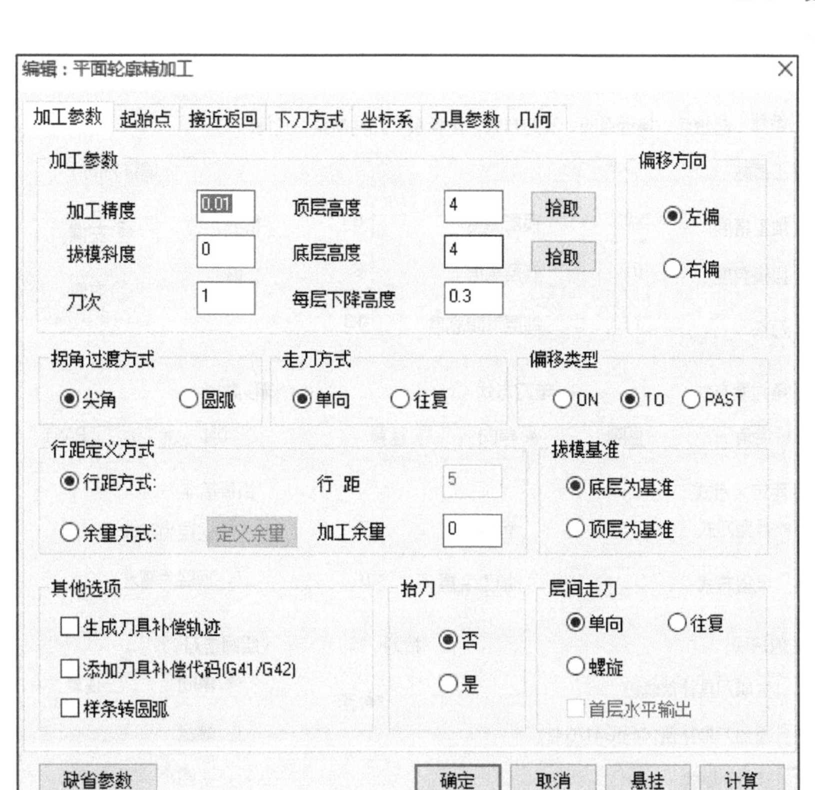

图 5-4-115 加工参数

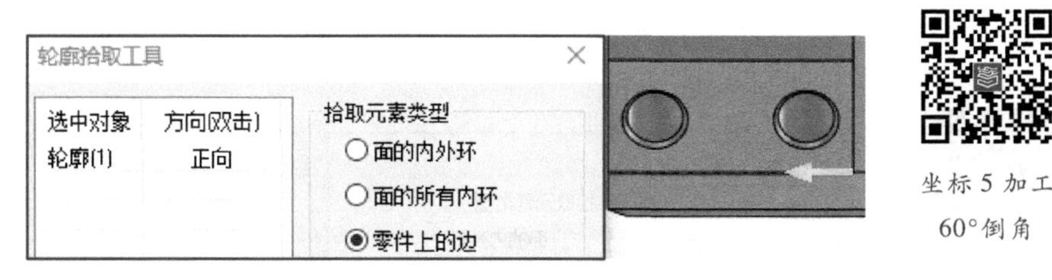

图 5-4-116 几何元素拾取

坐标 5 加工 60°倒角

8. 加工 45°倒角

激活坐标系 1，右键点击 1-世界【激活】。

加工倒角 C0.5 两处。点击选择【制造】→【二轴】→【倒斜角加工】或【管理树】→【加工】，在空白区域点击鼠标右键选择【二轴】→【倒斜角加工】，参照图 5-4-124 所示进行加工参数设置，【切入切出】不设定，【下刀方式】中输入起始高度“50”、安全高度“10”、下刀高度“5”、退刀高度“5”、下刀方式“垂直”，选择刀库内 7 号刀，DH 同值，点击选择【几何】→【轮廓曲线】，如图 5-4-125 所示拾取几何元素，点击【确定】，生成刀路如图 5-4-126 所示。复制该刀路，点击选择【几何】→【轮廓曲线】删除后选取为另一个孔的轮廓，点击【确定】，生成刀路如图 5-4-127 所示，隐藏刀路。

图 5-4-117 刀路

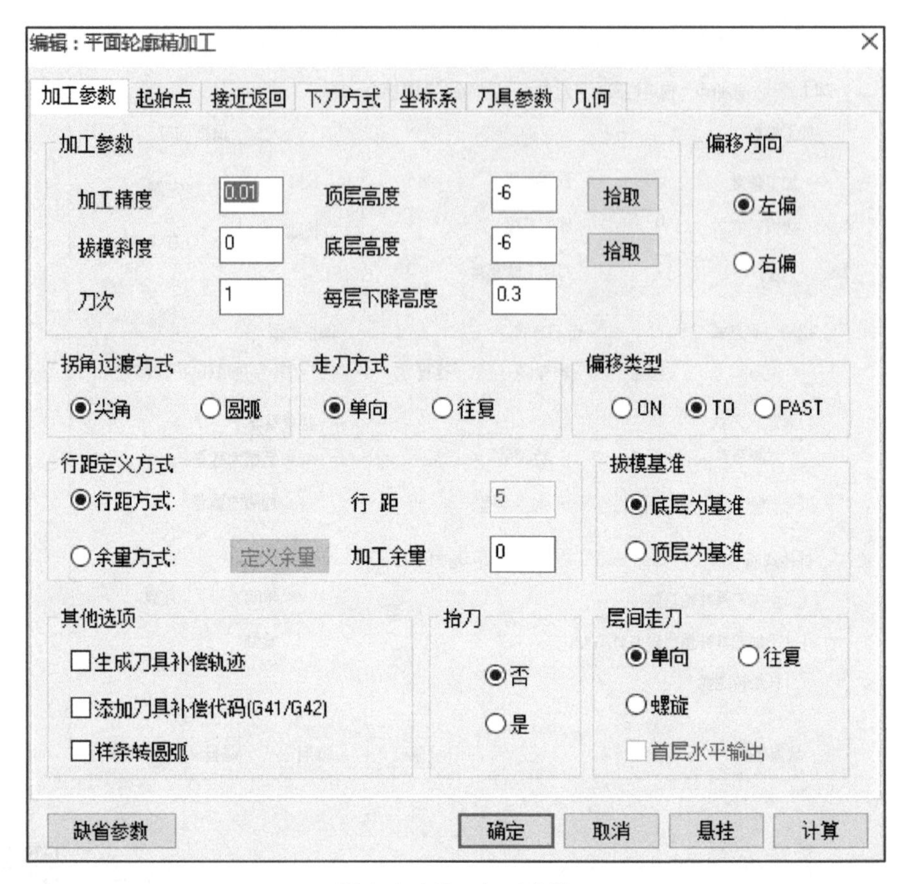

图 5-4-118　加工参数

坐标 6 加工 30°倒角

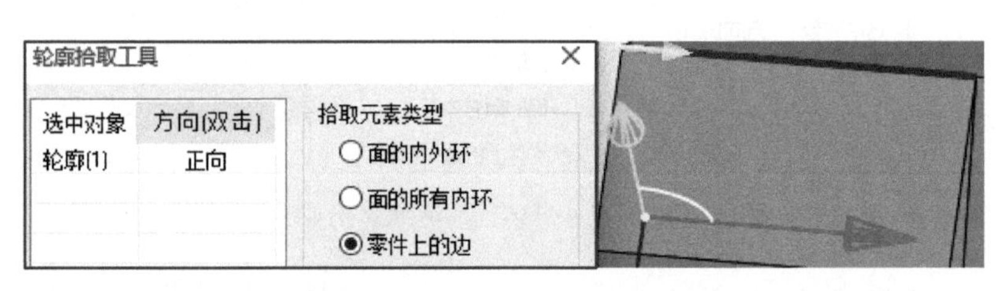

图 5-4-119　几何元素拾取

激活坐标系 2，右键点击“2－坐标系 1”→【激活】。

加工倒角 $C0.5$ 一处。点击选择【倒斜角加工】，参照图 5-4-128 所示进行加工参数设置，【切入切出】不设定，【下刀方式】中输入起始高度“50”、安全高度“10”、下刀高度“5”、退刀高度“5”、下刀方式“垂直”，选择刀库内 7 号刀，DH 同值，点击选择【几何】→【轮廓曲线】，如图 5-4-129 所示拾取几何元素，点击【确定】，生成刀路如图 5-4-130 所示，之后隐藏刀路。

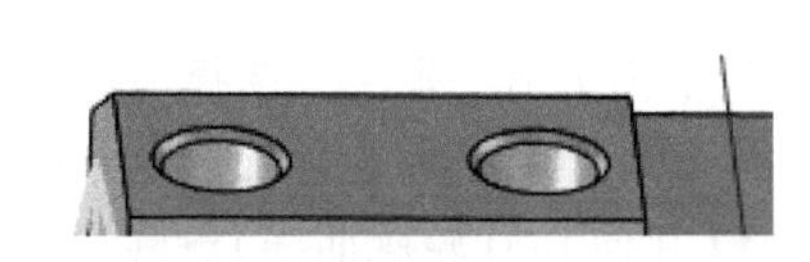

图 5-4-120　刀路

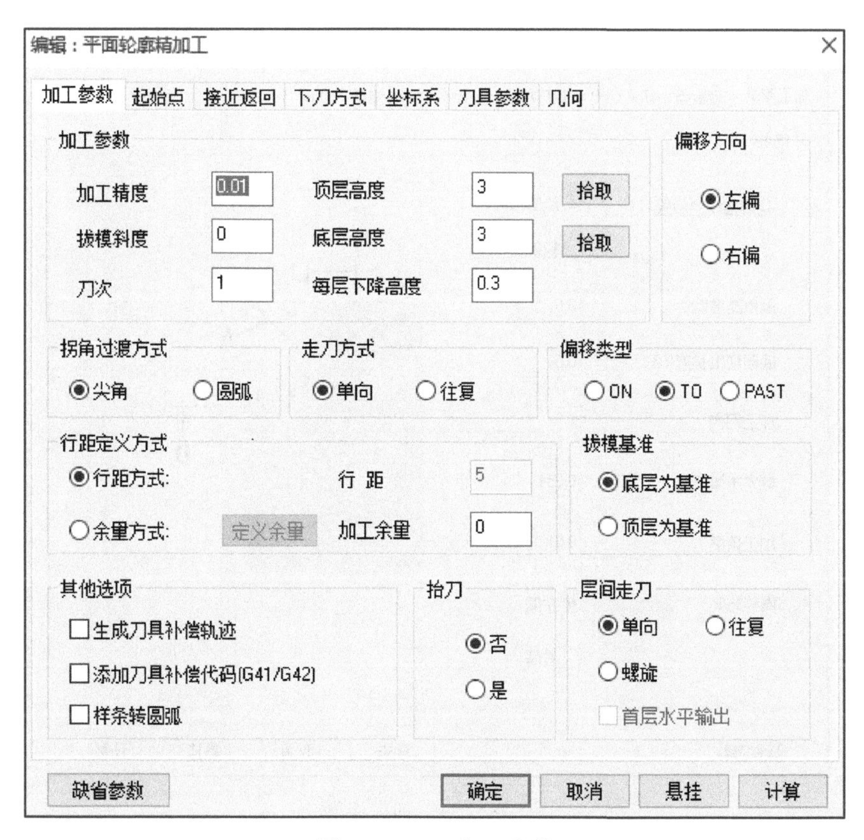

图 5-4-121 加工参数

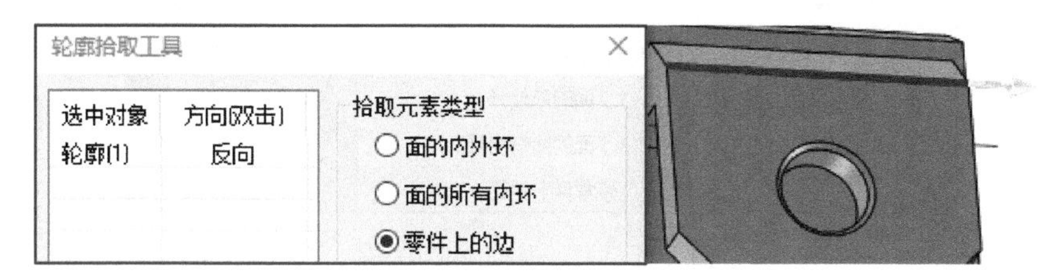

图 5-4-122 几何元素拾取

坐标 7 加工
倒角 $C4$

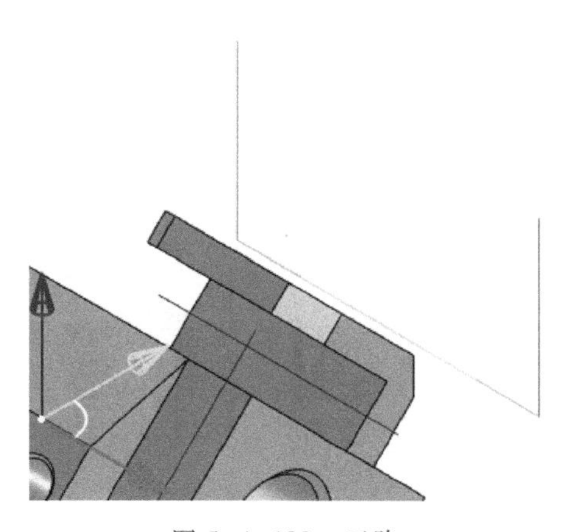

图 5-4-123 刀路

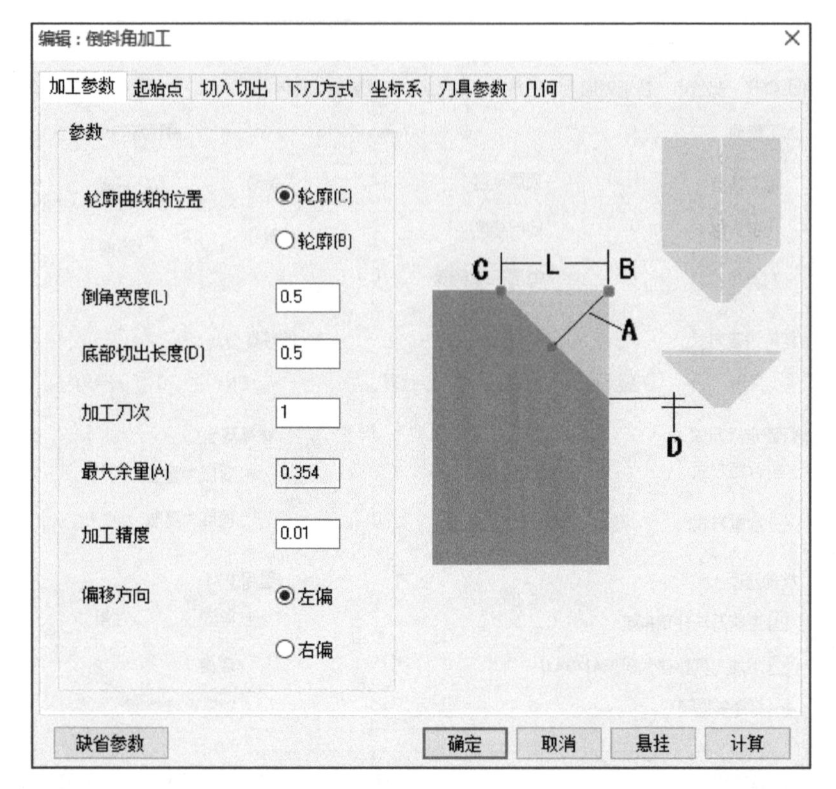

图 5-4-124　加工参数

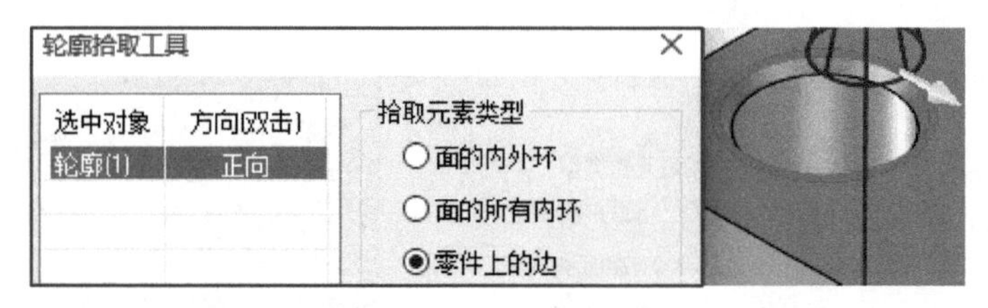

图 5-4-125　几何元素拾取

坐标 1 加工倒角 C0.5 两处

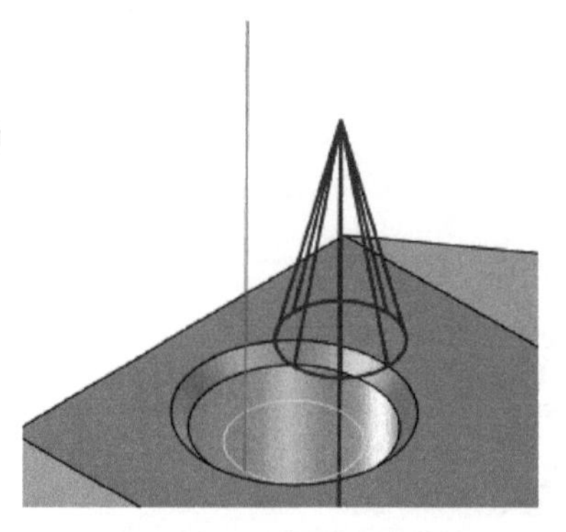

图 5-4-126　刀路

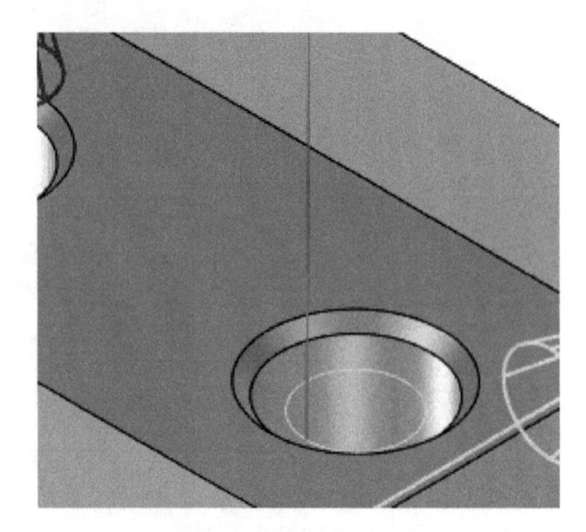

图 5-4-127　刀路

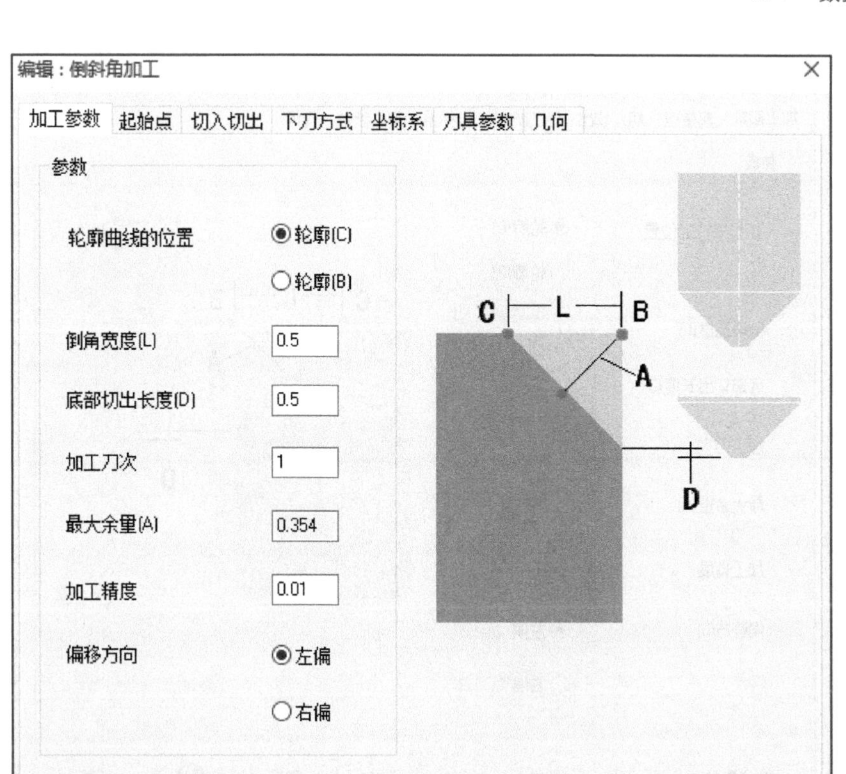

图 5-4-128 加工参数

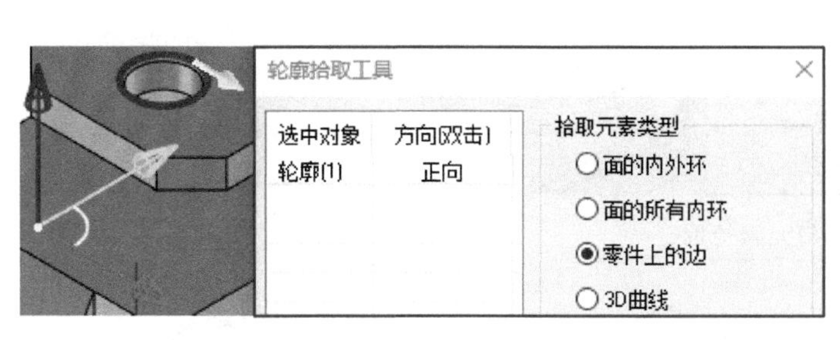

图 5-4-129 几何元素拾取

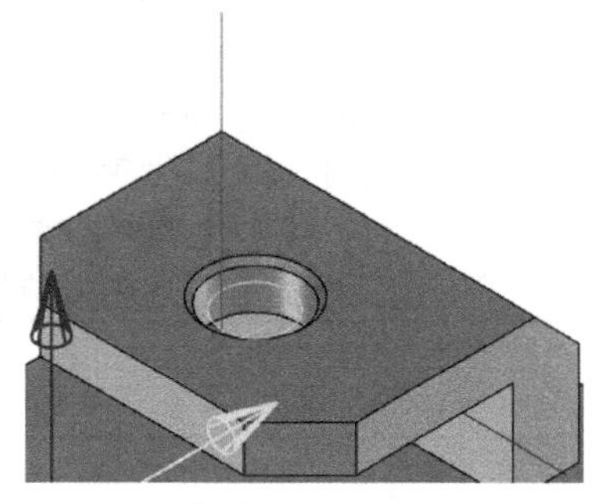
图 5-4-130 刀路

激活坐标系 3，右键点击“3-坐标系 2”→【激活】。

加工倒角 *C*1 两处。点击选择【倒斜角加工】，参照图 5-4-131 所示进行加工参数设置，【切入切出】不设定，【下刀方式】中输入起始高度“50”，安全高度“10”、下刀高度“5”，退刀高度“5”，下刀方式“垂直”，选择刀库内 7 号刀，DH 同值，点击选择【几何】→【轮廓曲线】，如图 5-4-132 所示拾取几何元素，点击【确定】，生成刀路如图 5-4-133 所示，之后隐藏刀路。

坐标 2 加工倒角 *C*0.5 一处

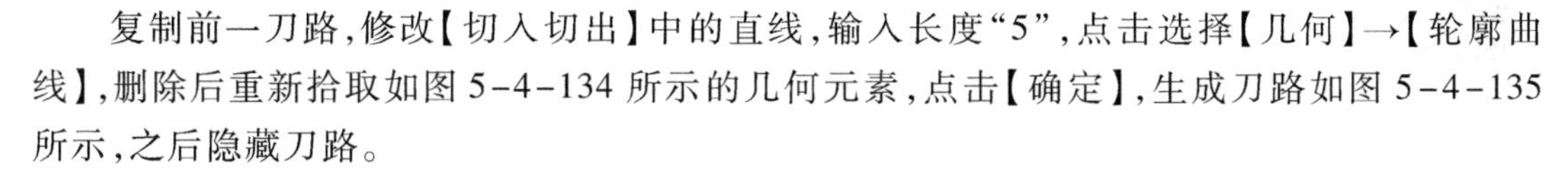
复制前一刀路，修改【切入切出】中的直线，输入长度“5”，点击选择【几何】→【轮廓曲线】，删除后重新拾取如图 5-4-134 所示的几何元素，点击【确定】，生成刀路如图 5-4-135 所示，之后隐藏刀路。

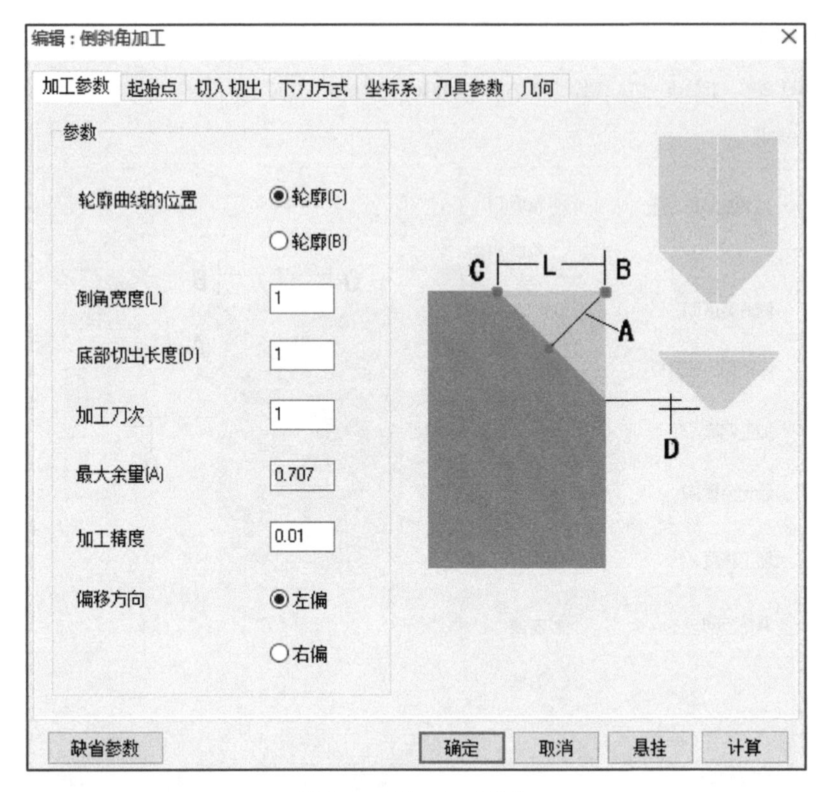

图 5-4-131　加工参数

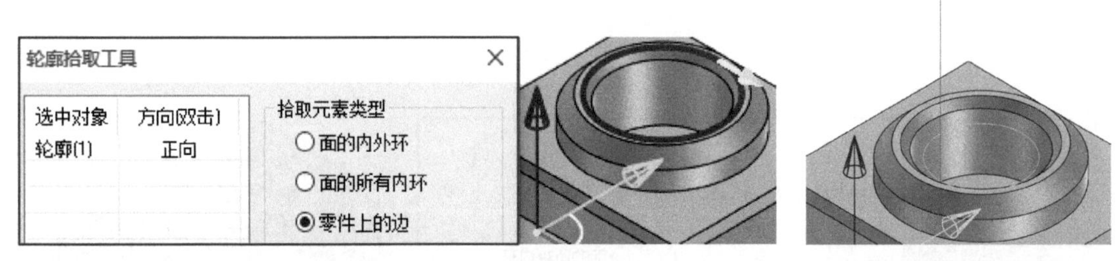

图 5-4-132　几何元素拾取　　图 5-4-133　刀路

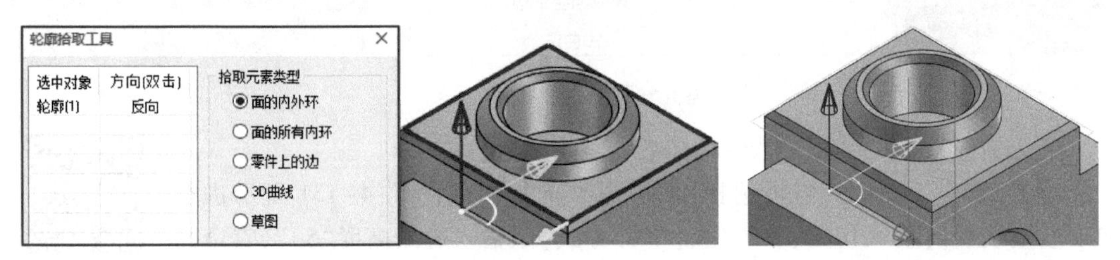

图 5-4-134　几何元素拾取　　图 5-4-135　刀路

坐标 3 加工倒角 $C1$

加工倒角 $C2$。点击选择【倒斜角加工】，参照图 5-4-136 所示进行加工参数设置，【切入切出】→【圆弧】，输入半径“3”，【下刀方式】中输入起始高度“50”、安全高度“10”、下刀高度“5”、退刀高度“5”、下刀方式“垂直”，选择刀库内 7 号刀，DH 同值，点击选择【几何】→【轮廓曲线】如图 5-4-137 所示拾取几何元素，点击【确定】，生成刀路如图 5-4-138 所示，之后隐藏刀路。

坐标3加工倒角 $C2$

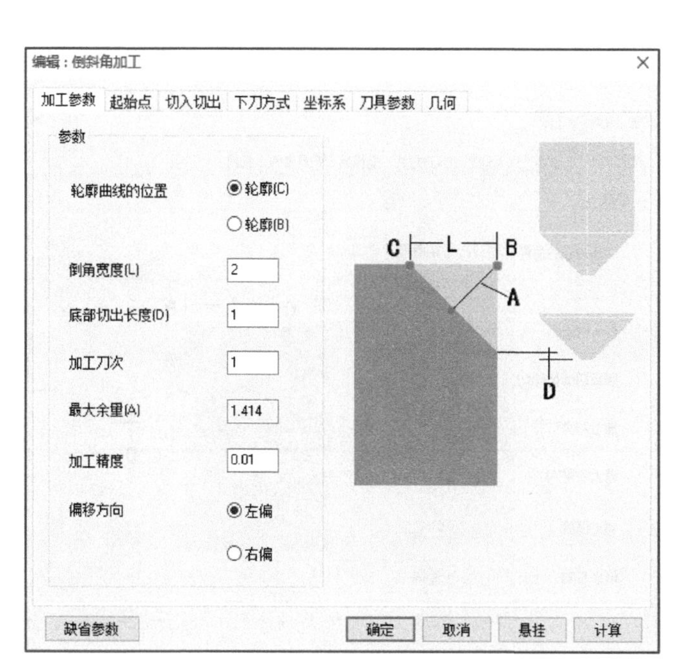

图 5-4-136　加工参数

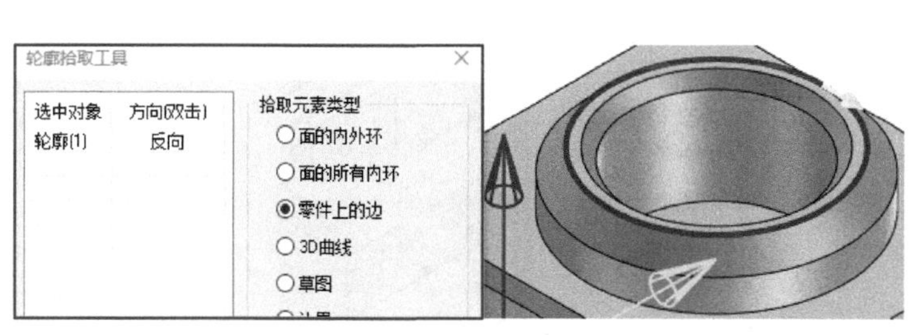

图 5-4-137　几何元素拾取

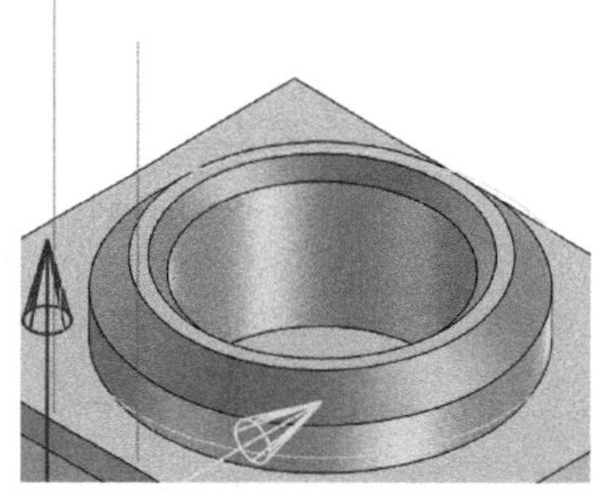

图 5-4-138　刀路

激活坐标系4，右键点击“4-坐标系3”→【激活】。

加工倒角 $C1$。点击选择【倒斜角加工】，参照图 5-4-139 所示进行加工参数设置，【切入切出】不设定，【下刀方式】中的输入起始高度“50”、安全高度“10”、下刀高度“5”、退刀高度“5”、下刀方式“垂直”，选择刀库内7号刀，DH同值，点击选择【几何】→【轮廓曲线】，如图 5-4-140 所示拾取几何元素，点击【确定】，生成刀路如图 5-4-141 所示，之后隐藏刀路。

加工倒角 $C2$。点击选择【倒斜角加工】，参照图 5-4-142 所示进行加工参数设置，【切入切出】中的“直线”，输入长度“5”，【下刀方式】中输入起始高度“50”、安全高度“10”、下刀高度“5”、退刀高度“5”、下刀方式“垂直”，选择刀库内7号刀，DH同值，点击选择【几何】→【轮廓曲线】，如图 5-4-143 所示拾取几何元素，点击【确定】，生成刀路如图 5-4-144 所示，之后隐藏刀路。

5.4.5　仿真加工

鼠标右键点击【轨迹】→【实体仿真】，如图 5-4-145 所示，弹出“实体仿真”对话框，如图 5-4-146 所示，点击【仿真】，调整仿真运行速度，点击【运行】，如图 5-4-147 所示，仿真结果如图 5-4-148 所示。

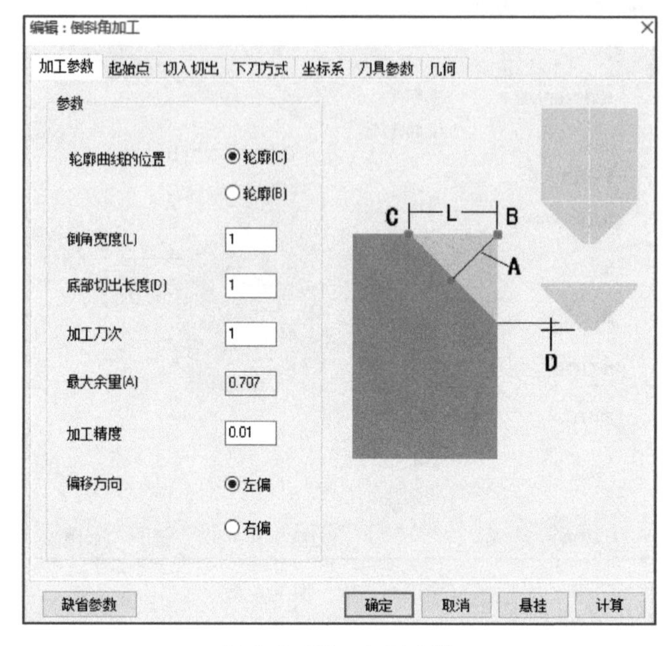

图 5-4-139　加工参数

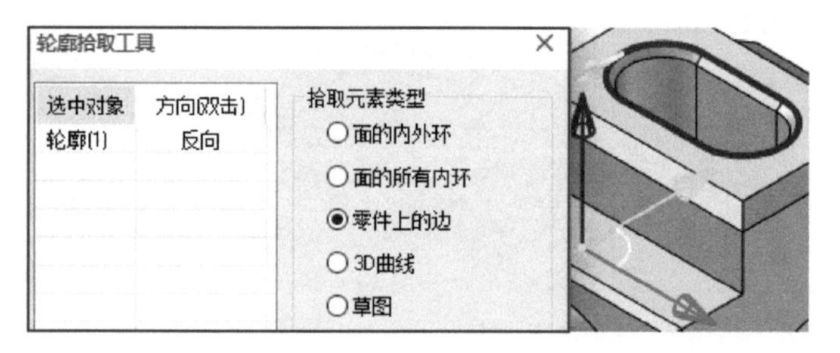

图 5-4-140　几何元素拾取

坐标 4 加工倒角 C1

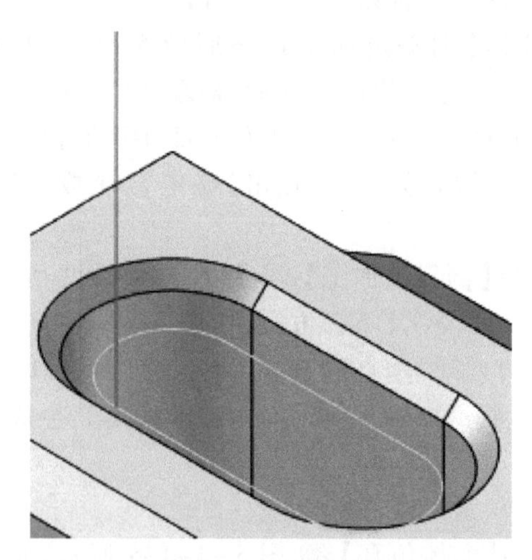

图 5-4-141　刀路

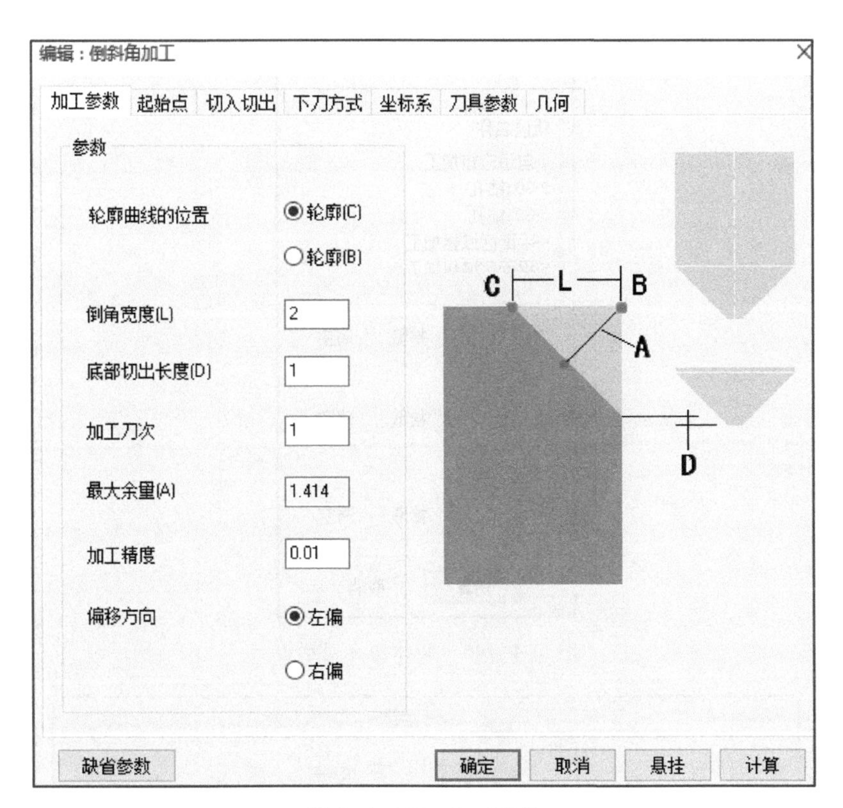

图 5-4-142 加工参数

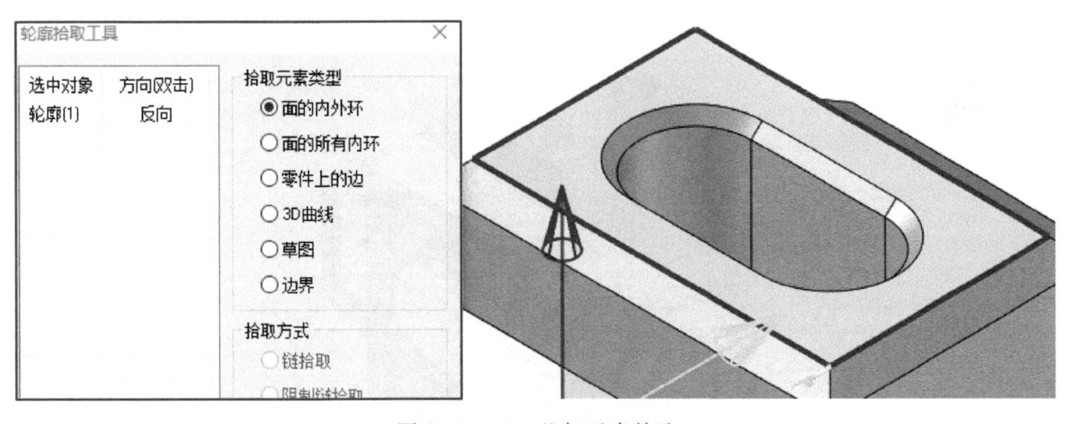

图 5-4-143 几何元素拾取

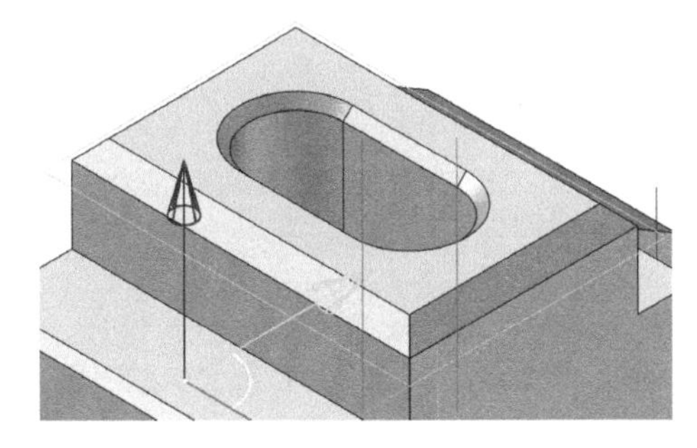

图 5-4-144 刀路

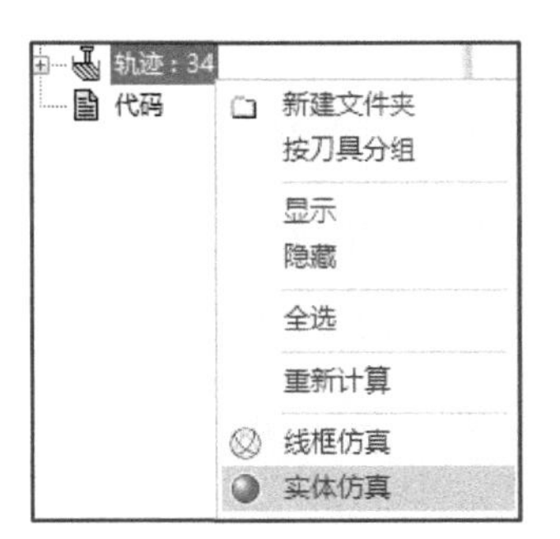

图 5-4-145 实体仿真命令

坐标 4 加工倒角 C2

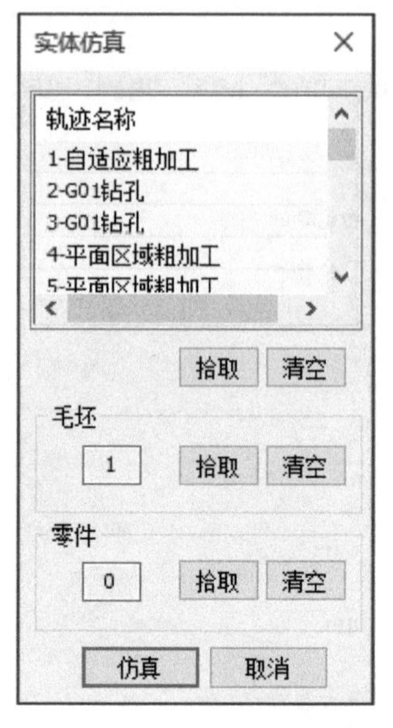

图 5-4-146　实体仿真对话框

图 5-4-147　调整速度、运行

仿真

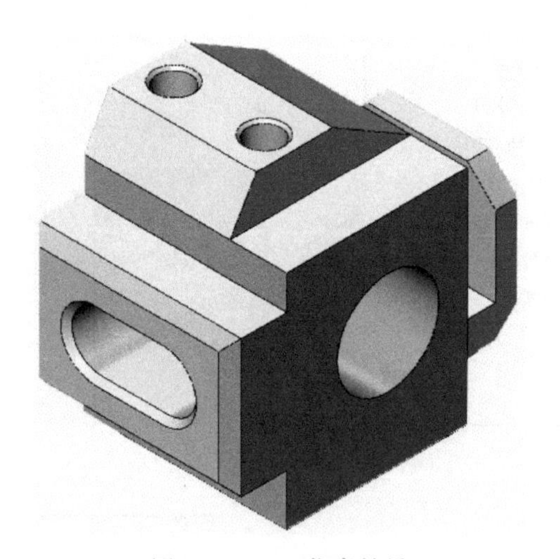

图 5-4-148　仿真结果

参考文献

[1] 毕庆贞. 复杂曲面零件数控加工的关键问题:解读《复杂曲面零件五轴数控加工理论与技术》[J]. 中国机械工程,2018,29(14):6.

[2] 古远明. 基于工作过程系统化“多轴零部件编程与加工”课程开发[D]. 南宁:广西师范大学,2020.

[3] 章继涛,田科,刘井才,等. 数控技能训练[M]. 北京:人民邮电出版社,2014.

[4] 侯书林,张炜,杜新宇. 机械工程实训[M]. 北京:北京大学出版社,2015.

[5] 刘俊义. 机械制造工程训练[M]. 南京:东南大学出版社,2013.

[6] 何耿煌,张守全,李东进. UG NX 10.0 数控加工从入门到精通[M]. 北京:中国铁道出版社,2016.

[7] 刘峰. 五轴车铣复合加工功能关键技术的研究[D]. 北京:中国科学院研究生院,2014.

[8] 黄新燕. 机床数控技术及编程[M]. 北京:北京理工大学出版社,2015.

郑重声明

读者意见反馈

为收集对教材的意见建议，进一步完善教材编写并做好服务工作，读者可将对本教材的意见建议通过如下渠道反馈至我社。

咨询电话　400-810-0598

反馈邮箱　gjdzfwb@pub.hep.cn

通信地址　北京市朝阳区惠新东街4号富盛大厦1座

　　　　　高等教育出版社总编辑办公室

邮政编码　100029